建设部普通高等教育土建学科专业"十一五"规划教材

地下工程（修订本）

主　编　贺少辉

副主编　叶　锋　项彦勇　李兆平

主　审　张　弥　刘维宁

清 华 大 学 出 版 社

北京交通大学出版社

·北京·

内 容 简 介

本书结合近年来地下工程设计理论与施工技术的发展，较为系统地介绍了地下工程规划与设计的基本概念、基本原理、主要理论和方法，以及地下工程主要施工方法的工艺过程和技术要点，力求系统、全面，且重点突出、有所侧重。全书共分 4 篇 14 章，主要内容包括地下空间资源及开发利用价值、地下工程地质环境及围岩分级、交通地下工程规划、地下结构设计方法、地下结构计算理论、交通地下工程支护结构类型及参数设计、地下工程结构防水、地下水赋存及运动的基本理论、地下水对地铁等地下工程施工的影响、地下工程施工降水方案与设计计算、地下工程施工降水技术、地下工程施工降水引起的环境问题及对策、地下工程施工方法、地下工程施工监控量测等。

本书主要作为高等学校土木工程专业本科生和研究生地下工程课程的教材或参考书，也可供从事地下工程研究、设计和施工的人员参考。

图书在版编目（CIP）数据

地下工程／贺少辉主编 . —修订本 . —北京：清华大学出版社；北京交通大学出版社，2008. 3（2013. 10 重印）

建设部普通高等教育土建学科专业"十一五"规划教材

ISBN 978 - 7 - 81082 - 688 - 4

Ⅰ. 地… Ⅱ. 贺… Ⅲ. 地下工程 - 高等学校 - 教材 Ⅳ. TU94

中国版本图书馆 CIP 数据核字（2008）第 019857 号

责任编辑：高振宇

出版发行：清 华 大 学 出 版 社　　邮编：100084　　电话：010 - 62776969
　　　　　北京交通大学出版社　　邮编：100044　　电话：010 - 51686414
印 刷 者：北京瑞达方舟印务有限公司
经　　销：全国新华书店
开　　本：185×230　　印张：27.75　　字数：609 千字
版　　次：2006 年 2 月第 1 版　　2008 年 3 月第 1 次修订　　2013 年 10 月第 4 次印刷
书　　号：ISBN 978 - 7 - 81082 - 688 - 4/TU · 20
印　　数：12 001～15000 册　　定价：36.00 元

本书如有质量问题，请向北京交通大学出版社质监组反映。对您的意见和批评，我们表示欢迎和感谢。

投诉电话：010 - 51686043，51686008；传真：010 - 62225406；E-mail：press@ bjtu. edu. cn。

序

地下工程是北京交通大学的传统强势学科之一。在新世纪，面对国家工程建设的大发展，我校应该保持这一优势，且更应有所作为。为达此目标，有赖于两大方面的成就：一是优秀的教学质量，另一是突出的科研贡献。

地下工程是理论性和实践性俱强的学科。大学生要学好这门课程，我认为有三点最重要：一是教材，二是学生的兴趣和努力，三是教师的布道功夫，且这三者是关联和统一的。

教材是基础，是学生学习和教师组织教学的纲。教师教学好比牧羊。一本好的教材好比一片肥美的草原，能不能把学生引领到这片肥美的草原，那要看牧羊人的功夫；但前提是要有这片草原。

地下工程是土木工程专业重要的必修课程，我校的培养计划凸显了这一点。但由于客观的缘由，尚没有一本正式出版的教材，而国内地下工程的高等学校教材很少，且大多内容陈旧、过时，不适应地下工程科技进步和教学的需要。可喜的是，地下工程成为北京交通大学2004年出版基金资助的教材之一，且于2007年3月遴选为建设部"十一五"规划教材，这实为远见卓识之举。我期待着这本教材尽快付梓。

主编贺少辉教授（博士生导师）是北京交通大学优秀主讲教师，一直在本科生、研究生教学第一线，并作为地下工程课程群的负责人主持这一专业方向的教学。教研相长，他在科学研究和为重大工程提供技术服务方面，同样出色。贺少辉、叶锋、项彦勇、李兆平编写的这本教材贯彻了这样的编写原则：贯穿地下工程是由围岩和支护结构组成的结构体系这一主线，吸收地下工程学科领域的最新理论和工程技术成果，以基本原理、基本概念和基本方法的阐述为主，强调内容的系统性、完整性，在关键知识点上力求新、精、深。应该说，这是目前国内全面反映规范、标准修订成果和地下工程最新进展的一本地下工程学科的高等学校教材，也是本教材区别于其他同类教材的显著特点之一。值得大学生、研究生、从事地下工程规划、设计和施工的技术人员捧读。

作为主审之一，审读之余，很自然地为这本教材的出版作了上述感言。

中国著名隧道与地下工程专家　张　弥
2007 年 12 月
于北京交通大学红果园

前　　言

迄今为止，国内学者编著的地下工程学科的高等学校教材不出 5 种。与其他学科，尤其是一些土木工程基础学科相比，显得很不足，同时也与地下工程理论、技术和该学科的历史、发展极不相称。

20 世纪 50 年代初，我国高等教育的学科、专业、课程的设置及教学要求学习前苏联和一些东欧国家的模式。大学生在校期间的专业课学得精、深，到工作岗位后很快就能独立担负起某一方面的技术工作。以近 50 年高等教育所积累的成功经验为基础，为适应国内外高等教育和经济社会发展的形势，自 20 世纪末至 21 世纪的最初几年，我国对高等教育进行了大规模的调整和改革，实行宽口径培养的模式，较多地压缩了专业课教学课时；但强调采用先进的教学手段和教育教学理念，对学生专业素质、技能的培养提出了新的、更高的要求。

本教材是为适应高等教育改革的新形势，并针对北京交通大学土木工程专业新的培养计划而编写的。教材的编写原则是：贯穿地下工程是由围岩和支护结构组成的结构体系这一主线，吸收地下工程学科领域的最新理论和工程技术成果，以基本原理、基本概念、基本方法的阐述为主，强调内容的系统性、完整性，在关键知识点上力求新、精、深。

最近几年，我国对地下工程学科领域的设计规范、标准作了全面修订，颁布实施了如下新的设计规范、标准：

(1)《工程岩体分级标准》（GB 50218—94）；

(2)《锚杆喷射混凝土支护技术规范》（GB 50086—2001）；

(3)《地下工程防水技术规范》（GB 50108—2001）；

(4)《铁路隧道设计规范》（TB 10003—2005）；

(5)《公路隧道设计规范》（JTG D70—2004）；

(6)《地铁设计规范》（GB 50157—2003）；

(7)《水工隧洞设计规范》（SL 279—2002）；

(8)《新建时速 200 公里客货共线铁路设计暂行规定》（铁建设函〔2005〕285 号）；

(9)《京沪高速铁路设计暂行规定（上、下）》（铁建设〔2004〕157 号）。

本教材完全做到了结合上述新修订的规范、标准编写，对规范、标准修订的新成果进行充分吸收并加以解释和阐述。同时，在地下工程施工方法方面，也反映了近年来城市（尤其是北京市）地铁车站、大断面隧道暗挖施工的成果。完全可以说，这是目前国内全面反映规范、标准修订成果和地下工程最新进展的一本地下工程学科的高等学校教材，也是本教材区别于其他同类教材的显著特点之一。

读者在读完、学生在学完本书内容后，可能有一个体会：我不仅了解了地下工程的基本概念、基本原理、基本方法，同时也会进行地下结构设计和指导地下工程施工。

众所周知，地下工程种类繁多，本教材实难面面俱到。在地下工程规划设计和支护参数设计两部分内容，我们仅集中论述交通地下工程，这体现了内容有所侧重。

高等学校的根本任务之一是培养学生的创新能力。编写出具有创新精神的教材是实现这一根本任务的具体体现。本教材就是按照求反映最新成果和学术动态、求新的编写思路和内容框架的宗旨编写的，尽管它还有不尽完美之处。

本书由北京交通大学隧道与岩土工程研究所和北京地矿奥通建设工程有限公司的几位从事较长时间教学科研和工程设计施工工作的教师与高级工程技术人员集体编写。贺少辉教授任主编，叶锋教授级高级工程师（总工程师）、项彦勇教授、李兆平副教授任副主编；张弥教授、刘维宁教授任主审。绪论、第1、2、6、7章由贺少辉编著；第3、4、5章由项彦勇编著，贺少辉编著了这3章的部分内容；第三篇（包括第8、9、10、11、12章）由叶锋和贺少辉编著；第四篇（包括第13、14章）由李兆平编著。贺少辉负责全书的统稿。

两位主审提出了许多宝贵的修改意见，为本教材添光加彩，在此深表谢意。

本书得到北京交通大学教材出版基金资助，在此表示由衷的感谢。

由于本书是4位编著者合作的产物，又因主编水平有限，以及客观条件和时戒精力等限制，难以很好地履行上述基本思想，缺点与错误在所难免，希望广大读者不吝赐教。

作者通讯地址：北京市海淀区上园村3号北京交通大学土建学院　　贺少辉

邮政编码：100044

E-mail：heshaohui1114@126.com

贺少辉

2008年2月

目　　录

第3篇　地下工程施工降水

第4篇　地下工程施工

绪　　论

20 世纪 80 年代,国际隧道协会提出"大力开发地下空间,开始人类新的穴居时代"的倡议,得到了广泛的响应。日本也提出了利用地下空间、把国土扩大 10 倍的设想。各国政府都把地下空间的利用作为一项国策来推进其发展,使地下空间利用获得了迅速的发展。地下空间的利用,已扩展到各个领域,发挥着重要的社会和经济效益。

地下空间开发利用的历史与人类的文明史相呼应,可以分为 4 个时代。

第一时代　从出现人类至公元前 3000 年的远古时期。人类原始穴居,天然洞窟成为人类防寒暑、避风雨、躲野兽的处所。

第二时代　从公元前 3000 年至 5 世纪的古代时期。埃及金字塔、古代巴比伦引水隧道,均为此时代的工程典范。我国秦汉时期(公元前 221 年至公元 220 年)陵墓和地下粮仓,已具有相当技术水准与规模。

第三时代　从 5 世纪至 14 世纪的中世纪时代。世界范围矿石开采技术出现。欧洲经历约 1000 年的文化低潮,建筑工程技术发展缓慢。

第四时代　从 15 世纪开始的近代与现代。诺贝尔发明黄色炸药,成为开发地下空间的有力武器。

现代地下工程发展迅速,建成了一些举世瞩目的地下工程。

以我国交通地下工程——隧道工程为例,50 多年来,得到了很大的发展。截止到 2003 年,共建成铁路隧道 6 876 座,总长度为 3 670 km,居世界第一;公路隧道(包括水底隧道)1 972 座,总长度为 835 km,我国是世界上公路隧道数量最多的国家;截止到 2007 年 10 月,我国已有北京、天津、长春、上海、南京、武汉、广州、重庆、大连、深圳 10 个城市开通了 22 条城市轨道交通线路,运营里程为 630 km,在建线路约为 837 km。预计"十一五"期间将有超过 1 500 km 轨道交通投入运行。

地下工程是指建造在岩体或土体中的工程结构物。广义来讲,它包括建造在地下的全部工程结构物;但是一般把矿井等地下构筑物排除,单指建造在地下的工业、交通、民用和军事建筑物。地下工程有多种分类方法,常见的有如下几种。

1. 按地下工程的功能分类

工业地下工程:包括各类地下工厂、车间、电站等。

交通地下工程:各种铁路和公路隧道、城市地下铁道、水底(跨江河、湖泊和海峡等)隧道。

民用地下工程:地下商业街(商场)、地下车库、影剧院、展览馆、体育馆、人民防空工程,以及一些公共建筑。

仓储地下工程:各种地下储库,包括油库、气库、液化气库、热库、冷库、档案库、物资库、放射性废料库。

市政地下工程:地下自来水厂、污水处理厂、给排水管道、热力和电力管线、煤气管道、通讯电缆管道等。

军事地下工程:地下指挥所、地下飞机库、核潜艇库、地下通信枢纽、人员和武器掩蔽所、军火和物资库等。

2．按地下工程的存在环境分类

地下工程不是建造在岩体环境中,就是建造在土体环境中。因此,可以分为岩石地下工程和土体中的地下工程。

3．按地下工程的建造方式分类

地下工程是通过采用不同的施工方法修建而成。按照大类的施工方法,可分为明挖地下工程和暗挖地下工程。

4．按埋置的深度分类

各类地下工程埋藏在地下不同深度。按埋深,可分为深埋地下工程和浅埋地下工程。

地下工程是研究各种地下工程的规划、勘测、设计和施工的一门应用科学和工程技术,是土木工程的一个分支。

地下工程是由围岩和支护结构(衬砌)组成的结构体系,其设计和施工都受到地质及其周围环境条件控制。因此,必须对工程所处环境作周密调查,尤其重要的是工程地质和水文地质的勘查;因为地质资料的正确与否关系到整个工程的成败。地质调查工作应贯穿在整个工程建设的始终。隧道和地下工程的规划、设计和施工都是根据围岩分级(类)所规定的级(类)别进行的。围岩分级(类)是将错综复杂的各种围岩按一定的稳定性影响因素和指标进行聚类,是统一地质工作者和隧道与地下工程设计、施工人员对围岩认识的共同基础。按照不同设计阶段的任务和目的,围岩分级(类)可以分为围岩的初步分级(类)和围岩的详细分级(类)。对于地质勘查的内容,除一般技术要求外,还应考虑不同施工方法对地质勘查的特殊要求。

隧道与地下工程的永久支护结构称为衬砌。衬砌设计计算理论经历了若干个发展阶段。目前衬砌设计计算方法可以归纳为如下 4 类方法。

(1) 以工程类比法为主的经验法。它是以围岩分级为基础,以已建成工程的实际经验为样本,用概率统计的方法,制定出适应于各级(类)围岩的结构形式和衬砌尺寸。这种方法至今仍然被广泛采用。

(2) 信息反馈法。它是一种用测试数据反馈于设计的实用方法。通常以施工中隧道与地下工程断面的变形量测值为依据。对于用新奥法施工的锚喷衬砌或复合衬砌中锚喷支护,在施工中定期进行位移或收敛量测,可根据位移的绝对值或位移速率进行判断,了解支护是否适当和变形是否趋于稳定。但判断的基准值目前尚只能根据已成工程的实际经验和量测数据进行分析而定。这是当前隧道与地下工程设计与指导施工的主要方法。

(3) 作用－反作用模型。又称为荷载－结构模型,其特点是将衬砌视为承载的主体,围岩作为荷载的来源和衬砌的弹性约束,当衬砌受到围岩主动压力作用时,将有部分衬砌向围岩方向变形而受到围岩的反作用力(即弹性抗力),以约束衬砌变形。局部变形理论(winkler)假定认为,围岩的抗力仅与该点的变形成正比。在假定抗力图形的基础上,可用结构力学方法进行计算。这一设计理论原则上适用于用传统矿山法施工的整体式衬砌,目前也广泛用于新奥法、盾构法施工的隧道衬砌与其他地下结构的设计计算。

（4）连续介质模型。它也可称之为连续介质力学法,包括解析法和数值法。对于复合式衬砌的初期支护即锚喷支护,因其能和围岩紧密接触,从而使围岩和衬砌形成一个整体,共同承受由于进行开挖而释放的初始地应力的作用;因此必须采用连续介质力学的方法。数值法目前以有限元法为主,尚有加权残数法和边界元法等。

应该指出,地下工程的关键问题之一是施工方法的选择。而其施工方法的选择应以地质、地形、环境条件和埋置深度为主要依据,其中对施工方法有决定性影响的是埋置深度和地质条件。在满足使用条件下,修建地下结构的施工方法要达到技术上可行与经济上合理,就需要进行多方案的比选。对埋置较浅的工程一般可采用明挖法施工。根据地质条件和周围环境情况,明挖法可用敞口开挖、工字钢桩或钢板桩侧壁支护。近年来,在城市施工时为减少打桩产生的噪声和振动,常采用地下连续墙、钻孔桩或人工挖孔桩作侧壁支护减少明挖施工对地面的影响,也可采用盖挖逆作法施工。明挖法施工可降低造价,缩短工期,保证工程质量,当条件许可时,应优先选用。当地下结构埋深超过一定限度后,常采用暗挖法施工。暗挖法最初采用传统的矿山法。20世纪60年代提出了新奥法,此法是尽量利用围岩的自承能力,用柔性支护如锚喷支护控制围岩的变形及应力重分布,使之达到新的平衡,目前已用于修建各种用途的隧道与地下工程。对松散含水地层可采用盾构法施工,为减少地面的沉陷可采用泥水加压式盾构或土压平衡式盾构。在坚硬的岩石中开挖隧道,为提高机械化程度,可采用隧道掘进机(TBM),在软硬的复合地层中可采用混合型盾构。在修建城市地下管道或地道时,为减少对地面建筑物的影响,可采用顶管法施工。修建水底隧道除采用盾构外,20世纪初开始采用沉埋法,此法主要工序在地面上进行,避免了水下作业,优点显著,应用日益广泛。

目前,城市内为人民生活、生产、交通、储存、防灾等方面修建的地下工程日益增多,20世纪70年代以来,地下空间已被人们视作为一种自然资源。

最后应该指出,尽管近年来隧道和地下工程已经有了长足的发展,但由于围岩的性质十分复杂而且多变,人们对它的认识还很模糊;所以长期以来隧道与地下工程的设计和施工仍停留在以经验为主的水平上,对人力和物力的消耗与浪费都较大。今后应当加强地下工程地质环境研究和施工过程监测,制定出符合施工过程中围岩力学状态变化的计算模型和计算理论,并逐步由定值设计过渡到以可靠性理论为基础的概率极限状态设计,研究合理的和适应性广的支护衬砌的结构形式与施工方法;施工方面要进一步提高机械化和自动化水平,进一步改善劳动条件和提高施工效率。总之,只要不断地实践,不停地进行探索,一定会将隧道与地下工程的科学技术水平提高一步,促进隧道与地下工程在21世纪的新发展。

第1篇

地下空间资源及开发利用价值

第1章 地下空间资源及开发利用价值

1.1 地下空间利用的基本概念

1.1.1 地下空间的含义

地球表面以下是一层很厚的岩石圈,岩层表面风化为土壤,形成不同厚度的土层,覆盖着陆地的大部分。岩层和土层在自然状态下都是实体,在外部条件作用下才能形成空间。

在岩层或土层中天然形成或经人工开发形成的空间称为地下空间(subsurface space)。天然形成的地下空间,例如,在石灰岩山体中由于水的冲蚀作用而形成的空间,称为天然溶洞;在土层中存在地下水的空间称为含水层。人工开发的地下空间包括利用开采后废弃的矿坑和使用各种技术挖掘出来的空间。

建造在岩层或土层中的各种建筑物(buildings),是在地下形成的建筑空间,称为地下建筑(underground buildings)。地面建筑的地下室部分,也是地下建筑;一部分露出地面,大部分处于岩石或土壤中的建筑物和构筑物(structures)称为半地下建筑。地下构筑物一般是指建在地下的矿井、巷道、输油或输气管道、输水隧道、水库、油库、铁路和公路隧道、城市地铁、地下商业街、军事工程等。地下建筑物和构筑物一般统称为地下工程(underground construction)或地下设施(underground facilities)。

1.1.2 地下空间利用的历史沿革

人类对地下空间的利用,经历了一个从自发到自觉的漫长过程。推动这一过程的,一是人类自身的发展,如人口的繁衍和智能的提高;二是社会生产力的发展和科学技术的进步。

根据考古发现和史籍记载,在远古时期,人类就开始利用天然洞穴作为居住之用。在北京西南郊周口店村龙骨山发现的北京猿人头骨和使用火的遗迹,说明距今 50 余万年前[①] 的原始人类曾居住在自然条件比较好的天然岩洞,并在其中保存生活所必需的火种。在周口店龙骨山上,还发现有被称为"新洞人"和"山顶洞人"两种古人类的生活遗址,也都是在天然洞中,距今 1 万多年。

在公元前 8000—前 3000 年的新石器时代,冰河期已过,气候变暖,当时的劳动工具已适

---

① 据《辞海》"北京猿人"条目,"经古地磁法测定,北京猿人的绝对年龄为距今约 70 万~23 万年",这里的 50 余万年是通常的说法。

于在较软的土层中挖掘洞穴。由于一些民族部落从游牧开始聚居,天然岩洞已不能满足需要;故大量掘土穴居住,从简单的袋形竖穴到圆形或方形的半地下穴,上面用树枝等支盖起伞状的屋顶。我国已发现新石器时代遗址 7 000 余处,其中最早的是河南新郑裴李岗及河北武安磁山两处,都有窑址和窑穴的发现。黄河流域典型的村落遗址有西安半坡、临潼姜寨、郑州大河村等,住房多为浅穴,房中央有火塘。氏族社会晚期的龙山文化遗址,出现套间房址和井址,地穴越来越浅,已开始向地面建筑过渡。

据史籍记载和各方面的考证材料,人工洞穴最早始于旧石器时代晚期至新石器时代早期,距今约 7 000~8 000 年。

由于中国西北部黄土高原特殊的地形、地质条件,以及这一地区的经济、社会长期比较落后,至今在 200 个县的范围内,居住在各类窑洞中的总人口估计有 3 500~4 000 万人,有的县窑居户数占农户总数的 80%~90%。虽然从全国范围来看,窑洞居民在总人口中不到 5%,但其绝对数字仍相当于一个欧洲大国的人口;因此应认真对待、研究和引导,使传统的窑洞民居沿着正确的方向发展,用现代技术加以改造,逐步改善其居住条件和环境。

比较典型的有两类窑洞,即靠山式窑洞和下沉式窑洞,见图 1-1 和图 1-2。

图 1-1　中国黄土高原靠山式窑洞

在日本也发现有 2~3 万年前的古人类居住洞穴,如帝释峡洞窟群、圣岳钟乳洞等。在欧洲、美洲、西亚、中东、北非等地,都有一些穴居的遗迹,但年代已不很久远。

人类到地面上居住以后,除个别地区仍沿袭了穴居的传统外,开始把开发地下空间用于满足居住以外的多种需求,如采矿、储存物资、水的输送及人死后的埋葬等。公元前 3000 年以后,世界进入了铜器和铁器时代,劳动工具的进步和生产关系的改变,使奴隶社会中的生产力有了很大发展,导致了在其鼎盛时期形成空前的古埃及、希腊、罗马及古代中国的高度文明;这时地下空间的利用也摆脱了单纯的居住要求,而进入了更广泛的领域,同时大量的奴隶劳动力使建造大型工程成为可能。这种发展势头一直持续到封建社会初期,在这几千年中遗留至今的或有历史可考的大型地下工程很多,例如,公元前 2770 年前后埃及金字塔,实际上是用巨大石块堆积成的墓葬用地下空间;公元前 22 世纪巴比伦地区的幼发拉底河底隧道;公元前 18 世纪—公元前 12 世纪中国殷代的墓葬群;公元前 5 世纪波斯的地下水路;公元前 312 年—公元前 226 年期间修建的罗马地下输水道;公元 370 年左右东罗马帝国的地下储水池等。

图1-2　中国黄土高原下沉式窑洞

公元前206年建成的中国秦始皇陵,至今虽未大规模发掘,但据《水经注》记载,该陵"斩山凿石,旁行周围,三十余里。"结合已发掘的兵马俑坑群可以判断,此陵可能是中国历史上最大的地下陵墓。

在中国封建社会这一漫长的历史时期中,地下空间的开发多用于建造陵墓和满足宗教建筑的一些特殊要求。用于屯兵和储粮的地下空间近年也陆续有所发现。在迄今为止的我国考古发现中,数量最多和规模最大的是战国、秦汉,直到明清各朝代的帝王陵墓和墓葬群。例如,河北满城的西汉墓,陕西乾县的唐章怀太子墓和永泰公主墓等,都表现出规整的布局、较高的结构和防水技术。在洛阳北邙山发掘出的汉、魏墓葬群,为方形对称布置,周围是墓道,在墓道的一侧(有的在两侧)有墓室,大小共30余个,第13号为曹魏正始八年建的墓室。有堂厅、侧室、正室,为贵族墓室,规模较大。

佛教在东汉时期从印度传入中国,在南北朝至五代的几百年中(大约为4世纪中叶至10世纪中叶),发展最盛,兴建了大量佛教建筑,地下空间的利用为展示和保存这些宗教艺术珍品提供了有利条件。在陡峭岩壁上凿出的洞窟形佛教建筑称为石窟寺(grotto),其中,最著名的有山西大同的云冈石窟(北魏),河南洛阳的龙门石窟(北魏),甘肃敦煌的莫高窟(从北魏到隋、唐、宋、元各朝),甘肃麦积山石窟(从后秦、北魏直到明、清),河北邯郸的响堂山石窟(北齐)等。

这些石窟岩洞的成形和加工与以佛教故事为题材的浮雕艺术和壁画艺术融为一体,使整个岩洞成为一个大型的雕刻艺术空间。

1971年,在洛阳市东北郊发掘出一座古代地下粮库,是隋朝建造(7世纪),一直使用到唐朝。库区面积为600 m×700 m,已经发掘出的半地下粮仓已近200个,其中,第160号仓直径为11 m,深为7 m,容量为445 m³,可存粮2 500~3 000 t。挖掘时,仓内还保存有原来储存的谷物。

1961年,在河北峰峰矿区发现的古代地道,是800年前宋朝时挖掘,从布置情况和出土文物分析,是用于军事目的的地道,蜿蜒40余公里,走向很不规则,埋深约4 m,有些部分在空间上立体交叉,还有通向地面的通风竖井。在河北雄县等地也有类似发现。在一些古籍中,也有关于利用地道作战、攻城的记载。

在欧洲,从5世纪到15世纪,进入了封建社会的最黑暗时期,即所谓中世纪,这时地下空间的开发利用也基本上处于停滞状态。一直到14世纪、15世纪的文艺复兴时期,不但欧洲在文化艺术上摆脱了宗教的束缚,出现了空前的繁荣,自然科学也有了很大的发展,促进了社会生产力的提高和资本主义生产关系的萌芽。从此,欧洲的科学技术开始走到世界的前列,地下空间的开发利用也进入了新的发展时期。17世纪火药的使用和18世纪蒸汽机的应用,使在坚硬岩层中挖掘隧道成为可能。例如,1613年建成伦敦水道,1681年修建了地中海比斯开湾的连接隧道(长170 m)。19世纪以后建设的隧道就更多,1843年伦敦建造了越河隧道,1845年英国建成第一条铁路隧道,1871年,穿过阿尔卑斯山,连接法国和意大利的长12.8 km的公路隧道开通。

现代地下空间的开发利用,在20世纪60年代和70年代达到了空前的规模,在一些发达国家,地下空间的开发总量都在数千万到数亿立方米,主要用于建造各种交通隧道、水工隧道、大型公用设施隧道和地下能源储库;城市地下空间的开发利用也占有一定的比重。几个发达国家在1960—1980年的地下空间开发量见表1-1。

表1-1　各国地下空间开发的规模

国　名	地下空间开发总量/m³	
	1960—1970年	1970—1980年
日　本	$9.0×10^6$	$37.0×10^6$
美　国	$4.0×10^6$	$22.5×10^6$
意大利	$4.0×10^6$	$11.2×10^6$
法　国	$3.2×10^6$	$8.5×10^6$
挪　威	$2.2×10^6$	$4.0×10^6$
瑞　典	$1.5×10^6$	$5.0×10^6$
原联邦德国	$1.3×10^6$	$3.7×10^6$
加拿大	$1.3×10^6$	$1.5×10^6$

城市地下空间的开发利用,一般是以 1863 年英国伦敦建成第一条地下铁道为起点。1865 年伦敦又修建了一条邮政专用的轻型地铁,至今仍在使用,已发展到长 10.5 km。1875 年,伦敦又开始建设下水道系统。进入 20 世纪后,一些大城市普遍陆续建设地下铁道,城市地下空间开始为改善城市交通服务。交通的发展促进了商业的繁荣,日本从 1930 年开始建设地下商业街。第二次世界大战以后到 20 世纪末,城市地下空间利用得到空前的发展,在城市重建、缓解城市矛盾和城市现代化过程中,起了重要作用。

1.1.3　地下空间发展的宏观背景

城市地下空间利用是城市发展到一定阶段而产生的客观要求。同时,一个国家或城市所处的自然地理环境和地缘政治环境对其开发利用地下空间的动因、重点、规模、强度等都有一定的影响。这些因素构成地下空间发展的背景和条件。例如,日本虽然经济发达,但国土狭小,人口众多,资源短缺,城市空间非常拥挤;因而在 20 世纪 50 年代到 80 年代,结合城市改造进行立体化的再开发,大量开发利用了城市地下空间。一些西欧和东欧国家在 20 世纪后半叶的冷战时期,为了防止在欧洲和两大阵营之间可能发生的大规模战争中受到袭击或波及,曾一度大规模修建地下民防工程,并成为这些国家城市地下空间利用的主体。瑞典等北欧国家缺少能源;故利用优越的地质条件,大量建造各类地下储油库,建立国家的石油战略储备,同时还在地下空间中储存热能、冷能、机械能、电能等多种能源。加拿大冬季漫长,气候寒冷,冰雪给城市生活造成很大不便;因此各大城市在建地下铁道的同时,大量建造地下步行道,进而形成大面积的地下商业街。这些情况表明,各国城市地下空间的发展,既符合城市发展的一般规律,又有各自的背景和条件。从我国国情出发,这种宏观背景可概括为以下 5 方面内容。

(1) 人口背景。2000 年我国人口为 12.8 亿人,占世界总人口的 22%,其中城镇人口为 45 600 万人。预计到 2030 年前后全国人口开始零增长,届时总人口将达 16 亿人;城镇人口按占 60% 计,将达到 9.6 亿人。这样的人口形势不但是生态空间的沉重负担,对以城市为主的生活空间的压力更大。在人口不断增多,生存空间日益缩小的情况下,地下空间能开拓新的生存空间,为城市发展提供充分的后备空间资源。在我国,这一资源还远远没有被开发,其潜力是十分巨大的,比开发海下空间和宇宙空间要容易得多,现实得多。

(2) 土地资源背景。我国虽幅员辽阔,但平原和可耕地较少,人均耕地面积仅为世界平均水平的 1/4,土地承受的人口负荷相当沉重,不得不以占世界 7% 的耕地养活占世界 22% 的人口。能够为城市发展提供的土地更为有限,这就决定了城市空间的拓展只能在不增用或少增用土地的前提下进行,这也是城市地下空间发展的重要背景。

(3) 水资源背景。我国是缺少水资源的国家。人均水资源量为 2 730 m³,列世界第 88 位,且分布不均。城市缺水相当严重,有一半城市不同程度缺水,其中,严重缺水的有 108 座,许多大城市的发展受到水资源缺乏的制约。解决这个矛盾的途径,在人工力量尚无法改变气候条件的情况下,除节约用水外,只能是把丰水期多余的水储存起来供给枯水期使用。地面上的水库虽可用于储水;但要占用土地,而且蒸发和渗漏损失较大。地下空间为大量储水提供了安全、有效、方便的条件。

(4) 能源背景。我国的能源不够丰富,有些能源已接近枯竭,如石油、电力,都不得不花费很高的代价从西部向东部输送;因此城市的现代化只能在节约能源的条件下实现。此外,还可以利用地下空间把收集起来的天然能源(如空气和水中的热能、冷能及太阳能、风能等)储存起来,供能耗高峰时使用。

(5) 环境背景。城市建设是人类与自然环境相互作用最为密切的人类活动,因而在城市迅速发展的同时,也出现了"建设性破坏",即对城市环境造成不同程度的污染,主要有大气污染、水污染、噪声污染等。城市植被对于保护和净化环境有明显的效果,因此如果通过开发利用地下空间而使城市地面上的植被面积有所扩大,也可以认为是地下空间利用的一种间接的积极作用。

(6) 灾害背景。我国是地震多发国,且国土的70%处于季候风的影响范围,水、旱、风等灾害频繁;同时,世界仍处于复杂动荡的局势之中,战争的根源并没有消除。因此,城市面临战争及多种自然和人为灾害的威胁,城市安全还没有充分的保障。地下空间天然具有的防护能力,可以为城市的综合防灾提供大量有效的安全空间,对于有些灾害的防护,甚至是地面空间无法替代的。

从以上对几种背景的简略分析可以看出,在我国条件下,城市的发展只能在控制人口、节约资源、防灾减灾和保护环境的前提下实现,而地下空间的开发利用在这几个方面都可以起到重要的作用;因而是中国城市化和城市现代化的必由之路。

1.2   地下空间资源的潜在与实际价值

1.2.1   地下空间资源

地下空间已被视为人类所拥有,迄今尚未被充分开发的一种宝贵自然资源,开发利用地下空间是开拓新的生存空间较为现实的途径。这一点在世界人口不断增长,而陆地上适于生存的土地正在日益减少的宏观背景下,对于人类的生存和发展具有重大意义。

作为自然资源,地下空间具有一切自然资源所共有的自然资源学属性,如稀缺性和有限性、整体性和地域性、多用性和变动性、社会性和价值属性、再生性和不可再生性等。充分认识地下空间的自然资源学属性和地下空间自身的特点,是科学认识、评估、规划、开发利用和管理地下空间资源的理论基础。

地下空间资源包括3个方面的含义:一是天然存在的资源蕴藏总量;二是一定技术条件下可供合理开发的资源总量;三是在一定历史时期内可供有效利用的地下空间总量。这3个概念不论从整个陆地和海洋的宏观范围看,还是对一个国家、地区或城市都是适用的,只是约束条件不同,在统计方法上应有所区别。

地球表面积为 5.15×10^8 km²。地球表面以下为岩石圈(地壳),陆地下的岩石圈平均厚度为 33 km，海洋下为 7 km。从理论上讲，整个岩石圈都具备开发地下空间的条件，也就是说，天然存在的地下空间蕴藏总量有 75×10^{17} m³。

岩石圈的温度每加深 1 000 m 就升高 15℃～30℃，到地壳底部温度估计在 1 000℃左右；岩石圈内部的压力为每加深 100 m，增加 2.736 MPa，地壳底部的压力最大，可能超过 900 MPa。因此，以目前的施工技术水平和维持人的生存所花费的代价来看，地下空间的合理开发深度以 2 km 为宜。考虑到在实体岩层中开挖地下空间，需要一定的支承条件，即在两个相邻岩洞之间应保留相当于岩洞尺寸 1～1.5 倍的岩体；以 1.5 倍计，则在当前和今后一段时间内的技术条件下，在地下 2 km 以内可供合理开发的地下空间资源总量为 4.12×10^{17} m³。

地球表面的 80% 为海洋、高山、森林、沙漠、江、河、湖、沼泽地、冰川和永久积雪带所占据。到目前为止和可以预见的未来，人类的生存与活动主要集中在占陆地面积 20% 左右的可耕地及城市和村镇用地范围内。因此，可供有效利用的地下空间资源应为 0.24×10^{17} m³。在我国，可耕地、城市和乡村居民点用地的面积约占国土总面积的 15%，按照上面的计算方法，我国可供有效利用的地下空间资源总量接近 11.5×10^{14} m³。

由此可见，可供有效利用的地下空间资源的绝对数量仍十分巨大，从开拓人类生存空间的意义上看，无疑是一种具有很大潜力的自然资源。

在我国，按照上面的测算方法，并将地下空间容积折合成建筑面积(以平均层高 3 m 计)，则在不同开发深度时可获得的地下空间资源量及可提供的建筑面积列于表 1－2 中。

表 1－2　我国可供有效利用的地下空间资源

开发深度/m	可供有效利用的地下空间/m³	可提供的建筑面积/m²
2 000	11.5×10^{14}	3.83×10^{14}
1 000	5.8×10^{14}	1.93×10^{14}
500	2.9×10^{14}	0.97×10^{14}
100	0.58×10^{14}	0.19×10^{14}
30	0.18×10^{14}	0.06×10^{14}

从表 1－2 中可以看出，以目前技术水平完全能够达到的开发深度 30 m 计，可提供建筑面积 0.06×10^{14} m²；当 2050 年我国生活空间用地占国土面积的 7.3% 时，则这部分土地的面积为 7×10^5 km²；假定在这些土地上的平均建筑密度为 30%，平均建筑层数为 4 层，则可容纳的建筑总量为 8.4×10^{11} m²，与地下空间所能提供的相比仅为 14%，可见地下空间在扩大生活空间容量上能够起到不可替代的作用。

城市地下空间的天然蕴藏量应等于城市总用地范围以下的所有土层和岩层的体积(平均厚度为 33 km)，但这个数字并没有实际意义。如果把开发深度限定在 2 km 以内，考虑地下建筑之间必要的距离，开发范围限定在城市总用地面积的 40% 以内较为适当。按照这样的开发深度和范围，一个总用地面积为 100 km² 的城市，可供合理开发的地下空间资源量有 8×10^{10} m²；

以建筑层高平均为 3 m 计,可提供建筑面积 2.7×10^{10} m^2,相当于一个容积率平均为 50% 的城市地面空间所容纳建筑面积的 540 倍。但是地下空间开发深度达到 2 km 在技术上是很困难的,在可预见的一个时期,例如,在 21 世纪的 100 年内,合理开发深度达到 100～150 m,对于多数大城市是比较现实的。它既存在扩大城市空间容量的客观需求,在技术上也有可能做到。

以上一些数字比较笼统,只是为了说明地下空间资源的巨大潜力。对于一个国家、地区或城市,当出现了开发利用地下空间的客观需求,又具备了开发的必要条件时,首先应当对所在范围内的潜在的地下空间资源进行调查与评估,目的是为了掌握地下空间资源规模与容量,和对其开发规模、开发深度、开发价值、发展目标,以及技术、经济的可行性等进行评估,为制定城市地下空间开发利用规划提供基础数据和科学依据。

基础数据的科学性、超前性、准确性、全面性、深化程度与质量对一个前瞻的、科学的城市地下空间规划至关重要,涉及地层环境、生态、自然环境、现在建设情况、资源潜力、资源配置等许多方面。

地下空间资源调查从原理上看并不复杂,主要采用的是逐项排除法,就是在一定平面和一定深度范围内,排除因地质条件不良而不宜开发的部分,排除地面空间已经利用,相对应的地下空间不宜再利用的部分,再排除地下空间已利用的部分,即可获得可供有效开发利用的地下空间资源量。但是地下空间资源分布广泛,有关的影响因素非常庞杂,故基础数据的研究应重视资源信息的采集与处理,采用最先进的实用最新技术,基于遥感与信息技术平台的资源动态监测系统模型,建立动态的研究体系,使浩大的调查与评估工作成为可能,使地下空间资源的过去、现状和将来的演变信息建立于全面调查和评估的平台上,可以动态更新和监控,并以此成果建立地下空间资源数据库和地理信息系统(GIS)。

目前,对地下空间资源进行调查和评估,在国内外还没有比较完整和成熟的经验。20 世纪 90 年代初,我国曾进行初步的尝试,使用航空遥感(RS)和计算机辅助(CAD)技术,对北京市旧城区(面积为 62.5 km^2)城市地下空间资源做了调查。结果表明,尽管旧城区地面空间现状对开发浅层地下空间构成一定的障碍,但地面上可供再开发的空间仍占旧城区总面积的2/3左右。当开发深度为 10 m,合理开发系数为 0.4 时,北京旧城区内供合理开发的地下空间资源总量为 1.64×10^8 m^3,远大于现在地面建筑空间容量,对城市空间容量的进一步扩大具有重要的意义。因此,结合我国情况,用高科技手段对地下空间资源调查与评估的原理、内容、方法等开展深入的研究工作,不但可大大提高我国城市地下空间开发的科学性,有效地利用和保护地下空间资源,在国际上也将具有一定的领先意义。

1.2.2 开发地下空间的战略意义

当代人类社会所面临的最主要问题就是在和平的环境中求得生存与发展。但是,世界人口无节制地增加和生活需求无止境地增长与自然条件的日益恶化和自然资源的渐趋枯竭之间的矛盾越来越尖锐,这却是公认的事实。这一矛盾反映在生存空间问题上,表现为日益增多的人口与地球陆地表面空间容纳能力不足的矛盾;在城市发展问题上,则表现为扩大城市空间容量的需求与城市土地资源紧缺的矛盾,这种现象称之为生存空间危机。

世界上每增加一个人口,社会就需为其提供一定的生存空间,包括生态空间,即生产粮食等生活必需品的空间;生活空间,指供人居住和从事各种社会活动的空间,如城镇、乡村居民点,以及铁路、公路、工矿企业等所占用的空间。这两类空间主要都是以可耕地为依托;故衡量生态空间质量的标准应当是单位面积耕地供养人口的能力,衡量生活空间质量的标准应当是在保证足够生态空间的前提下,人均占有城镇或乡村居民点用地面积和人口的平均密度。

从世界范围来看,在现有的 15×10^8 hm² 耕地不再减少的情况下,如果 2150 年人口达到 150 亿,土地供养人口的能力将达到极限。我国人口占世界人口的 22%,而人均耕地面积仅为世界平均水平的 30%,即使按较低的粮食消费标准计,在现有 1×10^8 hm² 耕地不再减少的前提下,每公顷可耕地年产粮能力必须达到 9 600 kg,才能供养 16×10^8 人口(2050 年)。也就是说,我国的生态空间将在 2050 年前后达到饱和,比世界平均水平提前 100 年。事实上,要求可耕地不再减少是很困难的,仅 1993 年全国耕地减少量就相当于 13 个中等县的耕地面积。

从生活空间来看,要容纳不断增加的人口和使原有人口提高生活质量,也需要大量的土地。在 1987 年,全国生活空间用地占国土总面积的 6.9%,约为 6.62×10^5 km²,其中,包括城市用地和农村居民点用地。如果到 21 世纪中叶,我国国民经济总体上达到当时中等发达国家的水平,则城市化水平必须从 1990 年的 19% 提高到 65% 左右,即城市人口要从 2.1 亿增加到 10.4 亿,净增 8.3 亿人。以城市人均用地 120 m² 计,需要土地 1×10^5 km²。如果进入城市的农村人口中有 20% 放弃在农村的居住用地,按人均用地 160 m² 计,可扣除用地 2.66×10^4 km²,即总的生活空间用地需增加 7.34×10^4 km²,约相当于台湾、海南两省面积的总和,这无疑将给我国本已十分有限的可耕地造成巨大的压力。因此,必须寻求在不占或少占土地的情况下拓展生活空间的途径,否则不但将影响我国城市化的进程,制约国民经济的发展,而且必然导致生态空间的缩减,加剧生存空间的危机。

为了拓展人类的生存空间,有 3 种可供选择的途径。第一种是宇宙空间。虽然人类对宇宙空间已进行了初步的探索,但由于人类生存所必需的阳光、空气和水在宇宙其他星球上尚未发现,故大量移民几乎是不可能的。第二种是水下空间。海洋面积占地球表面积的大部分,海底均为岩石,地下空间的天然蕴藏量很大;但阳光、空气、淡水等供应同样十分困难,在可预见的未来,大量开发海底地下空间也是不可能的。因此,当前和今后相当长时期内,开发陆地地下空间就成为拓展生存空间唯一现实的途径。尽管如此,陆地地下空间作为一种空间资源,蕴藏量仍十分巨大,能为人类开拓大量新的生存空间。因此,从缓解生存空间危机的宏观高度来认识和评价开发利用地下空间的战略意义,不但符合我国国情,而且对整个人类社会的可持续发展都是必要的。

具体来看,开发利用地下空间的战略意义主要表现在两大方面,一是城市地下空间的开发利用,二是城市以外的其他国土范围内地下空间的开发利用。

开发利用城市地下空间的战略意义在于以下几点:

(1) 在不扩大或少扩大城市用地的前提下,实现城市空间的三维式拓展,从而提高土地的利用效率,节约土地资源;

(2) 在同样前提下,缓解城市发展中的各种矛盾;

(3) 在同样前提下,保护和改善城市生态环境;

(4) 建立完善的城市地下防灾空间体系,保障城市在发生自然和人为灾害时的安全;

(5) 实现城市的集约化发展和可持续发展,最终大幅度提高整个城市的生活质量,达到高度的现代化。

在我国国土总面积中,有 60% 以上是山地和丘陵,大部分集中在西部地区。同时,我国的大江大河多为东西流向,对南北交通形成障碍。因此,城市以外的地下空间开发利用主要集中在山岭和水下。由于不占用耕地,对于发展交通和能源建设十分有利,对国防建设尤为重要;故开发利用城市以外地下空间的战略意义在于以下几个方面。

(1) 有计划地建设过河和越江隧道,可以使南北交通大动脉在战争情况下保证畅通,这种作用是任何桥梁都无法替代的。

(2) 研究建设贯通南北(哈尔滨至深圳)和东西(上海至乌鲁木齐)两条全地下交通隧道,大幅度提高列车速度,保证战时必要的交通运输。

(3) 研究建设烟台至大连、雷州半岛至海南岛的跨渤海和跨琼州海峡的海底隧道,以及跨台湾海峡的海底隧道,对于发展经济,保障安全和祖国统一都是意义重大的。

(4) 在山岭中大规模建设国家战略物资储备系统,大量储存能源和其他物资,不但可抵御平时的灾害和危机,对于支持反侵略战争和加快战后恢复,都是绝对必要的。

(5) 在山岭中隐藏和掩蔽各种军事装备和武器,对于国防的意义是不言自明的。

1.2.3　地下空间的城市功能

地下空间作为城市空间整体的一部分,可以吸收和容纳相当一部分城市功能和城市活动,与地面上的功能活动互相协调与配合,使城市发展获得更大的活力与潜力。从近几十年世界上若干地下空间利用较先进的国家和城市看,城市地下空间的主要功能和主要内容有居住空间、交通空间、物流空间、业务空间、商业空间、文化活动空间、生产空间、储存空间、防灾空间、埋葬空间等。

城市地下空间利用尽管内容广泛,但不可能也没有必要容纳城市的全部功能;因此存在一个分工与配合的问题,即哪些功能在哪一个时期官保留在地面上,以及哪些内容在什么条件下转入地下空间中是适宜的。从上面列举的内容看,城市浅层地下空间适合于人在其中短时间活动的内容和需要人工环境的内容,如出行、业务、购物、文体活动等;对于根本不需要人或仅需少数人实行管理的一些内容,如物流、储存、废弃物处理与储存等,则应在可能条件下最大限度地安排在地下空间中,其中,有些更适合于放在深层。此外应当强调的是,转入地下空间的城市功能,都应能适应并发挥地下环境的特性,才能产生最大的效益,否则不但无助于城市空间的拓展,还将造成不良的社会、经济后果。在日本的有关文献中,对城市地下空间利用内容按有人和无人的分类方法见表 1 - 3。

表 1 - 3　日本地下空间分类

有人空间	无人空间			
	基础设施	生产设施	储存设施	防灾设施
住宅、地下室、学校、医院、商业街、办公室、文化设施、停车场	上下水道、煤气、电力管道、交通设施	发电工厂、生产工厂	能源库、粮库、水库、废弃物存入库	避难设施、防洪设施、储备设施

瑞典学者伯格·杨森(Birger Jansson)提出过一个地下空间利用的原则:"让人留在地上,把物放到地下"(Place things below the surface, and put man on the top),也是基于上面的一些考虑。

国内外的实践表明,充分利用地下空间,已经成为城市空间三维式拓展的主要组成部分,成为城市今后进一步现代化的必然趋势。

1.2.4　地下空间的开发价值与综合效益

地下空间在自然状态下只具有潜在的价值,当付出必要代价将其开发出来以后,就具有一定的使用价值,表现为使用后所能创造的效益;使用价值中除掉开发的费用后,就是地下空间的开发价值,如果为正值,说明开发是合理的。

一个城市在其发展过程中,在什么阶段和什么时期开始有开发利用地下空间的需要,以及开发多大规模是合理的,与国民经济发展的总水平有直接的联系,城市的历史与地理条件对此当然也有一定影响;也就是说,只有在客观上需要,经济上、技术上又有可能时,开发利用城市地下空间才是可行的,才有可能创造较高的开发价值。

开发城市地下空间,比在地面上建筑房屋要困难和复杂很多,要付出高昂的代价。以城市交通为例,如果地面上的轨道交通造价为 1,地上高架铁道为 3,地下铁道的造价则约为 10;地下铁道造价与地面汽车道路相比,则为 58:1。同类型同规模的城市公共建筑,建在地下时的工程造价比在地面上一般要高出 2~4 倍(不含土地费);如果在地下空间保持不低于地面建筑的内部环境标准,则运行所耗费的能源,比在地面上要多 3 倍左右,日本在造价上所作的比较见表 1 - 4。

表 1 - 4　日本地下街造价与地面建筑的比较(地面建筑单位造价为 100)

比较项目		普通地面建筑	地　下　街	地下街高出倍数
土建费	土方、地基	17	167	9.8
	结构	39	84	2.2
	装修	13	35	2.7
	合计	69	286	4.1

比 较 项 目		普通地面建筑	地 下 街	地下街高出倍数
设备费	电气	12	25	2.1
	空调	14	23	6
	卫生	5	6	1.2
	合计	31	54	1.7
总　　计		100	340	3.4

当然,以上结论较为笼统,不一定完全符合我国情况。但是,这里重要的一点是在"同类型同规模"条件下进行比较,否则就会失去比较的意义。近年国内有的研究成果提出,地下工程造价不但不高于同类型地面工程,而且还略低一些。但这个结论是在地面高层框架建筑与地下单建式人防工程之间进行造价比较而得出的,既不是同类型,也不是同规模;故无可比性可言。总之,如果不在具体条件下进行比较,笼统地认为孰高孰低都是无益的,会对界外人士造成误导;更何况,工程造价仅占工程总投资的一部分,而工程总投资则受到土地费和拆迁费等的很大影响。

土地是城市空间的载体,不存在脱离土地的城市空间,不论是地上还是地下。土地的价值在很大程度上反映和体现了城市的效率,或者说,城市集约化程度和城市效益的提高就是不断发掘城市土地潜力,提高土地使用价值的过程。土地的价值基本上反映在其市场价格上,受经济规律的支配;但也受其他一些因素的影响,如法律的规定、政府的土地政策、土地市场的投机活动等。一般情况下,城市中土地昂贵的地区,表明那里的土地开发价值高,投资后可获得比其他地区更高的经济收益,因而起到将城市功能向这一地区吸引和聚集的作用。但是,高额的经济收益只有在以有限的土地取得最大空间容量的前提下才能获得,因而进一步促进了城市高层空间和地下空间的开发利用。

当开发城市地面空间必须付出高昂的土地费用时,如果开发地下空间不需支付或只需支付少量土地费用,则后者在开发费用上将显示出比较大的优势。以开发地下商业空间为例,据日本在1976年间建成的11处地下商业街的统计资料,工程造价随年度不同分别为250~980万日元/m²,为地面同类型建筑的2~4倍;但如果在地面建筑造价中加上300万日元/m²土地费,则地下街造价反而低于地面建筑造价,仅为后者的1/20~1/4。再以城市中的停车设施为例,越接近市中心区,停车需求量越大,土地价格也越高,以致投资者不愿以高价获得的土地去建造和经营收益很低的地面停车库;因此在许多大城市中,在不需支付土地费用的地下空间中兴建停车设施,就逐渐成为满足城市停车需求的主要手段。从我国情况看,在特大城市的最繁华地段,土地价格一般在1万元/m²左右,最高的达3.6万元/m²,占工程总投资的很大比重,与不需付土地费的地下工程相比,单位建筑面积造价高出1 000~2 000元/m²。如果地下工程建在城市广场或绿地之下,一般拆迁量较少,其工程投资自然要低于需大量拆迁的地面建筑投资。

此外还有一种情况,在城市中经济效益很高的地段,当地面建筑的层数和高度受到某些条件的限制时,投资者往往宁可在原地建多层地下室,也不愿转移到别处去投资另建,例如,在东京市区内 7 万多幢 4 层以上建筑物中,约有 40% 附建有地下室,开发深度平均为 15 m,最深的有 5 层,深达 25 m。

再如北京市的"东方广场",地处王府井与东单之间的繁华地段,地价很高,因在长安街上建筑物高度受到限制;故投资方大规模开发利用了地下空间,容量占总容量的 40% 左右,从而使容积率大幅度提高,在经济上得到应有的回报。

地下空间的使用价值,一般表现为开发后所产生的综合效益,包括经济效益、社会效益和环境效益。有时防灾效益也被列入;但实际上,地下空间在防灾减灾中的作用,其中减少的经济损失可属于经济效益,对生命的保护则可作为很高的社会效益。经济效益比较容易用量化的指标表达,但社会效益和环境效益的量化则有一定困难。一般来看,地下空间的开发利用有两种情况,一种是赢利性的,如商业空间;另一种是非赢利性的,如地下交通设施、地下公用设施等。在后一种情况下,地下空间的使用价值较低,甚至无法用直接的经济效益衡量;但这并不等于没有开发价值,这时的开发价值表现为社会效益上,只是难于定量。

当然,在可能条件下尽力使社会效益或环境效益能得到一定程度的量化或货币化表达,将会使地下空间的综合效益更为直观,更具说服力。例如,因地下轨道交通的建设而使居民出行缩短了时间,由于地面交通减少了堵塞时间这样的社会效益,都是可以折合成经济效益的。又如,当城市基础设施的主要部分实现地下化后,地面上节省出的用地可以集中起来用于绿化,而每平方米绿地所产生的环境效益,例如,空气污染降低多少和热岛效应减轻多少等,都是可以量化的。此外,由于开发地下空间对环境污染的减轻,也是可以转化为一种经济效益的。这样,就有助于对开发利用地下空间的效益进行综合的评估。

1.3　地下空间的防灾及环境特性

1.3.1　地下空间抗御外部灾害的能力

在致力于城市发展和现代化建设的同时,不能忽视城市的总体抗灾抗毁能力的增强,以便把灾害损失减到最轻程度。在多种综合防灾措施中,充分调动各种城市空间的防灾潜力,建立以地下空间为主体的城市综合防灾空间体系,为城市居民提供安全的防灾空间和救灾空间,是一项重要的内容。

下面着重从抗爆、抗震、防火、防毒、防风、防洪等几个方面探讨地下空间抗御外部灾害的特性与能力,以便充分发挥地下空间在城市防灾中的积极作用。

1. 地下空间的抗爆特性

爆炸形成空气冲击波向四周扩散,对接触到的障碍物产生静压和动压,造成破坏,此外还会有伴生及次生灾害,如核爆炸的光辐射、早期核辐射、放射性沾染等是伴生灾害,火灾、建筑物倒塌等为次生灾害。这些破坏效应,对于破坏半径范围内暴露在地面空间中的人和建筑物,很难实行有效的防护,然而地下空间对此却有其独特的防护能力。例如,当核爆炸冲击波的地面超压达到 0.02 MPa 时,多层砖混结构的房屋将严重破坏,成为废墟;超过 0.12 MPa 时,所有暴露人员会由于冲击波致死。但是,由于冲击波在土层或岩层中受到削弱,成为压缩波,故要使地下建筑结构具备 0.1 MPa 以上的抗力并不困难,其中的人员自然也不会受到伤害。至于其他爆炸,由于爆炸能量较核爆炸小得多,地下空间的防护能力是不言自明的。

2. 地下空间的抗震特性

地震释放出的能量以垂直和水平两种波的形式向四面传递。垂直波的影响范围较小,但破坏性很大;水平波则可传递到数百千米以外。地震的强度是使建筑物破坏的主要外力,地震的持续时间也是主要破坏因素之一。

在浅层地下空间的建筑结构,与地面上的大型建筑物基础大致在一个层面上,受到的地震力作用基本相同。但两者的区别在于,地面建筑上部为自由端,在水平力作用下越高则振幅越大,越容易破坏;然而处于岩层或土层包围中的地下建筑,岩石或土对结构提供了弹性抗力,阻止了结构位移的发展,同时周围的岩石或土对结构自振起了阻尼作用,也减小了结构的振幅。这个区别已被世界上多次地震后果所验证,现在虽还不能进行量化的比较;但从定性分析看,可以被认为是在同一地点地下建筑破坏轻微而地面建筑破坏严重的主要原因,也是地下空间良好抗震性能的明显表现。

发生在地层深部的地震,其震波在岩石中传递的速度低于在土中的速度,故当震波进入到岩石上部的土层后,加速度发生放大现象,到地表面时达到最大值。据日本的一项测定资料,地震强度在 100 m 深度范围内可放大 5 倍。另据对唐山煤矿震害的调查,在 450 m 深度处,地震烈度从地表的 11 度降低到 7 度。这种随深度加大地震强度和烈度趋于减弱的特点,使在次深层和深层地下空间中的人和物,即使在强震情况下,只要通向地面的竖井和出入口不被破坏或堵塞,就基本上是安全的,这是地下空间良好抗震性能的又一明显表现。

3. 地下空间对城市大火的防护能力

不论是什么原因引起的城市火灾,都有可能在一定条件下(如天气干燥、有风、建筑密度过大等)燃烧成为城市大火,甚至形成火暴,造成生命财产的严重损失。由于热气流的上升,地面上的火灾不容易向地下空间蔓延,又有土层或岩石相隔;故除在出入口需采取一定的防火措施外,在城市大火中,地下空间比在地面上安全。但是这种安全有一个前提,就是由于燃烧中心的地面温度急剧升高,经覆盖层和顶部结构的热传导,使地下空间中的温度升高。只有当这种升温被控制在人和结构构件所能承受的范围内时,地下空间才是安全的。

据有关研究资料,当火灾中心温度为 1 100 ℃时,如果顶板厚度大于 300 mm,则板内表面温度不超过 100 ℃,对混凝土强度基本无影响。当结构顶板厚度为 300 mm,上面覆土厚度为 400 mm 时,顶板内表面升温至 40 ℃需要 36 h,这时距内表面 100 mm 处的室温只有 20.5 ℃,因而对其中的人员不至构成危害。

4. 地下空间的防毒性能

在现代战争中,如果发生核袭击或大规模使用化学和生物武器的情况,对于暴露在地面上的和在地面有窗建筑中的人员,防护非常困难,会造成严重伤亡。在平时的城市灾害中,有毒化学物质泄露及核事故造成的放射性物质的泄露,由于发生突然,在没有防护措施的情况下,对城市居民的危害十分严重。

地下空间的覆盖层和结构层只要具有一定的厚度,对核辐射就有很强的防护能力;地下空间有封闭性特点,在采取必要的措施后,能有效地防止放射物质和各种有毒物质的进入,因而其中的人员是安全的。

5. 地下空间对风灾的减灾作用

风灾对城市地面上的供电系统的破坏性很大,除直接损失外,停电造成的间接损失也很大。当风的强度超过建筑物的设计抗风能力时,由风压造成的建筑物倒塌和由负压造成的层顶被掀走的现象是常见的。由于风一般只是从地面以上水平吹过,对地下建筑物和构筑物不产生荷载,再加上覆盖层的保护作用,因而几乎可以排除风灾对地下空间的破坏性。

6. 地下空间的防洪问题

洪灾是我国相当多城市可能发生的自然灾害之一,由于水流方向是从高向低;故地下空间在自然状态下并不具备防洪能力,如果遭到水淹,就会成为地下空间的一种内部灾害。但是,这种状况是否可以通过人为的努力和科学技术的进步得到改变,使地下空间成为一种防洪设施,是个很值得研究的问题。除依靠地下空间的封闭性对洪水实行封堵外,还可以在更高的科技水平上,充分发挥深层地下空间大量储水的潜力,综合解决城市在丰水期洪涝,而在枯水期又缺水的问题。如果地下水库的容量超过地面上的洪水量,洪水就会及时得到宣泄,经处理后储存在地下空间中供枯水期使用。从这个意义上讲,应当认为地下空间同样可以起到防洪的作用。

在现代科学技术还不足以使城市摆脱灾害威胁以前,只有在建立健全单项防灾系统的同时,使这些系统能够协调地进行工作,并随时处于有准备状态,才能使城市在防止灾害发生,减轻灾害损失,加快灾害恢复等各个环节上具备综合的能力,这就是所谓的城市综合防灾。

在建立城市综合防灾体系的过程中,地下空间以其对多种灾害所具有的较强防护能力而受到普遍重视,越是城市聚集程度高的地区,这种优势就表现得越为明显。

在城市改造和立体化再开发过程中,地下空间在数量上迅速扩大,质量有所提高,本身都具有一定的防护能力,只要在出入口部适当增加防护设施,就可以形成大规模的地下防灾空间,包括面状空间和线状空间。面状地下空间可容纳大量人员避难、救治伤员、储存物资;线状地下空间(地铁、地下步行道、可通行的管线廊道等)则可用于人员疏散、伤员转运、物资运输等,使大量居民即使在灾前来不及疏散时也有可能置于地下防灾空间的保护之下。同时,实行地下与地面防灾空间的互补,建立起覆盖整个城市的防灾空间体系,增强城市的总体抗灾抗毁能力。

战争及平时灾害对城市造成的损失除人员伤亡外,城市经济(主要是工业)和基础设施的破坏,对保存战争潜力和灾后恢复能力都是很不利的。这一点虽然早已得到公认;但因其比对居民的保护需要更多的资金和物资,真正实行起来有很大困难。

城市中的工业企业如因受灾而停产,则不仅工业产值减少,而且产品的减少必然加重救灾的困难。如果平时有一定的防灾准备,例如,将战时必须坚持生产的生产线置于地下空间中,在地下空间中储备足够的备件、零件等,至少可以减轻一些损失和加快一些恢复时间。

城市基础设施在维持城市生存的意义上,常被称为城市的"生命线",其中最重要的除道路系统外,供水和供电系统应尽量避免破坏,即使部分破坏也能及时修复。

城市公用设施管线的地下化和廊道化,虽然需要相当数量的资金才能实现;但与灾害损失相比,可能还是一个小的数字。日本正在研究在大深度城市地下空间建立基础设施系统。其目的,除解决地面空间容量不足的问题外,加强城市基础设施的抗灾抗毁能力也是主要出发点之一。

1.3.2　地下空间的内部防灾要求

地下建筑对于外部发生的各种灾害都具较强的防护能力。但是,对于发生在地下建筑内部的灾害,特别像火灾、爆炸等,要比在地面上危险得多,防护的难度也大得多,这是由地下空间比较封闭的特点所决定。因此,地下建筑的内部防灾问题,在规划设计中应占有突出位置,重点应是防火、防爆、防水、防震等。

地下空间中发生火灾造成的危害比其他建筑空间中严重,因为首先,在地下空间中,火势蔓延的方向和烟的流动方向与人员撤离时的走向一致,都是从下向上,火的燃烧速度和烟的扩散速度大于人员的疏散速度,同时,在出入口处由于烟和热气流的自然排出,给消防人员进入灭火造成很大困难;其次,在地下空间中,由于封闭性较强,人们的方向感较差,那些对内部情况不太熟悉的人很容易迷路,因此当灾情发生后,混乱程度比在地面上要严重。建筑规模越大,内部布置越复杂,这种危险性就越大。

地下建筑内部发生火灾的原因主要有电气事故(如打火、短路、过热等),使用明火不慎(如饮食加工、电焊、淬火等),易燃气体泄漏,以及管理不善(如允许吸烟、监控系统失灵)等。火灾发生后容易蔓延的原因是大量易燃物的存在,例如,装修材料、家具(货架、柜台、桌椅等)、易燃商品(衣服、鞋帽等)、纸制品(书籍、资料、档案、包装箱等)。一般的办公室、商店,每平方米地面面积平均有可燃物100 kg,书库为200 kg。因此,应针对内部火灾发生和蔓延的可能性,限制易燃物和可燃物的数量,采取必要的消防措施。

火灾对人的危害主要通过4种效应:烧伤、窒息、中毒和高温热辐射。据日本资料,在因火灾而死亡者的总数中,由于缺氧和一氧化碳中毒窒息而死的占50%～60%,烧死的约为30%,离火焰端头3 m处的空气温度可达150 ℃,人在这种高温下只能生存5分钟。包括一氧化碳在内的各种有害气体浓度达到1%时,人能维持呼吸的时间仅5～6分钟。此外,如果火灾引发爆炸,或爆炸引起火灾,两种灾害重叠,灾情将更为严重。

地下空间防火最重要的有两个方面:一是对灾情的控制,包括控制火源、起火感知和信息发布、阻止火势蔓延和烟流扩散及组织有效的灭火；二是内部人员的疏散和撤离，主要从规划设计上做到对火灾的隔离，保证疏散通道的足够宽度，满足出入口的数量要求并使其位置保持与疏散人员的最小距离。为了做到以上各点，地下空间在达到一定规模后，必须设置防灾中心并保证内、外通信系统的畅通，以及足够的消防用水和其他器材。地下空间遇到的水害一般由外部因素引起，如地表积水的灌入、附近供水干管破裂、地下水位回升、建筑防水层被破坏而失效等。这些只要在规划设计时加以重视，是不难预防和治理的。

地下空间在抗地震方面较之地面建筑有较大优势，在同样震级情况下，烈度相差较大；因此防震的重点应放在防止次生灾害上，如火灾、漏水、装修材料脱落等。

1.3.3　地下空间与生态环境

生态学(ecology)是研究生物及其所处环境之间相互关系的科学。生物与生物、生物与环境总是不可分割地相互联系，相互作用着，通过能量、物质、信息相互联结成为一个整体，这个整体称为生态系统，包括生物圈生态系统、水域生态系统、陆地生态系统、农业生态系统等。近年来，自然生态系统进一步扩展为包括经济系统和社会系统的复合系统。自然生态系统发展到一定阶段，出现了人类生态系统，再发展又出现城市生态系统。

自然环境是指一切可以直接或间接影响到人类生活、生产的自然界中的物质和能量的总体，包括地质环境、地形环境、大气环境、气候环境、水环境、土壤环境等，也称环境因子。人工环境是人类在开发利用和干预改造自然环境的过程中形成的有别于原有自然环境的新环境。城市环境就是人类活动与自然环境相互密切作用的结果。一方面，自然环境与条件影响着城市的形成与发展；另一方面，城市建设所形成的人工环境对人类的发展所起的作用也非常显著。

生态与环境既是两个独立的学科，同时又是互相作用、互相影响、紧密关联的两个范畴；因而常常被相提并论，如"生态环境问题"、"生态环境改善"、"生态平衡与环境保护"等。工业化和城市化一方面是人类社会进步和人类改造自然能力提高的重要标志，另一方面也造成了严重的生态失衡和环境恶化。联合国环境与发展委员会归纳了当前人类面临的 16 个严重生态环境问题，即人口剧增，土壤流失和退化，沙漠化扩大，森林锐减，大气污染严重，水污染加剧，自然灾害增多，大气"温室效应"加剧，大气臭氧层遭破坏，化学物质的滥用，能源消耗倍增，工业事故增多，海洋污染严重，物种不断灭绝，贫困加深，军费开支巨大等。在这些问题中，多数与城市生态环境有关。

现代社会由于城市的建设与发展，已经引发出相当复杂和严重的城市生态环境问题，造成一定的危害和损失。人们已开始采取各种防范和治理措施，在城市发展过程中保护生态环境，努力使之不再恶化，同时把创造良好的生态环境作为提高城市生活质量的重要内容。

在城市中，人工开发的地下空间是为了扩大城市空间容量，是一种在自然环境中创造人工环境的行为，对原有天然存在的地层构成了一种扰动，从实体变成空间。这样一个过程及其结果对城市生态环境是有利还是不利，对于这个问题迄今还缺少认真的研究。

前一时期,国际上曾有少数人为了保持地球的"完整",反对开发地下空间,以有利于生态环境的保护。这种观点并没有足够的科学依据,也缺乏全面的分析,未免失之偏颇,因噎废食。因此,对于开发城市地下空间可以在生态环境上起到哪些积极作用并可能发生哪些消极影响,不能笼统地加以肯定或否定,而是应当加以科学地全面地分析,才能有针对性地采取措施,尽最大可能兴利除弊,以解除人们的顾虑,促进城市的现代化发展。

在环境诸因子中,地质因子、土壤因子和水因子与地下空间开发有一定关系。

地球岩石圈及其上部土层的存在,为地下空间的形成提供了物质基础,因而地质环境是否稳定决定了地下空间形成的难易程度。高度稳定地段对开发地下空间十分有利,而高度不稳定地段使开发地下空间的难度增大,甚至不可能开发。至于在稳定的地质环境中开发地下空间是否可能破坏原有的稳定状态,造成地质灾害,如引发地震、滑坡、塌方等,则需要进行具体分析。

以地震而论,由于使用化爆方法开发地下空间所产生的能量很小,与引发地震所需要的能量相差悬殊,即使前些年,世界上进行过无数次的地下核试验,爆炸能量比开挖岩石要大得多,也并没有引发地震,足以证明这种顾虑是不必要的。至于滑坡和塌方,如果地质勘测有误或工程措施不当,是有可能发生;但从技术上看,如果采取适当的预防措施和处理措施是完全可以避免的。此外,在土层中开发地下空间,涉及生态环境的土壤因子。由于土壤状况直接影响植物的生长,而在地下空间开发范围内一般不再有植物;因此即使在开发过程中对土壤有所扰动和压实,影响到土壤的持水能力和通气性能,但因范围有限,对生态平衡不会产生不利影响。曾经有人指责,地下空间开发破坏了土壤中有益动物,如蚯蚓等的生存环境,对生态不利。实际上,蚯蚓在城市中几乎已失去其存在价值,何况地面建筑在施工时也要翻动地表土层,同样存在这个问题;因此在城市中这样一点生态上的变化是无足轻重的。此外,城市土壤容易受到地面上各种人为活动的污染,但地下空间的开发,一般不会产生这方面的问题。

此外,来自土壤和岩石中的放射性元素铀和钍及它们的子体产物,在衰变时放出 γ 射线,对人员造成外照射。另外,铀和钍的放射性气体衰变产物氡能从岩石和土壤中扩散出来,被人体吸收,造成内照射。氡及其衰变产物是最主要的天然辐射源,也是对地下空间辐射环境产生影响的主要辐射源。对于其影响程度的研究,尚无定论,但已取得一定进展。

城市水环境是一个城市所处的地球表层空间中水圈的所有水体及溶解物的总称,主要来源于大气降水,包括地表水和地下水。水环境是受人类干扰和破坏最严重的环境因子,水环境的污染和水资源的匮乏已成为当今主要环境问题之一。在土层中地下空间的开发与地下水的关系较为密切,主要表现在对地下水存在条件、分布条件、水位和水量等的影响。在地下空间开发过程中,当地下水位高于工程底面标高时,为了便于施工,常常采取人工降低水位的方法;完工后为了建筑防水,又常继续抽水以保持低水位。这样,就使地下空间所处位置及其周围一定范围内形成一个疏干的"漏斗"区,土壤中含水量降低,容易出现地面沉陷、开裂,同时使地下水流失,加剧城市水资源的短缺。防止这种失衡情况出现的措施是尽可能缩短施工期人工降低水位的时间,提高地下工程防水质量,然后人工灌水,恢复原有地下水位。当在较深土层中修建地下铁道时,线形的隧道有可能阻断地下水的流动,或破坏原有的储水构造,是否会影响到地层的稳定和附近建筑物的安全,是在可行性论证阶段应着重解决的问题之一。在一些特殊情况下,例如,在山东省济南市,不同位置的地下水体互相连通,形成一个地下水系,当水量和水压足够时即喷出地表,成为涌泉,大小涌泉有 70 余处,出现"家家泉水,户户垂杨"的独特景观,济南也被誉为"泉城"。在这种情况下,如果因开发地下空间而使原有地下水系受到破坏,将造成不可弥补的损失。因此,济南市对开发地下空间持十分慎重的态度,即使少量开发,深度也限于 5 m 以内,以避免干扰地下水系。此外,如果由于开发地下空间,使城市部分主要街道的行车部分改为运河,与原有的城市河流共同形成一个地面水系,扩大水面面积,则对于城市空气环境和小气候的改善,会起到很好的作用。

　　城市大气环境也是受人类干扰和破坏最严重的环境因子之一,主要表现为大气污染,使城市生活质量降低,被称之为"公害"。地下空间的开发,一般不存在加剧大气污染的因素,相反,由于地下空间的利用,降低了地面上的建筑密度,扩大了开敞空间的范围,这样就有可能增加城市绿地面积,提高绿化率,对于改善大气环境是非常有效的,特别是以乔木为主的城市植被,其作用尤为明显。

　　植物对大气的污染可起到有效的净化作用,主要有:减少空气中的粉尘;降低有毒和有害气体如二氧化硫、氯化氢等的浓度及其对植物的危害;杀灭细菌,还可以起到指示和监测空气污染情况和程度的作用。

　　此外,城市植被的小气候效应和吸收二氧化碳与放出氧气相平衡所产生的生态效益,早已是人所共知。

　　在城市总体规划中对城市的绿化覆盖率都要求达到规定的指标,为的是保护和改善城市的生态环境。在发达国家和发展中国家之间,这一指标存在相当大的差距。尽管如此,不少发展中国家包括我国的城市仍达不到规划要求的绿化指标,而且由于城市的盲目发展,仅有的一些绿地常常被蚕食或侵占,以致生态环境日益恶化。在这种情况下,在对城市进行现代化改造的同时,由于开发利用地下空间而使地面上的开敞空间增加并加以绿化,其改善生态环境的作用会是很明显的。地下空间开发利用这种间接地扩大城市绿地从而改善生态环境的效果,是非常值得重视的。

　　此外,由于地下交通系统的发展,如果大部分机动车辆转入地下空间行驶和停放,那么,噪声的污染将明显减轻,也应视为地下空间对城市生态环境所起的积极作用之一。

　　综上所述,地下空间对城市生态环境的积极作用是多方面的,是应当肯定的,同时在开发利用过程中可能出现的消极影响也是值得注意的,应采取有效措施使之降到最小程度。当然,以上分析只是初步的,还应当对有关问题开展深入的研究,以求取得量化成果和提出有效的措施,弥补地下空间开发利用领域迄今存在的这项空白。

1.3.4　地下空间的内部环境要求

　　地面建筑室内环境可以依靠自然调节,如天然采光、自然通风等,来保持良好的建筑环境,这样做既节省能源,又可获得高质量的光线和空气;而地下空间与地面上的无窗建筑的封闭环境相似,则更多地依靠人工控制。

地下建筑的所有 6 个界面都包围在岩石或土壤之中,直接与介质接触,这使得内部空气质量、视觉和听觉质量,以及对人的生理和心理影响等方面,都有一定特殊性;加上认识上的局限和物质上的限制,要全面达到地下建筑功能所要求的环境标准,是比较困难的,以致长期以来,形成了一种"地下建筑环境不如地面建筑环境"的社会心理。应当说,这是客观现实的反映,因为这两种环境质量,确实在不同程度上存在着差距。在消除这一差距的过程中,已经取得很大进步,如日本的地下街、前苏联的地下铁道等,在环境上都已得到较高的评价。但必须看到,在建筑环境这一新学科中,还存在着许多有待开发、研究的领域,要想取得比较完满的结果,还需做出巨大的努力。

不同的建筑功能,对环境有不同的要求,因此建筑环境有生活环境、生产环境、购物环境等多种类型;但是只要有人活动,就首先要满足生理上的客观需要,同时还要考虑一些心理因素。在地下建筑环境中,应确立在不同情况下的几种标准。舒适标准,人在这种环境中能正常进行各种活动而没有不适感;最低标准,指维持生命的最低要求;极限标准,如果低于这个标准,对人体健康就会产生致病、致伤,甚至致死的危险。

地下空间的内部环境分生理环境和心理环境两个方面,生理环境又包括空气环境、视觉环境和听觉环境 3 个内容。

空气与阳光和水一样,对于人的生存、生活和从事各种活动,是必不可少的。衡量和评价地下建筑的空气环境有两类指标,即舒适度和清洁度。每一类中包含若干具体内容,如温度、湿度、二氧化碳浓度等。

空气环境的舒适度表现在适当的温度和相对湿度,界面的热、湿辐射强度,室内气流速度,以及空气的电化学性能(即负离子的浓度和单极性系数)。空气的清洁度衡量标准是含氧、一氧化碳、二氧化碳的浓度,含尘量和含细菌量,以及空气中氡及其子体的浓度等。所有这些指标都应达到国家标准,目前我国有关这方面的国家标准还不很完善,暂缺的部分只能先参照国外标准执行。

衡量视觉环境(或称光环境)的指标有照度、均匀度和色彩的适宜度等。天然光线的摄取程度,从室内可看到室外环境和景观的程度,也在一定程度上影响到室内视觉环境的质量。地下空间在后两个方面存在一些缺陷,可以利用人工控制的有利条件,创造一种稳定的,符合人视觉特点的光照环境。

人在室内活动对听觉环境的要求有 3 个方面:一是声信号能顺利传递,在一定距离内保持良好的清晰度;二是背景噪声水平低,适合于工作或休息;三是由室内声源引起的噪声强度能控制在允许噪声级以下。这 3 项要求在地下空间中,除在控制混响时间上与地面略有不同外,达到舒适标准一般不会太困难。

建筑内部环境在人的心理上引起一定的反应,如舒适、愉快等,是一种积极的反应;不适、烦闷等则属于消极反应。如果对于某种环境的消极心理反应持续时间较长,或重复次数较多,可能形成一种条件反射,或者形成一种难以改变的成见,称为心理障碍。地下环境本身的特点和由于这些特点引起的一些消极心理反应,如幽闭、压抑、担心自己的健康等,长期以来没有得到根本改善,几乎已形成了一种心理障碍,对进一步开发利用地下空间是一个不利因素。为了使这种状况得到改善,以进一步推动地下空间的开发利用,应当从 3 个方面进行努力:一是提高生理环境的质量,除提高舒适度外,着重研究解决地下环境对人体健康的长期影响问题;二是利用现代科学技术成果,设计较简单的系统,解决天然光线和景物传输到地下的问题,以及改善光环境和声环境等问题;第三个方面是从建筑设计上加以改进,增加建筑布置上的灵活性,提高建筑艺术处理的水平。这一问题已经普遍引起建筑学、医学、心理学等各领域中专家的重视,并开始组织跨学科的研究工作。

1.4　地下空间开发的法律与政策问题

1.4.1　法律问题

在 1.2.4 节中已经指出,地下空间的开发价值,只有在引入土地价值因素以后才有可能体现出其优势,才可能获得与地面空间开发相当的竞争力;因此这个问题与土地的所有权和使用权及地下建筑物、构筑物的产权都有直接的联系。在地下空间的潜在价值没有被认识之前,土地的所有权范围延伸到与其面积相对应的地面空间和地下空间,似乎是天经地义的,而且受到法律的保护,在土地私有制的国家中,这一点在过去并不存在任何疑问。日本《民法》第 207 条规定,土地所有权包括土地的上部和下部,可以理解为上至外层宇宙空间,下到地球中心;前西德的《民法》第 905 条和瑞士《民法》第 667 条也有类似的规定。这种情况大大限制了城市地下空间的开发利用,迫使一些城市的地下空间开发只能在有限的"公有地"下面进行,这种公有地为市政当局所有,可用于城市和市政建设而不需付出土地费用,例如,英国伦敦市的公有地占城市用地的 22%,日本东京为 19%。这也是为什么日本的地下商业街多建在城市广场和重要街道下面的主要原因,因为只有这些位置(还有公园)是"公地",而街区内均为"民地",即私有土地,在私有地下面开发地下空间,除高层建筑地下室外,很难实现较高的开发价值。

土地的私有制与开发城市地下空间的客观需求之间的矛盾日益尖锐;因而冲破土地所有权对地下空间控制的呼声日趋高涨,以致有些国家的政府和议会已开始研究这一问题,制定了一些过渡性措施,为在法律上彻底解决这个问题做准备。主要有两方面的措施:一种是规定土地所有权所达到的地下空间深度,如芬兰、丹麦、挪威,规定私人土地在 6 m 以下即为公有;另一种是要求地下空间的开发者向土地的所有者付一部分低于土地价格的补偿,例如,日本的补偿费为 20% 左右,由双方协商确定。

如果不能彻底消除土地所有权对地下空间的权限,则对于城市地下空间的开发仍然很不利,特别对于修建大型地下公共工程,仍受到很大的限制。例如,日本的深埋地下铁道,为了缩短线路,走向不限于沿城市干道,这样私有地通过率达到 80%,即使土地补偿费为 10%,也会使造价提高 3.3~3.6 倍。因此,日本近年开展的关于开发大深度(100 m 左右)城市地下空间的研究,首先遇到的障碍就是土地所有权和使用权问题。舆论界和与大深度开发直接有关的政府部门,如建设省、运输省等,纷纷要求国会制定法律,对地下空间的所有权和使用权做出明确的限定,有的要求把"大深度"定为地下 50~70 m,在这以下的空间为公有;有的建议市区 20~30 m 以下,郊区 60 m 以下的空间应为公有。据悉,日本国会已于 2001 年通过法案,确定在私有土地地表以下 30 m 内地下空间为私有,30 m 以下为公有,特殊情况可到 40 m。

国际隧道协会执委会于 1987 年委托协会的"地下空间规划工作组"研究地下空间开发在法律和行政方面的问题,由当时的美国明尼苏达大学地下空间中心承担了研究任务,向国际隧协 35 个会员国发出了调查问卷,其中 19 个国家的有关组织做出了回应,经过整理后于 1990 年提出了调查报告。报告对各国的地下空间及其他地下自然资源所有权问题进行了 6 项问卷式调查,对于所提出的"对于土地的私有者或公有者,使用权是否一直达到地球中心?"这一问题,在 19 份问答中,有 14 份是肯定的,其余的 5 份分 3 种情况:3 份是私有土地的,6 m 以下为公有;1 份是权限达到有价值的深度,概念不很清楚;还有 1 份是地下空间和土地一样均为公有,即中国。

以上情况说明,城市地下空间的所有权和使用权问题,对于充分开发利用地下空间以扩大城市空间容量至关重要,已经引起不少国家的重视。事实上,土地的私人所有者对地下空间的开发能力是有限的,一般限于建筑物的地下室,因此把所有权限定在地表以下 30 m 范围内,并不过分损害土地所有者的利益,反而有可能通过大型地下公共工程的开发得到意外的补偿;因此问题虽然复杂,但从法律上或行政上适当加以解决还是可能的。

我国的城市地下空间与土地一样,虽然均为全民所有,但长期以来同样是无偿使用,对于合理地进行统筹开发是不利的;因此亟须在解决土地有偿使用问题的过程中,同时解决土地上部和下部空间使用权限问题。土地的公有制使我国可以比较容易地解决这一问题,因为避免了土地所有者的各种阻力。

当前,在我国城市地下空间开发利用中,有许多法律问题尚待解决,其中最突出的是地下空间开发所形成的地下建筑物、构筑物,其产权的界定在全国还没有明确的规定。由于城市地下建筑,特别是地面上没有建筑物的单建式地下建筑,产权模糊不清,主体不明确,引起了不必要的纠纷,使地下空间开发的投资不畅。因此,在与现行法规不相抵触的前提下,明确界定地下建筑产权,对推动城市地下空间开发利用有重要的现实意义。对于这个问题,已经有少数城市的有关部门正在研究解决之中。

1.4.2 政策问题

为了鼓励和支持城市地下空间的开发利用,政府应制定多种优惠政策,从土地租让金、补偿费,到各种税费,都应全部或部分予以减免。工程的建设费用一般包括前期费用,如征地、拆迁、补偿、勘察设计等;第二项是各种税费,多达几十种到上百种;第三项是基础设施增容费;第四项是工程直接费,内容有土建、安装、装修、配套等。到 1997 年止,国内除少数城市外,尚未对地下建筑物开征有关土地使用的税、费,只付拆迁费或赔偿费。另外,对于一些地下公用设施和人民防空工程,由于属非营利性项目,可减免绝大部分税费。这样才使我国地下工程的造价得以维持在较低水平上,从而激发地下空间开发利用的积极性。尽管如此,政府仍应进一步统一制定各项优惠政策,特别应制定统一的减免标准。

除有关建设投资和各种费用的法律及政策外,为了推动地下空间的开发利用科学合理地进行,还需要制定各项技术性法规和政策。当前除地下人民防空工程和防水工程有设计规范外,有许多设计规范、设计标准、设计定额等仍是空白,需要及时组织研究和编制。

第2篇

地下工程设计

第2章　地下工程地质环境及围岩分级(类)

2.1　概述

　　地下结构和地面结构物(如房屋、桥梁、水坝等)一样,也是一种结构体系;但两者之间在赋存环境、力学作用机理等方面都存在着明显的差异。地面结构体系一般都是由结构和地基所组成,地基在结构底部起约束作用,除自重外,荷载都是来自外部,如人群、车辆、水力、风力等(图2-1(a))。而地下结构体系则是由地层和支护结构所组成,其中,以地层为主,支护仅用来约束地层,不使它产生过大的变形而破坏、坍塌。在地层稳固的情况下,体系中甚至可以不设支护结构而只留下地层,如我国陕北的黄土窑洞。地下结构所承受的荷载又主要来自结构体系的本身——地层,故称为地层压力或围岩压力。所以说,在地下结构体系中,地层是承载结构的基本组成部分,又是造成荷载的主要来源(图2-1(b)),这种合二为一的作用机理与地面结构是完全不同的。

　　　　　　(a)地面结构　　　　　　　　　　(b)地下结构

图2-1　地下结构和地面结构的比较

　　由此可见,在地下结构中,地层起主导作用。地下工程的一切活动,包括能否顺利地建成,使用中是否会出现问题,以及工期长短、投资多少等,无一不与地下工程所在区域的地层条件,也就是它所赋存的地质环境息息相关。有些地下工程在开挖期间产生大规模坍方,造成施工困难,甚至使工程报废。有些隧道等地下工程在运营期间出现洞体开裂破坏,严重影响行车安全,要求采取复杂的治理措施。产生这些问题往往都是由于地质环境因素所造成的,当然施工方法不当、工程措施不力也可能是一个重要原因。因此,了解和认识地质环境,研究它在工程建设活动中的变化,制定有力的工程措施,使这种变化不危及地下工程的安全,乃是地下工程勘测、设计和施工中的头等大事,应当受到充分重视。

地下工程所赋存的地质环境的内涵很广,包括地层特征、地下水状况、开挖洞室前就存在于地层中的原始地应力状态及地温梯度等。但对地下工程来说,最关心的问题则是地层被开挖后的稳定程度。这是不言而喻的,因为地层稳定就意味着开挖所引起的地层向洞室内的变形很小,而且在较短的时间内就可基本停止,这对施工过程和支护结构都是非常有利的。地层被挖成隧道等地下空间后的稳定程度称为地下工程围岩的稳定性,这是一个反映地质环境的综合指标。所以说,研究地下工程地质环境问题,归根到底就是研究地下工程围岩的稳定性问题,包括围岩破坏或稳定的规律、影响围岩稳定的主要因素、标志围岩稳定性的指标和判断准则、分析围岩稳定性的方法及为维护围岩稳定而必须采取的工程措施。

对地下工程地质环境,也就是围岩稳定性问题的认识,科学的方法应该从围岩变形与破坏的根本作用力——围岩的原始地应力出发,结合围岩的工程性质、施工对地层原始状态干扰和破坏的程度等进行综合研究,并根据围岩与支护结构共同作用,用围岩为主的观点来制定施工程序和进行支护结构设计。

由于围岩的性质与地质环境十分复杂,当前应用的力学模型还不能完全反映出围岩的真实性态,确定围岩特征参数的试验技术还不满足工程精度要求;因此当前的理论分析结果还达不到十分准确的水平。但不能因此而否定理论分析的价值;因为理论分析结果可以作为定性解释的依据,还可以用来研究在各种参数变化时围岩稳定和支护受力状态的限值范围,而且随着科学技术的发展,理论分析的结果将越来越逼近真实情况。

2.2　围岩结构分类及其破坏特征

地下工程围岩是指地层中受开挖作用影响的那一部分岩体。应该指出,这里所定义的围岩并不具有尺寸大小的限制,它所包括的范围是相对的,视研究对象而定。从力学分析的角度来看,围岩的边界应划在因开挖而引起的应力变化可以忽略不计的地方,或者说在围岩的边界上因开挖而产生的位移应该为0,这个范围在横断面上约为$6\sim10$倍的洞径。当然,若从区域地质构造的观点来研究围岩,其范围要比上述数字大得多。

围岩的工程性质主要是强度与变形两个方面,与岩体结构、岩石的物理力学特性、原始地应力和地下水条件有关。围岩主要是各种岩体,也包括土体,下面主要论述岩体的结构特征和破坏特性。

岩体是在漫长的地质历史中,经过岩石建造、构造形变和次生蜕变而形成的地质体。它被许许多多不同方向、不同规模的断层面、层理面、节理面和裂隙面等各种地质界面切割为大小不等,形状各异的各种块体。工程地质中将这些地质界面称之为结构面或不连续面,将这些块体称之为结构体,并将岩体看做是由结构面和结构体组合而成的具有结构特征的地质体。所以,岩体的力学性质主要取决于岩体的结构特征、结构体岩石的特性及结构面的特性。环境因素尤其是地下水和地应力对岩体的力学性质影响也很大。在众多的因素中,哪个起主导作用需视具体条件而定。

在软弱围岩中,节理和裂隙比较发育,岩体被切割得很破碎,结构面对岩体的变形和破坏不起控制作用;所以岩体的特性与结构体岩石的特性并无本质区别。当然,在完整而连续的岩体中亦是如此。反之,在坚硬的块状岩体中,由于受软弱结构面切割,使块体之间的联系减弱,此时,岩体的力学性质主要受结构面的性质及其在空间的组合所控制。

由此可见,岩体的力学性质必然是诸因素综合作用的结果,只不过有些岩体是岩石的力学性质起控制作用,而有些岩体则是结构面的力学性质占主导地位。

岩体与岩石相比,两者有着很大的区别,和工程总的尺度相比,岩石几乎可以被认为是均质、连续和各向同性的介质;而岩体则具有明显的非均质性,不连续性和各向异性。

2.2.1　岩体结构分类

试验和实践都已证明,岩体的变形、破坏及应力在岩体中的传播途径,除了受上述的结构体岩石和结构面控制外,还有一个重要因素,就是岩体的构造特征。和宇宙间一切物体一样,岩体也是以它特有的结构形式存在着,并彼此相区别。不同块度、形状、产状的结构体构成了各种岩体结构类型。根据它们对岩体力学性质和围岩稳定性的影响(称为岩体的结构效应),工程地质学中将岩体划分为如下 4 种结构类型。

(1) 整体结构:包括整体结构和块状结构。

(2) 层状结构:包括层状结构和板状结构。

(3) 碎裂结构:包括镶嵌结构、层状碎裂结构和碎裂结构。

(4) 散体结构。

整体结构岩体的变形主要是结构体的变形;块状和层状结构岩体的变形主要是结构面的变形,岩体的破坏主要是沿软弱结构面的滑动;碎裂和散体结构岩体的变形,开始是将裂隙或孔隙压密,随后是结构体变形,并伴随有结构面张开。

2.2.2　地下工程围岩失稳破坏性态

地下工程围岩变形、破坏和岩体结构的关系十分密切,根据工程实践的观察,大致有以下5 种情况。

1. 脆性破裂

整体状和块状结构岩体,岩性坚硬,在一般工程开挖条件下表现稳定,仅产生局部掉块。但在高应力区,洞周应力集中可引起"岩爆",岩石成碎片射出并发出破裂响声,属于脆性破裂。

2. 块状运动

如图 2-2(a)所示,当块状或层状岩体受明显的少数软弱结构面切割而形成块体或数量有限的块体时,由于块体间的联系很弱,在自重作用下,有向临空面运动的趋势,逐渐形成块体塌落、滑动、转动、倾倒及块体挤出等失稳破坏性态。块体挤出是块体受到周围岩体传来的应力作用的结果。在支护结构和围岩之间如有较大空隙而又未回填密实或根本没有回填,块体运动可能对支护结构产生冲击荷载,而使之破坏。

(a)块状运动　　　(b)弯曲折断　　　(c)松动解脱　　　(d)塑性变形

图 2-2　地下工程围岩失稳破坏性态

3.弯曲折断破坏

如图 2-2(b)所示,层状岩体尤其是有软弱夹层的互层岩体,由于层间结合力差,易于错动;所以抗弯能力较低。洞顶岩体受重力作用易产生下沉弯曲,进而张裂、折断形成塌落体。边墙岩体在侧向水平力作用下弯曲变形而鼓出,也将对支护结构产生压力,严重时可使支护结构折断而塌落。

4.松动解脱

碎裂结构岩体基本上是由碎块组合而成的,在张拉力、单轴压力、振动力作用下容易松动,溃散(解脱)而成碎块脱落。一般在洞顶表现为崩塌,在边墙则为滑塌、坍塌,如图 2-2(c)所示。

5.塑性变形和剪切破坏

散体结构岩体或碎裂结构岩体,若其中含有较多的软弱结构面,开挖后由于围岩应力的作用,将产生塑性变形或剪切破坏。往往表现为坍方、边墙挤入、底鼓及洞径缩小等,而且变形的时间效应比较明显,如图 2-2(d)所示。有些含蒙脱土或硬石膏等矿物的膨胀性岩体或结构面,遇水膨胀并向洞内挤入,也属于塑性变形性质。

2.3　围岩的初始应力场

围岩的初始应力场又称原始地应力场。

图 2-3　围岩的初始应力场和开挖卸载

由于岩体的自重和地质构造作用,在地下工程开挖前岩体中就已经存在着一定的地应力场,人们称之为围岩的初始应力场。它是经历了漫长的应力历史而逐渐构成的,并处于相对稳定和平衡状态之中。洞室开挖后,使得围岩在开挖边界处解除了约束,失去平衡,此时洞室周边的应力都变为 0,即 $\sigma_n = 0$,$\tau = 0$,如图 2-3 所示。其结果引起了洞室变形(这种变形系岩体卸载而发生的回弹变形),产生应力重分布,形成围岩的新的应力场,称为围岩二次应力场。由此可以看出,因开挖隧道而引起的围岩变形、破坏、应力传播等一切岩石力学现象无一不与围岩的初始应力场密切相关，都是初始应力发展的延续。

地下工程的一个主要问题是要搞清楚初始应力场的分布及其规律，以便最终能将它确定出来。但是，由于产生地应力的原因非常复杂，再加上地层结构本身的复杂性，以致到目前为止，仍不能完全认识它的规律而给出明确的定量关系，还有待我们继续探索。但在地下工程的影响范围内，我们已经能够较为准确地确定其大小和方向。

2.3.1　围岩初始应力场的组成——自重应力场和构造应力场

围岩初始应力场的形成与岩体的结构、性质、埋藏条件及地质构造运动的历史等有密切关系。因此，习惯上常根据地应力的成因将其分为自重应力场和构造应力场两大类，这两类应力场的基本规律有明显的差异。围岩的自重应力场比较好理解，它是地心引力和离心惯性力共同作用的结果。围岩的构造应力场就比较复杂，按其形成的时间，又可以分为如下两类。

（1）由于过去地质构造运动，譬如断层、褶曲、层间错动等所引起的，虽然外部作用力移去后有了部分恢复，但现在仍残存在岩体中的应力；岩石在形成过程中，由于热力和构造作用所引起的，虽经过风化、卸载，部分释放，现在仍残存着的原生内应力。这两种都称为构造残余应力。

（2）现在正在活动和变化的构造运动，譬如地层升降、板块运动等所引起的应力，称为新构造应力，地震的产生正是新构造应力的反映。

围岩初始应力场中究竟是以自重应力为主还是以构造应力为主，历来都是有争论的。一种观点认为，岩体内的应力主要是在自重作用下产生的垂直应力，水平应力则是由岩体的泊松效应引起的，最大只能等于垂直应力（即取泊松系数等于 0.5）。这种观点实质上是否认地质构造运动能改变岩体的应力状态。这显然与实际情况不符，现今大量的地应力测量资料表明，围岩初始应力场中水平应力与垂直应力之比常常大于 1，有的甚至高达 7～8，而且主应力方向与当地区域构造的迹象非常一致。这一切都说明地质构造运动不仅改变了岩体原生的结构特征，而且也改变了岩体原生的应力状态。另一种观点则认为，岩体中的应力主要是地球自转和自转速度变化而产生的离心惯性力。因此，应以水平应力为主。李四光教授认为，地球自转及自转速度变化是地壳新构造运动的主要动力，是形成岩体中地应力的重要原因之一。但不能说是唯一的，因为在很多地区发现它的地应力场与最新构造运动所产生的变形场并不一致。

这一切都说明了现阶段围岩的初始应力场主要是构造残余应力场，晚期构造运动的强度如不超过早期构造运动强度的话，则新构造运动可以影响，但很难改变它。只有在埋深较浅而又比较破碎的岩体中，由于构造变动引起的剥蚀作用使构造应力释放殆尽，才是以自重应力场为主。当然，在那些从未遭到过较大构造运动的沉积岩体中，也可能是自重应力占主要地位。

2.3.2　围岩初始应力场的变化规律与影响因素

围岩的初始应力场包括自重应力场和构造应力场两部分，而两者的变化规律则不相同。

1. 自重应力场

在以自重应力场为主的岩体中,地表以下任一深度 H 处的垂直应力 σ_z^o 等于其上覆岩体的重量,如图 2-4 所示,即

$$\sigma_z^o = \gamma H。 \tag{2-1}$$

这里以压应力为正,γ 为岩体的容重,单位为 kN/m^3;H 单位为 m。

图 2-4　自重应力场

当上覆岩体为多层不同的岩石时,则 σ_z^o 为(图 2-4(b))

$$\sigma_z^o = \gamma_1 H_1 + \gamma_2 H_2 + \cdots + \gamma_n H_n = \sum_{i=1}^{n} \gamma_i H_i。 \tag{2-2}$$

式中:γ_i——第 i 层岩体的容重;

H_i——第 i 层岩体的厚度。

该点的水平应力 σ_x^o、σ_y^o 主要是由于岩体的泊松效应所引起的,按弹性理论假定可为

$$\sigma_x^o = \sigma_y^o = \frac{\mu}{1-\mu}\sigma_z^o = \frac{\mu}{1-\mu}\gamma H$$

$$\left.\begin{array}{c}\\\\\end{array}\right\} \tag{2-3}$$

$$\sigma_x^o = \sigma_y^o = \frac{\mu_n}{1-\mu_n}\sum_{i=1}^{n}\gamma_i H_i。$$

式中:μ_n——计算应力处岩体的泊松系数。

图 2-5　河谷区应力场分布

这里所说的只是基本概念,仅当地面为水平面,而岩体为各向同性($\mu_x = \mu_y$)的半无限弹性体时,上述各式才是有效的。

但岩体的组成比较复杂,不大可能是各向同性的,而且地面也都起伏不平。因此,围岩的自重应力场不能简单地按上述公式决定,必须根据三维弹性理论的基本方程,并考虑重力和各向异性求解,对此问题目前尚无精确的解析解。一般只能采用数值方法,如有限单元法求得近似解。图 2-5 表示一个河谷地区自重应力场的有限单元法解,可以大致说明该地区的地应

力分布状况。本例的围岩是按匀质各向同性弹性体处理的,在谷底将产生相当大的拉应力。如果围岩的抗拉能力较低,则谷底的围岩将被拉裂而使应力变为 0;故真实的应力值就可能与图 2-5 所示的结果不同。

不过,对于地面单一倾斜的各向同性半无限弹性体,其自重应力场可简化为平面问题,利用弹性理论中的布辛涅斯克(J. Boussinesq)解求得,这里不赘述。

从上述可以看出围岩自重应力场的变化规律为:

(1)垂直方向的自重应力是随深度成线性增加;

(2)水平应力总是小于垂直应力,最多也只能与其相等。

2.　构造应力场

由于形成构造应力场的原因非常复杂,因而它在空间的分布极不均匀,而且随着时间的推移还不断发生变化,属于非稳定的应力场。但相对于工程结构物的使用期限来说,可以忽略时间因素,将它视为相对稳定的。即使如此,目前还很难用函数形式将构造应力场表示出来,只能通过实地量测找到一些规律性。但是实测的初始应力是许多不同成因的应力分量迭加而成的综合值,无法将它们一一区别。通过对实测数据的分析,只能了解由于构造应力的存在,使自重应力场发生什么样的变异,以及它在整个初始应力场中所起的作用。已发表的一些地应力测量资料表明,我国大陆初始应力场(包括自重应力场和构造应力场)的变化规律大致可以归纳为如下几点。

(1)在一定深度内,垂直应力的量值随深度线性增大,而且水平应力普遍大于垂直应力。

(2)水平主应力具有明显的各向异性。水平主应力的另一个显著特点,就是具有很强的方向性,一般总是以一个方向的主应力占优势,很少有大、小主应力相等的情况。

3.　影响围岩初始应力场的因素

围岩的初始应力状态,一般受到两类因素的影响:

(1)第一类因素有重力、地质构造、地形、岩体的物理力学性质及地温等经常性的因素;

(2)第二类因素有新构造运动、地下水活动、人类的长期活动等暂时性的或局部性的因素。

在上述因素中,前面已经提到了覆盖层自重和地质构造,前者的影响比较明确,它是形成垂直应力的主要来源。地质构造的影响就复杂得多了,目前还只能定性地说它主要是影响水平应力的大小和方向。

此外,在众多的因素中还要特别研究下面几点。

(1)地形和地貌。地应力实测和有限元分析都表明了地形的变化并不产生新的地应力场,只对应力起调整作用。在靠近山坡部位,最大压应力方向近似平行山坡表面。从主应力的量值来看,在接近山谷岸坡表面部分是应力偏低的地带,往里则转变为应力偏高带,再往山体深部逐渐过渡到应力稳定区,在山谷底部则有较大的应力集中。在实际工程中还发现有些傍山隧道,虽然临近山谷,按理应力已基本释放完毕,属于应力偏低带,可是仍存在着相当大的应力。这可能是由于地形剥蚀作用所造成的。剥蚀前,上覆岩层很厚、地壳中储存着很高的地应力,岩层剥蚀后,由于岩体内的颗粒结构的变化和应力松弛都赶不上剥蚀作用的速度;所以垂直应力虽然释放了绝大部分,但水平应力却未能充分释放而残留下来。这种残留应力和构造残余应力的主要区别,在于后者具有明显的方向,而前者则方向性不强。

(2)岩体的力学性质。正如以上所述,现阶段围岩中的应力状态是经过历次构造运动的积累和后来剥蚀作用的释放而残存下来的。按照强度理论,岩体中的应力状态不能超出岩体强度,所以岩体强度越高地应力值越大。一般可用垂直应力与岩体单轴抗压强度的比值(定义为应力度:$S = \dfrac{\gamma H}{R_c}$)来表示岩体在开挖前的状态,应力度越小,说明岩体的潜在能力还很大,开挖后就越稳定,引起的位移就越小。

此外,应力的积累还与岩体的变形特性有关,变形模量较大的近于弹性的岩体对应力的积累比较有利,例如,$E = 5 \times 10^4$ MPa 以上的岩体,最大压应力一般为 10～30 MPa,而 $E = 1.0 \times 10^4$ MPa 以下的岩体,其最大压应力很少有超过 10 MPa 的。塑性岩体容易产生变形,不利于应力的积累;故在这类岩体中常以自重应力场为主。

(3)地温。温度变化,尤其是围岩内部各处温度不相同时,温度应力的一部分会残留下来。此外,地壳内岩浆固结或受高温高压再结晶时,将伴随着体积膨胀或收缩,由于受到相邻地块的约束也会产生残余应力。

(4)人类活动。人类活动包括大堆碴场的形成、深的露天开采和地下开挖、水库、抽水、采油及高坝建筑等都可能局部地影响围岩的初始应力场,有时候影响甚至很大,例如,水库蓄水而诱发地震就是一个例子。

只有详尽了解影响围岩初始应力场的各种因素,才能较可靠地确定围岩的初始应力状态。

2.3.3　围岩初始应力场的确定方法

除了在以自重应力场为主的情况下,可以通过计算确定围岩初始应力状态外(见 2.3.2 节),一般都只能通过现场实地应力量测获得。但实测工作由于费时费钱,不可能大量进行,而且由于仪器设备不完善、操作过程不标准等原因,实测的围岩初始应力也不是绝对正确的。这就提出了如何利用少数测点实测资料,建立可靠的围岩初始应力场的问题。根据我国实践经验来看,比较可行的是实地量测和地质力学分析相结合的方法。

1. 实地应力量测

实地应力量测就是直接在未经开挖扰动过的岩体中进行应力量测。近年来,由于钻探技术和深孔应力量测技术的发展,为测量围岩的初始应力状态创造了条件。岩体应力量测有两种:① 量测围岩的绝对应力值,包括其大小和方向;② 量测围岩应力在开挖过程中的相对变化。前者可用来确定围岩的初始应力场,后者则可评价施工程序的优劣及开挖对相邻地下工程的影响等。岩体应力的量测方法按其原理大致可以区分为如下 3 种类型。

1) 应力全解除法

其基本原理就是将包含着量测元件的那一部分岩体单元从岩体中分离出来,解除周围岩体中对它的约束作用,然后量测由于解除约束而产生的应变,利用岩体的应力－应变关系,反算出所解除的应力,也就是原存于围岩中的初始应力。当然,也可以直接量测所释放的应力,不必通过应力－应变关系反算。应力全解除法的具体做法有以下两种。

(1)孔底法,其步骤如图 2－6 所示。首先用环钻钻孔至所要求量测应力的深度,并将岩芯取出;再用打磨钻头将孔底磨平,并将应变计粘贴到孔底上,读取应变计的初读数;然后继续钻孔,使贴有应变计的岩芯与周围岩体分离开,解除对岩芯的约束作用,直到岩芯末端的应力完全释放(即应变计读数不再变化)为止,并读取最终读数,根据初读数和最终读数即可求得垂直于钻孔轴平面的,由于应力解除而产生的任意 3 个方向的应变值 $\Delta\varepsilon_\alpha$、$\Delta\varepsilon_\beta$、$\Delta\varepsilon_\gamma$(图 2－6(b)中 $\alpha=0$);最后根据岩体的应力－应变关系即可算出围岩中垂直于钻孔轴平面上的应力。

图 2－6　孔底法

孔底法所测得的孔底应力,由于钻孔引起的应力集中,使之比真实的围岩原始应力要高些。目前虽有很多种改正方法,但还没有一致的看法。

(2)孔壁和孔径法,其步骤如图 2－7 所示。首先用大口径钻头钻孔到要量测应力的深度,并将孔底磨平;再改用小口径钻头在大孔底中心钻一个小钻孔,并在其中安装孔壁三轴应变仪(图 2－7(d)),取初读数,即为孔壁上 3 个不同方向的应变初值;然后用大口径钻头套钻,产生环状岩芯,解除约束,释放应力,并取最终读数;最后根据初读数和最终读数,即可求得应力释放后孔壁上三个不同的应变值 $\Delta\varepsilon_{\text{I}}$、$\Delta\varepsilon_{\text{II}}$、$\Delta\varepsilon_{\text{III}}$,根据有关的力学公式和岩体应力－应变关系,即可反算出围岩中三维的应力状态。

需要指出:无论是孔底法或孔壁法都可以在地面垂直向下钻孔,也可以在洞室内水平钻孔或向上钻孔进行量测。但孔底法只能测到一个平面上的两个主应力,第三个主应力值需要假设,如要量测三维应力状态,一般需要不同方向的 3 个钻孔。另外,应力全解除法量测岩体应力的精度一般都要受岩体应力－应变关系的控制;因此在条件许可的情况下,应尽可能在量测岩体应力的现场同时进行岩体应力－应变关系的测定,为应力量测提供比较可靠的基础。

图 2-7　孔壁和孔径法
1—橡皮元体；2—应变花；3—圆锥形楔；4—导向槽

2) 应力恢复法

其基本原理是事先在洞室的岩壁表面安装应变计,并记录下应变的初读数,然后在岩壁上掏一个狭长的槽口,这就解除了垂直于槽口的法向约束和平行于槽口的切向约束,应变计读数亦将下降;最后将扁千斤顶放入槽口,固定后加压,使应变计读数恢复到掏槽前的数值。此时,扁千斤顶显示的压力即为岩体中相应方向的应力,如图 2-8 所示。

图 2-8　应力恢复法

扁千斤顶量测,习惯上是在几个相互垂直的槽口中进行。例如,可以在地下洞室边墙上切割水平和垂直槽口,来量测岩壁表面竖向和纵向的应力分量 σ_z^o、σ_y^o(y 轴平行洞室轴线),在洞顶切割纵向槽口,来量测垂直轴线的水平应力分量 σ_x^o。

扁千斤顶所测得的岩体应力严格来说并非围岩的初始应力,而是由于开挖产生应力集中后的洞室周边应力,如图 2-9 所示。所以需对扁千斤顶所测得的结果进行修正,对于弹性岩体中的或断面形状规则的隧道,如圆形、矩形隧道,应力集中的修正比较简单,可以用弹性力学方法进行。对于断面形状复杂的洞室可以采用光弹性试验。但需注意,在隧道开挖过程中或多或少要损伤岩壁表面,从而使应力集中现象有所缓和;因此按弹性力学方法进行修正时,要考虑不同的施工方法对岩壁表面损害的程度,而将应力集中系数进行折减。

图 2 - 9　洞室围岩应力

—————弹性岩体应力线；—·—塑性岩体应力线

这种方法的优点,就是岩体应力的量测结果不受岩体应力 - 应变关系的制约。

量测围岩深部(埋深大于 500 m)的应力还可采用水压致裂法,这里不细述,有兴趣读者可以参阅有关地应力量测的书籍。

2. 地质力学分析

岩体中的一切构造形迹,如岩层倾斜、褶曲、破裂和错动等,无一不是岩体在地应力作用下形成的永久变形的形象,是地壳构造运动的力学作用的残迹。因此,根据构造形迹可以宏观地反推出地应力的性质和方向,这就是地质力学分析的基本概念。

应用地质力学方法分析工程地段围岩的初始应力状态,应首先进行区域性的构造形迹的调查和测绘,查明区域构造应力场的方向,其次是根据构造形迹的特征,定性地估计初始应力场的量级,最后再考虑其他地质力学标志,如埋深、风化程度等评价水平应力和垂直应力的比值。

在分析初始应力场的方向时,首要的工作是寻找由于最大水平应力作用所形成的构造形迹,如线性紧闭褶皱、区域性陡立岩层、逆冲断层、片理、平缓柱状构造及线排列、应力矿物定向排列等微型构造。它们的走向称为构造线,最大水平压应力的方向必然与构造线相垂直。

在产状比较平缓的层状岩体中,上述的构造线在工程范围内不明显,此时则可根据层面错动的逆向擦痕确定,其倾向方位即能代表最大压应力方向。

在没有明显的褶皱或构造形变不太强烈的块状岩体中,则可根据一对共轭的 X 形节理来确定水平应力的方向。因为整块岩层受压后,首先产生的就是由最大的剪应力所引起的 X 形剪切破坏,两组节理面之间所形成的锐角指向最大水平压力方向如图 2 - 10 所示。

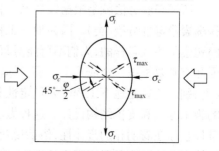

图 2 - 10　共轭 X 形节理

当岩体受到构造形变时,在主应力场的基础上,还会产生局部的和主应力场不一致的次级应力场,有时候工程范围内的岩体应力状态主要受次级应力场的影响。典型的次级应力场与褶皱和断层有关。

图 2-11 褶曲中的次级应力

岩体在褶皱过程中,尽管区域构造应力场的方向已知,但在褶皱的不同部位的应力状态还会有所变化。在褶皱的顶部可能产生与区域最大压应力方向平行的局部拉应力,层面之间产生很大的剪应力,如图 2-11 所示。

当岩体受断层切割,在推挤力作用下产生错动时,主动盘作用在断层上的法向压力可以传给被动盘,而切向力则不能全部传递,只有相当于断层抗滑阻力的那一部分的切向力可以传给被动盘。所以,作用在被动盘上的合力的方向就与主动盘的不一致了,它与断层法线所夹的角等于断层的内磨擦角。在断层带,经过大距离错动产生较厚的断层泥时,因其抗滑阻力很小;所以被动盘中作用力的方向近似地和断层相平行。

除应力解除法和应力恢复法之外,还提出一些确定围岩初始应力场的计算方法,如试算法、多元回归分析法、位移反分析法等。不过,这些方法还有待在实践中不断完善,例如,试算法就是在确定的边界上施加不同的荷载组合,经反复试算应力场,直到观察点的计算值与实测值达到基本上符合为止(例如,可以采用最小二乘法来判断);但这种解可能不是唯一的。

2.4 围岩稳定性的影响因素及围岩分级因素与指标的选择

判断地下工程围岩的稳定性,并针对围岩稳定的程度制定相应的工程措施——最佳的施工方法和支护结构,乃是研究地下工程地质环境需要解决的两个基本问题。对此,工程界历来都并存着两种截然不同的方法可供采用:经验方法和理论方法。由于地下工程所处地质环境十分复杂,人们对它的认识远没有达到完善的地步;所以至今在地下工程中经验方法仍然占有较重要的地位。

所谓经验方法就是根据以往的工程经验对上述的两个问题作出决策,其依据就是地下工程围岩稳定性分级(类)。因为地下工程所赋存的地质环境千差万别,它给地下工程所带来的问题也是各式各样的,人们不可能对每一种特定情况都有现成的经验和行之有效的处理方法;因此有必要根据一个或几个主要指标将无限的岩体序列划分为具有不同稳定程度的有限个级(类)别。这就是地下工程围岩稳定性分级(类),并依照每一级(类)围岩的稳定程度给出最佳的施工方法和支护结构设计。这种做法不仅是必要的而且也是可能的;因为即使大量的或然事件也存在着明显的规律性,俗话说"物以类聚"就是这个意思。拿围岩稳定性这个问题来说,岩体在开挖洞室后所表现出的性态,概括起来也不外乎是充分稳定的、基本稳定的、暂时稳定的、不稳定的几种。而工程中可能碰到的情况,也必然是属于其中的某一种。再说任何一种施工方法和支护结构都具有很大的地质适应性,例如,锚喷支护在采取一定措施的条件下,几乎可以适应绝大部分的地质条件。因此,针对不同的工程目的,可以将与之相应的地质环境进行一定的概括、归纳和分类,为地下工程的设计和施工提供一定的基础。应该说,一个准确而合理的围岩分级(类),不仅是人们认识地下工程围岩特征的共同基础,而且也是现场进行科学管理与正确评价经济效益的有力工具,以及地下工程建设投资的重要依据之一;因为评价工人劳动条件好坏、工程难易及制定劳动定额、材料消耗标准等都是以围岩分级(类)为基础的。

隧道等地下工程围岩分级(类)方法较多,国内外已经公开发表的近百种;但概括起来都是建立一个分级(类)表,表中一般都包括分级(类)档数、分级(类)限界和分级(类)判据 3 大要素。但是,对这 3 大要素的确定方法,各种分级(类)方法都不相同。

2.4.1　影响围岩稳定性的主要因素

影响围岩稳定性的因素很多,就其性质来说,基本上可以归纳为两大类:第一类是前面已经叙述过的,属于地质环境方面的自然因素,是客观存在的,它们决定了地下工程围岩的质量;第二类则属于工程活动的人为因素,如地下工程的形状、跨度、施工方法、洞室轴线与岩层产状的关系等。后者虽然不能决定围岩质量的好坏,但却能给围岩的质量和稳定性带来不可忽视的影响。

下面简要地说明各项因素对围岩稳定性的影响及其在分级(类)中的作用和地位。

1. 地质因素

围岩在开挖地下洞室时的稳定程度乃是岩体力学性质的一种表现形式。因此,影响岩体力学性质的各种因素在这里同样起作用,只是各自的重要性有所不同。

1) 岩体结构特征

前面已经讲到,岩体的结构特征是长时间地质构造运动的产物,是控制岩体破坏形态的关键。从稳定性分级的角度来看,岩体的结构特征可以简单地用岩体的破碎程度或完整性来表示,在某种程度上它反映了岩体受地质构造作用的严重程度。实践证明,围岩的破碎程度对洞室的稳定与否起主导作用,在相同岩性的条件下,岩体愈破碎,洞室就愈容易失稳。因此,在近代围岩分级(类)法中,都已将岩体的破碎程度或完整状态作为分级(类)的基本指标之一。

岩体的破碎程度或完整状态是指构成岩体的岩块大小及这些岩块的组合排列形态。关于岩块的大小通常都是用裂隙的密集程度,如裂隙率、裂隙间距等指标表示。所谓裂隙率就是指沿裂隙法线方向单位长度内的裂隙数目,裂隙间距则是指沿裂隙法线方向上裂隙间的距离。在分级(类)中常将裂隙间距大于 $1.0\sim1.5$ m 的视为整体的,而将小于 0.2 m 的视为碎块状的。当然,这些数字都是相对的,仅适用于跨度在 $5\sim15$ m 范围内的地下工程。据此,可以按裂隙间距将岩体分类,如图 2-12 所示。

图 2-12 中,d 为裂隙间距。这里所说的裂隙都是广义的,包括层理、节理、断裂及夹层等结构面。硅质、钙质胶结的,具有很高节理强度的裂隙不包括在内。

图2-12 按裂隙间距的岩体分类

图2-13 屋脊形分离岩块

2) 结构面性质和空间的组合

如前所述,在块状或层状结构的岩体中,控制岩体破坏的主要因素是软弱结构面的性质及它们在空间的组合状态。对于地下洞室来说,围岩中存在单一的软弱面,一般并不会影响洞室的稳定性。只有当结构面与洞室轴线的相互关系不利时,或者出现两组或两组以上的结构面时,才能构成容易堕落的分离岩块。例如,有两组平行但倾向相反的结构面和一组与之垂直或斜交的陡倾结构面,就可能构成屋脊形分离岩块如图2-13所示。至于分离岩块是否会坍落或滑动,还与结构面的抗剪强度及岩块之间的相互联锁作用有关。因此,在围岩分级(类)中,可以从下述的5个方面来研究结构面对地下工程围岩稳定性影响的大小:

(1) 结构面的成因及其发展史,例如,次生的破坏夹层比原生的软弱夹层的力学性质差得多,如再发生次生泥化作用,则性质更差;

(2) 结构面的平整、光滑程度;

(3) 结构面的物质组成及其充填物质情况;

(4) 结构面的规模与方向性;

(5) 结构面的密度与组数。

3) 岩石的力学性质

在整体结构的岩体中,控制围岩稳定性的主要因素是岩石的力学性质,尤其是岩石的强度。一般来说,岩石强度越高,洞室越稳定。在围岩分级(类)中所说的岩石强度指标,都是指岩石的单轴饱和极限抗压强度;因为这种强度的试验方法简便,数据离散性小,而且与其他物理力学指标有良好的换算关系。

此外,岩石强度还影响围岩失稳破坏的形态,强度高的硬岩多表现为脆性破坏,在洞室内可能发生岩爆现象;而在强度低的软岩中,则以塑性变形为主,流变现象较为明显。

4) 围岩的初始应力场

如前所述,围岩的初始应力场是地下工程围岩变形、破坏的根本作用力,它直接影响围岩的稳定性。因此,在某些围岩分级方法中有所反映,例如,国标《工程岩体分级标准》

(GB 50218—94)和《铁路隧道设计规范》(TB 10003—2005)的围岩分级等。

5) 地下水状况

隧道等地下工程施工的实践证明,地下水是造成施工坍方、使围岩丧失稳定的最重要因素之一;因此在围岩分级(类)中切不可忽视。当然,在岩性不同的岩体中,水的影响也是不相同的,归纳起来有如下几种:

(1) 使岩质软化,强度降低,对软岩尤其突出;对土体则可促使其液化或流动;

(2) 在有软弱结构面的岩体中,会冲走充填物质或使夹层软化,减少层间摩阻力,促使岩块滑动;

(3) 在某些岩体中,如含有生石膏、岩盐或以蒙脱土为主的粘土岩,遇水后将产生膨胀,其势能很大;在未胶结或弱胶结的砂岩中,水的存在可以产生流砂和潜蚀。

因此,在围岩分级(类)中,对软岩、碎裂结构和散体结构岩体、有软弱结构面的层状岩体及膨胀岩等,应着重考虑地下水的影响。

在目前的分级(类)法中,对地下水的处理方法有 3 种:① 在分级(类)时不将水的影响直接考虑进去,而是根据围岩受地下水影响的程度,适当降低围岩的等级;② 分级(类)时按有水情况考虑,当确认围岩无水则可提高围岩的等级;③ 直接将地下水的状况(水质、水量、流通条件、静水压等)作为一个分级(类)的指标。

2. 工程活动所造成的人为因素

施工等人为因素也是造成围岩失稳的重要条件,其中尤其以洞室的尺寸(主要指跨度)、形状及施工中所采用的开挖方法等影响较为显著。

1) 地下洞室尺寸和形状

实践证明,在同一级(类)围岩中,洞室跨度愈大,围岩的稳定性就愈差;因为岩体的破碎程度相对加大了。例如,裂隙间距在 0.4~1.0 m 左右的岩体,对中等跨度(5~10 m)的洞室而言,可算是大块状的;但对大跨度(>15 m)的洞室来说,只能算是碎块状的。因此,在当前的围岩分级(类)法中,有的就明确指出分级(类)法的适用跨度范围;有的则采用相对裂隙间距,即裂隙间距与洞室跨度的比值作为分级(类)的指标。例如,相对裂隙间距为 1/5 的属完整的;1/5~1/20 范围内的属破碎的;大于 1/20 的属极度破碎的。但也有人反对这样,认为将跨度引进围岩分级(类)法中会造成对岩体结构概念的混乱和误解。比较通用的做法,是将跨度的影响放在确定围岩压力值与支护结构类型和尺寸时考虑,这样将分级(类)的问题简化了。

地下洞室的形状主要影响开挖后围岩的应力状态。圆形或椭圆形洞室围岩应力状态以压应力为主,这对维持围岩的稳定性是有好处的。而矩形或梯形洞室,在顶板处的围岩中将出现较大的拉应力,从而导致岩体张裂破坏。但是,在目前的各种分级(类)法中都没有考虑这个因素。

2) 施工中采用的开挖方法

从目前的施工技术水平来看,开挖方法对地下工程围岩稳定性的影响较为明显,在分级(类)中必须予以考虑。例如,在同一级(类)岩体中,采用普通的爆破法和采用控制爆破法,采用矿山法和采用掘进机法,采用全断面一次开挖和采用小断面分部开挖,对围岩的影响都不相同。

以上所述的工程活动所造成的人为因素,虽然对围岩稳定性的影响很大;但为了简化围岩分级(类)问题,一般都是以分级(类)的适用条件来控制,而分级(类)的本身则主要从地质因素考虑。

2.4.2　分级(类)的因素指标及其选择

在充分研究了影响地下工程围岩稳定性的因素后,就可以分析哪些因素或其组合可作为分级(类)指标,用什么方法能可靠地确定它们,以及这些分级(类)指标与地下工程的关系等。

作为地下工程围岩分级(类)的指标,大体上有以下几种。

1. 单一的岩性指标

包括岩石的抗压和抗拉强度、岩石坚固性系数 f、弹性模量等物理力学参数,以及如抗钻性、抗爆性等工程指标。

在单一岩性指标中,多采用岩石的单轴饱和极限抗压强度作为基本的分级(类)指标,除了试验方法较方便外,从定量上看也是比较可靠的。

单一的岩性指标只能表达岩体特征的一个方面,因此用来作为分级(类)的唯一指标是不合适的。例如,中国西部的老黄土,在无水条件下,虽然强度较低,只有十分之几的 MPa,但稳定性却很高,有些黄土洞室可维持几十年之久而不破坏。

2. 单一的综合岩性指标

它表明指标是单一的;但反映的因素却是综合的,如岩体的弹性波传播速度,它既可反映岩石的力学性质,又可表示岩体的破碎程度。因为,岩体的弹性波传播速度与岩体的强度和完整状态成比例。完整的花岗岩的弹性波速度为 5.0 km/s 以上,而破碎和风化极严重的花岗岩,其弹性波速度则小于 3.4 km/s。又如"岩石质量指标"(RQD—Rock Quality Designation)也是反映岩体破碎程度和岩石强度的综合指标。所谓岩石质量指标是指钻探时岩芯复原率,或称岩芯采取率。迪尔(D.U.Deere)指出,钻探时岩芯的采取率,岩芯的平均和最大长度是受岩体原始的裂隙、硬度、均质性所支配。因此,它可以表示岩体的质量,同时他又指出,岩体质量的好坏主要取决于长度小于 10 cm 以下的细小岩块所占的比例。所以,岩芯采取率是以单位长度钻孔中 10 cm 以上的岩芯占有比例来判断的,即

$$RQD(\%) = \frac{10 \text{ cm 以上岩芯累计长度}}{\text{单位钻孔长度}} \times 100。 \qquad (2-4)$$

围岩自稳时间亦可认为是综合岩性指标,地下洞室开挖后,围岩通常都会有一段暂时稳定的时间,根据不同的地质环境,这一段自稳时间有长有短,劳费(H.Lauffer)认为洞室围岩自稳的时间 t_s 可表示为

$$t_s = C \times L^{(1+\alpha)}。 \qquad (2-5)$$

式中:L——坑道未支护地段的长度;

α——视围岩情况在 0~1 之间变化,好的岩体可取 $\alpha=0$,极差的 $\alpha=1.0$;

　　C——视围岩条件而定的系数。

　　单一综合岩性指标多与地质勘察技术的发展有关;因此这类指标的精度就将受到一定的限制,有时会因操作上的原因或地质特征异常而得不到可靠的结论。

　　国标《工程岩体分级标准》(GB 50218—94)和《铁路隧道设计规范》(TB 10003—2005)均采用围岩弹性纵波速度作为分级的定量指标之一。

　　3.复合指标

　　这是一种用两个或两个以上的岩性指标或综合岩性指标所表示的复合性指标。典型的复合指标有以下几种。

　　(1)巴顿(N.Barton)等人所提出的"岩体质量——Q",Q 与 6 个表明岩体质量的地质参数有关,表示为

$$Q = \frac{\text{RQD}}{J_n} \cdot \frac{J_r}{J_a} \cdot \frac{J_w}{\text{SRF}}。 \tag{2-6}$$

式中:RQD——岩石质量指标,其取值方法见式(2-4);

　　　J_n——节理组数目;

　　　J_r——节理粗糙度;

　　　J_a——节理蚀变值;

　　　J_w——节理含水折减系数;

　　　SRF——初始应力折减系数。

　　(2)我国总参工程兵坑道工程围岩分类中所采用的岩体质量指标 R_m 和应力比 S,其中 R_m 由式(2-7)确定,即

$$R_m = R_c \cdot K_v \cdot K_w \cdot K_J。 \tag{2-7}$$

式中:R_c——岩石单轴饱和极限抗压强度;

　　　K_v——岩体完整性系数,岩体愈完整,K_v 取值愈大,变化范围为 1.0~0.08,由实测确定;

　　　K_w——地下水影响减折系数,变化范围为 1.0~0.4,无水时取 1.0,视具体情况由经验确定;

　　　K_J——岩层面产状要素影响折减系数,变化范围为 1.0~0.5,层面走向与轴线夹角为 60°~90°,层面倾角<30°,层面间距≥1 m 时,K_J=1.0,其他情况由经验确定。

　　以 R_m 为基础,考虑地应力的影响,另一个复合指标应力比 S 由式 2-8 表述,即

$$S = \frac{R_m}{\sigma_m}。 \tag{2-8}$$

式中:σ_m——最大的垂直地应力。

　　(3)《水工隧洞设计规范》(SL 279—2002)围岩工程地质分类和国标《锚杆喷射混凝土支护技术规范》(GB 50086—2001)所采用的围岩/岩体强度应力比 S,S 综合考虑了岩石强度、

岩体完整性和地应力的因素,即

$$S = R_c \times K_v \div \sigma_a, \Big\}$$

(2-9a)

$$S = R_c \times K_v \div \sigma_1. \Big\}$$

(2-9b)

式中:R_c——岩石饱和单轴抗压强度,MPa;

　　　K_v——岩体完整性系数;

　　　σ_m——围岩的最大主应力,MPa;

　　　σ_1——垂直洞轴线的较大主应力,kN/m^2。

(4) 国标《工程岩体分级标准》(GB 50218—94)也采用了两个复合指标——岩体基本质量指标 BQ 和修正的岩体基本质量指标[BQ],对工程岩体进行分级,其表达式见后述。

从上述可以看出,复合指标是考虑多种因素的影响;故对判断围岩的稳定性是比较合理和可靠的,而且还可以根据工程对象的要求,选择不同的指标。例如,为了判断岩石的弹性、塑性、脆性性质,就可选用变形系数和弹性波传播速度两个指标,因此这种指标使用起来也是比较灵活的。

但也应指出,复合指标的定量,有的是通过试验或现场实测确定的,有的主要是凭经验决定。看起来指标是定量了,实质上都带有很大的主观因素。

根据以上对分级(类)指标的分析,可以得到如下的结论:

① 应选择对围岩稳定性(主要表现在变形破坏特性上)有重大影响的主要因素,如岩石强度、岩体的完整性、地下水、地应力、软弱结构面产状和它们的组合关系等作为分级(类)指标;

② 选择测试设备比较简单,人为性小,科学性较强的定量指标;

③ 主要分级(类)指标要有一定的综合性,最好采用复合指标,以便全面、充分地反映围岩的工程性质,并应有足够的实测资料为基础。

总之,正确地选择分级(类)指标,是搞好地下工程围岩分级(类)的关键,应给予充分注意。

2.5　国内外主要地下工程围岩分级(类)标准

地下工程围岩分级(类)方法有简有繁,并无统一格式。围岩分级(类)的详细程度,在工程建设的不同阶段应有所不同。在工程规划和初步设计阶段的围岩分级(类),可以定性评价为主,判别的依据主要来源于地表的地质测绘及部分的勘探工作。在工程的技术设计和施工设计阶段,围岩分级(类)是为专门目的服务的,如为支护结构设计服务的围岩分级(类),为钻爆工作服务的围岩分级(类)等。围岩级(类)别除了取决于地质条件外,还应和工程尺度、形状、施工工艺等条件有关。其判别依据除了地质测绘资料外,更重要的是详细勘探(包括钻探、坑探、物探等)资料和岩石(体)的室内与现场试验数据。这阶段的分级(类)指标应该是半定量的或定量的。在施工阶段,应利用各种量测和观测到的实际资料对围岩分级(类)进行补充修正,此时的分级(类)仍属第二阶段的详细分级(类),但数据则是岩体暴露后的实际值。

2.5.1 国内主要地下工程围岩分级(类)标准

1. 国标《工程岩体分级标准》(GB 50218—94)

本分级标准是 1994 年 11 月国家技术监督局和建设部共同发布的国家标准。为了能适应各种类型岩石工程的岩体分级需要,它采取两步走的方法:先确定岩体基本质量;再结合具体工程的特点确定岩体级别。在确定岩体基本质量和级别时采用定性与定量相结合的方法,从而可以提高分级的准确性和可靠性。

所谓岩石工程,是指以岩体为工程建筑物地基或环境,并对岩体进行开挖或加固的工程,包括地下工程和地面工程。工程岩体是指岩石工程影响范围内的岩体,包括地下工程围岩、工业与民用建筑地基、大坝基岩、边坡岩体等。

1) 分级因素及其确定方法

本分级标准认为岩体基本质量应由岩石坚硬程度和岩体完整程度两个因素确定。岩石坚硬程度的定性划分可按表 2-1 进行。

表 2-1 岩石坚硬程度的定性划分

名　　称		定 性 鉴 定	代 表 性 岩 石
硬质岩	坚 硬 岩	锤击声清脆,有回弹;震手,难击碎;浸水后,大多无吸水反应	未风化~微风化的;花岗岩、正长岩、闪长岩、辉绿岩、玄武岩、安山岩、片麻岩、石英片岩、硅质板岩、石英岩、硅质胶结的砾岩、石英砂岩、硅质石灰岩等
	较坚硬岩	锤击声较清脆,有轻微回弹,稍震手,较难击碎;浸水后,有轻微吸水反应	(1) 弱风化的坚硬岩; (2) 未风化~微风化的:熔结凝灰岩、大理岩、板岩、白云岩、石灰岩、钙质胶结的砂岩等
软质岩	较软岩	锤击声不清脆,无回弹,较易击碎;浸水后,指甲可刻出印痕	(1) 强风化的坚硬岩; (2) 弱风化的较坚硬岩; (3) 未风化~微风化的:凝灰岩、千枚岩、砂质泥岩、泥灰岩、泥质砂岩、粉砂岩、页岩等
	软 岩	锤击声哑,无回弹,有凹痕,易击碎;浸水后,手可掰开	(1) 强风化的坚硬岩; (2) 弱风化~强风化的较坚硬岩; (3) 弱风化的较软岩; (4) 未风化的泥岩等
	极软岩	锤击声哑,无回弹,有较深凹痕,手可捏碎;浸水后,可捏成团	(1) 全风化的各种岩石; (2) 各种半成岩

说明:未风化:结构构造未变,岩质新鲜。

微风化:结构构造、矿物色泽基本未变,部分裂隙面有铁锰质渲染。

弱风化:结构构造部分破坏,矿物色泽较明显变化,裂隙面出现风化矿物或存在风化夹层。

强风化:结构构造大部分破坏,矿物色泽明显变化,长石、云母等多风化成次生矿物。

全风化:结构构造全部破坏,矿物成分除石英外,大部分风化成土状。

岩石坚硬程度划分的定量指标采用岩石的单轴饱和抗压强度 R_c,如无 R_c 的实测值亦可采用岩石点荷载强度指数 $I_{s(50)}$,它与 R_c 的换算关系为

$$R_c = 22.82(I_{s(50)})^{0.75}。 \tag{2-10}$$

岩石单轴饱和抗压强度 R_c 与定性划分的岩石坚硬程度的对应关系,可按表2-2确定。

表2-2　R_c 与定性划分的岩石坚硬程度的对应关系

R_c/MPa	>60	60~30	30~15	15~5	<5
坚硬程度	坚硬岩	较坚硬岩	较软岩	软岩	极软岩

岩体完整程度的定性划分可见表2-3。

表2-3　岩体完整程度的定性划分

名　称	结构面发育程度		主要结构面的结合程度②	主要结构面类型	相应结构类型
	组　数	平均间距①/m			
完　整	1~2	>1.0	结合好或结合一般	节理、裂隙、层面	整体状或巨厚层状结构
较完整	1~2	>1.0	结合差	节理、裂隙、层面	块状或厚层状结构
	2~3	1.0~0.4	结合好或结合一般		块状结构
较破碎	2~3	1.0~0.4	结合差	节理、裂隙、层面、小断层	裂隙块状或中厚层状结构
	≥3	0.4~0.2	结合好		镶嵌碎裂结构
			结合一般		中、薄层状结构
破　碎	≥3	0.4~0.2	结合差	各种类型结构面	裂隙块状结构
		≤0.2	结合一般或结合差		碎裂状结构
极破碎	无序		结合很差		散体状结构

说明:① 平均间距指主要结构面(1~2组)间距的平均值。

　　　② 表中结构面的结合程度定义如下。

　　　　结合好——张开度小于1mm,无充填物;

　　　　　　　张开度1~3mm,为硅质或铁质胶结;

　　　　　　　张开度大于3mm,结构面粗糙,为硅质胶结。

　　　　结合一般——张开度1~3mm,为钙质或泥质胶结;

　　　　　　　张开度大于3mm,结构面粗糙,为铁质或钙质胶结。

　　　　结合差——张开度1~3mm,结构面平直,为泥质或泥质和钙质胶结;

　　　　　　　张开度大于3mm,多为泥质或岩屑充填。

　　　　结合很差——泥质充填或泥夹岩屑充填,充填物厚度大于起伏差。

岩体完整程度划分的定量指标采用岩体完整性指数 K_v。K_v 可用岩体弹性纵波速度 V_{pm} 和同一岩体取样测定的岩石弹性纵波速度 V_{pr} 按式(2-11)计算而得,即

$$K_v = \left(\frac{V_{pm}}{V_{pr}} \right)^2 。 \tag{2-11}$$

岩体完整性指数(K_v)与定性划分的岩体完整程度的对应关系,可按表2-4确定。

表 2-4　K_v 与定性划分的岩体完整程度的对应关系

K_v	>0.75	0.75~0.55	0.55~0.35	0.35~0.15	<0.15
完整程度	完　整	较完整	较破碎	破　碎	极破碎

如无实测的岩体完整性指数K_v,亦可用岩体体积节理数J_v(条/m³)代替,它与K_v的对应关系可按表2-5确定。

表 2-5　J_v 与 K_v 对照表

J_v/条/m³	<3	3~10	10~20	20~35	>35
K_v	>0.75	0.75~0.55	0.55~0.35	0.35~0.15	<0.15

2) 岩体基本质量分级

岩体基本质量分级可根据上述的分级因素结合岩体基本质量指标 BQ 按表 2-6 进行。岩体基本质量指标 BQ 应根据 R_c 的兆帕数值和 K_v 值计算而得,即

$$BQ = 90 + 3R_c + 250K_v 。 \tag{2-12}$$

注:使用式(2-12)时,应遵守下列限制条件,即

当 $R_c > 90K_v + 30$ 时,应以 $R_c = 90K_v + 30$ 和 K_v 代入式(2-12)计算 BQ 值;

当 $K_v > 0.04R_c + 0.4$ 时,应以 $K_v = 0.04R_c + 0.4$ 和 R_c 代入式(2-12)计算 BQ 值。

当根据基本质量定性特征和基本质量指标 BQ 确定的级别不一致时,则可通过对定性划分和定量指标的综合分析,确定岩体基本质量级别。必要时,应重新进行测试。

表 2-6　岩体基本质量分级

基本质量级别	岩体基本质量的定性特征	岩体基本质量指标 BQ
I	坚硬岩,岩体完整	>550
II	坚硬岩,岩体较完整;较坚硬岩,岩体完整	550~451
III	坚硬岩,岩体较破碎;较坚硬岩或软硬岩互层,岩体较完整;较软岩,岩体完整	450~351
IV	坚硬岩,岩体破碎;较坚硬岩,岩体较破碎~破碎;较软岩或软硬岩互层,且以软岩为主,岩体较完整~较破碎;软岩,岩体完整~较完整	350~251
V	较软岩,岩体破碎;软岩,岩体较破碎~破碎;全部极软岩及全部极破碎岩	≤250

3) 工程岩体级别的确定

对于实际的工程岩体,仅确定了其基本质量级别尚不能满足设计和施工的需求,须在岩体

基本质量分级的基础上,结合实际工程的特点,考虑地下水状态、初始地应力场、工程轴线或走向线的方位与主要软弱结构面产状的组合关系等必要的修正因素,对工程岩体进行详细定级。修正的岩体基本质量指标可按式(2-13)计算,即

$$[BQ] = BQ - 100(K_1 + K_2 + K_3)。 \tag{2-13}$$

式中:$[BQ]$——岩体基本质量指标修正值;

　　　BQ——岩体基本质量指标;

　　　K_1——地下水影响修正系数;

　　　K_2——主要软弱结构面产状影响修正系数;

　　　K_3——初始应力状态影响修正系数。

K_1、K_2、K_3值可分别按表2-7、表2-8和表2-9确定。无表中所列情况时,修正系数取0。$[BQ]$出现负值时,应按特殊问题处理。

表2-7　地下水影响修正系数 K_1

地下水出水状态 ＼ K_1 ＼ BQ	>450	450~351	350~251	≤250
潮湿或点滴状出水	0	0.1	0.2~0.3	0.4~0.6
淋雨状或涌流状出水,水压≤0.1 MPa 或单位出水量≤10 L/(min·m)	0.1	0.2~0.3	0.4~0.6	0.7~0.9
淋雨状或涌流状出水,水压>0.1 MPa 或单位出水量>10 L/(min·m)	0.2	0.4~0.6	0.7~0.9	1.0

表2-8　主要软弱结构面产状影响修正系数 K_2

结构面产状及其与洞轴线的组合关系	结构面走向与洞轴线夹角<30°, 结构面倾角为30°~75°	结构面走向与洞轴线夹角>60°, 结构面倾角>75°	其他组合
K_2	0.4~0.6	0~0.2	0.2~0.4

表2-9　初始应力状态影响修正系数 K_3

初始应力状态 ＼ K_3 ＼ BQ	>550	550~451	450~351	350~251	≤250
极高应力区	1.0	1.0	1.0~1.5	1.0~1.5	1.0
高应力区	0.5	0.5	0.5	0.5~1.0	0.5~1.0

然后即可根据$[BQ]$值按表2-6重新确定工程岩体的质量级别。

4) 地下工程岩体自稳能力

在地下工程设计和施工中,最关心的是围岩的稳定性和围岩的压力特征。本分级标准中给出了岩体级别与地下工程岩体自稳性之间的关系,见表2-10。同时,根据表2-10给出的可能塌方高度,可以大致计算出围岩松动压力的值。

表 2—10　地下工程岩体自稳能力

岩体级别	自稳能力
Ⅰ	跨度≤20 m,可长期稳定,偶有掉块,无塌方
Ⅱ	跨度为 10~20 m,可基本稳定,局部可发生掉块或小塌方;跨度<10 m,可长期稳定,偶有掉块
Ⅲ	跨度为 10~20 m,可稳定数日到 1 个月,可发生小~中塌方;跨度 5~10 m,可稳定数月,可发生局部块体位移及小~中塌方;跨度<5 m,可基本稳定
Ⅳ	跨度>5 m,一般无自稳能力,数日~数月内可发生松动变形、小塌方,进而发展为中~大塌方。埋深小时,以拱部松动破坏为主,埋深大时,有明显塑性流动变形和挤压破坏;跨度≤5 m,可稳定数日至 1 个月
Ⅴ	无自稳能力

说明:小塌方:塌方高度<3 m 或塌方体积<30 m³。

中塌方:塌方高度为 3~6 m 或塌方体积为 30~100 m³。

大塌方:塌方高度>6 m 或塌方体积>100 m³。

2.《铁路隧道设计规范》的围岩分级

经过长期工程实践,发现主要反映岩石强度的岩石坚固系数 f 值分类法不能全面地反映隧道围岩的稳定特征和状态。所以,在 1975 年铁道部颁布了以围岩结构特征和完整状态为分类基础的铁路隧道围岩稳定性分类法,它总结了我国建国以来在修建铁路隧道中使用 f 值分类法所积累的经验,并参考了国内外有关围岩分类成果。它的出现引起了各方面的重视,国内许多部门针对本部门地下工程的特点,也相继采用了类似的分类方法。这说明,这种分类法的原则、方法和内容是正确的,也是与当时国际上围岩分类的趋势相适应的。但从应用上来看,这个分类法仍然属于"经验"分类,还有一些亟待解决的问题:①有些分类指标难于定量,多数是凭经验确定;②确定分类三要素的方法还很不完善;③没有充分和现代岩石力学概念结合起来……。为此,在 1975 年铁路隧道围岩稳定性分类法的基础上,结合工程实践和科学研究,铁道部又于 1985 年 8 月 27 日以(85)铁基字 925 号文件将铁道部第二勘测设计院主编的《铁路隧道设计规范》批准为部标准,编号为 TBJ 3—85,自 1986 年 7 月 1 日起施行。在《铁路隧道设计规范》(TBJ 3—85)中,对铁路隧道围岩分类法作了补充和修正。《铁路隧道设计规范》(TBJ 3—85)及之前的铁路隧道围岩分类将围岩分为Ⅵ~Ⅰ类,6 个类别围岩的稳定性程度或围岩质量由好到差,即Ⅵ类围岩最稳定,Ⅰ类围岩稳定性最差。2001 年 6 月 7 日铁道部发布了编号为 TB 10003—2001 的《铁路隧道设计规范》,该规范自 2001 年 9 月 1 日起开始实施。《铁路隧道设计规范》(TB 10003—2001)为了与国标《工程岩体分级标准》(GB 50218—94)接轨,改称围岩分级,分Ⅰ~Ⅵ级,围岩稳定性由好到差,即Ⅰ级围岩最稳定,Ⅵ级围岩最不稳定。

规范(TB 10003—2001)的围岩分级以老规范(TBJ 3—85)围岩分类为基础,在分级的方法和思路上也与国标接轨,即采用定性划分和定量指标相结合,分两步走的方法。

2005 年 4 月 25 日发布并实施的最新《铁路隧道设计规范》(TB 10003—2005)的围岩分级的思路和方法与规范(TB 10003—2001)相同,只对围岩分级表的围岩级别作了很小的调整。下面详细阐述《铁路隧道设计规范》(TB 10003—2005)的围岩分级。

1) 围岩基本分级

围岩基本分级由岩石坚硬程度和岩体完整程度两个因素确定,而岩石坚硬程度和岩体完整程度分级采用定性划分和定量指标两种方法综合确定。

岩石坚硬程度根据定量指标——岩石单轴饱和抗压强度 R_c 按表 2-11 进行划分。

表 2-11　岩石坚硬程度的划分

岩石类别		单轴饱和抗压强度 R_c/MPa	代表性岩石
硬质岩	极硬岩	$R_c > 60$	未风化或微风化的花岗岩、片麻岩、闪长岩、石英岩、硅质灰岩、钙质胶结的砂岩或砾岩等
	硬岩	$30 < R_c \leqslant 60$	弱风化的极硬岩;未风化或微风化的熔结凝灰岩、大理岩、板岩、白云岩、灰岩、钙质胶结的砂岩、结晶颗粒较粗的岩浆岩等
软质岩	较软岩	$15 < R_c \leqslant 30$	强风化的极硬岩;弱风化的硬岩;未风化或微风化的云母片岩、千枚岩、砂质泥岩、钙泥质胶结的粉砂岩和砾岩、泥灰岩、泥岩、凝灰岩等
	软岩	$5 < R_c \leqslant 15$	强风化的极硬岩;弱风化至强风化的硬岩;弱风化的较软岩和未风化或微风化的泥质岩类;泥岩、煤、泥质胶结的砂岩和砾岩等
	极软岩	$R_c \leqslant 5$	全风化的各类岩石和成岩作用差的岩石

岩体完整程度根据结构面特征、结构面发育的组数和岩体结构类型等定性特征及定量指标——岩体完整性指数 K_v 按表 2-12 进行划分。

表 2-12　岩体完整程度的划分

完整程度	结构面特征	结构类型	岩体完整性指数(K_v)
完整	结构面为 1~2 组,以构造型节理或层面为主,密闭型	巨块状整体结构	$K_v > 0.75$
较完整	结构面为 2~3 组,以构造型节理、层面为主,裂隙多呈密闭型,部分为微张型,少有充填物	块状结构	$0.75 \geqslant K_v > 0.55$
较破碎	结构面一般为 3 组,以节理及风化裂隙为主,在断层附近受构造影响较大,裂隙以微张型和张开型为主,多有充填物	层状结构,块石、碎石状结构	$0.55 \geqslant K_v > 0.35$
破碎	结构面多于 3 组,多以风化型裂隙为主,在断层附近受构造作用影响大,裂隙以张开型为主,多有充填物	碎石角砾状结构	$0.35 \geqslant K_v > 0.15$
极破碎	结构面杂乱无序,在断层附近受断层作用影响大,宽张裂隙全为泥质或泥夹岩屑充填,充填物厚度大	散体状结构	$K_v \leqslant 0.15$

以岩石坚硬程度和岩体完整程度的分级为基础,结合定量指标——围岩弹性纵波速度,按表 2-13 先确定围岩基本分级。

表 2－13　围岩基本分级

级　别	岩 体 特 征	土 体 特 征	围岩弹性纵波速度(km/s)
I	极硬岩,岩体完整	—	>4.5
II	极硬岩,岩体较完整; 硬岩,岩体完整	—	3.5～4.5
III	极硬岩,岩体较破碎; 硬岩或软硬岩互层,岩体较完整; 较软岩,岩体完整	—	2.5～4.0
IV	极硬岩,岩体破碎; 硬岩,岩体较破碎或破碎; 较软岩或软硬岩互层,且以软岩为主,岩体较完整或较破碎; 软岩,岩体完整或较完整	具压密或成岩作用的黏性土、粉土及砂类土,一般钙质、铁质胶结的粗角砾土、粗圆砾土、碎石土、卵石土、大块石土、黄土$(Q_1、Q_2)$	1.5～3.0
V	软岩,岩体破碎至极破碎; 全部极软岩及全部极破碎岩(包括受构造影响严重的破碎带)	一般第四系坚硬、硬塑黏性土,稍密及以上、稍湿、潮湿的碎(卵)石土,粗圆砾土、细圆砾土、粗角砾土、细角砾土、粉土及黄土$(Q_3、Q_4)$	1.0～2.0
VI	受构造影响很严重呈碎石、角砾及粉末、泥土状的断层带	软塑状黏性土、饱和的粉土、砂类土等	<1.0(饱和状态的土<1.5)

2) 隧道围岩分级修正

隧道围岩级别应在围岩基本分级的基础上,结合隧道工程的特点,考虑地下水状态、初始地应力状态等必要的因素进行修正。

地下水状态的分级按表 2－14 确定。地下水对围岩级别的修正,宜按表 2－15 进行。

表 2－14　地下水状态的分级

级　别	状　态	渗水量/[L/(min·10m)]
I	干燥或湿润	<10
II	偶有渗水	10～25
III	经常渗水	25～125

表 2－15　地下水影响对围岩级别的修正

修正级别　围岩基本分级 地下水状态分级	I	II	III	IV	V	VI
I	I	II	III	IV	V	—
II	I	II	IV	V	VI	—
III	II	III	IV	V	VI	—

　　围岩初始地应力状态,当无实测资料时,可根据隧道工程埋深、地貌、地形、地质、构造运动史、主要构造线与开挖过程中出现的岩爆、岩芯饼化等特殊地质现象,按表 2-16 作出评估。

表 2-16　初始地应力状态评估

初始地应力状态	主 要 现 象	评估基准(R_c/σ_{max})
极高应力	(1) 硬质岩:开挖过程中时有岩爆发生,有岩块弹出,洞壁岩体发生剥离,新生裂缝多,成洞性差	<4
	(2) 软质岩:岩芯常有饼化现象,开挖过程中洞壁岩体有剥离,位移极为显著,甚至发生大位移,持续时间长,不易成洞	
高应力	(1) 硬质岩:开挖过程中可能出现岩爆,洞壁岩体有剥离和掉块现象,新生裂缝较多,成洞性较差	4~7
	(2) 软质岩:岩芯时有饼化现象,开挖过程中洞壁岩体位移显著,持续时间较长,成洞性差	

　　说明:σ_{max}为最大地应力值(MPa)。

　　初始地应力状态对围岩级别的修正宜按表 2-17 进行。

表 2-17　初始地应力影响对围岩级别的修正

修正级别＼围岩基本分级　初始地应力状态	Ⅰ	Ⅱ	Ⅲ	Ⅳ	Ⅴ
极高应力	Ⅰ	Ⅱ	Ⅲ 或 Ⅳ①	Ⅴ	Ⅵ
高应力	Ⅰ	Ⅱ	Ⅲ	Ⅳ 或 Ⅴ②	Ⅵ

　　说明:① 围岩岩体为较破碎的极硬岩、较完整的硬岩时,定为Ⅲ级;围岩岩体为完整的较软岩、较完整的软硬互层时,定为Ⅳ级。
　　　　② 围岩岩体为破碎的极硬岩、较破碎及破碎的硬岩时,定为Ⅳ级;围岩岩体为完整及较完整软岩、较完整及较破碎的较软岩时,定为Ⅴ级。

　　根据岩石坚硬程度和岩体完整程度两个因素对围岩的基本分级,结合地下水状态和初始地应力状态对基本分级的修正,隧道围岩的级别按表 2-18 综合确定。

表 2-18　铁路隧道围岩分级表

围岩级别	围岩主要工程地质条件		围岩开挖后的稳定状态(单线)	围岩弹性纵波速度 v_p/km/s
	主要工程地质特征	结构特征和完整状态		
Ⅰ	极硬岩(单轴饱和抗压强度 $R_c > 60$ MPa):受地质构造影响轻微,节理不发育,无软弱面(或夹层);层状岩层为巨厚层或厚层,层间结合良好,岩体完整	呈巨块状整体结构	围岩稳定,无坍塌,可能产生岩爆	>4.5

续表

围岩级别	围岩主要工程地质条件		围岩开挖后的稳定状态(单线)	围岩弹性纵波速度 v_p/km/s
	主要工程地质特征	结构特征和完整状态		
Ⅱ	硬质岩($R_c>30$ MPa):受地质构造影响较重,节理较发育,有少量软弱面(或夹层)和贯通微张节理,但其产状及组合关系不致产生滑动;层状岩层为中厚层或厚层,层间结合一般,很少有分离现象,或为硬质岩石偶夹软质岩石	呈巨块或大块状结构	暴露时间长,可能会出现局部小坍塌;侧壁稳定;层间结合差的平缓岩层,顶板易塌落	3.5～4.5
Ⅲ	硬质岩($R_c>30$ MPa):受地质构造影响严重,节理发育,有层状软弱面(或夹层),但其产状及组合关系尚不致产生滑动;层状岩层为薄层或中层,层间结合差,多有分离现象;硬、软质岩石互层	呈块(石)碎(石)状镶嵌结构	拱部无支护时可产生小坍塌,侧壁基本稳定,爆破震动过大易塌	2.5～4.0
	软质岩($R_c=5～30$ MPa):受地质构造影响较重,节理较发育;层状岩层为薄层、中厚层或厚层,层间结合一般	呈大块状结构		
Ⅳ	硬质岩($R_c>30$ MPa):受地质构造影响极严重,节理很发育;层状软弱面(或夹层)已基本破坏	呈碎石状压碎结构	拱部无支护时,可产生较大的坍塌,侧壁有时失去稳定	1.5～3.0
	软质岩($R_c=5～30$ MPa):受地质构造影响严重,节理发育	呈块(石)碎(石)状镶嵌结构		
	土体:(1)具压密或成岩作用的黏性土、粉土及砂类土;(2)黄土(Q_1,Q_2);(3)一般钙质、铁质胶结的碎石土、卵石土、大块石土	(1)和(2)呈大块状压密结构,(3)呈巨块状整体结构		
Ⅴ	岩体:软岩,岩体破碎至极破碎;全部极软岩及全部极破碎岩(包括受构造影响严重的破碎带)	呈角砾碎石状松散结构	围岩易坍塌,处理不当会出现大坍塌,侧壁经常小坍塌;浅埋时易出现地表下沉(陷)或塌至地表	1.0～2.0
	土体:一般第四系坚硬、硬塑黏性土,稍密及以上、稍湿或潮湿的碎石土、卵石土、圆砾土、角砾土、粉土及黄土(Q_3,Q_4)	非黏性土呈松散结构,黏性土及黄土呈松软结构		
Ⅵ	岩体:受构造影响严重呈碎石、角砾及粉末、泥土状的断层带	黏性土呈易蠕动的松软结构,砂性土呈潮湿松散结构	围岩极易坍塌变形,有水时土砂常与水一齐涌出;浅埋时易塌至地表	<1.0(饱和状态的土<1.5)
	土体:软塑状黏性土、饱和的粉土、砂类土等			

说明:(1) 表中"围岩级别"和"围岩主要工程地质条件"栏,不包括膨胀性围岩、多年冻土等特殊岩土;

　　　(2) 层状岩层的层厚划分:巨厚层——厚度大于 1.0 m;厚层——厚度大于 0.5 m,且小于等于 1.0 m;中厚层——厚度大于 0.1 m,且小于等于 0.5 m;薄层——厚度小于或等于 0.1 m。

3. 地铁设计规范的围岩分级

2003 年发布的《地铁设计规范》(GB 50157—2003)规定:暗挖结构的围岩分级按现行《铁

路隧道设计规范》确定。也就是说,地铁隧道工程按《铁路隧道设计规范》(TB 10003—2005)确定围岩分级。

4.《公路隧道设计规范》的围岩分级

1990年发布的《公路隧道设计规范》(JTJ 026—90)称围岩分类,分成Ⅵ~Ⅰ类,Ⅵ类围岩稳定性最好,Ⅰ类围岩稳定性最差。为了与国标《工程岩体分级标准》(GB 50218—94)接轨,2004年发布的《公路隧道设计规范》(JTG D70—2004)改称围岩分级。《公路隧道设计规范》(JTG D70—2004)围岩分级的思路、方法和采用的分级指标与国标《工程岩体分级标准》(GB 50218—94)完全相同,即采用了两步分级法,只是分级的对象范围更广,包括了土体。

第一步,根据岩石坚硬程度和岩体完整程度两个基本因素的定性、定量特征和定量的岩体基本质量指标 BQ,综合进行初步分级(岩体基本质量分级)。

第二步,在岩体基本质量分级的基础上,考虑地下水、主要软弱结构面产状、初始应力状态的影响修正岩体基本质量指标值,按修正后的岩体基本质量指标[BQ],结合岩体的定性特征综合评判、确定围岩的详细分级。

围岩分级中岩石坚硬程度、岩体完整程度的划分采用定性划分和定量指标相结合的方法。岩石坚硬程度按表2-1作定性划分;岩石坚硬程度划分的定量指标用岩石单轴饱和抗压强度 R_c 表达(若无实测值,可采用岩石点荷载强度指数 $I_{s(50)}$ 按公式(2-10)进行换算),R_c 与岩石坚硬程度定性划分的关系按表2-2确定。岩体完整程度按表2-3作定性划分;岩体完整程度划分的定量指标用岩体完整性指数 K_v 表达,K_v 一般用弹性纵波速度探测值按公式(2-11)确定,若无弹性波的探测值时,可用岩体体积节理数 J_v 按表2-5确定,K_v 与岩体完整程度定性划分的关系按表2-4确定。

岩体基本质量分级的定量指标 BQ 根据分级因素的定量指标 R_c 值和 K_v 值按公式(2-12)确定。

围岩详细定级时,如遇有下列情况之一,应对岩体基本质量指标 BQ 进行修正:

(1) 有地下水;

(2) 围岩稳定性受软弱结构面影响,且由一组起控制作用;

(3) 存在高初始应力。

围岩基本质量指标修正值[BQ]按公式(2-13)确定。

根据岩石坚硬程度和岩体完整程度两个因素的定性特征与定量的岩体基本质量指标 BQ,先对围岩进行基本质量分级,然后,考虑地下水、主要软弱结构面产状和初始应力状态对基本质量分级进行修正(即采用围岩基本质量指标修正值[BQ]对基本质量分级进行修正)。对于土体隧道,主要考虑土体类型、密实状态等定性特征。隧道围岩的级别最终按表2-19综合确定。在分级过程中,当岩体质量的定性划分与 BQ、[BQ]值确定的级别不一致时,应重新审查定性特征和定量指标计算参数的可靠性,并对它们重新观察、测试。

根据表2-19,《公路隧道设计规范》(JTG D70—2004)将隧道围岩分成Ⅰ~Ⅵ级,Ⅰ级围岩稳定性最好,Ⅵ级围岩稳定性最差。

表 2－19　公路隧道围岩分级

围岩级别	围岩或土体主要定性特征	围岩基本质量指标 BQ 或修正的围岩基本质量指标[BQ]
Ⅰ	坚硬岩,岩体完整,巨整体状或巨厚层状结构	＞550
Ⅱ	坚硬岩,岩体较完整,块状或厚层状结构; 较坚硬岩,岩体完整,块状整体结构	550～451
Ⅲ	坚硬岩,岩体较破碎,巨块(石)碎(石)状镶嵌结构; 较坚硬岩或较软硬岩层,岩体较完整,块状体或中厚层结构	450～351
Ⅳ	坚硬岩,岩体破碎,碎裂结构; 较坚硬岩,岩体较破碎～破碎,镶嵌碎裂结构; 较软岩或软硬岩互层,且以软岩为主,岩体较完整～较破碎,中薄层状结构	350～251
Ⅳ	土体:(1) 压密或成岩作用的黏性土及砂性土; (2) 黄土(Q_1、Q_2); (3) 一般钙质、铁质胶结的碎石土,卵石土,大块石土	
Ⅴ	较软岩,岩体破碎; 软岩,岩体较破碎～破碎; 极破碎各类岩体,碎、裂状,松散结构	≤250
Ⅴ	一般第四系的半干硬至硬塑的黏性土及稍湿至潮湿的碎石土,卵石土、圆砾、角砾土及黄土(Q_3、Q_4)。非黏性土呈松散结构,黏性土及黄土呈松软结构	
Ⅵ	软塑状黏性土及潮湿、饱和粉细砂层,软土等	

说明:本表不适用于特殊条件的围岩分级,如膨胀性围岩、多年冻土等

5. 总参工程兵《坑道工程》围岩分类

根据单一岩性指标——单轴饱和抗压强度 R_c 和复合指标——岩体质量指标 R_m(由公式 2－7 定义)及应力比 S(由公式 2－8 定义),将围岩分为 3 种 5 大类,见表 2－20。

表 2－20　总参工程兵坑道工程围岩分类

岩质类型	A 种:硬质岩					B 种:软质岩					C 种:特殊岩类和土
分类	Ⅰ	Ⅱ	Ⅲ	Ⅳ	Ⅴ	Ⅰ	Ⅱ	Ⅲ	Ⅳ	Ⅴ	Ⅴ
状况	稳定	基本稳定	不稳定			基本稳定		稳定性差,不稳定			不稳定
R_c	＞30 MPa					5～30 MPa					＜5 MPa
K_v	≥0.75	0.27～0.75	＜0.1～0.45			＞0.75		＜0.2～0.75			
R_m	＞60	30～60	15～30	5～15	＜5	＞15		＜15			＜5
S	＞4	＞2	＞1			≥2		≥1			

6.《水工隧洞设计规范》(SL 279—2002)的围岩分类

规范规定:水工隧洞的围岩分类,岩洞按《水利水电工程地质勘察规范》(GB 50287—99)的规定执行,土洞按《土工试验规程》(SL 237—1999)的规定执行。

《水利水电工程地质勘察规范》(GB 50287—99)的围岩工程地质分类以控制围岩稳定的岩石强度、岩体完整程度、结构面状态、地下水和主要结构面产状 5 项因素之和的总评分为基本判据,围岩强度应力比 S(其值按公式(2-9a)计算)为限定判据,按表 2-21 确定。

表 2-21　水工隧洞围岩工程地质分类

围岩类别	围岩稳定性	围岩总评分 T	围岩强度应力比 S
Ⅰ	稳定。围岩可长期稳定,一般无不稳定块体	$T>85$	>4
Ⅱ	基本稳定。围岩整体稳定,不会产生塑性变形,局部可能产生掉块	$85\geqslant T>65$	>4
Ⅲ	局部稳定性差。围岩强度不足,局部会产生塑性变形,不支护可能产生塌方或变形破坏。完整的较软岩,可能暂时稳定	$65\geqslant T>45$	>2
Ⅳ	不稳定。围岩自稳时间很短,规模较大的各种变形和破坏都可能发生	$45\geqslant T>25$	>2
Ⅴ	极不稳定。围岩不能自稳,变形破坏严重	$T\leqslant 25$	

表 2-21 中的围岩总评分 T 是 5 项因素的评分之和。岩石强度、岩体完整程度、结构面状态、地下水状态、主要结构面产状这 5 项因素的评分分别按表 2-22~表 2-26 的评分标准确定。

表 2-22　岩石强度评分

岩质类型	硬 质 岩		软 质 岩	
	坚 硬 岩	中 硬 岩	较 软 岩	软 岩
饱和单轴抗压强度 R_c/MPa	$R_c>60$	$60\geqslant R_c>30$	$30\geqslant R_c>15$	$15\geqslant R_c>5$
岩石强度评分 A	30~20	20~10	10~5	5~0

说明:(1) 岩石饱和单轴抗压强度大于 100 MPa 时,岩石强度的评分为 30;

(2) 当岩体完整程度与结构面状态评分之和小于 5 时,岩石强度评分大于 20 的,按 20 评分。

表 2-23　岩体完整程度评分

岩体完整程度		完 整	较 完 整	完整性差	较 破 碎	破 碎
岩体完整性系数 K_v		$K_v>0.75$	$0.75\geqslant K_v>0.55$	$0.55\geqslant K_v>0.35$	$0.35\geqslant K_v>0.15$	$K_v\leqslant 0.15$
岩体完整性评分 B	硬质岩	40~30	30~22	22~14	14~6	<6
	软质岩	25~19	19~14	14~9	9~4	<4

说明:(1) 当 60 MPa$\geqslant R_c>$30 MPa,岩体完整性程度与结构面状态评分之和>65 时,按 65 评分;

(2) 当 30 MPa$\geqslant R_c>$15 MPa,岩体完整性程度与结构面状态评分之和>55 时,按 55 评分;

(3) 当 15 MPa$\geqslant R_c>$5 MPa,岩体完整性程度与结构面状态评分之和>40 时,按 40 评分;

(4) 当 $R_c\leqslant 5$ MPa,属特软岩,岩体完整性程序与结构面状态不参加评分。

表 2-24　结构面状态评分

结构面状态	闭合 W<0.5		微张 0.5≤W<5.0									张开 W≥5.0	
充填物	—		无充填			岩屑			泥质			岩屑	泥质
起伏粗糙情况	起伏粗糙	平直光滑	起伏粗糙	起伏光滑或平直粗糙	平直光滑	起伏粗糙	起伏光滑或平直粗糙	平直光滑	起伏粗糙	起伏光滑或平直粗糙	平直光滑	—	—
结构面状态评分 C　硬质岩	27	21	24	21	15	21	17	12	15	12	9	12	6
较软岩	27	21	24	21	15	21	17	12	15	12	9	12	6
软岩	18	14	17	14	11	14	11	8	10	8	6	8	4

说明:(1) 结构面的延伸长度小于 3 m 时,硬质岩、较软岩的结构面状态评分另加 3 分,软岩加 2 分;结构面延伸长度大于 10 m 时,硬质岩、较软岩减 3 分,软岩减 2 分;

(2) 当结构面张开度大于 10 mm,无充填时,结构面状态的评分为 0。

表 2-25　地下水状态评分

活动状态		干燥到渗水滴水	线状流水	涌　水
10 m 洞长的水量 q/L/min 或压力水头 H/m		$q \leqslant 25$ 或 $H \leqslant 10$	$25 < q \leqslant 125$ 或 $10 < H \leqslant 100$	$q > 125$ 或 $H > 100$
基本因素评分 T'	$T' > 85$	地下水评分 D　0	$0 \sim -2$	$-2 \sim -6$
	$85 \geqslant T' > 65$	$0 \sim -2$	$-2 \sim -6$	$-6 \sim -10$
	$65 \geqslant T' > 45$	$-2 \sim -6$	$-6 \sim -10$	$-10 \sim -14$
	$45 \geqslant T' > 25$	$-6 \sim -10$	$-10 \sim -14$	$-14 \sim -18$
	$T' \leqslant 25$	$-10 \sim -14$	$-14 \sim -18$	$-18 \sim -20$

说明:基本因素评分 T' 系岩石强度评分 A、岩体完整性评分 B 和结构面状态评分 C 的和。

表 2-26　主要结构面产状评分

结构面走向与洞轴线夹角		90°~60°				<60°~30°				<30°			
结构面倾角		大于70°	70°~45°	45°~20°	小于20°	大于70°	70°~45°	45°~20°	小于20°	大于70°	70°~45°	45°~20°	小于20°
结构面产状评分 E	洞顶	0	-2	-5	-10	-2	-5	-10	-12	-5	-10	-12	-12
	边墙	-2	-5	-2	0	-5	-10	2	0	-10	-12	-5	0

说明:按岩体完整程度分级为完整性差、较破碎和破碎的围岩不进行主要结构面产状评分的修正。

　　表 2-21 的围岩工程地质分类不适用于埋深小于 2 倍洞径或跨度的地下洞室和特殊土、喀斯特洞穴发育地段的地下洞室。

7. 国标《锚杆喷射混凝土支护技术规范》(GB 50086—2001)的围岩分级

　　规范规定:围岩级别的划分,应根据岩石坚硬性、岩体完整性、结构面特征、地下水和地应力状况等因素,按表 2-27 综合确定。

表 2-27　围岩分级

围岩级别	主要工程地质特征							毛洞稳定情况
	岩体结构	构造影响程度,结构面发育情况和组合状态	岩石强度指标		岩体声波指标		岩体强度应力比	
			单轴饱和抗压强度/MPa	点荷载强度/MPa	岩体纵波速度/km/s	岩体完整性指标		
I	整体状及层间结合良好的厚层状结构	构造影响轻微,偶有小断层。结构面不发育,仅有 2～3 组,平均间距大于 0.8 m,以原生和构造节理为主,多数闭合,无泥质充填,不贯通。层间结合良好,一般不出现不稳定块体	>60	>2.5	>5	>0.75	—	毛洞跨度 5～10 m 时,长期稳定,无碎块掉落
II	同 I 级围岩结构	同 I 级围岩特征	30～60	1.25～2.5	3.7～5.2	>0.75	—	毛洞跨度 5～10 m 时,围岩能较长时间(数月至数年)维持稳定,仅出现局部小块掉落
	块状结构和层间结合较好的中厚层或厚层状结构	构造影响较重,有少量断层。结构面较发育,一般为 3 组,平均间距为 0.4～0.8 m,以原生和构造节理为主,多数闭合,偶有泥质充填,贯通性较差,有少量软弱结构面。层间结合较好,偶有层间错动和层面张开现象	>60	>2.5	3.7～5.2	>0.5	—	
III	同 I 级围岩结构	同 I 级围岩特征	20～30	0.85～1.25	3.0～4.5	>0.75	>2	毛洞跨度 5～10 m 时,围岩能维持一个月以上的稳定,主要出现局部掉块、塌落
	同 II 级围岩块状结构和层间结合较好的中厚层或厚层状结构	同 II 级围岩块状结构和层间结合较好的中厚层或厚层状结构特征	30～60	1.25～2.50	3.0～4.5	0.50～0.75	>2	
	层间结合良好的薄层和软硬岩互层结构	构造影响较重。结构面发育,一般为 3 组,平均间距为 0.2～0.4 m,以构造节理为主,节理面多数闭合,少有泥质充填。岩层为薄层或以硬岩为主的软硬岩互层,层间结合良好,少见软弱夹层、层间错动和层面张开现象	>60(软岩,>20)	>2.50	3.0～4.5	0.30～0.50	>2	
	碎裂镶嵌结构	构造影响较重。结构面发育,一般为 3 组以上,平均间距 0.2～0.4 m,以构造节理为主,节理面多数闭合,少数有泥质充填,块体间牢固咬合	>60	>2.50	3.0～4.5	0.30～0.50	>2	
IV	同 II 级围岩块状结构和层间结合较好的中厚层或厚层状结构	同 II 级围岩块状结构和层间结合较好的中厚层或厚层状结构特征	10～30	0.42～1.25	2.0～3.5	0.50～0.75	>1	

续表

围岩级别	主要工程地质特征						毛洞稳定情况
	岩体结构	构造影响程度,结构面发育情况和组合状态	岩石强度指标		岩体声波指标		岩体强度应力比	
			单轴饱和抗压强度/MPa	点荷载强度/MPa	岩体纵波速度/km/s	岩体完整性指标		
Ⅳ	散块状结构	构造影响严重,一般为风化卸荷带。结构面发育,一般为3组,平均间距为0.4~0.8 m,以构造节理、卸荷、风化裂隙为主,贯通性好,多数张开,夹泥,夹泥厚度一般大于结构面的起伏高度,咬合力弱,构成较多的不稳定块体	>30	>1.25	>2.0	>0.15	>1	毛洞跨度5 m时,围岩能维持数日到一个月的稳定,主要失稳形式为冒落或片帮
	层间结合不良的薄层、中厚层和软硬岩互层结构	构造影响严重。结构面发育,一般为3组以上,平均间距为0.2~0.4 m,以构造节理、风化节理为主,大部分微张(0.5~1.0 mm),部分张开(>1.0 mm),有泥质充填,层间结合不良,多数夹泥,层间错动明显	>30(软岩,>10)	>1.25	2.0~3.5	0.20~0.40	>1	
	碎裂状结构	构造影响严重,多数为断层影响带或强风化带。结构面发育,一般为3组以上。平均间距为0.2~0.4 m,大部分微张(0.5~1.0 mm),部分张开(>1.0mm),有泥质充填,形成许多碎块体	>30	>1.25	2.0~3.5	0.20~0.40	>1	
Ⅴ	散体状结构	构造影响很严重,多数为破碎带、全强风化带、破碎带交汇部位。构造及风化节理密集,节理面及其组合杂乱,形成大量碎块体。块体间多数为泥质充填,甚至呈石夹土状或土夹石状	—	—	<2.0	—	—	毛洞跨度5 m时,围岩稳定时间很短,约数小时至数日

说明:(1) 围岩按定性分级与定量指标分级有差别时,一般应以低者为准。

(2) 本表声波指标以孔测法测试值为准。如果用其他方法测试时,可通过对比试验,进行换算。

(3) 层状岩体按单层厚度可划分为如下几种。

厚层:大于0.5 m;

中厚层:0.1~0.5 m;

薄层:小于0.1 m。

(4) 一般条件下,确定围岩级别时,应以岩石单轴湿饱和抗压强度为准;当洞跨小于5 m,服务年限小于10年的工程,确定围岩级别时,可采用点荷载强度指标代替岩块单轴饱和抗压强度指标,可不做岩体声波指标测试。

(5) 测定岩石强度,做单轴抗压强度测定后,可不做点荷载强度测定。

表 2-27 中的岩体强度应力比和岩体完整性指标分别按公式(2-9b)和式(2-11)计算确定。当无地应力实测数据时,σ_1 按式(2-14)计算,即

$$\sigma_1 = \gamma H 。 \tag{2-14}$$

式中:γ——岩体重力密度,kN/m³;

　　　　H——隧洞顶覆盖层厚度,m。

对Ⅲ、Ⅳ级围岩,当地下水发育时,应根据地下水类型、水量大小、软弱结构面多少及其危害程度,适当降级。对Ⅱ、Ⅲ、Ⅳ级围岩,当洞轴线与主要断层或软弱夹层的夹角小于30°时,应降一级。

2.5.2　国外主要围岩分类系统简介

1. 挪威 Q 系统

Q 系统为挪威隧道工法(Norwegian Method of Tunnelling, NMT)之核心,该工法起源于挪威并已广泛应用于斯堪地那维亚(Scandinavia)半岛。该系统最早是由 Barton 等人根据 212 个隧道案例,于 1974 年提出,至 1993 年已达 1 050 个累积案例。

Q 系统主要以 Q 值(由公式 2-6 定义)来评价岩体质量的优劣。根据不同的 Q 值,将岩体质量评为 9 等,详见表 2-28。

表 2-28　岩体质量评估

岩体质量	特别好	极好	良好	好	中等	不良	坏	极坏	特别坏
Q 值	400~1 000	100~400	40~100	10~40	4~10	1~4	0.1~1	0.01~0.1	0.001~0.01

Q 值中 6 个参数的描述及其取值标准见表 2-29~表 2-34。

表 2-29　岩体质量与 RQD 取值

岩体质量	RQD(%)取值
很差	0~25
差	25~50
好	50~75
良好	75~90
优质	90~100

说明:(1) 当 RQD<10 时(包括 0),计算 Q 值时 RQD 取 10;

　　　(2) RQD 值的间距采用 5(如 100、95、90 等),其精度即已足够。

表 2-30　节理发育组数及 J_n 取值

节理发育组数	J_n 取值
整体结构,无或很少有节理	0.5~1.0
一组节理	2
一组节理加偶现节理	3
二组节理	4
二组节理加偶现节理	6
三组节理	9
三组节理加偶现节理	12
四组以上节理,节理分布不规则,极发育,将岩体切割成小方块状	15
岩体破碎,类似土状	20

表 2-31　节理粗糙度描述及 J_r 取值

节理粗糙度描述	J_r 取值
不连续节理	4
粗糙或不规则,波浪状	3
光滑,波浪状	2
具擦痕,波浪状	1.5
粗糙或不规则,平面状	1.5
光滑,平面状	1.0
具擦痕,平面状	0.5
含有黏土充填物,其厚度足以使两壁不致发生接触	1.0
含有砂状、砾石状或粉碎带,其厚度足以使两壁不相接触	1.0

表 2-32　节理面蚀变及 J_a 取值

	节理面蚀变	J_a 取值
	节理面两壁接触	
(1)	紧密闭合,坚硬,夹心不软化与不透水(如石英或绿帘石)	0.74
(2)	两壁面未蚀变,仅表面锈染	1.0
(3)	两壁面轻微蚀变,仅表面为不软化矿物、砂质颗粒、不含黏土的崩解岩石	2.0
(4)	壁面外层为粉质或砂质黏土,含少量黏土(不软化)	3.0

续表

	节理面蚀变	J_a 取值
(5)	壁面外层为软化或低摩擦力黏土矿物,如高岭石、云母、绿泥石、滑石、石膏、石墨等与少量膨胀性黏土	4.0
	剪切错动不超过 10 cm,两壁仍可接触	
(6)	砂质颗粒、不含黏土之崩解岩石	4.0
(7)	高度压密,不软化的黏土矿物夹心(连续,但厚度<5 mm)	6.0
(8)	中度或低度压密,软化的黏土夹心(连续,但厚度<5 mm)	8.0
(9)	膨胀性黏土夹心,如蒙脱石(连续,但厚度<5 mm),J_a 值视膨胀性黏土含量百分比及与水接触的情形而定	8~12
	剪切错动时两壁岩石不会接触	
(10) (11) (12)	夹崩解或粉碎的岩石与黏土(黏土状况的描述见(7)、(8)、(9))	6 8 12
(13)	夹粉质、砂质黏土,少量黏土成分(不软化)	5
(14) (15) (16)	夹厚且连续的黏土(黏土状况的描述(7)、(8)、(9))	10 13 13~20

表 2−33 节理含水状况 J_w 取值

节理含水状况描述	概估水压/MPa	J_w 取值
开挖面干燥或少量渗水	<0.1	1.0
中度渗水或有一定水压,有时将节理夹心冲洗出	0.1~0.25	0.66
坚硬岩体的无夹心节理大量渗水或有高水压	0.25~1.0	0.5
大量渗水或高水压,大量节理夹心被冲洗出	0.25~1.0	0.33
爆破后冒出极大量渗水或极高水压,但逐渐减小	>1.0	0.2~0.1
极大量涌水或极高水压,持续无明显减小	>1.0	0.1~0.05

说明:不考虑结冰所引起的特殊问题

表 2−34 岩体应力状态描述及应力折减因子 SRF 取值

岩体应力状态描述	SRF 取值
1. 开挖与软弱带相交,隧道开挖时会使岩体松动	
有多条含有黏土或化学分解岩石的软弱带,周围岩体非常松动(任何深度)	10
一条含有黏土或化学分解岩石的软弱带(开挖深度 50 m)	5
一条含有黏土或化学分解岩石的软弱带(开挖深度>50 m)	2.5
优良岩石含多条剪裂带(无黏土),周围岩体松动(任何深度)	7.5

续表

岩体应力状态描述			SRF 取值
优良岩石含一条剪裂带(无黏土),开挖深度为 50 m			5.0
优良岩石含一条剪裂带(无黏土),开挖深度>50 m			2.5
松动开口节理,节理高度发达或岩石成小方块等(任何深度)			5.0
说明:若相关剪裂带仅影响,但不与开挖面相交,SRF 可减少 25%~50%			
2. 优良岩体,存在初始应力的影响问题	σ_c/σ_1	σ_θ/σ_c	SRF
低应力,近地表,开口节理	>200	<0.01	2.5
中等应力,有利的应力状态	200~10	0.01~0.3	1
高应力,极紧密结构,通常对稳定有利,可能对侧壁不利	10~5	0.3~0.4	0.5~2
厚层岩体在 1 小时后发生中等应力破裂	5~3	0.5~0.6	5~50
厚层岩体在数分钟后发生应力破坏或岩爆	3~2	0.65~1.0	50~200
厚层岩体强烈岩爆或动态变形	<2	>1.0	200~400

说明:(1)若地应力经量测具高度的方向性,当 $5<\sigma_1/\sigma_3<10$ 时,将 σ_c 折减为 $0.75\sigma_c$,当 $\sigma_1/\sigma_3>10$ 时,将 σ_c 折减为 $0.5\sigma_c$。σ_θ 为单轴抗压强度,σ_1 与 σ_3 分别为最大与最小主应力,σ_θ 为依据弹性理论估计的最大切向应力;

　　(2)由于仅有少数顶拱埋深小于跨度的案例,在此种情况下建议 SRF 由 2.5 增加至 5.0。

3. 挤压性岩体:软弱岩体在高压影响发生塑性流动	σ_θ/σ_c	SRF
中度挤压性岩体	1.5	5~10
高度挤压性岩体	>5	10~20
4. 膨胀性岩体:因水存在而引起体积膨胀		SRF
中等膨胀压力		5~10
强烈膨胀压力		10~15

2. 南非 RMR 系统

南非隧道工法之核心为 RMR 系统(RMR-system),主要由南非 Bieniawski 根据 49 个隧道案例的调查结果,于 1973 年所提出。其后陆续增加地下工程案例达 351 个,并历经多次修正。RMR 系统以 RMR(Rock Mass Rating)值来代表岩体的质量或称稳定性,主要针对下列 6 个评估因素及指标,对影响围岩稳定性的各主要因素进行评分,并以其合计总值作为岩体的 RMR 值。影响围岩稳定性的 6 个因素和指标及其所占分值如下:

　　(1)岩体强度,　　　　　　　　0~15;

　　(2)岩石质量指标 RQD,　　　　3~20;

　　(3)节理间距,　　　　　　　　5~20;

　　(4)节理状况,　　　　　　　　0~30;

　　(5)地下水情况,　　　　　　　0~15;

　　(6)节理产状及组合关系,　　　-12~0。

上述 6 个评估因素及指标的评分标准详见表 2 - 35,计算所得围岩的 RMR 值介于 0～100 之间。RMR 系统依 RMR 值之高低,将围岩分为 Ⅰ、Ⅱ、Ⅲ、Ⅳ、Ⅴ 5 类,并提供不同隧道跨度围岩的无支护自稳时间,以及各类围岩的凝聚力(c)与内摩擦角(φ),见表 2 - 36。

表 2 - 35　RMR 系统围岩评分标准

1	岩体强度	点荷载强度/kg/cm²	>100	40～100	20～40	10～20	此强度范围内以单轴饱和抗压强度为准	
		单压强度/kg/cm²	>2 500	1 000～2 500	500～1000	250～500	50～250	10～50	<10
		评　分	+15	+12	+7	+4	+2	+1	0
2		RQD/%	90～100	75～90	50～75	25～50	<25		
		评　分	+20	+15	+10	+8	+3		
3		节理间距	>2 m	0.6～2 m	0.2～0.6 m	60～200 mm	<60 mm		
		评　分	+20	+15	+10	+8	+5		
4		节理状况	不连续、紧闭,壁面很粗糙、坚硬	开口<1mm,壁面略粗糙轻度风化	开口>1mm,壁面略粗糙高度风化	连续擦痕或含泥<5 mm或开口 1～5 mm	连续,含泥>5 mm或开口>5 mm		
		评　分	+30	+25	+20	+10	0		
5	地下水情况	10 m 长隧道的流量	0	<10 L/min	<25 L/min	25～125 L/min	>125 L/min		
		节理内的水压/MPa	0	0	0～0.2	0.2～0.5	>0.5		
		渗水情况	全干	潮	湿	滴水	流水		
		评　分	+15	+10	+7	+4	0		
6	评分	节理产状及组合关系	很有利	有利	可	不利	很不利		
		隧道	0	-2	-5	-10	-12		
		基础	0	-2	-7	-15	-25		
		岩石边坡	0	-2	-25	-50	-60		

表 2 - 36　RMR 系统各类围岩的评分值、自稳时间及强度参数

围岩类别	Ⅰ	Ⅱ	Ⅲ	Ⅳ	Ⅴ
稳定性评价	很好	好	中等	差	很差
RMR 值	100～81	80～61	60～41	40～21	<20
隧道无支护自稳时间/跨度	10 年/15 m	6 个月/8 m	1 周/5 m	10 小时/2.5 m	30 min/1 m
岩体聚凝力(c)	>400 kPa	300～400 kPa	200～300 kPa	100～200 kPa	<100 kPa
岩体内摩擦角(φ/°)	>45°	35°～45°	25°～35°	15°～25°	<15°

第3章 交通地下工程规划

所有的建筑工程都需要经过规划阶段。地下工程处于地下,建造或拆除都比较困难;因此它的规划就尤为重要。用于铁路、公路、城市轨道中的交通隧道是地下工程的典型代表。本章首先介绍地下工程投资与规划的基本内容和原则,然后分别介绍山岭隧道、水底隧道和城市地下铁道工程规划的一些基本内容。由于地下工程规划是一个涉及多种系统指标的复杂问题,更详细的内容可参考有关专题文献。

3.1 地下工程投资分析

为了认清一个工程项目的必要性与可行性,工程的投资分析是必不可少的。由于地下结构的工程费用一般比地面或高架结构要高得多,地下工程的投资分析就显得格外重要。与其他工程项目一样,选定的地下工程项目应该以最短的时间和最低的造价取得最大的效益。效益可以是有形的,也可以是无形的。对于地下结构的无形效益(如地下铁道的社会效益),往往很难以金钱的形式赋予一个价值。有些时候,地下结构的无形效益可以远远超过其有形效益,例如,一所核防护地下设施的作用只有在核爆炸时才能显现出来。也许正因为如此,地下工程项目往往是公众或政府行为,其决策的本质是集体性的,为的是公众的安全与生活质量,并不一定受利益的驱动。

地下工程项目投资分析一般需要这样一些参数:①项目的目的;②可以接受的(贷款、投资)利息;③项目的约束条件;④项目的经济寿命;⑤业主可以承受的风险;⑥项目在施工过程中可能遇到的地下环境的不确定性。显然,其中一些参数是很难实际评价的。

利息受到金融供需循环的影响,又与政府的政策有关。利息在项目的经济寿命中是不可能不变化的,这是公理。因此,有必要对不同的利息进行敏感性分析,以评价项目的健全程度。以下是投资敏感性分析中常用的一些利息计算公式:

$$S = P(1+i)^n,$$

$$R = P\,\frac{i(1+i)^n}{(1+i)^n - 1},$$

$$R = S\,\frac{i}{(1+i)^n - 1}。$$

式中,在某些时期内,P 和 S 分别指货币的当前价值和将来价值,n 为时期的个数,i 为一个时期内的利息,R 为资本回收因子。

　　一个地下工程项目的约束条件涉及自然的、法律的、管理的、政治的、财政的等几种类型。在决定项目开工之前,应该对各种约束条件进行敏感性分析。

　　一个地下工程项目的设计经济寿命一般为 50~100 年或更长。但是,其实际的经济寿命可能小于设计值,而这是很难准确预测的。在投资分析时应该评价地下工程项目的最可能实际经济寿命。

　　不同的业主所能承受的风险水平是不同的,具有一定的主观性,很难确切给定。当然,业主的理想是不为地下工程项目承担任何风险,但零风险需要巨大的资本投入。

　　地下工程一般几乎必然遇到由地质、水文等地下自然环境条件带来的各种不确定性。任何业主都不可能具备足够的时间和资金,去施行排除所有不确定因素的地下勘探计划。因此,地下工程的规划和设计应该考虑施工中可能遇到的不确定情况或风险。

　　基于上述,地下工程项目投资分析(及相应的风险分析)不是一门精确的科学,而是具有一定的主观性和推测性;因而工程经验类比是重要的决策因素。在所有的投资分析方法中,如当前价值法、回收率法、费用效益分析等,费用效益分析似乎是最常用的一种。当前价值法,是把总投资费用(包括土地、施工、材料和劳动力、设备、使用和维修等费用)都转换成当前价值,具有最小投资费用的方案为最好的方案。回收率法,是把当前的总投资费用放到项目经济寿命中的每个年头当中去,刨除使用与维修费用,具有最大回收率方案为最好的方案。相比之下,费用效益分析是以项目费用表示项目效益(所有的效益,有形的和无形的),很容易理解;效益费用比最大者就是最好的方案。

3.2　交通地下工程规划

　　地下工程的产品是地下结构保护下的地下空间。规划是一项系统性工作,是一个受目标驱动的过程,其中经常性地涉及各种性能要求和约束条件。在地下工程项目的规划过程中,既要看到那些有益的特点,也应该认识到各种潜在问题和它们的解决方式。地下工程规划需要考虑工程的可行性、实用性、耐久性及对环境的影响,具体通过主体规划设计、施工方法规划设计、对邻近结构及环境影响的分析和评估 3 个方面的工作来实现。下面以隧道为例,说明地下工程规划的主要有关内容。

　　对隧道而言,主体规划设计主要考虑 4 个方面的问题:①隧道(平面、立面)线型的选择,需要考虑地表条件、地层条件、地下水条件和既有邻近建筑及设施;②隧道施工对地层的影响,需要分析地层的变形、荷载和稳定性特征,还需要考虑地下水和地层的渗透性;③隧道断面、主体及附属结构形式的选择,需要考虑地层的变形和刚度、衬砌的变形和刚度,以及两者之间的相互作用;④隧道防水方案,选择全封闭方案、部分封闭部分排水方案或其他防排水方案。

　　隧道施工方法的规划设计主要涉及 3 个方面的问题:①地层开挖与出渣,需要考虑地层结构和岩石硬度的变化,还要计入地下水的作用;②地层稳定性的维持,需要考虑地层的自稳特征和站立时间、对注浆或冻结等地层处理方法的适应性;③地下水,包括流量与流向,流砂或管涌的可能性,以及处理方法。

　　关于隧道工程对邻近结构及环境的影响,需要从以下 3 个方面予以考虑:①灾害,包括坍塌、流砂、爆炸或有毒气体、水土流失、地层和地下水污染等;②对邻近结构和设施的影响,需要考虑隧道施工引发的振动、噪声、地层移动等变化;③地下水系统的变化,对作物、水源和自然植被的影响,降水引起的地层固结等。

　　下面分别以山岭隧道、水底隧道和地下铁道为例,介绍地下工程规划的原则及主要内容和特点。

3.2.1　山岭隧道的规划

　　山岭地区的地下工程包括铁路、公路、水工隧道和地下储库等位于山岭内部的地下建筑物。对于这类地下工程,规划的内容主要包括地下工程平面和高程位置、形状和大小等工程要素的选择,需要根据工程的用途、经济和技术条件,考虑地形地貌、地质、水文等情况经过方案比选决定。下面以交通隧道为例予以阐述。

　　对于交通隧道,规划的主要内容之一就是选择与线路相协调的隧道平面和高程位置。一般来说,线路比选方案一旦确定,线路上隧道的平面和高程位置就不得不大体上服从线路方案的选择。当然,如果隧道构成线路上的重点控制工程,隧道位置的规划就可能成为线路比选方案过程中的重要决策因素。方案比选的基础是工程调查,后者一般应该包括以下几个方面的内容:

　　(1) 地形、地貌特征和气象;

　　(2) 工程地质特征,包括地层、岩性和地质构造特征;

　　(3) 水文地质特征,包括地下水类型、水位,地下水量和补给关系,含水层分布形态、范围及渗透系数;

　　(4) 不良地质地段的类型、规模、成因和发展;

　　(5) 地震基本烈度等级;

　　(6) 施工条件和周边环境。

1. 地形障碍与隧道定位

　　为了克服线路行进中遇到的山峰障碍,有绕行、深堑、隧道 3 种方案可以选择。与绕行或深堑相比,隧道方案能使线路缩短、平缓、顺直,避免陡坡,保护环境;因而从全局和长远利益来看,应该是较合理的方案。

1) 越岭线上隧道位置的选择

　　当线路需要从一个汇水流域进入另一个汇水流域时,必须跨越高程很大的分水岭。对于这样的越岭线,隧道一般较长,应该进行大范围的方案研究。隧道的定位主要以选择垭口和隧道高程为依据。垭口是分水岭山脊线上标高较低的地方,一条山脊线上有若干个垭口,隧道应选择地形、地质和水文条件较有利的垭口通过。

　　分水岭的山体一般是上部较薄下部较厚,但隧道的高程位置必须兼顾线路的高程,不要仅为了减小隧道长度而选得太高,造成两端过度的引线。低标高的隧道可能相对较长,需要注意通风和防灾等问题;但线路顺直平缓,有利于运营。

2) 河谷线上隧道位置的选择

沿河傍山的线路称为河谷线。这种线路左右受到山坡和河谷的制约,可供选择的范围不大。隧道应尽可能避开山坡表层岩体风化破碎的地带,"宁里勿外",虽然隧道长度会因此而增加;但避免了河流冲刷、不良地质、隧道覆盖和侧壁太薄与承受偏压。

2. 地质条件与隧道定位

从地质条件考虑,隧道位置应尽量选择在稳定性良好的地层中,应该尽量避开不良地质区域,包括岩堆、滑坡、崩塌、泥石流、高地温(如 40℃～50℃的潮湿地层)、地下富水(如每昼夜数千甚至上万吨的流量)、溶洞、瓦斯等。当不得不通过一些稳定性差或不良地质地段时,应具备充分的理由和可靠的工程措施。

隧道位置的选择应充分考虑地质构造的结构和力学特征。

(1) 对于断层构造,由于断层带中的岩体破碎、强度低,且往往是地下水的主要通道,隧道走向应与断层走向尽可能地接近正交。

(2) 对于单斜构造中的软弱结构面,参考图 3-1,隧道应尽可能避开,不得已时,至少不要把隧道走向设置成与软弱结构面走向一致或平行,交角应尽量接近垂直。

图 3-1　单斜构造中隧道位置与走向的选择

α—隧道走向与软弱结构面走向的交角;A 和 B—不同的隧道位置选择方案

(3) 在褶曲构造区域里,参考图 3-2,隧道应尽量选在背斜中,而避开向斜和褶曲的两翼。这是因为,在背斜中,由于地层向下弯曲而可能于地层上部开裂、形成上大下小的岩块,开挖时,岩块易于保持稳定;相反,在向斜中,由于地层向上弯曲而可能于地层下部开裂、形成上小下大的岩块,开挖容易引起掉块或坍方;另外,如果地下水汇聚在向斜的凹底,也对施工不利;而在褶曲的两翼,隧道容易受到偏压力作用。

3. 隧道方案的比选

1) 单线隧道与双线隧道

与两座并行的单线隧道相比,一座双线隧道有以下优点:①较小的建筑总宽度,②开挖总面积较小,③净空较大,有利于机械化施工,④维修养护方便。

图 3-2　褶曲构造中隧道位置的选择
A、B、C 和 D—不同的隧道位置选择方案

双线隧道的缺点有：①因断面跨度较大而需要较强的支护结构，②因断面较大而不利于列车活塞风的产生，③一次性工程投资比两座单线隧道先后修建的初期投资大。

单线隧道方案与双线隧道方案相比较时，需要综合考虑经济、技术条件。一般来说，如果技术经济条件允许，应该选择一座双线隧道的方案。

两相邻隧道的最小净距，应该按照工程地质条件、隧道断面形状和尺寸、施工方法等因素确定。《铁路隧道设计规范》(TB 10003—2005)和《公路隧道设计规范》(JTG D70—2004)在大量工程实践的基础上分别给出了如表 3-1 和表 3-2 所示的参考值。

表 3-1　两相邻单线铁路隧道之间的最小净距

围岩级别	Ⅰ	Ⅱ～Ⅲ	Ⅳ	Ⅴ	Ⅵ
净距/m	(1.5~2.0) W	(2.0~2.5) W	(2.5~3.0) W	(3.0~5.0) W	>5.0 W

说明：W 为隧道开挖断面的宽度，m

表 3-2　分离式独立双洞间的最小净距

围岩级别	Ⅰ-	Ⅱ-	Ⅲ	Ⅳ	Ⅴ	Ⅵ
净距/m	1.0 W	1.5 W	2.0 W	2.5 W	3.5 W	4.0 W

说明：W 为隧道开挖断面的宽度，m

2）长隧道与短隧道群

在沟梁众多的山坡地区，如果线路靠外，则往往需要多个彼此距离很近的短隧道；而如果线路靠内，则只需要一座较长的隧道。应该通过比选两种方案来选择线路位置。

短隧道群方案的优点有工作面较多，易于施工，通风好。但是，短隧道群上方的岩体往往比较松散破碎，围岩压力较大，容易产生偏压力，隧道不易稳定；另外，隧道之间进出口较近，施工时容易互相干扰，洞口施工场地不好布置，洞门建筑量较大。而如果以山体深处的一座长隧道代替短隧道群，则围岩的稳定性一般会比较好，各工作面的施工互不干扰，且只需要两座洞

门。一般而言,修建一座长隧道往往会是比短隧道群更为有利的方案。

4. 隧道洞口位置的选择

隧道的位置选定以后,其长度是由两端洞口的位置决定的。在一般情况下,铁路线路在进洞之前,总要经过一段引线路堑,当路堑达到一定高度时就开始进入隧道;因此选择洞口位置实质上就是选择适宜从引线路堑转为隧道的转换点。选择隧道洞口位置的一般原则是:①宜"早进晚出",即尽量不要采用过深的路堑,宁可早些进洞、晚些出洞;②应尽可能地设在山体稳定、不富水的地方,避开不良地质;③不宜设在垭口、沟谷中心或沟底低洼处,不要与水争路,可以让出沟心,放在沟谷的一侧;④最好在线路与地形等高线正交或尽可能接近正交的地方进洞,必要时可以采用斜洞门或台阶式洞门,以避免洞门承受显著的偏压力;⑤如线路在洪水影响范围之内,洞口应设在洪水位以上,以防洪水灌入隧道;⑥不宜选择在边坡和(或)仰坡开挖过高的地带(岩体稳定性愈差,所需坡度越缓,刷坡愈高);⑦在岩体表面陡立的地方,不应刷动原生坡面,宜考虑采用贴壁进洞;⑧综合考虑施工场地布置的需要。

5. 隧道的平面设计

处于(平面)曲线上的铁路隧道至少有以下 3 个缺点:①因为建筑限界需要视曲线曲率的变化而适量加宽,增大了开挖和衬砌的工程量,随曲线曲率的变化,断面尺寸使施工和测量也变得比较复杂;②列车运行的空气阻力加大;③通风条件不良。但是,由于运营、地形、地质、水文等条件的制约,有时隧道不得不建在曲线线路上。这时,应尽可能采用长度比较短、半径比较大的曲线。在圆曲线与直线相连接的地方设置缓和曲线时,应避免把缓和曲线设在隧道洞口位置,因为,在缓和曲线上半径及外轨超高不断变化,而使得列车运行不稳。所以,应尽可能将缓和曲线设在洞外一个适当距离以外。在一座隧道内最好不要设置一个以上的曲线,尤其不宜设置反向曲线(弯曲方向相反的两条曲线直接相连)或复曲线(一条曲线与另一条曲线不经直线而直接相连)。

《公路隧道设计规范》(JTG D70—2004)的条文规定:应根据地质、地形、路线走向、通风等因素确定隧道的平曲线线形。当设为曲线时,不宜采用设超高的平曲线,并不应采用设加宽的平曲线。隧道不设超高的圆曲线最小半径应符合表 3-3 的规定。当由于特殊条件限制,隧道平面线形设计需设超高的曲线时,其设计应符合《公路路线设计规范》的有关规定。

表 3-3　不设超高的圆曲线最小半径 　　　　　　　　　　　　　单位:m

设计速度/km/h	120	100	80	60	40	30	20
路拱≤2.0%时	5 500	4 000	2 500	1 500	600	350	150
路拱>2.0%时	7 500	5 250	3 350	1 900	800	450	200

6. 隧道的纵断面设计

铁路隧道纵断面设计就是选定隧道内线路的坡道型式、坡度大小、坡段长度和坡段之间的衔接,应该从以下 4 个方面考虑。

(1)隧道内线路的坡道型式一般比较简单,常用的有单坡型和人字坡型。单坡的特点是:

争取高程(拔起或降落一定高度),施工和测量相对简单,有利于自然通风(由于两端洞口高程差而产生的气压差和热位差),正坡施工的工作面易排水(负坡不易排水)。人字坡多用于长隧道(尤其是越岭隧道),其优点是施工时便于排水和出渣运输(重车下坡,空车上坡),缺点是运营期间机械通风不容易排出两坡段之间顶峰处受到污染的空气。

(2) 对于行车而言,坡度是越缓越好。但是,为了能够减小工程数量,就不得不设置与天然地形、平面曲线和列车牵引能力相适应的线路坡度。因为隧道使空气阻力加大、列车车轮与钢轨之间的黏着系数降低,隧道内的行车条件不如明线。与一般明线不同,隧道的排水要求使得隧道内的线路不得设置平坡,且坡度不得小于最小允许限制坡度(如 3‰)。线路的最大允许坡度等于(按线路等级规定的)直线地段的最大限制坡度减去曲线阻力的当量坡度。对长度大于 400 m 的隧道,参考图 3-3,隧道内及上坡进洞之前的一段线路(与列车长度有关)的最大允许坡度还要在明线最大允许坡度的基础上进一步折减,即

图 3-3　与隧道有关的线路最大允许坡度

$$i_a = m \cdot i_m - i_c。 \tag{3-1}$$

式中, i_a、i_m 和 i_c 分别是隧道内线路的最大允许坡度、明线最大限制坡度和曲线阻力当量坡度;m 为隧道内线路的坡度折减系数,与隧道长度和牵引类型有关,《铁路隧道设计规范》TB 10003—2005 给出了经验值,如表 3-4 所示。

表 3-4　隧道内线路最大坡度折减系数

隧道长度/m	电力牵引	内燃牵引
401~1 000	0.95	0.90
1 001~4 000	0.90	0.80
>4 000	0.85	0.75

说明:最大坡度折减系数不分单、双机牵引,也不分单、双线隧道。

(3) 隧道内坡段的长度应该适合隧道的排水和列车的运行,宜设长坡段;当隧道位于凸形纵断面的分坡平段上,允许坡段长度缩短至 200 m。

(4) 隧道内相邻坡段之间的连接不宜过于突然,即坡差(相邻坡段坡度之间的代数差)不

宜太大,以避免车辆之间俯仰不一、车钩承受扭力。坡间代数差不应大于重车方向的最大允许限制坡度,必要时应设置缓坡或竖曲线。竖曲线不得与平面圆曲线或缓和曲线相重叠,以避免列车同时发生由平面曲线引起的摆动和由竖曲线引起的俯仰。旅客列车设计行车速度小于160 km/h 的铁路,相邻坡段的坡度差大于3‰时,应以圆曲线型竖曲线连接,竖曲线的半径应采用 10 000 m。旅客列车设计行车速度为 160 km/h 的铁路,相邻坡段的坡度差大于1‰时,应以圆曲线型竖曲线连接,竖曲线的半径应采用 15 000 m。

《公路隧道设计规范》(JTG D70—2004)的相关条文规定:隧道纵断面线形应考虑行车安全性、营运通风规模、施工作业效率和排水要求,其纵坡不应小于 0.3%,一般情况不应大于3%。隧道内的纵坡形式,一般宜采用单向坡;地下水发育的长隧道、特长隧道可采用双向坡。纵坡变更的凸形竖曲线和凹形竖曲线的最小半径和最小长度应符合表 3-5 的规定,且纵坡的变换不宜过大、过频,以保证行车安全视距和舒适性。

表 3-5　竖曲线最小半径和最小长度　　　　　　　　　　　　单位:m

设计速度/km/h		120	100	80	60	40	30	20
凸形竖曲线半径	一般值	17 000	10 000	4 500	2 000	700	400	200
	极限值	11 000	6 500	3 000	1 400	450	250	100
凹形竖曲线半径	一般值	6 000	4 500	3 000	1 500	700	400	200
	极限值	4 000	3 000	2 000	1 000	450	250	100
竖曲线长度		100	85	70	50	35	25	20

3.2.2　水底隧道的规划

水底隧道为地表水体(江、河、湖、海峡)下面或地表水体基床下面连接两岸的通道。与桥梁相比,水底隧道具有不影响水上通航和受天气影响较小等优点。水底隧道可以采用沉管法、暗挖法(如盾构法、掘进机法、钻爆法等)或围堰明挖法建造。图 3-4 为水底隧道纵断面布置示意图。

水底沉管隧道多修建在水体基床(如河床、海床等)比较平坦、水深适当、水流方向稳定且速度不大的地段;因为如果水体基床有深沟,地形陡峭,或水深过大,或水流方向不稳定,或水流速度过大,都会造成管节浮运、沉放和对接的困难。沉管隧道对基床承载力要求不高(所以很多沉管隧道都是修建在软弱的水体基床上),但是应该注意基床的稳定性。沉管隧道的两岸工程、基槽开挖和管节预制均可以同时施工,而管节的浮运、沉放、水下对接和基础处理等工序相对于总工期来讲又都比较短;所以沉管隧道的施工总工期相对较短。沉管隧道的最小覆盖厚度一般建议为 0.5~1.0 m,但如果因此而使隧道长度增加过多时,也可以使管节局部露出水体基床表面。当然,此时必须保证管节在水流冲刷下的稳定性,而且露出的管节不能改变水流特性或水体基床的稳定性。

(a) 沉管法修建的水底隧道纵断面

(b) 暗挖法修建的水底隧道纵断面

图 3-4 水底隧道纵断面布置示意图

与沉管法相比较,暗挖法不影响通航,施工不受天气变化的影响,且对水域环境影响较小。与掘进机法相比较,钻爆法具有施工技术相对简单、对地层情况变化适应性强的优点;但其围岩稳定性和防水问题较突出,且因埋置深度较大,隧道较长,坡度较大。水底暗挖隧道的高程低于两端隧道的高程。在一定的限制坡度条件下,隧道顶板至水体底面的距离越小,则隧道长度越小,反之则隧道越长。最小顶板厚度的选择取决于场地的工程地质和水文地质条件。对于水底隧道,在选择最小顶板厚度时,可以参考图 3-5 所示的经验曲线(挪威),需要重点考虑的问题主要包括钻爆法开挖对地层稳定、地下水稳定及水域环境的影响范围和程度。

图 3-5 水底隧道最小顶板厚度与水体深度的经验曲线(挪威)

由于场地条件的制约,水底地质勘察可能对某些自稳性较差的地质情况揭示不足。隧道的开挖会提供大范围的渗流通道和增加的水力梯度,如果处理不当,就可能产生突水和地层失稳。因此,隧道施工过程中的超前地质预报极其重要,可综合采用洞内地质素描、探地雷达、红外探测、超前钻孔、超前导坑等技术手段了解隧道工作面前方的工程和水文地质条件,保证施工安全和隧道的稳步推进。

水底隧道施工的最突出的安全隐患就是地表水体向隧道内的突涌。如果钻探、开挖改变地下水的赋存和流动条件、使渗透性较强的地层成为地表水体向隧道内流动的通道,则隧道将出现灾难性涌水事故。为此,水底隧道施工必须采取防范地表水体突涌的措施,并制定好危急情况下的逃生路线。隧道每推进一段距离,就应该选择地质条件较好的地带设置防淹闸门;在任何时刻都应该有两道以上的防淹闸门;随着开挖面的前进,离其最远的闸门可以拆除、前移,循环使用。

由于隧道下穿的地表水体水源浩大;所以水底隧道必须采用全封闭防水,主要应该从衬砌结构的自防水性能(抗渗、抗裂、耐久)、防水板的封闭设置与耐久性(耐久、抗穿刺)、施工缝和沉降缝的止水性能、分区防水处理等几个方面解决。

水底交通隧道的纵坡设计与隧道的使用功能有关,一般由于防洪要求,在水底隧道两端与陆地道路的衔接地段设置防洪反坡(小驼峰)。水底隧道的横断面布置形式有双管隧道、三管隧道、双管隧道加服务隧道等形式,如图3-6～图3-8所示。

图3-6　双管隧道方案的断面布置形式

图3-7　三管隧道方案的断面布置形式

图3-8　双管加服务隧道方案的断面布置形式

3.2.3　城市地下铁道的规划

1. 城市地下铁道路网规划

城市(地面和地下)轨道交通是缓解城市交通拥挤问题的重要手段。地下铁道建筑全部处于地下,其周边环境,从地质和水文等自然条件方面来讲,一般比山岭隧道或水底隧道要简单得多;但其附近的地面和地下建筑环境往往比较复杂。

地下铁道的规划必须与城市总体规划和地面路网规划统一考虑。一般原则包括:①线路走向和路由应该与城市交通主客流方向一致,比如沿城市地面干道布设;②与城市的街道布局和发展规划密切结合,并为长远发展留有余地;③在长途汽车站、火车站、飞机场、商业中心、大型居民区等客流集散量大的地区设置车站;④适当选择路网密度和分布,以减小路网中各车站之间的"时距"(时间距离,即任意两个车站之间的行走总时间);⑤与其他城市公共交通系统相协调;⑥路网中各规划线上的运量负荷应该尽量均匀;⑦线路走向选择,除了考虑地形、地貌、地质、水文等自然条件以外,还应该充分了解沿线既有的地面和地下建筑情况,并与地面建筑和市政设施的未来发展相结合,从而合理有效地综合利用地面和地下的空间资源。

路网的结构形式(即路网中各条线路组成的几何形状)一般应该与城市路网的结构形式相适应。路网结构形式是否得当,直接关系到路网的经济与社会效益。路网结构形式与政治、经济、社会、历史等众多因素有关,其选择和形成并无一定之规,几种典型的形式是放射形、放射加环线形、棋盘形、棋盘加环线形。图 3-9 所示为北京轨道交通的路网规划示意图。选择线路方向及路由时需要考虑的主要因素有:①线路的用途,②客流分布和走向,③城市道路网分布(快速路、主干道、次干道、支路等),④隧道主体结构施工方法(明挖、盖挖、矿山法暗挖、盾构法暗挖等)。

车站是地铁客流的集散场所,其分布规划应该与线路走向选择相结合。车站的种类,按功能可以划分为一般站、换乘站、折返站、终端站,按站台形式可以分为岛式站台车站、侧式站台车站、混合式车站等。影响车站分布的主要因素有:①城市规模和人口密度,②城市地貌、道路和建筑物布局,③大型客流集散点(如每日有 20 万上下车人次客流量的地点),④车站的合理间距(如市区为 1 km 左右,郊区为 2 km 以内)。

路网规划的指标一般包括路网密度、线路负荷强度、非直线系数、客运量及其在城市公共交通体系中的比重等。其中,路网密度是衡量城市轨道交通社会经济效益的重要指标,可以用轨道交通线路总长度与其覆盖地区的面积或人口来表示。在城市的不同地区(如市区与郊区),不同的交通方式,路网是不同的,例如,有资料显示,在城市市区,公共汽车较合适的线网密度为 $2\sim3\ km/km^2$,地下铁道为 $0.25\sim0.35\ km/km^2$。

地铁的规划设计年限可以划分为初期、近期和远期。根据国内外经验,设计年限分期采用的设计标准可以按该期最后一年采用:初期为建成通车,也就是交付运营以后的第 3 年;近期为第 10 年;远期为第 25 年。地铁工程的建设规模要按远期设计年限的预测客流量和列车通过能力确定。由于地铁属于大型建设工程,投资大并且建设周期长,为了节省初期和近期投资,对于可以分期建设的工程,应分期扩建或增建。但地下车站和区间隧道等土建工程,后期扩建增建往往困难很大,应一次建成。

2. 城市地下铁道的平面设计

地下铁道线路的正线必须是双线,其平面设计必须与城市发展规划相结合。地下铁道往往是在高人口密度、高建筑密度、高交通密度的城市环境里修建的,剩余空间有限而宝贵。地下铁道线路必须尽量节省空间,浅埋线路尽量与道路红线相平行。地铁的区间隧道、车站、出入口等,应尽量与城市建筑相结合。地铁线路平面设计的技术指标主要有如下两个方面。

图3-9　北京轨道交通路网规划(2003)示意图

(1) 曲线半径和长度:宜大不宜小,最大一般很少超过3 000 m,400 m以下的曲线半径会产生较大的轮轨磨耗和噪声,应尽量少用。《地铁设计规范》GB 50157—2003规定:地铁正线的最小曲线半径,对B型车,行车速度不大于80 km/h,在一般情况下为300 m,困难情况时为250 m;车站站台范围内一般不设曲线,不得已时,曲线半径不应小于800 m。正线及辅助线的圆曲线最小长度,A型车不宜小于25 m,B型车不宜小于20 m,困难情况下不得小于一个车辆的全轴距。

(2) 曲线连接:缓和曲线一般采用三次抛物线。在正线上,当圆曲线的半径小于或等于3 000 m时,圆曲线与直线之间应根据圆曲线半径和行车速度设置一定长度的缓和曲线;除非在困难地段,不宜采用复曲线;在复曲线上,当两圆曲线的曲率差大于 1/2 500 时,中间应设长度大于 20 m 的缓和曲线。

在平面相对位置上,地铁线路应该与城市道路、地面建筑物和地下设施或其他建筑物相协调;图 3-10 所示的 3 种不同的地铁线路平面位置选择各有利弊,一般可以选择城市道路红线范围以内的位置。

图 3-10 地铁线路与周边环境相对位置的选择

参考图 3-11,一般站的车站平面位置往往可以有跨路口站位、偏路口站位、两路口之间站位、道路红线外侧站位 4 种选择。

(a) 跨路口站位　　　　　　　　　　(b) 偏路口站位

(c) 两路口之间站位　　　　　　　　(d) 道路红线外侧站位

图 3-11 地铁车站站位与道路的相对平面位置选择

3. 城市地下铁道的纵断面设计

地铁线路纵断面设计应该在保证列车运行安全平稳的前提下,综合考虑列车运行规律、地形、地质、水文、埋深、施工方法、地面和地下既有建筑物及设施等条件,例如,将车站设在高于区间隧道的地方可以节省列车的牵引能量。

最大允许坡度与行车系统有关。《地铁设计规范》GB 50157—2003 规定(不考虑各种坡度折减值),正线的最大坡度不宜大于 30‰,困难地段可用 35‰;联络线、出入线的最大坡度不宜大于 40‰;车站线路最好用平坡,如兼顾纵向排水需要,则不宜过小,在车站站台计算长度范围内线路坡度宜采用 2‰,在困难条件下可以采用 3‰,坡段纵向长度不宜小于远期列车长度;两相邻竖曲线之间的过渡直线坡段的长度不应小于 50 m;当相邻坡段坡度之间的代数差等于或大于 2‰时,应设置圆形竖曲线。

3.3 交通隧道的限界与构造形式

3.3.1 交通隧道结构的限界与净空要求

交通隧道结构的设计需要选择结构的轴线形状和内轮廓尺寸,这与地下结构的净空形状和尺寸要求有关,而这些主要取决于地下结构的用途。以交通类的隧道为例,衬砌结构横断面内轮廓的形状和大小必须足以包含隧道建筑限界,即结构的任何部位(包括施工误差、测量误差及结构永久变形量)都不得侵入限界以内。隧道建筑限界是在车辆限界和设备限界的基础上制定的;车辆限界为车辆断面的限制范围(如轨道上车辆的动态包络线),设备限界为车辆限界之外、考虑沿线设备安装(如照明、信号等设施)的限制范围。车辆限界、设备限界和建筑限界分别控制车辆运行、设备安装和土建工程的作用空间,合理地制定这些限界、控制车辆通行的有效净空断面,有利于控制建筑工程规模、保障运行安全、倡导车辆生产标准化和降低工程整体造价。

关于限界的具体内容,应参考相应的行业标准,如《铁路隧道设计规范》(TB 10003—2005)、《公路隧道设计规范》(JTG D70—2004)、《地铁设计规范》(GB 50157—2003)和《地铁限界标准》(CJJ 96—2003)等。图 3-12～图 3-14 分别为某些隧道限界的示例。

图 3-12 电力机车牵引的直线单、双线铁路隧道建筑限界

——隧道建筑限界;----基本建筑限界

图 3-13 公路隧道建筑限界

H—建筑限界高度(高速公路、一级公路、二级公路取 5.0 m,三、四级公路取 4.5 m);

W—行车道宽度;L_L—左侧向宽度;L_R—右侧向宽度;C—余宽;J—检修道宽度;

R—人行道宽度;h—检修道或人行道的高度;E_L—建筑限界左顶角宽度,$E_L = L_L$;

E_R—建筑限界右顶角宽度,当 $L_R \leqslant 1$ m 时,$E_R = L_R$,当 $L_R > 1$ m 时,$E_R = 1$ m;

各级公路隧道建筑限界基本宽度应按表 3-6 执行

图 3-14 A型车地铁车站直线地段矩形隧道建筑限界

　　当然,需要说明的是,除了限界以外,影响结构形状选择的因素还有地质和水文条件、初始地应力、施工方法、支护型式与材料等。常用的地下结构形状一般都具有某种对称性,如矩形、梯形、圆形、椭圆形、马蹄形、拱形等。例如,矩形和梯形是采矿工业中常见的巷道形状;很多输水隧道或在软弱、挤压、膨胀地层中,圆形是常用的形状;矿山法开挖的洞室常采用马蹄形或拱形;某些污水隧道或当地层的大主应力与小主应力存在显著差异时,有时采用椭圆形(长轴与地层大主应力相平行)。

表3-6　公路隧道建筑限界横断面组成最小宽度　　　　　　单位:m

公路等级	设计速度/km/h	车道宽度 W	侧向宽度 L		余宽 C	人行道宽 R	检修道宽 J		隧道建筑限界净宽		
			左侧 L_L	右侧 L_R			左侧	右侧	设检修道	设人行道	不设检修道、人行道
高速公路	120	3.75×2	0.75	1.25			0.75	0.75	11.00		
	100	3.75×2	0.50	1.00			0.75	0.75	10.50		
一级公路	80	3.75×2	0.50	0.75			0.75	0.75	10.25		
	60	3.50×2	0.50	0.75			0.75	0.75	9.75		
二、三、四级公路	80	3.75×2	0.75	0.75		1.00				11.00	
	60	3.50×2	0.50	0.50		1.00				10.00	
	40	3.50×2	0.25	0.25		0.75				9.00	
	30	3.25×2	0.25	0.25	0.25						7.50
	20	3.00×2	0.25	0.25	0.25						7.00

说明:① 三车道隧道除增加车道数外,其他宽度同表;增加车道的宽度不得小于3.5 m。

② 连拱隧道的左侧可不设检修道或人行道,但应设50 cm(120 km/h与100 km/h时)或25 cm(80 km/h与60 km/h时)的余宽。

③ 设计速度为120 km/h时,两侧检修道宽度均不宜小于1.0 m;设计速度为100 km/h时,右侧检修道宽度不宜小于1.0 m。

3.3.2　铁路隧道曲线地段断面加宽

　　在直线地段车辆中心线在水平面的投影与线路中心线重合,而在曲线地段,两者不再重合。车辆纵向中心线在水平面上的投影与线路中心线的交点,即车辆转向架中心销在线路中心线上的投影点,称为导向点。导向点以外的车辆中心线水平投影与曲线线路中线产生的矢距为位于曲线上车辆的几何偏移量,在导向点处为0,在前、后两个导向点之间为内侧偏移量(在车辆中部取最大值),在两导向点之外为外侧偏移量(在车辆的两端取最大值)。

　　另外,在直线地段,两条钢轨处于相同的水平面上;而在曲线地段,由于克服车辆离心力的需要,外侧钢轨高于内侧钢轨(即外轨超高),车辆横断面向曲线的内侧倾斜。

　　由于车辆偏移和外轨超高带来的车体内倾,曲线地段的铁路隧道需要采用大于直线隧道建筑限界的净空。综合考虑,曲线隧道净空的加宽值由外轨超高引起的车体内倾距离、车体中轴线在车体中部相对于线路向曲线内侧的平移距离、车体中轴线在车体两端部分相对于线路向曲线外侧的平移距离3个部分组成。参考图3-15中的几何关系,对于圆曲线,这3部分的加宽值可以用车体和线路的参数表示为

图 3-15　单线铁路隧道曲线地段净空加宽的 3 个组成部分

$$D_1 = \frac{E}{G} \cdot H, \qquad (3-2a)$$

$$D_2 = \frac{l^2}{8R}, \qquad (3-2b)$$

$$D_3 = \frac{L^2 - l^2}{8R} \circ \qquad (3-2c)$$

式中，E 为曲线外轨超高(一般小于 15 cm)；G 为两轨中心之间的距离(可近似取为 150 cm)；H 为车辆限界控制点 J 自轨面算起的高度；R 为圆曲线半径；L 为车辆的长度(对铁路车辆，可取标准值 26 m)；l 为车辆前后转向架中心之间的距离(对铁路车辆，可取标准值 18 m)。

　　它们所引起的隧道内侧加宽和外侧加宽分别为

$$W_i = \frac{E}{G} \cdot H + \frac{l^2}{8R}, \qquad (3-3a)$$

$$W_o = \frac{L^2 - l^2}{8R} \circ \qquad (3-3b)$$

总加宽值为两者之和，即

$$W'' = W_i + W_o \circ \qquad (3-4)$$

　　双线铁路隧道的圆曲线地段，参见图 3-16，除了外线外侧和内线内侧需要(像单线隧道的曲线地段一样)分别加宽 W_o 和 W_i 以外，两线之间也需要的加宽值为(隧道直线地段两线之间的距离为 4 m)

$$W_c = D_2 + D_3 + \frac{E_o - E_i}{G} \cdot H \circ \qquad (3-5)$$

式中，E_o、E_i 分别为外线和内线的外轨超高值。

图 3-16　双线铁路隧道曲线地段的净空加宽

这是因为外线车辆的中部和内线车辆的端部均有向两线之间的平移;另外,如果外线的外轨超高大于内线的外轨超高,外线车辆向曲线内侧的平移就会大于内线车辆向曲线内侧的平移。相应的总加宽值为外线外侧、内线内侧和两线间距加宽之和,即

$$W'' = W_o + W_i + W_c。 \tag{3-6}$$

无论单线还是双线,由于内侧加宽值一般总大于外侧加宽值;因而在圆曲线地段的隧道结构中心线相对于线路中心线向曲线内侧偏移一个距离,即

$$d = \frac{1}{2}(W_i - W_o), \tag{3-7}$$

参见图 3-17。

对于铁路隧道中圆曲线与直线之间的缓和曲线,可以由圆缓点向着缓直点方向随着线路曲率半径的增大而采用连续的逐渐减小的加宽,也可以近似地采用分段台阶式加宽。考虑以下两个分段。

(1)当列车由直线进入曲线、车辆前转向架跨进缓和曲线的起点时,由于曲线外轨已经开始有了超高,车辆后端也开始偏离线路中线;所以应该在车辆前转向架至车辆后端点范围内加宽隧道断面,加宽值不得小于该范围需要的最大加宽值。

(2)当车辆的一半进入缓和曲线中点时,前面的转向架已接近圆曲线,为偏于安全计,可采用圆

图 3-17　(单线或双线)铁路隧道曲线
地段净空加宽后的横断面轮廓

曲线断面的加宽值。

鉴于上述分析,一般可以把缓和曲线分成两段。参考图 3-18,从圆缓点至缓和曲线中点并向直线方向延长二分之一个车体长度(13 m),采用圆曲线断面的加宽 W'(双线为 W'');其余缓和曲线并从缓直点向直线方向延长车体一端至另一端转向架的距离(22 m),采用圆曲线加宽的一半 $0.5\,W'$(双线为 $0.5\,W''$)。

图 3-18 铁路隧道曲线地段净空加宽的线路范围

3.3.3 交通隧道结构的构造形式

1. 主体结构(洞身)的构造形式

地下结构的构造、形状和尺寸因其用途、地形、地质、施工和结构性能等条件的差异而不同。按照构筑方式的不同,可以把地下结构的构造形式分成喷射混凝土加锚杆(和金属网)支护、现场模筑混凝土衬砌、拼装或预制衬砌(如盾构管片、顶管结构和沉管结构等)和复合衬砌4种。

参考图 3-19,一般喷射混凝土的支护特点是快速性、密贴性、柔性,并可以对围岩张性裂隙和节理起封闭作用。锚杆的支护特点是它的快速性和深入性。金属网可以增加喷射混凝土的强度和柔性。

图 3-19 喷射混凝土加锚杆支护

　　现场模筑混凝土衬砌是从洞室表面支护地层的,其支护特点是坚实稳固、难密贴、作用慢,常用的形状有直墙式和曲墙式两种,如图 3－20 所示。前者由直边墙和拱圈构成(下部不闭合,仅以素混凝土铺底),适用于地质条件比较好、地层压力以竖向为主(横向压力没有或较小)、地下水作用不显著的地层,如铁路隧道围岩分级中Ⅲ级和Ⅱ级围岩。曲墙式衬砌由曲边墙、上部拱圈和下部仰拱构成,适用于地质条件较差、侧向水平压力较大、有显著地下水作用的情况,如铁路隧道围岩分级中Ⅳ级以下的围岩。仰拱的作用可以使整个结构封闭,从而更有效地防水、防止结构下沉和抵抗地层的上鼓力。

(a) 暗挖隧道直墙式　　　　　　　　　　(b) 暗挖隧道曲墙式

(c) 拱形明洞(长腿＋耳墙)　　　　　　(d) 明挖洞室矩形结构

图 3－20　模筑混凝土衬砌

拼装衬砌是由预制构件在现场拼装而成,一般为圆形,参考图3-21。其支护特点有坚实稳固、作用快,但需要妥善处理与地层密贴及管片接头防水等问题。拼装衬砌是城市地下铁道区间隧道常用的一种结构形式。

复合衬砌是由两种以上不同构筑类型的支护组成的。参考图3-22,常用的复合衬砌由3部分分期构筑而成:外衬为喷射混凝土(可含锚杆、金属网、钢拱架、钢格栅等),内衬为现场模筑混凝土,两者之间设防水板(可含土工布、排水盲管等)。复合衬砌兼有其外衬

(a) 通缝式　　　(b) 错缝式

图3-21 拼装衬砌

和内衬的支护特点。作为初期支护,外衬可以适时地在洞室边缘支护地层,改善洞室附近地层的应力状态,与地层共同变形,允许地层荷载有限制的释放。内衬制止地层和外衬的收敛,承受地下水压力,与外衬一起抵抗地层的残留变形和荷载。

(a) 马蹄形双线铁路隧道衬砌　　　(b) 双线地铁隧道双连拱衬砌

图3-22 复合衬砌

2. 洞门及其附属建筑的构造形式

不同类型的地下工程,除了主体地下建筑物不同之外,还可能需要不同的关联建筑物。以交通隧道为例,除了隧道结构主体以外,洞门和运营通风建筑物等关联结构也是必不可少的(其他带有附属性质的关联建筑物有安全避让设施、防排水设施、电力及通信设施等)。

山岭隧道的洞门有以下几个方面的作用:减少洞口土石方开挖量,稳定边坡和仰坡(挡土墙作用),导引地表水避开洞口,装饰洞口。洞门的常用形式有端墙式(参考图3-23,与线路正交或斜交)、翼墙(加端墙)式、台阶式(图3-24)等。

图 3-23 端墙式洞门正面与纵断面

图 3-24 台阶式洞门正面

　　隧道运营通风的作用有除湿、排除有害气体、净化空气。如果天然风和列车活塞风不能满足隧道空气环境的要求,就需要采用机械通风。机械通风设施所需要的建筑物与通风形式有关。图 3-25 为地铁车站地面通风亭示意图。

图 3 - 25　地铁车站地面通风亭示意图

第4章　地下结构的设计方法

4.1　地下结构的设计内容与目的

地下工程的结构设计应该按规范(如《混凝土结构设计规范》GB 50010—2002、《铁路隧道设计规范》TB 10003—2005、《公路隧道设计规范》JTG D70—2004、《地铁设计规范》GB 50157—2003、《锚杆喷射混凝土支护技术规范》GB 50086—2001 和《水工隧洞设计规范》SL 279—2002 等)进行。但是,要明白两点:①任何规范都只是当前理论与经验水平的反映,并非"绝对真理";②只有了解规范背后的理论和经验,才能有效地、合理地利用规范中的原则和规定。

任何地下工程的设计都包含有经验、推理和观察 3 个元素,但在不同的项目中,三者所起作用的份量则可能是很不相同的。工程类比法是地下结构常用的设计方法之一。地下结构设计的工程类比法可以分成直接与间接两种:①直接类比法,把拟建工程的自然和工程条件与以往类似工程相比较,从而确定设计参数;②间接类比法,按围岩分级(类)确定设计参数。

结构设计的目的是协调结构可靠与结构经济这一对矛盾。结构设计就是合理选择结构的参数,以达到安全、适用、耐久和经济等目的。结构设计当然与结构上的荷载有关;这里的荷载(又称为作用)是广义的,既包括土压力之类的直接作用,又包括如温度变化之类的间接作用。地下结构的荷载可以按其在设计基准期内随时间的变化特征划分为 3 类:①永久荷载,量值不随时间变化或变化与平均值相比可以忽略不计,包括结构自重、使用设施自重(如地铁道床重量)、地层压力(含水压力)、混凝土收缩和徐变力等;②可变荷载,量值随时间变化,且变化与平均值相比不可忽略,包括施工荷载、温度变化、使用活载(如交通隧道内的车辆活载、地面车辆活载等)和活载所产生的地层压力等;③偶然荷载,不一定出现且一旦出现作用时间很短,如地震力等。

地下结构的设计内容包括选择结构的轴线形状、内轮廓尺寸、结构的尺寸(如截面厚度)、材料和构造。结构的轴线形状和内轮廓尺寸要满足地下结构的净空要求,前面已经介绍过了。结构的尺寸(如截面厚度)、材料和构造要满足结构的承载力和稳定性要求。地下工程结构一般为超静定结构,结构内力只有在拟定了结构的尺寸、材料和构造以后才能求得。因此,地下结构的设计一般需要以下迭代过程:假定结构的尺寸、材料和构造,针对一定的荷载或荷载组合计算结构的内力(计算方法见第 6 章),检算结构的承载力和稳定性,如果满足要求且经济合理则选定假设的结构尺寸、材料和构造,设计完成;否则重复上面的过程直到满足设计要求。

结构设计方法与结构的构造形式密切相关。例如,关于喷混凝土支护的几何参数和设置时间,可以根据地层的变形特征和初期支护的目的,采用相应的设计思想:如果初期支护是为了尽快地完全制止开挖带来的地层变形,就应该选择较大的喷层厚度;反之,假如地层的自稳性较好,而且周边环境也容许地层发生一定的变形,则可以选择较小的喷层厚度。下面依次介绍钢筋混凝土衬砌结构设计方法、喷锚支护与复合式衬砌的设计方法、支护设计的特征曲线法。

4.2　地下结构设计方法

对于拟定尺寸的结构,通过计算可以得到结构的内力,然后就需要检验结构尺寸是否经济合理。对于模筑混凝土、拼装衬砌、复合衬砌等地下结构,可以采用与地面结构相同的承载力和稳定性检算方法,即容许应力法、破损阶段法或极限状态法。这 3 种方法分别对应构件最不利截面的不同工作阶段,破损阶段法与极限状态法的主要区别在于它们处理不确定性影响因素的方式和定量程度不同。

以纯受弯的钢筋混凝土构件为例,图 4-1 显示了荷载增加过程中构件正截面应力分布和大小变化的 4 个代表性情况。

图 4-1(a):混凝土开裂前大致弹性工作阶段(范围),应力与应变成正比,沿截面高度线形分布。

图 4-1(b):混凝土开裂的临界状态(点),大部分受拉区的应力已经达到或接近混凝土的抗拉强度极限,混凝土出现显著塑性,钢筋仍处于弹性工作阶段;受压区应力仍处于弹性工作阶段,呈线形分布。

图 4-1(c):为受拉区混凝土开裂后的工作阶段(范围),受拉区混凝土已经出现了延伸到中性轴附近的裂缝(但裂缝宽度不大),钢筋应力仍未达到其屈服强度;受压区混凝土仍基本上处于弹性阶段,应力略呈曲线分布。

图 4-1(d):为破损阶段(范围),受拉区钢筋应力达到其屈服强度(假设配筋适当),裂缝向上扩展,受压区高度缩小,受压混凝土的应变达到其极限压应变(应力达到极限抗压强度)。

(a)　　　　　　(b)　　　　　　(c)　　　　　　(d)

图 4-1　纯受弯钢筋混凝土构件的正截面应力发展情况

4.2.1 容许应力法

容许应力法以图 4-1 中的(c)类情况为依据,假定材料保持在弹性工作阶段。按容许应力法,结构的尺寸必须保证在最不利荷载组合的作用下,结构的控制应力不超过材料的容许应力,即

$$\sigma_{max} \leqslant [\sigma] = \bar{\sigma}/K_\sigma。 \tag{4-1}$$

式中,σ_{max}、$[\sigma]$、$\bar{\sigma}$ 和 K_σ 分别为结构最不利截面上的最大应力(正应力或剪应力)、材料的容许应力、材料的极限强度和按容许应力法设计时结构的安全系数。

4.2.2 破损阶段法

《铁路隧道设计规范》(TB 10003—2005)和《公路隧道设计规范》(JTG D70—2004)规定,铁路双线及以上隧道和公路隧道结构设计计算按破损阶段法验算构件截面的强度。

破损阶段法以图 4-1 中的(d)类情况为依据(比容许应力法的截面承载模型更为接近材料破坏前的实际应力状态)计算结构截面的极限承载力。按破损阶段法,结构的尺寸必须保证在最不利荷载组合的作用下,结构的控制内力不超过材料的极限承载力,即

$$F \leqslant \bar{F}/K_f。 \tag{4-2}$$

式中,F 为结构最不利截面上的控制内力(轴力或剪力或弯矩),$\bar{F}$ 为该截面的极限承载力,K_f 为按破损阶段模型设计时结构的安全系数。

破损阶段法按破坏截面的抗力检算截面的安全性和经济性,不像容许应力法那样假定截面应力的详细分布,其安全系数也比容许应力法的安全系数意义更为明确。

截面控制内力可以取为轴力或剪力或弯矩。例如,对于以中心或偏心受压为主的素混凝土结构(如模筑混凝土拱形隧道衬砌),可以用截面轴向压力 N 作为控制内力;安全系数 K_f 按规范取值为:在抗压强度检算时,对主要荷载(永久荷载 + 基本可变荷载)取 2.4,对主要荷载加附加荷载(永久荷载 + 基本可变荷载 + 其他可变荷载)取 2.0;在抗拉强度检算时,对主要荷载(永久荷载 + 基本可变荷载)取 3.6,对主要荷载加附加荷载(永久荷载 + 基本可变荷载 + 其他可变荷载)取 3.0。截面极限承载力的计算可以按抗压或抗拉强度控制的情况分别表示如下(当 $e \leqslant 0.2\,h$ 时,抗压强度控制,不必检算抗拉强度;当 $e > 0.24\,h$ 时,抗拉强度控制,不必检算抗压强度;当 $0.20\,h < e \leqslant 0.24\,h$ 时,抗压和抗拉强度都需要检算):

$$\bar{N} = \begin{cases} \varphi\alpha \cdot R_a \cdot hb, & e \leqslant 0.24\,h \\ \varphi\beta \cdot R_1 \cdot hb, & e > 0.20\,h \end{cases}。 \tag{4-3}$$

式中,e 为轴力的偏心距(等于截面弯矩除以轴力,不计变形附加偏心距);h 和 b 分别为截面厚度和纵向计算尺寸(对平面结构计算模型通常取为单位长度);R_a 和 R_1 分别为材料的极限抗压强度和抗拉强度,对混凝土和钢筋混凝土结构中的混凝土极限强度可按《铁路隧道设计规范》TB 10003—2005 选定,如表 4-1 所示;φ 为纵向弯曲影响系数,与构件的约束条件和长细

比有关,例如,对于隧道的衬砌可以取 $\varphi = 1$,对于双跨结构的中柱(墙)可以按其长细比取值,等等(详细情况可参考有关结构设计原理和规范,如《混凝土结构设计规范》GB 50010—2002,《铁路隧道设计规范》TB 10003—2005); α 和 β 分别为小偏心和大偏心时轴力的偏心影响系数。

表 4-1　混凝土的极限强度

单位:MPa

强度种类	符　号	混凝土强度等级					
		C 15	C 20	C 25	C 30	C 40	C 50
轴心抗压	R_a	12.0	15.5	19.0	22.5	29.5	36.5
弯曲抗压	R_w	15.0	19.4	24.2	28.1	36.9	45.6
轴心抗拉	R_1	1.4	1.7	2.0	2.2	2.7	3.1

说明:表中弯曲抗压极限强度为按 $R_w = 1.25 R_a$ 计算所得。

下面介绍关于 α 和 β 的计算表达式。

(1) 对于大偏心(抗拉强度控制)的情况,偏心影响系数可以表示为

$$\beta = 1.75/(6e/h - 1)。 \tag{4-4}$$

原因如下:引入截面抵抗矩塑性系数 ξ(对矩形截面取 1.75),从而可以把混凝土截面受拉区应力按三角形分布考虑(实际为矩形分布),则混凝土受拉边缘不出现开裂的条件可以表示成

$$\frac{N \cdot e}{\dfrac{bh^2}{6}} - \frac{N}{bh} \leqslant \xi \cdot R_1/K_f, \tag{4-5}$$

整理后可得式(4-3)和式(4-4)(注意, $h/6$ 为矩形截面的核心距,等于截面受拉边缘弹性抵抗矩与截面面积之比)。

注意:当偏心受压构件的截面极限承载力由材料的抗拉强度控制时,截面的轴力仍为压力,只不过因为偏心较大(超过了截面的核心距),截面局部已经出现拉应力而已。

(2) 对于小偏心(抗压强度控制)时偏心影响系数 α 的取值,需要说明以下两点:

① 如果按《混凝土结构设计规范》2002 年版(GB 50010—2002)和 1989 年版(GBJ 10—89)那样,假定混凝土截面受压区合力与轴力大小相等方向相反,则受压区高度为 $2(h/2 - e) = h - 2e$,则应该有偏心影响系数

$$\alpha = 1 - 2e/h。 \tag{4-6a}$$

原《铁路隧道设计规范》(TBJ 3—85)在一些试验结果的基础上拟定的计算公式为

$$\alpha = 1 - 1.5e/h。 \tag{4-6b}$$

式(4-6b)既没有理论依据,也没有统计分析;与式(4-6a)相比,按式(4-6b)对混凝土截面高度进行折减是偏于经济的。

② 偏心影响系数 α 等于混凝土构件偏心受压时极限承载力占相同(强度和尺寸)构件轴心受压时极限承载力的比例,其物理意义在于反映偏心受压使构件承载力比轴心受压构件承

载力下降的程度。实际上,截面破坏时的应力分布并不一定像假设的那样规则,受到荷载、材料等方面随机因素的影响,轴力偏心距 $e = M/N$ 像弯矩和轴力一样是随机函数。因此,α 与相对偏心距 e/h 的关系应该服从某种统计规律,用式(4-6a)和式(4-6b)所解释的理论和简化假定往往不足以全面反映实际情况。基于这样的想法,针对抗压强度控制的情况,《隧规》TB 10003—2005 建议采用的表达式为

$$\alpha = 1.000 + 0.648(e/h) - 12.569(e/h)^2 + 15.444(e/h)^3。 \tag{4-7}$$

这是根据各种强度等级的混凝土、6 种偏心距、300 多根偏心和轴心受压试件的试验结果得到的统计经验公式。图 4-2 为偏心影响系数 α 的 3 种计算表达式之间的比较,式(4-6a)、式(4-6b)和式(4-7),分别来自《混凝土结构设计规范》(GB 50010—2002,或 GBJ 10—89)、《铁路隧道设计规范》TBJ 3—85 和《铁路隧道设计规范》TB 10003—2005。

图 4-2　偏心影响系数 α 在 3 个不同《规范》中表达式的比较
(a)—《混凝土结构设计规范》(GB50010—2002,或 GBJ 10—89);
(b)—《铁路隧道设计规范》TBJ 3—85;
(c)—《铁路隧道设计规范》
TB 10003—2005 中 α 与相对偏心距 e/h 的关系曲线

4.2.3　极限状态法——按结构可靠度设计

　　容许应力法和破损阶段法是用安全系数给予结构一定的安全储备,安全系数的大小是凭经验取值的,没有充分的理论依据。结构的可靠性包括安全性、适用性和耐久性,综合考虑各种影响因素以后,可以用"失效概率"或"可靠度"来定量地描述。例如,如果能够估算某地下结构在其 50 年的设计基准期内每年独立发生失效的概率为 10^{-5},则该结构在其设计基准期内的可靠度(概率)为 $1 - 50 \times 10^{-5} = 0.9995$,这种具体而明确的定量描述是经验安全系数所不能提供的。极限状态法考虑荷载、结构尺寸、材料特性等因素的变异和概率分布,建立表达结构功能的状态函数和极限状态方程。显然,一般的结构状态函数是多元随机变量的随机函数,但实用中通常可以用两个综合随机变量来表达结构的状态函数:一个是荷载效应(如最不利截面上的弯矩、轴力、变形值、裂缝值、倾覆力矩、滑移力等),另一个是结构抗力(即结构的性能容

许值,如结构弯矩、轴力、变形、裂缝、抗倾覆力矩、抗滑移力的极限容许值等)。结构功能的极限状态代表整个结构或结构的一部分失效(不能满足设计功能)前的临界状态,可以归纳成两类:承载力极限状态,正常使用极限状态;前者与破损阶段法一样以图 4-1 中(d)类情况为分析的依据,后者对应于结构达到正常使用或耐久性能规定限值的情况(如变形或裂缝超过了正常使用和耐久性的要求)。

《铁路隧道设计规范》(TB 10003—2005)规定:一般地区单线隧道整体式衬砌及洞门、单线隧道偏压衬砌及洞门、单线拱形明洞及洞门的结构设计,可采用概率极限状态法设计。

既然极限状态法考虑结构可靠度影响因素的概率分布,结构的最不利位置也应该是这些因素的随机函数。但这样处理比较复杂,因此实用中一般仅采用荷载效应的最不利位置。极限状态设计要求,结构的最不利位置的荷载效应不超过结构抗力,可以表示为

$$S \leqslant R。 \tag{4-8}$$

式中,S 为结构的荷载效应;R 为结构抗力。

引进极限状态函数 $Z = R - S$,则结构的失效概率可以表示为

$$p_f = P[R < S] = P[Z < 0]。 \tag{4-9}$$

一般情况下,Z 是多元随机自变量(如各种荷载、材料参数和结构几何参数等)的函数,其概率分布与各随机自变量的概率分布有关。如果随机函数 Z 或其概率分布比较复杂,要严格精确地计算结构可靠度往往是很困难的;因此实用中一般采用近似概率计算。目前,常用的办法是,把随机函数 Z 用其泰勒(Taylor)展开式中的一阶或二阶部分来近似,即有所谓的一阶或二阶可靠度方法。采用一阶可靠度方法,假设结构几何参数为确定值,则 S 和 R 可以分别通过各自的代表值和分项系数来表示。荷载的标准值和分项系数与荷载的概率分布函数和所要求的可靠度有关,抗力的标准值和分项系数与材料的概率分布函数和所要求的可靠度有关。顺便指出,在极限状态设计法中,结构重要性系数反映结构失效后果的严重性,荷载组合系数针对可变荷载标准值的折减系数,目的是在各种可变荷载和(或)偶然荷载同时出现(即参与荷载组合)时结构的可靠度保持最佳的一致性。这两种系数均为经验系数,不以概率理论为依据。

下面以一个简单的例子来说明荷载和材料性能标准值与分项系数的数学、力学含义。假设 S 和 R 均分别服从正态概率分布,则 Z 也服从正态概率分布,且其数学期望值 $\overline{Z}$ 和标准差 σ_Z 可以分别用 S 和 R 的数学期望值 $\overline{S}$、$\overline{R}$ 和标准差 σ_S、σ_R 表示为

$$\overline{Z} = \overline{R} - \overline{S}, \tag{4-10a}$$

$$\sigma_Z = \sqrt{\sigma_S^2 + \sigma_R^2}。 \tag{4-10b}$$

设 Z 的概率密度函数为 $f(Z)$,参考图 4-3,假设结构抗力的数学期望值大于荷载效应的数学期望值,则 $\overline{Z}$ 在坐标系 $Z - f(Z)$ 中位于原点 $Z = 0$ 的 $Z > 0$ 侧。可以定义无量纲数

$$\beta = \overline{Z} / \sigma_Z \tag{4-11}$$

为可靠度指标,表示位置 $Z = \overline{Z}$ 相对于 σ_Z 的倍数;曲线 $f(Z)$ 下面在 $Z < 0$ 和 $Z > 0$ 部分的面积分别代表结构的失效概率 p_f 和可靠度$(1 - p_f)$。失效概率 p_f 取决于可靠度指标 β 的大小,

β 越大, p_f 越小; β 越小, p_f 越大。 β 与 $\overline{Z}$ 和 σ_Z 分别成正比和反比,这在可靠度方面的意义是明显的。

图 4-3 可靠性指标取为 β 时结构的失效概率 p_f

为了简化计算,将式(4-10b)关于 σ_Z 的表达式线性化为

$$\sigma_Z \approx \alpha(\sigma_R + \sigma_S)。 \tag{4-12}$$

式中,

$$\alpha = \sqrt{1 + (\sigma_S/\sigma_R)^2}/(1 + \sigma_S/\sigma_R)。 \tag{4-13}$$

当 $1/3 \leqslant \sigma_S/\sigma_R < 3$ 时, α 变化范围不大(在 0.707 与 1.0 之间),可以近似取为常数, $\alpha = 0.75$,相对误差不超过 6%;于是, $\overline{Z}$ 可以线性化地近似表示为

$$\overline{Z} = \overline{R} - \overline{S} = \beta\sigma_Z \approx \beta\alpha(\sigma_R + \sigma_S), \tag{4-14}$$

移项可得线性近似后的极限状态设计表达式为

$$\overline{R} - \beta\alpha\sigma_R \geqslant \overline{S} + \beta\alpha\sigma_S, \tag{4-15}$$

引入抗力变异系数 V_R 和荷载变异系数 V_S ,将式(5-15)表示成

$$(1 - \beta\alpha V_R)\overline{R} \geqslant (1 + \beta\alpha V_S)\overline{S}。 \tag{4-16}$$

式中,左端项和右端项分别代表在可靠性指标 β 所代表的可靠度下,抗力和荷载的可靠值。

把抗力和荷载以某种概率出现的抗力和荷载值分别称为它们的标准值(又称特征值),并分别用 R^* 和 S^* 代表,则有

$$R^* = \overline{R} - K_R\sigma_R = \overline{R} - K_R \cdot V_R\overline{R}, \tag{4-17}$$

$$S^* = \overline{S} + K_S\sigma_S = \overline{S} + K_S \cdot V_S \overline{S}。 \tag{4-18}$$

式中, K_R 表示为了 R 取值 R^* 所应该从 $\overline{R}$ 减少的 σ_R 的倍数,例如,如果要求 R (服从正态分布)取值 R^* 的概率不小于 95%(即 R^* 为 R 概率分布的 0.05 分位数),则由正态概率分布得到 $K_R = 1.645$; K_S 的意义与 K_R 类似。

把式(4-17)和式(4-18)代入到式(4-16)中,可得常用的一种极限状态设计表达式:

$$[(1 - \beta\alpha V_R)/(1 - K_R V_R)] \cdot R^* = \gamma_R R^* \geqslant$$

$$[(1 + \beta\alpha V_S)/(1 + K_S V_S)] \cdot S^* = \gamma_S S^*。 \tag{4-19}$$

式中，γ_R 和 γ_S 分别称为抗力分项系数和荷载效应分项系数；而它们与相应标准值的乘积 $\gamma_R R^*$ 和 $\gamma_S S^*$，分别称为抗力设计值和荷载设计值。

从上面的分析中可以看出，在极限状态法设计理论中，随机变量的标准值代表该变量（如抗力、荷载效应等）的某个给定概率分位数，而分项系数反映在某个可靠度下该变量设计值与标准值的比。

以上是假定 R、S 服从正态概率分布而得到的简化（线性化）极限状态设计表达式。对于其他概率分布，经过类似的推理过程，也可以得到类似的简化表达式。对于其他的随机函数，如结构最不利截面上的弯矩、材料强度等，过程和结果也是类似的。

极限状态的具体检算表达式取决于荷载效应 S 和结构容许值 R，前者与荷载组合情况有关，后者与结构的构造有关。以中心或偏心受压为主的地下混凝土结构为例，参考式（4-3），抗压承载力极限状态可以对最不利截面按式（4-20）进行检算，即

$$S = \gamma_0 \left(\gamma_{gc} N_g + \sum_i \Psi_i \gamma_{ic} N_i \right) \leqslant R = \varphi a b h \cdot f_{ck} / \gamma_c, \quad e \leqslant 0.20\,h; \qquad (4-20)$$

当轴力的偏心距超过了截面厚度的 $1/5$ 时，承载力极限状态由混凝土的抗拉强度控制，可以对最不利截面按式（4-21）进行（抗裂）检算，即

$$S = \gamma_0 \left(\gamma_{gt} N_g + \sum_i \Psi_i \gamma_{ic} N_i \right) (6e - h) \leqslant R$$

$$= 1.75 \varphi a \cdot f_{tk} \cdot bh^2 / \gamma_t, \quad e > 0.20h \, 。 \qquad (4-21)$$

式中，γ_0 为结构重要性系数（对安全等级为一级、二级、三级的结构构件，可分别取 1.1、1.0、0.9）；N_g 为按永久荷载标准值计算所得的截面轴力标准值；Ψ_i 为第 i 个可变荷载（或偶然荷载）的荷载组合系数；N_i 为按第 i 个可变荷载（或偶然荷载）标准值计算所得的截面轴力标准值；f_{ck} 和 f_{tk} 分别为混凝土轴心抗压和抗拉强度标准值，可按《铁路隧道设计规范》TB 10003—2005 取值，如表 4-2 所示；γ_c 和 γ_t 分别为混凝土抗压和抗拉强度分项系数，γ_{gc} 和 γ_{gt} 为抗压检算和抗拉检算时永久荷载的分项系数，γ_{ic} 和 γ_{it} 分别为抗压检算和抗拉检算时第 i 个可变荷载（或偶然荷载）的荷载分项系数；其余符号的意义与式（4-3）相同。

表 4-2　混凝土强度标准值　　　　　　　　　　单位：MPa

强度种类	符　号	混凝土强度等级					
		C 15	C 20	C 25	C 30	C 40	C 50
轴心抗压	f_{ck}	10	13.5	17	20	27	33.5
弯曲抗压	f_{mk}	11	15	18.5	22	29.5	36
轴心抗拉	f_{tk}	1.4	1.7	2.0	2.2	2.7	3.1

显然，式（4-20）和式（4-21）中的各个分项系数是设计计算模型中材料和荷载不确定性的一种概率特征参数，它们的取值是以模型中材料和荷载的概率描述为基础的。例如，《铁路隧道设计规范》TB 10003—2005 对于隧道和明洞衬砌的混凝土偏心受压构件，针对按所有荷

载标准值计算得到的截面轴力标准值,给出抗压和抗裂计算时的分项系数值,如表 4-3 所示。

表 4-3　混凝土衬砌构件的分项系数

抗 压 检 算						抗 裂 检 算					
单线深埋隧道		单线偏压隧道		单线明洞衬砌		单线深埋隧道		单线偏压隧道		单线明洞衬砌	
γ_{gc}	γ_c	γ_{gc}	γ_c	γ_{gc}	γ_c	γ_{gt}	γ_t	γ_{gt}	γ_t	γ_{gt}	γ_t
3.95	1.85	1.60	1.83	2.67	1.35	3.10	1.45	1.40	2.51	1.52	2.70

说明:(1) 偏压隧道衬砌的分项系数只适用于 Ⅳ~Ⅴ 级围岩;

　　　(2) 当 $e/h \leqslant 1/6$ 时,可以不进行抗裂检算。

对于地下结构而言,地层荷载的多样性和随机性是不容易准确描述的。因此,地下结构可靠度设计的可靠度主要取决于地层荷载概率描述的可靠度。

4.2.4　支护设计的特征曲线法

洞室开挖后,围岩会向洞室内部变形(称之为收敛),洞室围岩中的径向应力随之减小,环向应力随之增加(相对于原始应力)。如果没有支护,围岩收敛变形不受限制,根据围岩强度和稳定性能的不同,可能出现两种极端情况:①围岩收敛到一定程度后,达到自稳状态;②围岩因收敛过度(应力集中过强)而出现塑性甚至坍落。对于前一种情况,只要围岩收敛的幅度不影响洞室的净空要求,就不需要支护(即使设置支护,支护也不承受围岩荷载)。对于后一种情况,只有设置刚度足够大的支护才能抵抗围岩的坍落荷载。为了避免使用大刚度的支护,就必须在围岩出现塑性和坍落以前设置支护来控制围岩的收敛。

在围岩强度和稳定性所允许的范围内,围岩在设置支护前的收敛越大,支护所需要约束的围岩剩余收敛就越小,即支护受到的围岩剩余形变荷载越小。但如果围岩出现塑性破坏,则因为塑性和坍落范围的增大,围岩在设置支护前的收敛越大,支护所需要抵抗的围岩坍落荷载也越大。可以把这种关系在围岩收敛与围岩荷载构成的直角坐标系中表示出来,称为围岩特征曲线(见图 4-4)。在弹性范围内,支护的变形(等于围岩的变形)越大,支护所能提供的抗力就越大;在围岩收敛与支护抗力构成的直角坐标系中,这种关系称为支护特征曲线(见图 4-4(a))。支护受到的围岩形变(包括松动)荷载大小与支护的设置时间和刚度有关。支护设置后即与围岩共同变形。如果支护的刚度不足以完全制止围岩的继续变形,随着围岩的继续变形,围岩残留形变荷载在变小,支护所能提供的抗力在增加,两者最终在某个围岩变形值处达到平衡,如图 4-4(a)所示。这种利用围岩与支护共同作用特性来选择支护参数的方法叫做特征曲线法(又称收敛约束法)。在一般情况下,洞室周边各点处的围岩特征曲线和支护特征曲线是不同的(见图 4-4(b))。设计应由最不利位置的特征曲线控制。

不同类型的支护有不同的特征曲线。复合型支护的特征曲线由各支护构件的特征曲线按施作时间组合而成。以喷锚支护为例,设喷层和锚杆先后在时刻 t_1 和 t_2 设置,开挖边界上某点处相应的围岩收敛为 U_1 和 U_2,并假设各支护构件均处于弹性工作范围,则参考图 4-5,喷

锚支护的联合特征曲线可以表示为

(a) 围岩特征曲线与不同刚度、不同支护时间的支护特征曲线

(b) 不同部位的围岩特征曲线

图 4-4　围岩特征曲线与支护特征曲线

图 4-5　喷锚支护的特征曲线

$$P = \begin{cases} K_s \cdot (u - U_1), & U_1 \leqslant u < U_2 \\ K_s(U_2 - U_1) + (K_s + K_b) \cdot (u - U_2), & u \geqslant U_2 \end{cases} \quad (4-22)$$

式中，K_s 和 K_b 分别为喷层和锚杆的平均有效刚度；u 为任意时刻围岩的位移；P 为相应的支护抗力。

可见，围岩与支护特征曲线分别代表围岩与支护的力 - 位移关系，需要经过力学计算获得。

另外需要提及的是有关超前围岩加固或支护的设计方法。对于强度较低、稳定性较差的围岩，或者在周边围岩环境不允许发生超过一定标准的变形的情况下(例如，为了实现对暗挖地铁隧道或车站附近既有结构和设施的保护，就需要严格控制开挖引起的围岩变形)，在洞室开挖前往往需要采取围岩加固或超前支护措施。常用的有超前锚杆、小导管注浆、管棚等支护措施。这些支护的共同特征是：沿与开挖方向呈某外插角度，超前分组布置，相邻两组之间有一定的搭接长度。虽然可以采用围岩结构模型或某些简化方法计算和分析各种超前围岩支护的机理和效应，但关于这些类型支护的设计和计算还没有成型的理论，目前主要还是以理论计算分析为辅，依靠经验按工程类比法处理。

4.2.5 支护结构的工程类比设计法

地下工程是由围岩和支护结构组成的，包含众多非确定性因素的复杂结构体系。对围岩的结构特征、力学性质及支护结构与围岩的相互作用等很难加以定量化的表述；同时，结构体系的稳定性又与施工方法、工艺过程密切相关。因此，地下工程的支护结构往往难以用确定的方法加以定量设计，而不得不采用工程类比法进行设计。

所谓工程类比设计法，就是以已往地下工程支护结构设计与施工的资料和经验为基础，以围岩分级为前提，以计算分析为必要的辅助，以施工过程的监控量测和信息反馈为指导的方法体系。

做好支护结构工程类比设计的基础是充分掌握和占有已往类似工程的资料和成功经验，前提是正确地对地下工程围岩进行分级。对于用工程类比法设计的地下工程，成功建造的关键是做好施工过程的监控量测和信息反馈。

第5章　地下结构计算理论

地下结构在承受荷载过程中的力学行为是地下结构设计和制定施工方案的基础。本章依次介绍地下结构的受力特点和力学计算模型、荷载结构模型的荷载和内力计算、地层结构模型的基本思想和计算方法及地下结构的其他计算理论。

5.1　地下结构的受力特点和力学计算模型

地下结构力学计算的目的可以分成定量分析和定性分析两种。虽然都需要进行定量的计算，但两者对计算结论的使用方式不同：定量分析的结论用确定的数量来表达，计算得到的数据直接用作设计的依据；而定性分析的结论不是用确定的数量来表达，计算得到数据只是为了认识计算对象的一般行为规律。定性分析可以分成3种情形：①参数分析，通过在计算中选择不同的参数值（如参数的期望值、最小值和最大值等）来分析参数变化对结构体系的影响规律；②敏感性分析，研究参数（如洞室形状、结构埋深、开挖方法和支护方法等）变化对结构体系行为的影响程度；③基本原理分析，目的是提高对工程基本原理的认识。

不论是出于何种目的，地下结构的力学计算都要充分考虑地下结构的受力特点。概括地说，地下结构的受力至少有以下6个方面的特点。

（1）除了承受使用荷载（在洞室使用过程中作用在结构内部的荷载，如设备重量、输水隧道内水压力、隧道中行驶车辆的重量等）以外，地下结构还要承受周围岩土体和地下水的作用，而且后者往往构成地下结构的主要荷载。

（2）地下结构的围岩既是荷载的来源，又可以在某些情况下（如洞室收敛带来的围岩应力释放、深埋结构围岩的成拱作用、围岩弹性抗力对结构的约束与强化作用等）与结构共同构成承载体系。结构的功能主要是加固或支撑围岩，维持和发挥围岩自身的承载和稳定能力。

（3）地下水对结构的力学作用与岩土材料组成、地下水流场及结构防水系统等因素有关。视岩土材料组成的不同，地下水压力既可能混同于岩土压力，也可能明显地有别于后者；地下水的流动会使结构水荷载较静止水压力（地下水头高度乘以地下水重度）有所减少或增加；地下水的流场会因结构防水系统不同而发生不同的变化。

（4）当地下结构的埋置深度足够大时，由于地层的成拱效应，结构所承受的围岩竖向压力总是小于其上覆地层的自重压力。

（5）地下结构的受力可能受到结构与围岩相互作用及施工过程的显著影响。

（6）地下结构的荷载与众多的、随机性和时空效应明显的、往往难以量化的自然和工程因素有关。

可以按结构与围岩的相对位移关系,把围岩对地下结构的作用划分成主动围岩压力和围岩被动反力两种类型,参考图5-1。

图5-1　主动围岩压力与围岩被动反力

主动围岩压力主要表现为形变压力和松动压力,分别是在围岩发生向着地下结构的变形和松动时因受到结构的约束而作用在结构上的力。当围岩与地下结构没有相对变形时,若围岩为完整自立的岩体,则围岩压力基本上为0;但若围岩为破碎岩体或散粒土体,则围岩竖向压力为松动围岩的重力,水平围岩压力为松动围岩重力乘以侧压力系数。某些特殊围岩的膨胀压力(如石膏、页岩等遇水膨胀而对结构造成压力)与冲击压力(高地应力场中硬岩因约束松弛或解除而突然释放变形能——岩爆)也属于主动围岩压力,只不过压力的成因特殊而已。主动围岩压力的大小和分布与围岩的变形或松动的形态和范围有关。

围岩被动反力是结构向着围岩变形时受到的约束力。显然,围岩被动反力的大小与围岩的刚度有关,而其对结构内力影响的大小则还与结构的刚度有关。特别地,当被迫变形的围岩处于弹性状态时,围岩被动反力被称作弹性抗力。围岩被动反力的大小、作用范围及分布与结构的变形的大小及形态互为相关,求解结构变形需要围岩弹性抗力,而计算围岩弹性抗力又需要结构变形;因此围岩弹性抗力的计算是个需要迭代的问题。

关于地下结构的内力计算,目前有两种不同的设计理念,一种认为围岩的作用只是向结构施加荷载,而结构的作用只是承受荷载;另一种则认为围岩既是荷载又有承载能力,而结构的作用是调整围岩从而与之共同维持洞室的稳定性。相应地,地下结构的内力计算模型可以划分为如下两种类型。

(1) 荷载结构模型:洞室围岩已经发生松弛或坍落,结构只是被动地承受围岩松动所带来的荷载;结构内力(和变形)按结构力学方法计算;围岩弹性抗力是结构与围岩相互作用的唯一反映;计算的关键在于确定围岩主动荷载和被动弹性抗力。

(2)地层结构模型:围岩与结构共同构成承载体系,荷载来自围岩的初始应力和施工所引起的应力释放;结构内力与围岩重分布应力一起按连续介质力学方法计算(如弹塑性力学的有限单元法);围岩与结构的相互作用以变形协调条件来体现;计算的关键在于确定围岩的应力释放和围岩结构的相互作用。

由于其概念清晰,计算过程明确;荷载结构模型是目前最常用的、也是有关《规范》推荐的地下结构内力计算模型。地层结构模型虽然在概念和理论上比荷载结构模型更合理、更灵活;但由于围岩应力释放和围岩结构相互作用很难准确有效地模拟,且计算过程相对复杂,目前应用范围有限,常用作比选施工方案、分析开挖环境影响等工作的一种辅助工具。

采用荷载结构模型进行地下结构内力计算时,需要计算地下结构受到的各种荷载的大小和按照一定的标准进行荷载组合。按荷载作用的时间特征划分,地下结构的荷载可以分成以下 3 类。

(1)永久荷载。又称恒载,是地下结构承受的主要静力荷载,在设计基准期内其量值不随时间变化(或其变化与平均值相比可以忽略不计),主要包括结构自重、围岩压力、地下水压力、地层反力和弹性抗力等。

(2)可变荷载。在设计基准期内其量值随时间发生与平均值相比不可忽略的变化,主要包括使用活载(如交通隧道的运营活载)、活载产生的土压力、温度应力、冻胀力等,其中经常作用的可变荷载(如铁路隧道的列车活载、公路隧道的汽车活载及其产生的土压力等)是地下结构承受的主要活荷载,而不经常作用的可变荷载(如温度应力、冻胀力等)一般被当作附加荷载考虑。

(3)偶然荷载。在设计基准期内不一定出现,而一旦出现,其量值很大且作用时间很短,如落石冲击力、地震力等,一般当作特殊荷载考虑。

可以考虑将荷载组合分为基本组合和一些特殊组合,前者仅计入主要荷载(永久荷载 + 某些经常作用的可变荷载),而特殊组合则考虑主要荷载和某些不经常作用的可变荷载及偶然荷载的共同作用。

5.2　荷载结构模型中荷载的计算方法

5.2.1　荷载(作用)及其组合

建造于地层环境中的地下结构,受到各种荷载的组合作用。作用在地下结构上的荷载,现行设计规范(铁路隧道、公路隧道、地铁)按表 5-1~表 5-3 分别给予了分类。

表 5－1　《铁路隧道设计规范》(TB 10003—2005)的作用(荷载)分类

序　号	作用分类	结构受力及影响因素	荷载分类	
1	永久作用	结构自重	恒载	主要荷载
2		结构附加恒载		
3		围岩压力		
4		土压力		
5		混凝土收缩和徐变的影响		
6	可变作用	列车活载	活载	
7		活载所产生的土压力		
8		公路活载		
9		冲击力		
10		渡槽流水压力(设计渡槽明洞时)		
11		制动力	附加荷载	
12		温度变化的影响		
13		灌浆压力		
14		冻胀力		
15		施工荷载(施工阶段的某些外加力)	特殊荷载	
16	偶然作用	落石冲击力	附加荷载	
17		地震力	特殊荷载	

说明：永久作用(恒载)除表中所列外，对有水或含水地层中的隧道结构，必要时还应考虑水压力。

表 5－2　《公路隧道设计规范》(JTG D70—2004)的隧道荷载分类

编　号	荷载分类		荷载名称
1	永久荷载		围岩压力
2			土压力
3			结构自重
4			结构附加恒载
5			混凝土收缩和徐变的影响力
6			水压力
7	可变荷载	基本可变荷载	公路车辆荷载,人群荷载
8			立交公路车辆荷载及其所产生的冲击力、土压力
9			立交铁路列车活载及其所产生的冲击力、土压力
10		其他可变荷载	立交渡槽流水压力
11			温度变化的影响力
12			冻胀力
13			施工荷载
14	偶然荷载		落石冲击力
15			地震力

说明：编号 1～10 为主要荷载,编号 11、12、14 为附加荷载;编号 13、15 为特殊荷载。

表 5-3　《地铁设计规范》(GB 50157—2003)的荷载分类表

荷载分类		荷载名称
永久荷载		结构自重
		地层压力
		结构上部和破坏棱体范围的设施及建筑物压力
		水压力及浮力
		混凝土收缩及徐变影响
		预加应力
		设备重量
		地基下沉影响
可变荷载	基本可变荷载	地面车辆荷载及其动力作用
		地面车辆荷载引起的侧向土压力
		地铁车辆荷载及其动力作用
		人群荷载
	其他可变荷载	温度变化影响
		施工荷载
偶然荷载		地震影响
		沉船、抛锚或河道疏浚产生的撞击力等灾害性荷载

说明:(1) 设计中要求考虑的其他荷载,可根据其性质分别列入上述三类荷载中;

(2) 施工荷载包括设备运输及吊装荷载,施工机具及人群荷载,施工堆载,相邻隧道施工的影响,盾构法或顶进法施工的千斤顶顶力及压浆荷载,沉管拖运、沉放和水力压接等荷载

隧道结构按破损阶段法设计验算构件截面的强度时,应根据不同的荷载组合,分别采用表 5-4 和表 5-5 规定的安全系数。

表 5-4　混凝土和砌体结构的强度安全系数

圬工种类		混凝土		砌体	
荷载组合		主要荷载(永久荷载+基本可变荷载)	主要荷载加附加荷载(永久荷载+基本可变荷载+其他可变荷载)	主要荷载(永久荷载+基本可变荷载)	主要荷载加附加荷载(永久荷载+基本可变荷载+其他可变荷载)
破坏原因	混凝土或砌体达到抗压极限强度	2.4	2.0	2.7	2.3
	混凝土达到抗拉极限强度	3.6	3.0	—	—

表 5-5 钢筋混凝土结构的强度安全系数

荷 载 组 合		主要荷载(永久荷载+基本可变荷载)	主要荷载加附加荷载(永久荷载+基本可变荷载+其他可变荷载)
破坏原因	钢筋达到计算强度或混凝土达到抗压或抗剪极限强度	2.0	1.7
	混凝土达到抗拉极限强度	2.4	2.0

5.2.2 主动围岩压力的计算

1. 天然拱的概念与隧道(洞室)深浅埋的划分

主动围岩压力的大小和分布与地下工程的力学作用范围和形式有关。地下开挖对地层的力学作用强度随距离而衰减,范围是有限的。特别地,开挖对上覆地层的力学作用能否波及地表与洞室的埋深有关。当洞室的埋深足以使开挖作用局限在地表以下时,参考图 5-2(箭头方向和大小分别代表地层主应力的方向和大小),上覆地层的变形-松动-坍塌过程会在地表以下某个相对稳定的范围内终止,就好像在这个坍塌范围的周边出现一架能够承受以上地层全部重量的"压力拱结构"。这种现象被称作地层的成拱作用,似拱结构被称作天然拱(或压力拱,或坍落拱,或自然拱)。天然拱以内坍落地层的重量就是作用在结构上的主动围岩压力。另一种主动围岩(形变)压力是由于洞室收敛变形受到结构的约束而产生的;但这种主动形变压力在荷载结构模型中是无法计入的,只能在地层结构模型中考虑。

(a) 变形阶段　　　　(b) 松动阶段

(c) 坍落阶段　　　　(d) 成拱阶段

图 5-2 水平成层围岩中洞室天然拱的形成过程

影响天然拱形状和范围的因素有两类:一类为自然因素,即围岩的组成、结构和力学性质;另一类为工程因素,包括洞室的埋置深度、形状和尺寸、开挖方法、支护的刚度和架设时间及其与围岩的接触状态,等等。

可以把地下结构划分为深埋与浅埋两种类型,分别采用不同的概念计算主动围岩压力。但是,如何区分一个地下结构是处于深埋状态还是浅埋状态呢? 这当然取决于判断标准的选择,而目前尚没有定型的深埋、浅埋判断标准。假如判断的标准是看结构的埋深能否保证天然拱的形成,则埋深大于天然拱高度的结构是处于深埋状态,否则处于浅埋状态。然而,考虑到:①一般并不能确切地计算天然拱的高度;②天然拱以外的岩体虽然没有坍落,但并非没有变形,为偏于安全计,目前通常是以天然拱的高度为参照,并兼顾开挖对天然拱以外岩体的某个影响范围来判别结构的深埋、浅埋状态。按照这种判别方法,定义开挖的有效影响高度达到天然拱高度以外的某个位置,则可以把地下结构的埋深划分为以下 3 种不同状态:①极浅埋,地下结构的埋深小于或等于天然拱高度;②浅埋,地下结构的埋深大于天然拱高度、但小于开挖的有效影响高度;③深埋,地下结构的埋深大于开挖的有效影响高度。用 h^* 表示天然拱的高度,h_c 表示地下结构的埋深(顶板上覆地层的净厚度),可以把这种深埋、浅埋划分表示为

$$极浅埋 \qquad h_c \leqslant h^*, \qquad (5-1a)$$

$$浅埋 \qquad h^* < h_c < \alpha h^*, \qquad (5-1b)$$

$$深埋 \qquad h_c \geqslant \alpha h^*。 \qquad (5-1c)$$

式中,αh^* 为地下开挖的有效影响高度;α 为有效影响高度系数,反映的是天然拱内外岩体的坍落与变形范围,一般取 $\alpha = 2.0 \sim 2.5$(围岩愈软弱,α 愈宜取大值)。

当然,还可以采用其他形式的深埋、浅埋判断标准。比如,根据结构顶部实测地层压力所占上覆地层自重压力的比例,如果实测地层压力不足上覆地层自重压力的 40% ~ 50%,则为深埋,否则为浅埋或极浅埋(实测地层压力大于或等于上覆地层自重压力)。这种判断形式与前面按天然拱高度的判断形式在本质上是相同的。

2. 深埋结构主动围岩压力的计算方法

对于深埋结构,天然拱可以形成且岩体的变形没有波及地表,可以把主动围岩压力的计算归结为确定天然拱的形状和范围。当然,也可以对围岩变形做出其他假设,并借以计算主动围岩压力。下面介绍 3 种方法:第 1 种是以工程现场坍方统计为基础的经验公式,第 2 种是假定天然拱性质的理论计算,第 3 种则是没有借助天然拱概念而对地层变形做出其他假设的理论计算。

1)《隧规》所推荐的方法

(1)《铁路隧道设计规范》(TB 10003—2005)的方法

根据以往铁路隧道的坍方资料统计所反映的围岩松动范围的大小,从而通过对坍方资料的统计分析获得围岩松动压力的经验估算公式。当然,坍方资料的背景不同或统计分析的前提假定不同,所得经验公式也不同。例如,对于在不产生显著偏压力及膨胀性压力的围岩中用钻爆法开挖的、高跨比小于 1.7 的隧道,经过对 417 个坍方数据库的统计与回归,可以得到铁路双线隧道围岩竖向匀布松动压力的计算表达式为

$$q = \gamma h^* = \gamma \cdot \{0.45 \times 2^{s-1} \times [1 + i(B - 5)]\}; \qquad (5-2a)$$

与之相应的侧向压力 e 的计算公式为

$$e = \eta q。 \qquad (5-2b)$$

式中,γ 为围岩的重度;s 为围岩的级别;B 为洞室的跨度;i 为 B 每增减 1 m 时的围岩压力增减率,当 $B < 5$ m 时,取 $i = 0.2$,$B > 5$ m 时,可取 $i = 0.1$;η 为视围岩级别不同而按经验取值的侧向压力系数,$0 \leqslant \eta \leqslant 1.0$。

铁路单线隧道因按概率极限状态法设计,其竖向匀布围岩松动压力的计算表达式为

$$q = \gamma \times (0.41 \times 1.79^s)。 \tag{5-2c}$$

实际上,作用在铁路隧道结构上的松动围岩压力往往是很不均匀的。这是因为:围岩的变形和破坏受岩体结构控制,局部塌方往往是主要的。

(2)《公路隧道设计规范》(JTG D70—2004)的方法

不同条件的围岩,其稳定性不一样。表现为:不同条件的围岩,作用在结构上的围岩压力的性质有所不同。因而,其围岩压力的计算方法不同。

Ⅳ~Ⅵ级围岩中深埋隧道的围岩压力可视为松动荷载,其垂直匀布压力及水平匀布压力可分别按公式(5-2a)和(5-2b)计算确定。

对于Ⅰ~Ⅳ级围岩中的深埋隧道,作用在结构上的围岩压力主要为形变压力,其值可按开挖释放荷载计算。

如后面所论述,释放荷载采用有限元计算得到。在有限元分析中,形变压力常在计算过程中同时确定,而作为开挖效应的模拟,直接施加的荷载是在开挖边界上施加的释放荷载。释放荷载可由已知初始地应力或与前一步开挖相应的应力场确定。先求得预计开挖边界上各节点的应力,并假定各节点间应力呈线性分布,然后反转开挖边界上各节点应力的方向(改变其符号),据以求得释放荷载。

2) 普氏(普罗托吉雅柯诺夫,M. M. ПРОТОДЬЯКОНОВ)理论

普氏理论假定围岩为松散体(岩体不同程度地被节理、裂隙等软弱结构面所切割),是一种基于天然拱概念的围岩压力理论,即围岩的垂直匀布压力为

$$q = \gamma h^*。 \tag{5-3}$$

式中,h^* 为天然拱的高度。

既然假设天然拱是压力拱,拱轴线即为压力线,截面上力矩处处为0;在一定条件下可以推出(详见孙钧和侯学渊合著的《地下结构》,科学出版社,1987):天然拱的轴线为二次抛物线,拱的高度为

$$h^* = b^* /f。 \tag{5-4}$$

式中,b^* 为天然拱的半跨度;f 为普氏提出的岩石坚固性系数。

关于天然拱的跨度,参考图5-3,在坚硬完整的岩体中,洞室的跨度就是天然拱的跨度,即 $b^* = b_t$(b_t 为洞室跨度的一半);在松散破碎的岩体中,按照松散体主动极限平衡的理论,在有衬砌时洞室侧壁围岩坍落最多只能发展到与垂直线成$(45° - \phi /2)$角度的斜面,相应的天然拱跨度为 $b^* = b_t + h_t \tan(45° - \phi /2)$($h_t$ 为洞室的高度)。

(a) 坚硬完整岩体　　　(b) 松散破碎岩体

图5-3　普氏理论中天然拱的范围

岩石坚固性系数即是岩石的似摩擦系数,可以表示为

$$f = \tan\phi^* = \frac{\tau}{\sigma} = \frac{c + \sigma \cdot \tan\phi}{\sigma}。 \tag{5-5}$$

式中,ϕ^* 和 ϕ 分别为岩石的似摩擦角和内摩擦角;c 为岩石的黏聚力;τ 和 σ 分别为岩石的抗剪强度和剪切破坏时的正应力。

可以按朗肯(Rankine)主动土压力理论计算作用在结构上的围岩侧向压力。参考图 5-3,围岩侧向压力沿高度线性变化,不计岩石的黏聚力,洞顶和洞底的围岩侧向压力可以分别表示为

$$e_1 = \gamma h^* \tan^2(45° - \phi/2), \tag{5-6a}$$

$$e_2 = \gamma(h^* + h_t)\tan^2(45° - \phi/2)。 \tag{5-6b}$$

普氏理论一般对松散、破碎围岩较适用。在松软地层(如淤泥、软黏土等)中或结构埋深太浅,不能使用普氏理论。

3) 太沙基(Terzaghi)理论

太沙基理论也把洞室围岩看作松散体;但没有天然拱的概念,而是在假定洞室上方岩体变形形态的基础上按平衡条件推导出围岩压力的计算表达式。

如图 5-4 所示,假定:①洞室上方岩体因洞室变形而下沉,产生错动面 OAB 和 O′A′B′;②竖向压应力 σ_v 是匀布的,且侧向压应力 $\sigma_h = k\sigma_v$(k 为侧压力系数)。对图 5-4 中深度 h 处厚度为 dh 的微分条带,取竖向力系的平衡而得到一元一阶常微分方程,积分并利用地表处竖向应力为 0 的边界条件,得

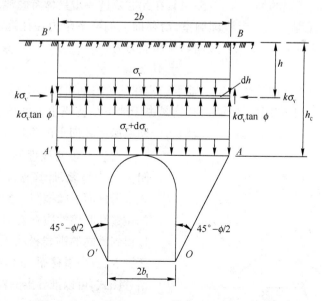

图 5-4 太沙基地压理论所假定的围岩变形形态

$$\sigma_{\mathrm{v}} = \frac{(\gamma - c/b)b}{k\tan\phi}\left[1 - \exp\left(-\frac{kh\tan\phi}{b}\right)\right], \tag{5-7}$$

这是一个随深度 h 按指数衰减的函数;随 h 趋近无限大,σ_{v} 趋于定值。洞室顶部的围岩竖向压力为

$$q = \sigma_{\mathrm{v}}\mid_{h=h_{\mathrm{c}}\to\infty} = \frac{(\gamma - c/b)b}{k\tan\phi}, \tag{5-8}$$

太沙基取 $k=1\sim1.5$。若用 $k=1$,不计岩石黏聚力(完全松散体,$c=0$),并用岩石坚固性系数 f 取代 $\tan\phi$,则式(5-8)与普氏理论的围岩竖向压力相同。

洞室高度范围内的围岩侧向压力可以采用朗肯主动土压力理论计算,在洞顶和洞底处,围岩侧向压力可以分别表示为

$$e_1 = q\tan^2(45° - \phi/2), \tag{5-9a}$$
$$e_2 = (q + \gamma h_{\mathrm{t}})\tan^2(45° - \phi/2)。 \tag{5-9b}$$

式中,q 为按式(5-7)计算的洞室顶部的围岩竖向压力。

3. 浅埋地下结构主动围岩压力的计算

一般来说,对于埋深较浅的洞室(如山岭铁路或公路隧道的洞口地段、明挖或暗挖的浅埋地铁车站和区间隧道等),开挖会引起整个上覆地层的变位,如果不及时支撑,地层就会大量地变形和坍落,波及地表而形成一个沉陷区。参照图 5-5,按平衡条件可得

松动围岩压力 = 支护结构反力 = 滑动岩体的重力 - 滑移面上的摩擦阻力,

式中,滑移面上的摩擦阻力与具体的埋深情况有关。

根据上面关于深、浅埋的划分和式(5-1),在此需要进一步具体考虑浅埋地下结构的两种不同情况:极浅埋和浅埋。对于极浅埋洞室,滑移面上的摩擦阻力往往远小于滑动岩体的重力,为偏于安全可以忽略不计,则围岩竖向匀布压应力为

$$q = \gamma h_{\mathrm{c}}。 \tag{5-10}$$

这里值得指出的是,用明挖回填法修筑的地下结构在某个时期可能会出现所谓"埋管现象",即其受到的竖向压力大于上方回填层的重力,这是由于地下结构正上方回填层区域受到侧上方回填层区域向下的夹持作用所致。

图 5-5　浅埋洞室的主动围岩压力

对于一般的浅埋洞室,滑移面上的摩擦阻力较为显著,计算松动围岩压力时必须计入。滑移面上摩擦阻力的计算当然与滑移面的位置和摩擦性质有关,不同的滑移面假定可以得到不同的围岩松动压力计算表达式。对于图 5-5 中滑移面 AC 和 BD 所代表的假设滑移图式,可以推导出围岩竖向匀布压力为

$$q = \gamma h_{\mathrm{c}}\left(1 - \frac{\lambda h_{\mathrm{c}}\tan\theta}{2b_{\mathrm{t}}}\right)。 \tag{5-11}$$

围岩侧向压力按梯形分布,洞顶与洞底值为

$$e_1 = \gamma h_c \lambda, \tag{5-12a}$$

$$e_2 = \gamma (h_c + h_t) \lambda。 \tag{5-12b}$$

式中,

$$\lambda = \frac{\tan\beta - \tan\phi^*}{\tan\beta[1 + \tan\beta(\tan\phi^* - \tan\theta) + \tan\phi^* \cdot \tan\theta]}。 \tag{5-13}$$

式中,ϕ^* 为岩石的似摩擦角;θ 为洞室跨度内正上方土柱($EFHG$)所受外侧滑移三棱体(ACE 和 BDF)的夹持力(F_1)与水平方向的夹角(即洞顶土体 $EFHG$ 与两侧三棱土体 ACE 和 BDF 之间的摩擦角);β 为使该夹持力极小(偏于安全)时滑移面(AC 和 BD)的倾角。

注意:式(5-13)中的围岩侧压力系数,与通过极限平衡假定得到的朗肯土压力系数不同。θ 与 ϕ^* 不同,因为 EG 和 FH 面上并没有发生破裂;所以 $0 < \theta < \phi^*$,按经验取值。

值得指出,上面把滑移面取为平面只是一种假定;如果假定其他形式的滑移面形状,通过类似的推导,将会得到不同的围岩压力表达式。

4. 偏压地下结构主动围岩压力的计算

在隧道的进出口段和河谷线上的一些傍山隧道,往往出现偏压作用。地下结构可能产生偏压时,应根据偏压的状态和程度采取相应的治理措施,当预期不能消除偏压影响时,应按偏压结构进行设计,计算作用于结构上的偏压力。

作用于隧道衬砌上的偏压力,应视地形、地质条件及外侧围岩的覆盖厚度确定。一般情况下,Ⅲ~Ⅴ级围岩,当地面倾斜、隧道外侧拱肩至地表的垂直距离 d_t(如图 5-6 所示)等于或小于表 5-6 所列数值时,围岩将对结构产生偏压力。

表 5-6　铁路偏压隧道外侧拱肩山体最大覆盖厚度　　　　　　　　d_t/m

地面坡 1:m	线　别	围岩级别			
		Ⅲ	石Ⅳ	土Ⅳ	Ⅴ
1:0.75	双线	7.0	—	—	—
1:1	单线	—	5.0	10.0	18.0
	双线	7.0	—	—	—
1:1.25	双线	—	—	18.0	
1:1.5	单线	—	4.0	8.0	16.0
	双线	7.0	11.0	16.0	30.0
1:2	单线	—	4.0	6.0	12.0
	双线	—	10.0	14.0	25.0
1:2.5	单线	—	—	5.5	10.0
	双线	—	—	13.0	20.0

图 5-6　偏压隧道及作用于结构上的偏压力

如图 5-6 所示,假定偏压分布图形与地面坡一致,其垂直压力的计算公式为

$$Q = \frac{\gamma}{2}[2(h + h')b_t - (\lambda h^2 + \lambda' h'^2)\tan\theta]。 \tag{5-14}$$

式中:h、h'——内、外侧自拱顶水平至地面的高度,m;

　　　　b_t——隧道跨度之半,m;

　　　　γ——围岩重度,kN/m³;

　　　　θ——顶板岩(土)柱两侧摩擦角,°;

　　　　λ、λ'——内、外侧的侧压力系数。

其中,λ、λ'的计算公式为

$$\lambda = \frac{1}{\tan\beta - \tan\alpha} \times \frac{\tan\beta - \tan\phi_c}{1 + \tan\beta(\tan\phi_c - \tan\theta) + \tan\phi_c\tan\theta}, \tag{5-15}$$

$$\lambda' = \frac{1}{\tan\beta' + \tan\alpha} \times \frac{\tan\beta' - \tan\phi_c}{1 + \tan\beta'(\tan\phi_c - \tan\theta) + \tan\phi_c\tan\theta}, \tag{5-16}$$

$$\tan\beta = \tan\phi_c + \sqrt{\frac{(\tan^2\phi_c + 1)(\tan\phi_c - \tan\alpha)}{\tan\phi_c - \tan\theta}}, \tag{5-17}$$

$$\tan\beta' = \tan\phi_c + \sqrt{\frac{(\tan^2\phi_c + 1)(\tan\phi_c + \tan\alpha)}{\tan\phi_c - \tan\theta}}。 \tag{5-18}$$

式中:α——地面坡度角,°;

　　　　ϕ_c——围岩计算摩擦角,°;

　　　　β、β'——内、外侧产生最大推力时的破裂角,°。

作用在偏压结构内、外侧的水平侧压力,其计算公式为

内侧　　　　　　　　　　$e_i = \gamma h_i\lambda,$ （5　19）

外侧　　　　　　　　　　$e_i' = \gamma h_i'\lambda'。$ （5-20）

5.2.3　围岩被动反力的计算

如图 5-1 所示,在主动围岩压力的作用下,地下结构的某些部分会发生朝向围岩的变形,

从而受到围岩的反力。当围岩处于弹性状态时,围岩对结构变形的反力称为弹性抗力,有两种计算理论,一种称作局部变形理论,另一种称为共同变形理论。

以温克尔(Winkler)假定为基础的局部变形理论认为:围岩－结构界面上任意一点的围岩弹性抗力与该点的变位成正比,与界面上其他部位的变位或弹性抗力无关,其数学表达式可写成

$$\sigma_i = K_i \delta_i 。 \tag{5-21}$$

式中:σ_i——围岩－结构界面上任意一点 i 的围岩弹性抗力,MPa;

　　　K_i——该点的围岩弹性抗力系数(又称基床系数),MPa/m;

　　　δ_i——该点的围岩压缩变形,m。

显然,参考图 5－7,这种局部变形理论把围岩简化成一系列彼此独立的弹簧,某一弹簧受到压缩时所产生的抗力只与该弹簧的刚度(弹簧的弹性模量与长度)和变形有关,与其他弹簧的刚度和变形无关。需要注意的是,围岩的弹性抗力系数反映的是围岩的刚度,既与围岩的弹性模量有关,又包含围岩变形影响深度的作用,对于各向异性围岩还与方向有关。

图 5－7　以温克尔假定为基础的局部变形理论

温克尔弹簧可以有几种基本布置方式:沿结构轴线的法线方向布置,可以模拟围岩对结构的法向弹性约束;沿结构轴线方向布置,可以模拟围岩的切向弹性约束(摩擦阻力);还可以布置成约束转动的环状弹簧。这些基本温克尔弹簧可以组合来模拟围岩对结构的各种弹性约束作用。

如果围岩受到结构的过度挤压而出现塑性,则不再能够提供弹性抗力。如果以围岩的极限承载力为界,把围岩简化为理想弹塑性介质,参考图 5－7,则围岩弹性抗力不得超过围岩极限抗力,否则应取为 0。

围岩弹性抗力计算的共同变形理论比前述的局部变形理论接近实际,但复杂程度也增加了。设围岩处于弹性状态,共同变形理论把围岩假想为一排或数层以某种联系构造的弹簧结构,参考图 5－8。

对于土质围岩中的浅埋结构(如城市地下铁道),其侧向被动围岩反力也可以按朗肯被动土压力理论计算。当然,这隐含了结构背后地层已经出现被动极限破裂面的假设。

(a) 一层由某种特性的绳索连在一起的弹簧组

(b) 一层能够相互传递剪力的弹簧组

(c) 数层相互关联的弹簧组

图 5-8   几种共同变形理论的围岩概念模型

5.2.4 地下水压力和浮力的计算

作用在地下结构上的水压力与地下水的赋存及流动情况有关。当渗流作用不明显时,按帕斯卡(Pascal)定律,结构受各向相同的静水压力。在潜水或上层滞水地层中,静水压力强度等于水的重度乘以计算点至潜水或上层滞水水位的深度。在承压水地层中,静水压力等于承压水的压力。对于渗透能力较强的地层(如裂隙岩体、砂性土等),如果存在明显的水力梯度,则结构承受动水压力。视渗流方向的不同,动水压力可能大于或小于静水压力。设地下水处于某种赋存状态,假如地下水静止时的水压力为 p_0,则结构受到的水压力 p 可以一般地表示为

$$p = \xi \cdot p_0。 \tag{5-22}$$

这里的 ξ 是一个与地下水的状态和地层渗透性有关的系数,可能等于、大于或小于 1.0。当然,如果结构有显著的渗透性,ξ 也会受到结构渗透因素的影响。这种独立于地层而单独计算地下水压力的做法称作水土分算(如图 5-9(a)所示),相应的地层压力要用地层的有效重度来计算。

在黏性土中,孔隙地下水的流动微弱且与上颗粒结合紧密(结合水),地下水对结构的静水压力作用可以纳入地层压力一同计算,即采用地层的饱和重度计算饱水地层的压力,这就是所谓的水土合算(如图 5-9(b)所示)。这种水土合算中"水压力"(在合算中,并没有通常意义上的水压力概念,故用引号表示相当的意思)的作用一般不再各向相同:"侧向水压力"等于"竖向

水压力"乘以地层侧压力系数,而在一般情况下,地层侧压力系数小于 1.0,这就使得"侧向水压力"小于"竖向水压力"。

　　　　(a) 水土分算　　　　　　　　　　　　　　(b) 水土合算

图 5-9　地下水压力的两种计算方法

H_1—地下水位埋深;H_2—隧道底板至地下水位的距离;

λ—侧压力系数;γ—土的天然重度;γ_e—土的有效重度;γ_w—水的重度

　　地下水对结构的浮力用阿基米德(Archimedes)原理计算。

　　地下水位在地下结构使用期间可能随补给和排水条件的变化而上升或者下降。静水压力是各向相等压力,对形状等于或接近于圆(球)形的结构,静水压力使结构的压应力增大;对抗压性强而抗拉弯性差的混凝土结构来说,压应力的增大相当于改善了结构的受力状态;因此按最低水位计算静水压力可以偏于安全。而对于矩形结构或在验算结构的抗浮能力时,则按可能最高水位计算是偏于安全的。

5.2.5　地震力的计算

　　地震对地下结构的作用主要表现为地层的剪切错位和振动。用结构来约束地层的剪切错位几乎是不可能的,因此结构设计计算一般是在假定地层不丧失完整性的前提下,只考虑地震力的振动效应。地震力效应的计算有两种方法,一种是结构的地震响应分析,另一种是拟静力法。前者需要地层的运动描述和动力特性参数,且计算比较复杂;故这里仅介绍一般地下结构计算常用的拟静力法。

　　拟静力法是一种偏于安全的算法,其具体做法就是在结构的静力计算中,把随时间变化的地震力或地层位移用当量的静地震力或静地层位移代替,可以分别称作地震力法和地震变形法(文献中有地震系数法和反应位移法的叫法)。一般认为地震系数法对下面的两种情况比较适合,一是当地下结构作为上部地面建筑物的基础时,二是当与围岩的重量相比地下结构的重量较大时。下面仅介绍地震力法。

　　地震力法认为地震对结构的作用主要包括两个部分:①结构及其上覆地层与地震加速度成比例的惯性力,②主动侧土压力增量。

地震力的具体计算可以按垂直和两个水平方向考虑。按拟静力法计算地震力的一般表达式可以写成

$$F_i = \eta \cdot K_i \cdot Q。 \qquad (5-23)$$

式中,F_i代表沿i方向(i=h,v,分别代表水平和垂直方向)作用在结构上的地震惯性力;η为地震综合影响系数,反映工程重要程度、地层种类和性质及结构埋置深度的影响;Q为地震物体(如结构、结构上方岩土体)的重量,对隧道之类的狭长结构物,横截面计算时Q可按每单位长度上结构或岩土体的重量考虑,而沿结构纵轴方向的地震惯性力则与地震波的波长有关,有人建议按地震波长的一半考虑Q的计算;K_i为i方向的(标准)地震系数,取决于地震基本烈度,代表地震物体i方向峰值加速度与重力加速度的比。

一般取$K_v = (1/2 \sim 2/3)K_h$,这是由于地震垂直加速度峰值一般为水平加速度峰值的$1/2 \sim 2/3$(但在震级较大的震中附近可能大于1.0)。另外,因为垂直地震频谱的影响因素目前尚不够清楚,所以对震级较小和对垂直振动不敏感的结构,可以不计垂直地震力(但在验算结构的抗浮能力时,则应计入垂直地震力)。

地震引起地层移动,使地层的有效内摩擦角变小,从而带来主动侧向地层压力的改变。设ϕ为地层的内摩擦角,β为地震角,则地震时的主动侧向地层压力系数为$\tan^2[45° - (\phi - \beta)/2]$。

参考图5-10,以一个地下矩形框架结构的横截面为代表,不计结构下面地层的惯性力,地震的直接荷载作用计算如下。

(1)结构的水平惯性力:

$$F_s^t = \eta K_h m_s^t g, \qquad (5-24a)$$

$$F_s^b = \eta K_h m_s^b g, \qquad (5-24b)$$

$$f_s = \eta K_h m_s^w g / h_t。 \qquad (5-24c)$$

图5-10 地下矩形框架结构的横截面上受到的地震荷载

说明:图 5-10 中 W_e、W_s 的方向在验算地基承载力时向下,在抗浮验算时向上。

(2) 结构上方地层的水平惯性力:

$$F_e = \eta K_h m_e g。 \tag{5-25}$$

(3) 结构的垂直惯性力:

$$W_s = \eta K_v Q_s。 \tag{5-26}$$

(4) 结构上方地层垂直惯性力:

$$W_e = \eta K_v m_e g。 \tag{5-27}$$

(5) 侧向主动地层压力增量(顶板顶面和底板底面处):

$$\Delta e_1 = \gamma h_c \left[\tan^2\left(45° - \frac{\phi - \beta}{2} \right) - \tan^2\left(45° - \frac{\phi}{2} \right) \right], \tag{5-28a}$$

$$\Delta e_2 = \gamma (h_c + h_t + b_b + b_t) \left[\tan^2\left(45° - \frac{\phi - \beta}{2} \right) - \tan^2\left(45° - \frac{\phi}{2} \right) \right]。 \tag{5-28b}$$

式中,g 为重力加速度;m_s^t、m_s^b 和 m_s^w 分别代表结构顶板、底板和侧墙的质量;Q_s 为结构总重量;m_e 为结构上方地层的质量;γ 为土的重度;h_c、h_t、b_t 和 b_b 分别为结构上覆地层厚度、结构净空高度、结构顶板和底板的厚度。

地震作用除了直接引发的上述各水平荷载以外,还会间接地在结构的底面产生反方向上的水平摩擦阻力和在结构的另侧面上产生反方向上的水平阻力;在整个结构不发生侧移的条件下,这些阻力应该与地震的直接水平荷载相平衡。

5.3　地下结构内力的计算方法

5.3.1　荷载结构法

1. 荷载结构法计算模型的建立

荷载结构法计算模型可以分 3 种情况:①如果不计被动围岩反力,则这种荷载结构法就与一般的结构力学方法没有什么不同,可以称为主动荷载模型;②如果考虑被动围岩反力,则由于被动围岩反力的分布和大小与结构的变形有关,而结构的变形又只能在确定了包括被动围岩反力在内的所有荷载之后求得,所以需要迭代计算,可以把这种荷载结构模型称为主动荷载加围岩弹性抗力约束模型;③如果围岩荷载通过实测获得,实测荷载值中既包含主动围岩压力,也包括围岩弹性抗力,可以按情况①的方式处理,称作实测荷载模型。

对于长度远大于横截面尺寸的地下结构(如隧道),如果结构的荷载、几何及力学参数沿长度方向没有变化,则可以认为结构不会发生纵向位移(即平面应变状态),沿纵向取一段单位长度的结构进行内力计算。如果考虑三维作用,则因纵向应变为 0,按虎克(Hooke)定律可以得到单位长度结构的有效弹性模量和有效泊松(Poisson)比,分别为 $E^* = E/(1 - \mu^2)$,$\mu^* = \mu/(1 - \mu)$,其中,E 和 μ 分别为结构材料的弹性模量和泊松比。

地下结构一般为超静定结构,必须考虑结构的变形协调和变形-受力关系,才能够进行结构内力计算。下面以一个暗挖无仰拱马蹄形隧道模筑衬砌为例,来说明建立荷载结构法计算模型(参考图 5-11)的 3 个基本步骤。

图 5-11　暗挖马蹄形隧道模筑衬砌(无仰拱)的计算图式

q 和 e——竖向和水平主动围岩压力;2α——脱离区的角度范围;

δ_a 和 ω_a——拱脚的下沉和转角;σ_i 和 τ_i——结构在 i 点受到的法向和切向被动围岩弹性抗力

(1)结构的离散化。沿隧道纵向取长度为 b 的一个横断面,如图 5-12 所示,用有限多个在端点相连的直梁单元代替结构。单元的端点称为节点,单元(和节点)的数目取决于对计算精度要求。单元的(横向)厚度可以近似地取为常量,一般取为单元两端厚度的平均值。

(a) 曲墙式衬砌　　　　　　　　(b) 直墙式衬砌

图 5-12　马蹄形隧道模筑衬砌的离散

（2）主动荷载的离散化。就是把实际的荷载按静力等效(虚功不变)原则置换为节点荷载。有时为了简化,可以近似地按简支分配原则进行置换,即不计作用力位置迁移时所引起的力矩;对于竖向(水平)分布荷载,分别在节点两相邻单元水平(垂直)投影长度一半的范围内计算分布荷载的合力,然后取两者之和作用在该节点上,即为等效节点荷载;对于结构自重,等效节点力可以近似地取为节点两相邻单元自重的一半。以强度为 q 的匀布竖向围岩主动压力为例,图 5-13 所示为其等效节点力的计算方法。

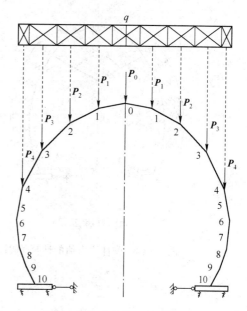

图 5-13　等效节点荷载的计算

（3）被动荷载的处理。假设只考虑弹性抗力,由于与结构变形互为相关,弹性抗力的大小与分布只能在结构内力与变形的计算过程中获得。以温克尔假定为基础,主要有如下 3 种处理弹性抗力的方法。

① 假定抗力法。假定弹性抗力的分布范围和形状,并假设其大小只依赖于结构(围岩)上某些特征(如围岩压缩变形最大)点的变形。

② 弹性支撑链杆法。把围岩对结构的连续法向和切向约束离散为有限多个作用在节点上的弹性支撑链杆,弹性支撑链杆的刚度由围岩抗力系数和弹性支撑链杆所代表的围岩范围确定,弹性抗力的大小用温克尔假定与结构变形相联系,弹性抗力的作用范围通过迭代确定。

③ 弹性地基梁法。把围岩看做弹性地基,把直线型结构构件(如直墙式衬砌的整个直边墙)或单元(如离散后衬砌结构的直梁单元、结构底板单元)看做弹性地基上的梁,利用弹性地基梁理论,计算弹性抗力作用下的结构内力和变形。这相当于把围岩对结构构件或单元的连续约束处理为无限多个独立的弹性支撑链杆,弹性抗力的大小用温克尔假定与结构变形相联系,弹性抗力的作用范围通过迭代确定。

这里仅具体介绍弹性支撑链杆法。参考图 5-14,结构侧面的法向弹性抗力 F_i 可以表示为

$$F_i = K_i b S_i \cdot \delta_i。 \tag{5-29}$$

式中,下标 i 代表节点编号;符号 δ、K 和 S 分别代表节点法向位移、围岩弹性抗力系数和对节点有直接影响的单元长度。

衬砌结构在底部受到围岩的弹性或刚性约束。如果假定围岩约束使结构底部不能够发生侧移,则可以沿侧向在结构底部设置刚性约束。如果假定结构底部(墙脚)下沉和转动且受到围岩的弹性约束,则可以把结构底部围岩处理成一个能够约束结构底部整体下沉和转动的弹性支座。根据温克尔假定,该支座的下沉弹性抗力和转动抗力矩可以分别表示为

(a) 结构断面　　　　　　　　　　(b) 墙脚的下沉和转动

图 5-14　弹性抗力值的计算(假设结构边墙墙脚不能侧移,只能下沉和转动)

$$N_a = K_a b h_a \cdot \delta_a,　　　　　　　　(5-30)$$

$$M_a = \frac{K_a b h_a^3}{12} \cdot \omega_a。　　　　　　(5-31)$$

式中,下标 a 代表结构底部(墙脚);h_a 为结构底部的(横向)厚度;δ_a 为下沉量;ω_a 为转角;其余符号同前。

　　弹性支撑链杆的设置方向应该按结构与围岩的接触状态确定,参考图 5-15。4 种典型处理方法如下:①如果结构与围岩牢固地黏结在一起,以至于两者之间不仅能传递法向压力而且还能传递剪切力,则可以设置两个弹性支撑链杆,一个沿法向设置以代表围岩对结构外法向变形的约束,另一个沿切向设置以代表围岩对结构切向变形的约束;②如果结构与围岩之间没有显著的黏结力,只有结构挤压围岩时才受到围岩的约束,即两者之间只能传递法向压力(不能传递拉力和剪力),则在不计结构与围岩接触面上摩擦力影响的前提下,可以把弹性支撑链杆沿着结构轴线的法线方向设置;③如果结构与围岩之间虽然没有显著的黏结力,但需要计入两者接触面上的摩擦力,则可以把弹性支撑链杆沿偏离结构法线一个(围岩-结构)摩擦角的方向设置;④如果为了简化,也可以只沿水平方向设置弹性支撑链杆。

(a) 法向和切向　　　(b) 法向　　　(c) 法向加上摩擦力影响　　(d) 简化成水平方向

图 5-15　弹性支撑链杆方向的选择(ϕ^* 为围岩-结构的摩擦角)

2. 结构内力计算的力法和位移法

通过以上离散化分析,得到了暗挖无仰拱马蹄形隧道模筑衬砌的荷载结构模型:一个折线形超静定无铰拱,在节点上承受各种主动荷载(包括围岩压力、地下水压力、地震力、结构自重等),外法向变形受到围岩的弹性约束,底部无侧移;但可以发生下沉和转动。对此模型可以采用力法或位移法计算结构的内力和变形。

1) 力法的主要步骤

把结构在赘余力(多余未知力,即超出静力平衡条件数目之外的未知力)处解除约束(解除约束的位置可以有多种选择),显露出赘余力,使结构成为一个在外荷载和赘余力作用下的静定结构。利用解除约束节点的变形协调条件(赘余力引起的节点位移与外荷载引起的节点位移大小相等、方向相反),可以列出力法典型方程式。参考图 5-16,在结构和荷载都对称的情况下,可以取对称轴一侧的结构计算。如果把结构从拱顶和弹性支撑链杆处切开(注意结构底部的弹性支座未切开),则赘余力有拱顶截面的弯矩 X_1,轴力 X_2(由于对称而剪力为 0),弹性支撑链杆的抗力 $X_i(i=1\sim L)$,其中 L 为弹性支撑链杆总数;结构受到的外荷载有代表主动荷载的竖向节点力 $P_j(j=1\sim M)$ 和水平节点力 $E_k(k=1\sim N)$,M 和 N 分别为竖向和水平节点外力的总数。根据切口处的变形协调条件,力法典型方程式可以写为

$$[\Delta_{lh}]\{X_h\} + [\Delta_{lj}]\{P_j\} + [\Delta_{lk}]\{E_k\} = 0 \qquad (l、h = 1 \sim L+2)。 \qquad (5-32)$$

图 5-16　力法计算简图

其中,赘余力柔度矩阵中的典型元素 Δ_{mn} 代表在赘余力 $X_n = 1$ 单独作用时,静定结构中与赘余力 X_m 作用点和方向相对应的节点位移,其他柔度矩阵的含义类似。可以按照虚功原理计算出各柔度矩阵,这里从略。在求出赘余力之后,可以按静力平衡条件计算结构的内力,按虚功原理计算结构的变形。

力法的力学概念比较直观,但其数学表达形式及求解过程因计算对象而异,难以用统一格式表达一般问题;故相应计算机程序的通用性不足。实际计算一般采用位移法。

2) 位移法

位移法的数学表达形式具有一致性,即针对不同问题的位移法表达形式完全相同;因此便于采用位移法编制具有通用性的计算机程序。

对于离散后的结构和荷载,位移法的步骤如下:

① 进行单元分析,建立单元刚度方程,即确定单元节点力与单元节点位移之间的关系;

② 进行整体分析,即利用静力平衡条件(各节点外力和内力之矢量和为0)和变形协调条件(节点上各连接单元在该节点的位移相同并等于该节点的结构节点位移),建立以结构节点位移为基本未知量的结构刚度方程;

③ 引入边界条件,求解结构刚度方程,得到未知的结构节点位移(注意,地层反力的作用范围、分布和大小需要迭代确定);

④ 利用单元刚度方程,计算出结构的内力(单元节点力)。

下面介绍各计算步骤的基本内容。

(1) 单元分析

参考图5-17,离散后的结构由3种单元构成,即模拟结构的直梁单元、模拟围岩侧面约束作用的弹性支撑链杆单元和模拟结构底部弹性约束的弹性支座单元。

① 直梁单元分析

参考图5-18,考虑节点 i 和 j 之间的典型单元 e,在单元局部坐标系 $\bar{x} - \bar{y}$ 下,单元刚度方程可以表示为

$$\{\bar{F}\}^e = \{\bar{K}\}^e \{\bar{\delta}\}^e。 \tag{5-33}$$

图5-17 位移法计算图式　　　　　　　　图5-18 结构直梁单元分析

式中,方程的左端向量、右端系数矩阵和右端向量分别表示单元局部坐标系中的单元节点力向量,单元刚度矩阵和单元节点位移向量,可以分别展开为

$$\{\overline{F}\}^e = [\overline{N}_i \quad \overline{Q}_i \quad \overline{M}_i \quad \overline{N}_j \quad \overline{Q}_j \quad \overline{M}_j]^{\mathrm{T}},$$

$$[\overline{K}]^e = \begin{bmatrix} \dfrac{EA}{l} & 0 & 0 & -\dfrac{EA}{l} & 0 & 0 \\ 0 & \dfrac{12EI}{l^3} & \dfrac{6EI}{l^2} & 0 & -\dfrac{12EI}{l^3} & \dfrac{6EI}{l^2} \\ 0 & \dfrac{6EI}{l^2} & \dfrac{4EI}{l} & 0 & -\dfrac{6EI}{l^2} & \dfrac{2EI}{l} \\ -\dfrac{EA}{l} & 0 & 0 & \dfrac{EA}{l} & 0 & 0 \\ 0 & -\dfrac{12EI}{l^3} & -\dfrac{6EI}{l^2} & 0 & \dfrac{12EI}{l^3} & -\dfrac{6EI}{l^2} \\ 0 & \dfrac{6EI}{l^2} & \dfrac{2EI}{l} & 0 & -\dfrac{6EI}{l^2} & \dfrac{4EI}{l} \end{bmatrix},$$

$$\{\overline{\delta}\}^e = [u_i \quad v_i \quad \theta_i \quad u_j \quad v_j \quad \theta_j]^{\mathrm{T}}.$$

式中,N、Q 和 M 分别代表作用在单元节点的轴力、剪力和弯矩,u、v 和 θ 分别代表单元节点的轴向位移、法向位移和转动位移,上划线代表局部坐标系,下标代表节点编号,E 为单元材料的弹性模量,l、A 和 I 分别为单元的长度、截面积和截面惯性矩。

局部坐标系下的单元节点力 $\{\overline{F}\}^e$ 和位移 $\{\overline{\delta}\}^e$ 与总体坐标系下的单元节点力 $\{F\}^e$ 和位移 $\{\delta\}^e$ 之间存在以下转换关系:

$$\{\overline{F}\}^e = [T]\{F\}^e, \tag{5-34a}$$

$$\{\overline{\delta}\}^e = [T]\{\delta\}^e. \tag{5-34b}$$

其中的方阵 $[T]$ 为坐标变换矩阵,可以用单元局部坐标系相对于总体坐标系的转角 β 表示,即

$$[T] = \begin{bmatrix} \cos\beta & \sin\beta & 0 & 0 & 0 & 0 \\ -\sin\beta & \cos\beta & 0 & 0 & 0 & 0 \\ 0 & 0 & 1 & 0 & 0 & 0 \\ 0 & 0 & 0 & \cos\beta & \sin\beta & 0 \\ 0 & 0 & 0 & -\sin\beta & \cos\beta & 0 \\ 0 & 0 & 0 & 0 & 0 & 1 \end{bmatrix}. \tag{5-35}$$

把式(5-34a)和式(5-34b)代入式(5-33),可得该单元在总体坐标系 $x-y$ 中的刚度方程,即

$$\{F\}^e = [K]^e\{\delta\}^e. \tag{5-36}$$

其中的方阵 $[K]^e$ 为单元在总体坐标系下的刚度矩阵,即

$$[K]^e = [T]^{\mathrm{T}}[\overline{K}]^e[T]. \tag{5-37}$$

② 弹性支撑链杆单元分析

参考图 5-19,设节点 i 处的侧面弹性支撑链杆单元沿水平方向设置,则其单元局部坐标系与总体坐标系方向一致,可以直接写出该单元在总体坐标系下的刚度方程,即

$$R_i = [K_i b \cdot (l_i \sin\beta_i + l_{i+1} \sin\beta_{i+1})/2] \Delta_i。 \tag{5-38}$$

式中,$[K_i b \cdot (l_i \sin\beta_i + l_{i+1} \sin\beta_{i+1})/2]$ 为该弹性支撑链杆单元的刚度系数,R_i 和 Δ_i 分别是单元的轴向压力和轴向压缩变形,K_i 为单元所代表围岩的弹性抗力系数。

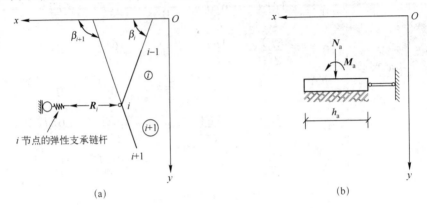

图 5-19　围岩弹性支撑链杆单元分析与结构弹性支座单元分析

③ 结构底部弹性支座单元分析

参考图 5-14 和图 5-19,假定结构底部不能发生水平位移,但可以发生下沉和转动并受到弹性支座单元的约束。在总体坐标系下,按照式(5-30)和式(5-31),该弹性支座单元的刚度方程为

$$\left\{ \begin{matrix} N_a \\ M_a \end{matrix} \right\} = \begin{bmatrix} K_a b h_a & 0 \\ 0 & K_a b h_a^3/12 \end{bmatrix} \left\{ \begin{matrix} \delta_a \\ \omega_a \end{matrix} \right\}。 \tag{5-39}$$

式中,δ_a 和 ω_a 分别为结构底部弹性支座单元的下沉和转角。

(2) 整体分析

结构的任意节点都要满足静力平衡方程,即节点所连接各单元的单元节点力向量和应该与该节点的外力向量大小相等、方向相反。据此把单元刚度方程组合在一起,就得到了联系结构节点力向量 $\{F\}$ 和节点位移向量 $\{\delta\}$ 的结构总体刚度方程

$$\{F\} = [K]\{\delta\}。 \tag{5-40}$$

其中的方阵 $[K]$ 为结构刚度矩阵,是由单元刚度矩阵按单元节点所对应的结构节点编号,"对号入座"组合而成。

(3) 求解未知节点位移和计算结构内力

上面建立的结构刚度方程(5-40)没有包含任何约束条件,方程可以有无限多组解,即相应的结构体系可以包含任意大小的刚体位移。为了使该方程有确定、唯一解,就必须引入具体问题的边界条件。

应该注意的是,围岩弹性抗力的作用范围、分布和大小必须通过迭代试算才能确定。由于弹性支撑链杆单元的作用是模拟围岩弹性抗力,只能承受压力;故对应节点的位移必须是朝向围岩方向的。如果计算得到的弹性支撑链杆单元变形为拉伸,则需要把该弹性支撑链杆去掉,再重新计算。这样迭代下去,直到所有的弹性支撑链杆单元都只发生压缩变形为止。

求出所有结构节点的位移后,利用单元节点位移与结构节点位移相等的条件,根据单元刚度方程可得到单元节点力,即衬砌的内力。

3. 荷载结构模型计算图式的选择

对于同一地下结构,其荷载结构模型的计算图式往往并不是一成不变的。前面已经介绍过被动地层荷载、地下水荷载、衬砌结构侧面和底部地层约束等的一些处理方式,下面将针对5种情况进一步说明地下结构荷载结构模型计算图式选择的多样性及相关特点。

(1) 一个暗挖的有仰拱马蹄形隧道模筑衬砌如图 5 - 20 所示,其计算图式可以有两种不同的选择:①弹性地基梁图式——把结构拱顶两侧 α 角范围(脱离区,一般 $\alpha = 45° \sim 60°$)内的单元处理成普通直梁单元,其余均为弹性地基直梁单元(相当于用无限多个相互独立的弹性支撑链杆来模拟围岩与结构之间的相互作用);②弹性支撑链杆图式——所有单元均为普通直梁单元,采用离散的设在节点处的弹性支撑链杆来代表抗力区内分布的围岩弹性抗力。

(a) 弹性地基梁图式　　　　　　　(b) 弹性支撑链杆图式

图 5 - 20　暗挖马蹄形隧道模筑衬砌的两种计算图式

(2) 对于在围护结构内侧用明挖法修建的箱形地下结构,根据围护结构(如围护排桩或地下连续墙)及其与内衬墙联系方式的不同(如复合墙、叠合墙),在计算内衬结构时,可以采用不同的处理方式:①不计围护结构的作用,内衬承受全部侧向土压力;②把围护结构与内衬作为同一构件计算,然后按刚度分配内力;③在围护结构与内衬之间设置二力杆,模拟防水层作用。

对于结构的基底反力,可以采用两种不同的方法计算:①按结构整体的静力平衡条件,与基底上部荷载大小相等、方向相反;②假定底板下部地层为弹性地基。

(3)对于由喷锚初期支护、防水层和内层模筑衬砌所组成的复合式衬砌,可以采用如下3种不同的方式处理。

① 若内层衬砌在初期支护变形彻底完成后修筑,则原则上内衬不承受除地下水压力之外的围岩荷载(假设地下水渗透越过初期支护而把压力传递到防水层上),这样,内衬只作为围岩和支护体系可能出现不良情况时的安全储备。

② 如果内衬在初期支护变形稳定之前施作,则内衬将与初期支护共同承受围岩荷载,占围岩总荷载的比例与初期支护的位移－时间曲线及内衬的施作时间有关。如果在初期支护发生占总变形比例为 λ 的变形时施作内衬,则可以认为,初期支护单独承受的围岩荷载为围岩总荷载乘以系数 λ,而初期支护和内衬共同承受的围岩荷载为围岩总荷载乘以系数 $(1-\lambda)$。例如,如果认为内衬作用时围岩变形已基本稳定,则可取 $\lambda=70\%$;如果认为内衬是主体承载结构,则可取 $\lambda=30\%$,等等。关于 λ 的取值,目前还没有确定且唯一的原则。

③ 考虑初期支护、防水层和内衬作为一个结构体系共同承受围岩总荷载,用离散的二力杆单元模拟防水层(不能抵抗剪力)的作用。

(4)对于暗挖圆形隧道的装配式衬砌(如盾构隧道的管片衬砌),可以根据管片接头力学模拟方法的不同,分成两种不同的计算图式:一种是把管片环当作具有均匀弯曲刚度的连续环,另一种是把管片环当作在管片接头处铰接(不能传递弯矩)的多铰环。

对于把管片环当作均质连续环的计算图式,有两种对管片接头的模拟方法:①如果装配式衬砌接头的刚度与管片自身的刚度大致相等,则可以忽略管片接头部分刚度的不同,取管片刚度作为均质连续环的刚度;②如果装配式衬砌接头的刚度明显不同于(一般是小于)管片自身的刚度,则均质连续环的有效刚度就会受到接头刚度和接头数目的显著影响,其有效弯曲刚度 K_e 可以用管片自身弯曲刚度 EJ_0(E 为管片材料弹性模量,J_0 为管片截面惯性矩)表示,即 $K_e=\eta\cdot EJ_0$,其中,η 是用来反映接头弯曲刚度和接头数目影响的系数。

对于弹性抗力,可以根据地层与结构的相对刚度,采用不同的处理方式。①在较坚硬的地层(如岩体、硬黏土等)中,地层刚度与衬砌刚度相比不能忽略,可以选用弹性地基梁模型或弹性支撑链杆模型,也可以按衬砌的变形特征假定弹性抗力的作用范围与分布,把任意一点的弹性抗力表示成某个特征(如变形最大)点弹性抗力的显式函数。后者常用如图 5-21 所示的两种假定弹性抗力分布:三角形分布(地层只有较显著的侧向约束作用),月牙形分布(坚硬地层)。②若地层刚度相对较弱(如软弱岩体、饱和软黏土等),则可以不计地层的约束,把计算图式取为仅承受地层主动荷载的自由变形均质环,圆环基底反力与基底上部荷载大小相等、方向相反。

(5)地下结构往往是分步构筑的,其承载状态实际上与结构的构筑过程有关。例如,对于用盖挖逆作法修建的浅埋多层多跨框架结构(如地铁车站结构),其部分主要受力构件可能兼有临时承载和永久结构的双重功能,结构的形式、刚度、支撑和荷载有明显的继承性,随施工过程而变化,结构在施工阶段的最终内力和变形是各施工步骤中结构内力和变形的累计效应。具体可以总结如下。

(a) 三角形分布　　　　　　　　　　(b) 月牙形分布

图 5-21　圆形装配式衬砌所受弹性抗力的假定分布

① 施工过程中,边墙(如钻孔灌注桩、地下连续墙等)既要作为挡土构件承受横向土压力,同时又要承受水平构件(顶板、底板和各层中板)传递的竖向荷载。

② 中柱主要承受竖向荷载,施工阶段竖向荷载在中柱和边墙之间分配,结构封底后竖向荷载在边墙、中柱和底板之间分配。

③ 在结构封底之前,由于竖向荷载的增加和土体开挖的影响,边墙和中柱可能会发生显著的沉降。这不仅会在水平构件中产生较大的附加应力,而且会给节点连接带来困难。

④ 顶板和中板在开挖过程中对围护结构起到刚度很大的横撑作用。

⑤ 盖挖逆作的地下结构一般埋深较浅,地面荷载(如车辆等)可能对结构受力有较大影响。

对于形式、刚度、支撑和荷载在施工过程中不断变化的盖挖逆作法结构体系,应该按施工阶段的延续,采用增量叠加法进行受力和变形计算。显然,应当把施工阶段的划分界限选择在结构形式、刚度、支撑或荷载出现显著变化的时候,通常可以这样处理:①构件的自重仅在该构件在计算模型中第一次出现时考虑;②把活载与静载分开计算,结果相叠加即得结构的静、活载综合效应;③在增量计算过程中,可以将支撑的拆除处理成反向施加相应的支撑力;④坑底土体开挖引起边墙横向土压力的改变可以按阶段增量考虑。

以一个两层三跨的地铁车站为例,对于如图 5-22 所示的增量叠加法计算过程,可以解释如下(为简化陈述,不失一般性,这里忽略被动地层荷载的作用。符号规定:小写字母代表阶段静载或活载内力增量,大写字母代表当前累计内力,下标 1 和 2 分别代表静载效应和活载效应)。

① 开挖至中板底:静载工况有结构自重、覆土重和不平衡侧向土压力(即侧墙内、外土压力之差),计算可得相应的结构内力,设为 $A_1 = a_1$;活载工况有地面施工荷载及其引起的侧向土压力,计算可得相应的内力,设为 a_2,则本阶段静载加活载的叠加内力可以表示为 $A_{12} = A_1 + a_2$。

② 施作中板并开挖至底板:静载增量有中板自重和不平衡侧向土压力增量,计算可得相应的结构内力,设为 b_1,则与前面静载工况相叠加,得到本阶段静载总内力为 $B_1 = A_1 + b_1$;活载工况有地面施工荷载及其引起的侧向土压力,再加上中板的施工活载,计算可得相应的内力,设为 b_2,则本阶段静载加活载的叠加内力可以表示为 $B_{12} = B_1 + b_2$。

图 5-22　盖挖逆作地下结构的增量法计算过程

③ 底板封底:静载增量有底板自重,计算可得相应的结构内力,设为 c_1,则与前面各静载工况相叠加,得到本阶段静载总内力为 $C_1 = B_1 + c_1$;活载工况与前一步相同(但结构不同),计算可得相应的内力,设为 c_2,则本阶段静载加活载的叠加内力可以表示为 $C_{12} = C_1 + c_2$。

④ 使用阶段:静载增量有中板面层静载和底板承受的静载(如道床等),计算可得相应的结构内力,设为 d_1,则与前面各静载工况相叠加,得到本阶段静载总内力为 $D_1 = C_1 + d_1$;活载工况有中板人群荷载、地面车辆荷载及其引起的侧向土压力,计算可得相应的内力,设为 d_2,则本阶段静载加活载的叠加内力可以表示为 $D_{12} = D_1 + d_2$。

5.3.2　地层结构法

1. 地层的初始应力状态

地层结构法认为,地下空间的结构体系是由围岩和支护共同组成的,围岩既是荷载的来源,又是承载体系的一部分。从地层的初始应力状态出发,地层结构法采用固体力学方法计算开挖和支护对围岩应力和位移场的作用,而支护结构的内力和变形只是整个围岩－结构体系计算结果中的一部分。固体力学计算方法包括解析法、半解析法和数值法。解析法或半解析法一般只适用于区域,材料,边界和初始条件都比较规则、简单的情况,而数值法则可以用于计算任何情况。

　　在第 2 章中已经比较详细地介绍了地层初始应力的有关主要内容,本节仅从介绍地层结构法第一步计算的角度,简单介绍如何计算地层初始应力状态的问题。

　　地层的初始应力场与地层的结构、性质、埋藏条件及地质构造运动历史等因素有关,可以划分成自重应力场和构造应力场两个部分。前者是地层自重产生的应力,后者代表过去和当前地质构造运动(包括褶曲、断裂、层间错动、地壳升降、板块运动等)所引发的应力(分别称为残余构造应力和新构造应力)。地层初始应力的大小、方向和分布是位置和时间的函数,某时某地可能以自重应力为主,另时另地则可能是构造应力显著大于自重应力。例如,在埋深较浅的破碎岩体中,构造应力可能已经基本释放完毕,岩体自重应力就成为地层初始应力的主要部分;而在那些从未经历过显著构造运动的沉积岩体中,则可能是自重应力起主要作用。

　　因为成因复杂,构造应力场在空间的分布可能很不均匀,而且还随时间变化,属于非稳定应力场。但相对于工程结构的使用期限而言,可以忽略时间因素,把构造应力场当作是相对稳定的。即便如此,目前还很难用函数形式把构造应力场表示出来。如果认为构造应力可以忽略不计,则地层初始应力的垂直应力等于地层的自重应力,而相应的水平应力分量是由于地层自重引起的地层侧向变形受到约束而产生的,后者总是小于或等于前者。但是,如果地层中存在着显著的构造应力,则由于水平构造应力可能大于垂直构造应力,初始水平地应力并不一定会小于初始垂直地应力。

　　在以自重应力为主的地层中,当地表为水平面、地层为均质各向同性时,参考图 5－23 (a),深度为 h 处自重应力的垂直和水平分量可以分别表示为

$$垂直应力　　　\sigma_v = \gamma h , \qquad\qquad (5-41a)$$
$$水平应力　　　\sigma_h = \lambda_0 \gamma h 。 \qquad\qquad (5-41b)$$

(a) 简单规则地层　　　　　(b) 复杂不规则地层

图 5－23　地层初始应力的确定方法

式中,γ 和 λ_0 分别为地层的重度和侧压力系数。

如果地层是水平成层分布的,自重应力的大小可以分层总和而得。地层的侧压力系数 λ_0 原则上应由现场实测获得,但在缺少实测数据的情况下,也常常采用简化理论公式或经验公式、利用地层材料的其他力学指标计算:①利用地层侧向应变为 0 的条件可以推得 $\lambda_0 = \mu/(1 - \mu)$,其中 μ 为地层泊松比;②对于正常固结土体地层,有经验公式 $\lambda_0 = 1 - \sin\phi'$,其中 ϕ' 为土体的有效内摩擦角;③对于处于膨胀(而不是再压缩)过程中的超固结土,有经验公式 $\lambda_0 = (1 - \sin\phi')(\mathrm{OCR})^{\sin\phi'}$,其中 OCR 代表土体的超固结比。

在一般情况下,参考图 5-23(b),当地表起伏不平、地层构成复杂或有显著的各向异性时,地层的自重应力可能呈三维不规则分布,不能按上面的简单方法处理,必须通过固体力学(如弹性力学、弹塑性力学等)方法计算求得。

地层的初始应力在一般情况下是自重应力和构造应力叠加的反映,划分只是为了分析的方便。视具体情况不同,地层初始应力的大小、方向和分布可以通过固体力学计算、地质力学分析和(或)现场量测确定。

2. 开挖的模拟与围岩二次应力场

围岩二次应力状态分析是地层结构法的关键步骤。

地下开挖使地层出现了新临空面和该临空面上地层应力的释放,破坏了地层的初始应力平衡,引起地层应力的重新分布。在这个时间过程中,地层应力是连续变化的,特别地,洞室开挖后在未加支护情况下,地层应力所达到新的相对平衡称为围岩的二次应力状态。二次应力的发展与稳定受到自然因素和工程因素的影响:①围岩组成、结构、性质、初始应力状态等;②开挖手段和方法,洞室的位置、大小和形状及其与围岩结构的相对关系等。

关于自然因素,以初始应力状态为例,当自重应力起主导作用时,如果垂直应力分量明显大于水平应力分量,开挖可能使洞室的顶部和底部出现拉应力区,边墙附近出现压应力区;但是当构造应力起主导作用时,水平应力分量可能大于垂直应力分量,则边墙附近可能出现拉应力区,洞顶和洞底附近可能出现压应力区。另外,以岩(土)体本构性质(如弹性、塑性、黏弹性、黏弹塑性)为例,对于具有显著流变性的地层,二次应力不仅是空间的函数,而且还与时间有关。

关于工程因素,以开挖手段和分部方法为例,爆破或非爆破、全断面开挖或分部开挖及不同的分部方法等都对未开挖地层有不同的影响方式和影响水平。另外,与凹凸不平、棱角突出的洞室形状相比,形状光滑圆顺的洞室所对应的二次应力场的应力集中程度一般较小,从而更有益于围岩的稳定。

一般来说,二次应力场是三维场。例如,在隧道施工过程中,参考图 5-24,开挖面前方地层对已开挖区域的围岩有某种程度的纵向支撑作用,不同横断面上的二次应力分布和变形是不同的。这种开挖面效应使得在开挖面前方和后方一定范围内的二次应力呈三维分布状态。如图 5-25 所示,开挖面施工的前方影响距离 D_1 和后方影响距离 D_2 与围岩条件、隧道特征及施工方法有关。定义应力释放率为某断面释放应力与该断面初始应力之比,在采用二维横断面模型计算时,则可以根据所选横断面与开挖面之间距离的不同,选用不同的应力释放率来近似地模拟开挖面附近这种三维效应。

图 5 - 24　隧道开挖面对二次应力场的三维效应

图 5 - 25　隧道开挖面附近三维效应的二维模拟

为了简化,下面先介绍二次应力场和位移场的计算方法,然后针对横断面(二维)模型,分别通过简化重力场下均质地层中深埋圆形洞室开挖影响的弹性和弹塑性解析解,介绍二次应力场和位移场的主要特点。

(1) 围岩二次应力场和位移场的计算方法

围岩二次应力场可以用初始应力释放的办法通过固体力学计算确定。在围岩材料本构关系为线弹性的条件下,参考图 5 - 26,具体步骤可以描述如下。

图 5 - 26　在自重应力作用下二次应力场和位移场的简化计算

① 首先,通过力学计算、地质力学分析和(或)现场量测,确定地层的初始应力场及相应的位移场,用 $\{\sigma\}^0$ 和 $\{u\}^0$ 代表。

② 开挖解除了洞室边界内部的约束,使边界上的法向和剪切应力消失。为了模拟这种初始应力的释放,在边界上分别施加与初始法向和剪切应力大小相等方向相反的两组应力,计算在释放应力单独作用下的围岩应力和位移,称为开挖应力场,用 $\{\sigma\}^1$ 和 $\{u\}^1$ 代表。

③ 围岩的二次应力场是初始应力场和开挖应力场的叠加,即 $\{\sigma\}^2 = \{\sigma\}^0 + \{\sigma\}^1$。而由于开挖引起的(相对于初始状态,即以 $\{u\}^0$ 为起点)的位移场则可以表示为 $\{u\}^2 = \{u\}^1$。

另外一种等效的处理方法是:把地层初始应力和开挖应力一同计算,得到 $\{\sigma\}^*$,这就是二次应力场,即 $\{\sigma\}^2 = \{\sigma\}^*$;而开挖引起的位移场则应该从与 $\{\sigma\}^*$ 相应的位移场 $\{u\}^*$ 中刨除初始应力引起的位移 $\{u\}^0$ 得到,即 $\{u\}^2 = \{u\}^* - \{u\}^0$。

(2) 弹性围岩二次应力场和位移场的分布特点

对于埋深较大的洞室,在开挖所影响的范围内,围岩自重应力的绝对值变化量相比其绝对值要小得多;因此可以近似地把地层初始应力场看做常应力场,常常可以取洞室中心处的自重应力作为代表。自重应力本属于体积力;但对于均质弹性地层,也可以把它简化成作用在无限远边界上的分布荷载,如图 5-27 所示。一般来说,这样简化所带来计算误差在洞周附近是不大的,并且随着洞室埋深的增加而减小;当埋深大于 10 倍洞径时,该误差可以忽略不计。这样,对于均质弹性地层中某些规则形状洞室的平面问题,就可能比较方便地采用弹性力学办法求解出二次应力场和位移场分布的解析表达式。下面采用这种对地层重力场的简化,通过均质地层中深埋圆形洞室开挖影响的弹性解析解,介绍弹性二次应力场和位移场的分布特点。

图 5-27　均质地层中圆形洞室的简化模型

当地层的侧向自重应力与竖向自重应力大小相等时(侧压力系数=1.0),取初始(自重)地应力 $\sigma_x^0 = \sigma_y^0 = \sigma^0 = \gamma h_0$($h_0$ 为圆形洞室中心点的埋深)为作用在无限远边界上的均布荷载,圆

形洞室围岩的二次应力和位移均呈轴对称分布,其弹性力学解答可以用极坐标(r,θ)表达为

$$\sigma_r = \gamma h_0\left(1 - \frac{r_0^2}{r^2}\right), \tag{5-42a}$$

$$\sigma_\theta = \gamma h_0\left(1 + \frac{r_0^2}{r^2}\right), \tag{5-42b}$$

$$\tau_{r\theta} = 0, \tag{5-42c}$$

$$u_r = \frac{\gamma h_0 r_0^2}{2Gr}, \tag{5-42d}$$

$$u_\theta = 0。 \tag{5-42e}$$

式中,σ_r 和σ_θ 分别代表半径为$r(\theta$ 任意)处的径向应力和环向应力(以压为正),$\tau_{r\theta}$为剪切应力(当作用面外法向与坐标轴正向一致时,与坐标轴负向一致的剪切应力方向为正),r_0 为洞室半径,u_r 和u_θ 分别代表开挖引起的半径为$r(\theta$ 任意)处的径向位移和环向位移(不含初始应力引起的位移,u_r 向洞室内为正,u_θ 顺时针为正),G 为围岩的剪切弹性模量。

由此可知:①二次应力是由初始应力和(开挖引起的)释放应力作用叠加而成,释放应力使径向应力减小,环向应力增加,并与半径的平方成反比;②开挖引起的径向位移在洞室边界处最大,随径向距离的增加而减小;③开挖面积(与 r_0 的平方成正比)与二次应力值和位移量成正比。

参考图 5-28(a),弹性二次应力的分布特点为:①径向应力在开挖边界处由初始应力释放为 0,随半径增加而增加,并在无限远处恢复为初始应力;②环向应力在开挖边界处增大为初始应力的两倍,随半径增加而减小,并渐进在无限远处恢复为初始应力。

(3) 弹塑性围岩二次应力场和位移场的分布特点

在洞室开挖的影响下,如果围岩中某些地方的应力超出了围岩材料的弹性范围,该处围岩就会进入塑性状态,二次应力和位移必须通过弹塑性力学分析求得。下面将沿用前面关于符号和方向约定,介绍简化重力场下均质地层中深埋圆形洞室开挖影响的弹塑性二次应力场和位移场。

为了判断材料是否进入塑性状态,需要规定屈服准则。如果某点的应力状态满足了屈服准则,就认为该点已达到塑性状态。摩尔-库仑(Mohr-Coulomb)条件为剪切强度判据,是一种常用的岩土屈服准则,可以表示成

$$\tau - \sigma \cdot \tan\phi - c = 0。 \tag{5-43}$$

式中,τ 和σ 分别为材料微元中某截面上的剪切应力和法向压应力,c 和ϕ 分别为材料的黏聚力和内摩擦角。

也可以利用材料屈服时应力圆与摩尔-库仑强度线相切的关系,用主应力的形式把式(5-43)表示为

$$\sigma_1 - \frac{1 + \sin\phi}{1 - \sin\phi}\sigma_3 - \frac{2\cos\phi}{1 - \sin\phi}c = 0。 \tag{5-44}$$

这里,假设 σ_1、σ_2 和 σ_3 分别为大主压应力、中主压应力和小主压应力,即 $\sigma_1 \geqslant \sigma_2 \geqslant \sigma_3$。

参考图 5-27(b),这里继续采用匀质无重地层中圆形洞室并在无限远处有各向相同初始应力的二维模型,且仍为轴对称问题。根据前面得到的弹性二次应力分布,可以看出,环向应力为大主应力,径向应力为小主应力,且围岩的塑性区应该是洞室边界附近的某个圆环范围。设塑性区的半径为 r_p(待定),注意到应力释放使洞室边界上的法向应力为 0,联合利用平衡微分方程和摩尔-库仑屈服准则,可得塑性区应力的控制方程

$$\sigma_\theta^p - \frac{1+\sin\phi}{1-\sin\phi}\sigma_r^p - \frac{2\cos\phi}{1-\sin\phi}c = 0, \tag{5-45}$$

$$\frac{\mathrm{d}\sigma_r^p}{\mathrm{d}r} + \frac{\sigma_r^p - \sigma_\theta^p}{r} = 0, \tag{5-46}$$

$$\sigma_r^p \mid_{r=r_0} = 0_\circ \tag{5-47}$$

式中,σ_θ^p 和 σ_r^p 分别为塑性区的环向和径向应力。

由这些方程可以求得塑性区的径向和环向压应力分量为(剪应力分量为 0)

$$\sigma_r^p = \frac{R_c}{\xi-1}\Big[\Big(\frac{r}{r_0}\Big)^{\xi-1} - 1\Big], r_0 \leqslant r \leqslant r_p; \tag{5-48a}$$

$$\sigma_\theta^p = \frac{R_c}{\xi-1}\Big[\xi\Big(\frac{r}{r_0}\Big)^{\xi-1} - 1\Big], r_0 \leqslant r \leqslant r_{p\circ} \tag{5-48b}$$

式中,$R_c = 2c \cdot \cos\phi/(1-\sin\phi)$,为围岩的单轴极限抗压强度;$\xi = (1+\sin\phi)/(1-\sin\phi)$。

这里,塑性应力与初始应力无关,仅为围岩材料强度参数和开挖半径的函数。

把塑性区半径处的径向压应力记为 σ_{rp},即

$$\sigma_{rp} = \sigma_r^p \mid_{r=r_p} = \frac{R_c}{\xi-1}\Big[\Big(\frac{r_p}{r_0}\Big)^{\xi-1} - 1\Big]_\circ \tag{5-49}$$

用推导式(5-42)相类似的弹性力学方法,可以得到弹性区的二次应力和开挖引起的位移为(剪应力为 0,环向位移为 0)

$$\sigma_r^e = \gamma h_0\Big(1 - \frac{r_p^2}{r^2}\Big) + \sigma_{rp} \cdot \frac{r_p^2}{r^2}, r_p \leqslant r < \infty; \tag{5-50a}$$

$$\sigma_\theta^e = \gamma h_0\Big(1 + \frac{r_p^2}{r^2}\Big) - \sigma_{rp} \cdot \frac{r_p^2}{r^2}, r_p \leqslant r < \infty; \tag{5-50b}$$

$$u_r^e = (\gamma h_0 - \sigma_{rp})\frac{r_p^2}{2Gr}, r_p \leqslant r < \infty_\circ \tag{5-50c}$$

可以看出,弹性区的应力是初始应力、开挖释放应力和塑性半径处塑性应力共同作用的结果。开挖释放应力的作用随半径的平方而衰减;塑性半径处塑性应力的作用也随半径的平方而衰减,但两者的影响方向相反,开挖释放应力的作用使环向应力增加、径向应力减小,而塑性半径处塑性应力的作用则刚好相反。

弹性区与塑性区交界面上的应力既要满足式(5-45)所表达的塑性区应力条件,又要满足下面的弹性条件,即

$$\sigma_r^e + \sigma_\theta^e = 2\gamma h_0。 \tag{5-51}$$

联立求解式(5-45)和式(5-51),并考虑塑性区与弹性区交界面上应力的连续性条件,即可以推导出塑性区半径为

$$r_p = r_0\left[\frac{2}{\xi+1} \cdot \frac{\gamma h_0(\xi-1) + R_c}{R_c}\right]^{\frac{1}{\xi-1}}。 \tag{5-52}$$

可以看出,塑性区半径是初始应力、洞室半径和材料的强度参数的函数。

塑性区位移的求解与关于塑性区体积变形的假定有关。假定塑性区体积不变,则有

$$\varepsilon_r^p + \varepsilon_\theta^p + \varepsilon_z^p = 0。 \tag{5-53}$$

把平面应变条件下的几何方程

$$\varepsilon_r^p = \frac{du_r^p}{dr}, \varepsilon_\theta^p = \frac{u_r^p}{r}, \varepsilon_z^p = 0 \tag{5-54}$$

代入到式(5-53),可得

$$\frac{du_r^p}{dr} + \frac{u_r^p}{r} = 0, \tag{5-55}$$

积分并利用弹、塑性区交界面上的变形协调条件,可得塑性区的径向位移为(环向位移为0)

$$u_r^p = (\gamma h_0 - \sigma_{rp})\frac{r_p^2}{2Gr}, r_0 \leqslant r \leqslant r_p。 \tag{5-56}$$

可见,在假设塑性区的体积应变为0的条件下,塑性区的位移表达式(5-56)与弹性区的位移表达式(5-50c)相同。

参考图5-28(b),弹塑性解的特点为:①径向应力在开挖边界处由初始应力释放为0,随半径增加而增加,并渐进在无限远处恢复为初始应力;②环向应力由于围岩的屈服在开挖边界处降低为围岩的单轴极限抗压强度 R,在开挖边界与塑性半径之间(塑性区)随半径增加而增加,在塑性半径以外(弹性区)随半径增加而减小,并渐进在无限远处恢复为初始应力;③径向和环向应力均在塑性半径处与弹性区应力保持连续。

(a) 弹性　　　　　　　　　　　(b) 弹塑性

图 5-28　均质围岩中圆形洞室的二次应力分布

3. 支护抗力对围岩位移的控制

洞室的稳定与否,取决于围岩的二次应力和变形是否超过了围岩的强度和变形能力。如果二次应力的发展没有伴随围岩的坍落或过度变形,则单从围岩稳定的角度来看是没有必要设置支护结构的。但如果情况相反,围岩自身不能保持长期稳定,就必须施作支护控制围岩的变形、改善围岩的应力状态(支护使洞室周边围岩处在三维压应力状态,有利于发挥围岩的抗压能力)。支护与围岩共同变形而达到某种平衡,称为围岩-结构体系的三次应力状态。地层结构法就是在确定初始应力以后,以二次应力分析为基础,计算支护结构与围岩的共同作用,从而确定隧道结构体系的三次应力状态。

以图5-27(b)所示的轴对称模型为例,假设塑性区已经形成,如果沿洞室边界设置均质等厚度的支护,设其沿圆周的均布径向抗力为P_a,则通过与前面相似的过程,可以推导出塑性区半径为

$$r_p = r_0 \left[\frac{2}{\xi+1} \cdot \frac{\gamma h_0(\xi-1) + R_c}{P_a(\xi-1) + R_c} \right]^{\frac{1}{\xi-1}} \text{。} \qquad (5-57)$$

与式(5-52)比较可知,支护抗力使塑性区半径减小。当支护及时并具有足够刚度时,围岩不形成塑性区,$r_p = r_0$,由式(5-57)可以得到这时的支护抗力至少应为

$$P_a = \frac{2\gamma h_0 - R_c}{\xi+1} \text{。} \qquad (5-58)$$

把塑性区半径处径向应力表达式(5-49)代入塑性区径向位移表达式(5-56),再把塑性区半径表达式(5-57)代入,即可得到在支护的作用下塑性区的径向位移;特别地,洞室边界处的径向位移可以表示为

$$u_r^p \mid_{r=r_0} = \frac{r_0}{2G} (\gamma h_0 \sin\phi + c \cdot \cos\phi) \left[(1-\sin\phi) \frac{\gamma h_0 + c \cdot \cot\phi}{P_a + c \cdot \cot\phi} \right]^{\frac{1-\sin\phi}{\sin\phi}}, \qquad (5-59)$$

这就是洞室边界处径向位移与支护抗力之间的关系式。

对于给定地层和洞室条件,支护时间和支护刚度是影响三次应力和位移状态的决定性因素。

4. 地层结构模型的有限单元法

在上面关于二次和三次应力场和位移场的分析过程中,由于考虑的问题只涉及比较简单的材料模型、几何形状、边界条件,所以可以比较简单地求得解析解。实际地下结构的地层结构模型分析往往需要考虑比较复杂的材料模型、几何形状、边界条件,一般是没有办法求出解析解的;因而就必须使用数值方法。数值方法以对连续体的离散化分析为基础,不同的离散化分析方法对应不同的数值方法,这里仅采用有限单元法简单介绍地层结构模型边值问题分析的一些主要特点。至于地层结构模型边值问题的计算过程,与一般边值问题的有限元法没有什么差别:通过单元分析建立单元刚度方程,根据位移协调条件组建总体刚度方程,引入边界条件并求解,得到各节点的位移,然后再利用节点位移通过单元刚度方程获得单元节点力,通过单元应力方程获得单元应力,通过单元应变方程获得单元应变。

1) 计算范围的选取

有限单元法的模型只能是空间有限的区域,而地下结构周围的地层相对而言是无限大或半无限大(深埋或浅埋)的;因此必须选择某个有限的计算范围建立有限单元模型。这个计算范围的边界应该离地下结构足够远,设在几乎不受地下工程影响的地方。经验表明,一般来说,在离洞室中心 3~5 倍于洞室特征尺寸(最大内径)以外的地方,地下工程的影响足够小,如图 5-29 所示。在这样足够远的边界上,可以认为地下工程不会改变地层的初始状态,按固定或滑动约束处理。当然,如果洞室上覆地层的厚度较小,3~5 倍洞室特征尺寸的范围可能已经超过了地表,也只需把地表取作模型的上边界,并根据有或没有地面荷载而按给定应力边界或自由边界处理。

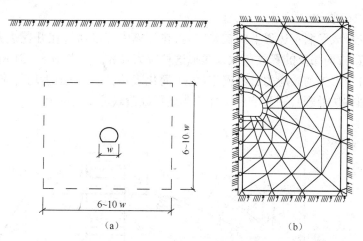

　　　　　　　(a)　　　　　　　　　　　　　　(b)

图 5-29　有限单元模型范围及边界条件的选择(假设洞室的跨度 w 为洞室的特征尺寸)

2) 单元类型的选择

可以用二维平面单元(平面应变或平面应力问题)或三维实体单元(三维问题)来对计算范围内的地层进行离散化分析。

对于如喷射混凝土或模筑混凝土之类的(外接触式)面式支护结构,可以采用与地层单元相协调的实体单元,也可以采用直梁单元。后者的特点是可以直接计算出支护结构的轴力、弯矩和剪力。但是,因为梁单元允许节点发生转动,而(平面或实体)地层单元只允许节点发生线位移;故两者在公共节点处不能直接满足位移协调条件,需要特殊处理。一种处理方法是用只能承受轴力和发生轴向变形的杆单元在两端分别与梁单元节点和地层单元节点铰接,即可达到公共节点的位移协调。当然,也可以把这种杆单元看成是对模筑混凝土背后注浆层或其他回填层的模拟。

参考图 5-30,对于如锚杆之类的(内接触式)线式支护构件,可以用二力杆单元模拟。例如,预应力或端头锚固式锚杆可以用一个在两端作用有集中力的杆单元来代表,全长黏结式锚杆可以用若干个彼此铰接,但与地层单元节点刚性相连的杆单元来模拟。

预应力（或端头锚固式）锚杆

全长黏结锚杆

（a）预应力（或端头锚固式）锚杆　　　　　　（b）全长黏结锚杆

图 5-30　锚杆支护的模拟

3）开挖效应的模拟

洞室的开挖释放了洞室边界上的初始应力,在计算中可以通过在开挖边界上施加与初始作用力大小相等,方向相反的释放荷载来模拟这种应力释放。参考图 5-31 所示的平面问题,设开挖边界上各节点的初始应力已经确定(为了简化表达,这里假定为均匀应力场;对不均匀应力场可按类似方法处理),则某节点 i 处的典型释放荷载可以表示为

（a）典型节点编号　　　　　　　　　（b）典型节点力的计算

图 5-31　开挖释放应力的计算

$$p_{ix} = \frac{1}{2}\left[\sigma_x^0(b_1 + b_2) + \tau_{xy}^0(a_1 + a_2)\right], \tag{5-60a}$$

$$p_{iy} = \frac{1}{2}\left[\sigma_y^0(a_1 + a_2) + \tau_{xy}^0(b_1 + b_2)\right]。 \tag{5-60b}$$

如果直接知道的是单元内部的初始应力值,可以先对位于开挖边界一侧(内侧或外侧)的单元,把单元内部初始应力转换成单元节点力,再将交汇于开挖节点的各单元节点力分量的代数和作为该节点的释放荷载,即

$$p_{ix} = - \sum_e f_{ix}^e, \qquad (5-61a)$$

$$p_{iy} = - \sum_e f_{iy}^e。 \qquad (5-61b)$$

式中, f_{ix}^e 和 f_{iy}^e 分别代表单元 e 在节点 i 处的 x 方向和 y 方向单元节点力分量。

　　如果考虑开挖与支护的时间效应,则释放荷载的取值应视支护结构的设立时间而定。如果支护是在开挖后瞬时设置的,则支护结构单元将承受全部的释放荷载;如果支护是在开挖之后某个时刻设立的,则支护结构承受的释放荷载应该只是全部释放荷载中尚未释放掉的那个部分。

第6章 交通地下工程支护结构类型 及参数设计

6.1 地下工程围岩与支护结构的共同作用

地下工程开挖时,由于临空面的形成,围岩开始向洞内产生位移,这种位移称之为收敛。若岩体强度高,整体性好,断面形状有利,岩体的变形发展到一定程度,就将自行终止,围岩是稳定的。反之,岩体的变形将自由地发展下去,最终导致围岩整体失稳而破坏。在这种情况下,应在开挖后适时地沿周边设置支护结构,对岩体的移动产生抗力(阻力),形成约束。相应地支护结构也将承受围岩所给予的反力,并产生变形。支护结构变形后所能提供的抗力(阻力)会有所增加,而围岩却在变形过程中释放了部分能量,进一步变形的趋势有所减弱,需要支护结构提供的阻力及支护结构所承受的反力都将降低。如果支护结构有一定的强度和刚度,这种围岩和支护结构的相互作用会一直延续到支护所提供的阻力与围岩应力之间达到平衡为止,从而形成一个力学上稳定的地下结构体系。

假定在开挖的同时,支护结构立即施设并发挥作用。在支护结构具有极大刚度的情况下,围岩可以一点也不产生变形;但支护结构必须使围岩保持在原来的初始应力状态,因而支护结构所受到的反力也必然等于围岩中初始应力所形成的全部压力。反之,支护结构施设得过迟,或它的刚度过小,都将会引起围岩结构松弛,自承能力下降,所需的支护阻力或支护结构的受力又将增大。所以,要经济合理地设计支护结构,必须进一步研究地下工程围岩的收敛和支护结构的约束作用的机理。

6.1.1 围岩特征曲线

由公式(5-59)可知,在洞周部分围岩产生塑性区后,隧道壁径向位移不仅与岩体的物理参数 $c、\phi、\gamma$,隧道尺寸 r_0 和埋深 h_0 有关,而且还取决于支护阻力 P_a 的大小。

现在我们来研究支护阻力 P_a 对围岩位移状态的影响。假定 $\gamma h_0 = 10.0\ \text{MPa}, E = 10^4\ \text{MPa}, \mu = 0.2, c = 1.5\ \text{MPa}, \phi = 30°$。根据莫尔-库仑塑性判据可以断定,围岩的二次应力场使洞周围岩形成塑性区。按公式(5-59)就可画出弹塑性状态下,支护阻力与洞壁的相对径向位移的关系曲线,如图6-1中虚线所示。从图6-1中可以发现:①在形成塑性区后,无论加多大的支护阻力都不能使围岩的径向位移为0;②不论支护阻力如何小(甚至不设支护),围岩的变形如何增大,围岩总是可以通过增大塑性区范围来取得自身的稳定而不致坍塌。

这两点显然与客观实际有出入,首先,根据公式(5-58)可知,如隧道开挖后立即支护并起

图 6-1　修正后的 $P_a - u_r^p/r_0$ 关系曲线

作用,只要支护阻力 $P_a = (2\gamma h_0 - R_c)/(\xi + 1)$,围岩内就可以不出现塑性区,当支护阻力等于围岩的初始应力时,洞壁径向位移就为 0;其次,实践证明,任何级别的围岩都有一个极限变形量 u_1,超过这个极限值,岩体的 c、ϕ 值将急剧下降,造成岩体松弛和坍落。而在较软弱的围岩中,这个极限值一般都小于无支护阻力时洞壁的最大计算径向位移量 u_{max}。因此,在洞壁的径向位移超过 u_1 后,围岩就将失稳。如果在此时进行支护以稳定围岩,无疑其所需的支护阻力必将增大。也就是说,这条曲线到达 u_1 后不应该再继续下降而是上升。

鉴于上述原因,我们可以将弹塑性状态的径向位移与支护阻力的理论曲线作如下适当修正。

(1) 在 $P_a \geqslant (2\gamma h_0 - R_c)/(\xi + 1)$ 阶段改用直线,以表示它处于弹性状态,可以用弹性力学的厚壁筒的公式来确定支护阻力 P_a 与洞壁径向位移的关系,即

$$u_r^e |_{r=r_0} = \frac{1}{2G}(\gamma h_0 - P_a) r_0。 \tag{6-1}$$

(2) 洞壁径向位移超过 u_1 后,改用一个上升的凹曲线表示,说明随着位移的发展,所需的支护阻力将大增。遗憾的是,虽经多年努力,提出过各种假设,如卡考脱(Caquot)公式等;但对于超过极限变形量后所需支护阻力的真实情况仍然很不清楚。所以,这段曲线性态只能任意假定。不过,如此做法并不影响我们对围岩与支护结构相互作用的分析。

当然,在 $u_{max} < u_1$ 的情况下,就不必做第(2)项修正。

修正以后的 $P_a - u_r^p/r_0$ 关系曲线在图 6-1 中以实线表示。从图 6-1 中可以看出,随 u_r^p/r_0 的增大,P_a 逐渐减小,超过 u_1/r_0 后,P_a 又逐渐增大;反之,随着 P_a 的增大,u_r^p/r_0 也逐渐减小。可以认为这条曲线形象地表达了支护结构与围岩之间的相互作用:在极限位移范围内,围岩允许的位移大了,所需的支护阻力就小,而应力重分布所引起的大部分后果由围岩所承担,如图 6-1 中的 A 点,围岩所承担的部分为 $\Delta\gamma h_0$;围岩允许的位移小了,所需的支护阻

力就大,围岩的承载能力则得不到充分发挥。所以可以称这条曲线为支护需求曲线或围岩特征曲线。

应该指出,上述的分析是在理想条件下进行的,例如,假定洞壁各点的径向位移都相同,又如假定支护需求曲线与支护的刚度无关等。事实上,即使在标准固结的黏土中,洞壁各点的径向位移相差也很大,也就是说洞壁的每一点都有自己的支护需求曲线。再说支护阻力是支护结构与围岩相互作用的产物,而这种相互作用与围岩的力学性质有关,当然也取决于支护结构的刚度,不能认为支护结构只有阻力而无刚度。不过,尽管存在这样一些不准确的地方,但上述的围岩与支护结构相互作用的机理仍是有效的。

6.1.2   支护结构的补给曲线(支护特征曲线)

以上所述乃是隧道围岩与支护结构共同作用的一个方面,即围岩对支护的需求情况。现在分析它的另一个方面,即支护结构可以提供的约束能力。任何一种支护结构,如钢拱支撑、锚杆、喷射混凝土层、模板灌注混凝土衬砌等,只要有一定的刚度,并和围岩紧密接触,总能对围岩变形提供一定的约束力,即支护阻力。但由于每一种支护形式都有自己的结构特点,因而可能提供的支护阻力大小与分布,以及它随支护变形而增加的情况都有很大的不同。

现仍以圆形隧道为研究对象,并假定围岩给支护结构的反力也是径向匀布的。因此,这还是一个轴对称问题。相对于围岩的力学特性而言,可以认为混凝土或钢支护结构的力学特性是线弹性的,也就是说作用在支护结构上的径向均布压力 P_a 与它的径向位移 u_s 成线性关系,即

$$P_a = K_s \cdot \frac{u_s}{r_0}。 \tag{6-2}$$

式中,K_s 定义为支护结构的刚度。

因为这里只考虑径向匀布压力,所以 K_s 中只包含支护结构受压(拉)刚度。若隧道周边的收敛不均匀,则支护结构的弯曲刚度就成为主要的了。不同的支护结构形式将有不同的 K_s 值,举例如下。

1. 混凝土或喷射混凝土的支护结构

图 6-2   支护结构的
薄壁筒计算图式

厚度为 d_c 的模注混凝土衬砌或喷射混凝土支护,如果构筑在半径为 r_0 的隧道内侧,当 $d_c/r_0 \leqslant 0.04$ 时,可采用薄壁筒的公式来计算支护结构的受压刚度(图 6-2),即

$$K_s = \frac{E_c \cdot d_c}{r_0(1-\mu^2)}, \tag{6-3}$$

它能提供的最大支护阻力 $P_{a\,max}$ 为

$$P_{a\,max} = d_c R_c / r_0。 \tag{6-4}$$

式中,E_c 和 R_c 是混凝土或喷射混凝土的弹性模量和抗压强度。

当 $d_c > 0.04\ r_0$ 时,应按厚壁筒公式计算,这里从略。

2. 灌浆锚杆

灌浆锚杆的受力变形情况是比较复杂的,它对围岩变形的约束力是通过锚杆与胶结材料之间的剪应力来传递的;所以在围岩向隧道内变形过程中锚杆始终是受拉(图 6-3)。同时,锚杆所能提供的约束力必然与灌浆的质量直接有关。因此,目前在评价锚杆的力学特性时,只能通过现场的拉拔试验。在无试验条件时,亦可参考下列近似公式来确定锚杆的受拉刚度,此时假定锚杆是沿隧道周边均匀分布的,即

图 6-3　灌浆锚杆的力学作用机理

$$K_s = \frac{E_s \pi d_B^2}{4l} \cdot \frac{r_0}{s_a \cdot s_e} \varPsi \text{。} \qquad (6-5)$$

式中,$\varPsi$ 是大于 1 的系数,表示灌浆后所增加的刚度,E_s 是钢筋的弹性模量,d_B、s_a、s_e、l 是锚杆的直径、纵向和横向间距、长度。

锚杆最大的抗拔力只能参考以往类似的工程实例确定。

3. 组合式支护结构

如采用喷射混凝土和锚杆联合支护时,其组合的支护刚度为

$$K_s = \frac{E_c \cdot d_c}{r_0 (1 - \mu^2)} + \frac{E_s \pi d_B^2}{4l} \cdot \frac{r_0}{S_a \cdot S_e} \cdot \varPsi \text{。} \qquad (6-6)$$

式中,符号意义同前。

它能提供的最大支护阻力也是两者之和。

在已知支护结构的刚度后,根据公式(6-2)即可画出支护结构提供约束的能力和它的径向位移 u_s/r_0 的关系曲线。假设 $E_c = 2.4 \times 10^4$ MPa,$d_c = 0.2$ m,$E_s = 2.1 \times 10^5$ MPa,$R_c = 40$ MPa,$S_a = S_e = 10$ m,$l = 3.0$ m,隧道半径 $r_0 = 5.0$ m。按式(6-3)~式(6-6),则各类支护结构的 $P_a - u_s/r_0$ 曲线如图 6-4 所示。由该图示可知,支护结构所能提供的支护阻力是随支护结构的刚度而增大;所以这条曲线又称为支护补给曲线,或称为支护特性曲线。

图 6-4　不同支护结构的支护特征曲线

通常,支护结构都是在隧道围岩已经出现一定量值的收敛变形后才施设的。若用 u_0 表示这个初始径向位移,则支护结构的支护阻力与径向位移的关系可改写为

$$P_a = \frac{K_s(u_s - u_0)}{r_0}。 \tag{6-7}$$

同时,也应将支护特征曲线的起始点移至 $(0, u_0)$ 处。

6.1.3　围岩与支护结构的相互作用

有了围岩的特征曲线和支护结构的支护特征曲线,我们就可以进一步来分析围岩与支护结构如何在相互作用的过程中达到平衡状态(见图6-5)的。初期(图6-5中的 A 点),围岩所需的支护约束力很大,而一般支护结构所能供给的则很小。因此,围岩继续变形,在变形过程中支护结构的约束阻力进一步增长,如果支护结构有足够的强度和刚度,则围岩的特征曲线和支护结构的支护补给(特征)曲线会相交一点,而达到平衡,这个交点应在 u_1 或 u_{max} 之前。随着时间的推移,围岩性质恶化,锚杆锈蚀等,这个平衡状态还将调整。

下面对图6-5作进一步分析。

(1) 不同刚度的支护结构与围岩达成平衡时的 P_a 和 u_s 是不同的。刚度大的支护结构承受较大的围岩反力(压力);反之,柔性较好的支护结构所承受的围岩压力要小得多。所以,我们在工程中强调采用柔性支护以节约成本;但它也应有必要的刚度,以便有效地控制围岩变形,从而达到稳定。图6-5中锚杆的支护补给曲线没有能和围岩的特征曲线相交,如图中曲线①,说明了锚杆的刚度太小,它所能提供的支护阻力满足不了围岩稳定的需要,这种供不应求的状况最终将导致围岩失稳。当然,增加支护结构的刚度并不总是意味着要增加支护结构的尺寸和数量。重要的是支护结构及早地闭合成环。

图6-5　围岩特征曲线与不同支护结构的支护特征曲线

C—喷射混凝土支护;CB—喷射混凝土和锚杆联合支护

(2) 同样刚度的支护结构,架设的时间不同,最后达成平衡的状态也是不同的,如图6-5

中的曲线②和④。支护结构架设的越早,它所承受的围岩压力就越大。但这不等于说支护结构参与相互作用的时间越迟越好,因为初始变形不加控制会导致围岩迅速松弛而崩坍。因此,原则上要尽早地施作初期支护,以控制围岩的初始变形在适当的范围内。当然,这个范围的大小视岩体的特性和洞室的埋深而变。例如,在埋深较大的塑性岩体中,即使变形已达到 $0.2 \sim 0.3\,\mathrm{m}$,岩体还在应力释放的过程中,此时只要能够逐步控制它的变形速度就可以了。过早地架设刚度较大的支护结构,反而有可能因受力过大而破坏。

6.2　支护结构的设计原则

支护结构的基本作用就是和围岩一起组成一个有足够安全度的地下结构体系,能承受可能出现的各种荷载,保持地下工程断面的使用净空。同时,支护结构还能防止围岩质量的进一步恶化。因此,任何一种类型的支护结构都应具有与上述作用相适应的构造、力学特性和施工的可能性。

6.2.1　对支护结构的基本要求

根据围岩与支护结构相互作用的机理知道,一个理想的支护结构所应满足的基本要求如下。

(1) 必须能与围岩大面积地牢固接触,即保证支护结构与围岩作为一个整体进行工作。例如,喷射混凝土支护、无回填层的泵灌混凝土衬砌基本上都能满足这个要求。由于全面牢固接触,所以这两种支护结构都能提供比较均匀的径向约束力及切向约束力。对于改善围岩应力状态、促进围岩稳定,效果都比较好。作用在支护结构上的围岩压力也比较均匀,对改善支护结构的受力状态十分有利。

又如钢拱支撑,虽然通过楔形垫块可以做到与围岩在某些点上紧密接触,但不能满足全面接触的要求和提供切向约束力。它的支护效果主要取决于楔块的软硬、数目、分布及楔紧的程度。一般来说,楔块数目越多,楔得越紧,则越接近全面接触,所提供的径向约束力也均匀,支护效果亦好。

过去工程中常用的木支撑和模板灌注混凝土衬砌,因为其施工工艺原因很难做到牢固接触,所以支护效果较差。由于接触点不固定,围岩压力极不均匀,常常造成衬砌受力异常,发生开裂甚至丧失使用功能。

现代的支护结构设计理论都是以全面接触为出发点的,因此应尽量选用能达到这个要求的结构形式和施工工艺。

(2) 要允许地下结构体系能产生有限制的变形,以充分发挥围岩的承载能力而减少支护结构的作用,使两者更加协调地工作。因此,现代支护结构的刚度相对偏小,如隧道衬砌厚度一般为隧道直径为 $3\% \sim 4\%$,而过去所采用的刚性衬砌,其厚度约为隧道直径的 8%。虽然支护结构的厚度减小了,但不影响支护结构的承载能力。因为柔性的支护结构可以调整围岩的变形,使围岩与支护结构之间的作用力和反作用力分布均匀;所以支护结构主要是受压而弯矩很小。当然,这种柔性支护结构的柔度也应该有一定的限度,绝不是越柔越好。

(3) 要能分期施工,并使早期支护和后期支护相互配合,主动控制围岩的变形。上面曾经指出,围岩的变形是随着时间的推移而逐渐发展的;因此开挖的早期要能适时地进行初次支护,其刚度不宜过大,应能让围岩产生一定的变形量。当这种变形发展到一定程度时,初次支护可能因强度不足而产生问题,要能随时补强直到变形趋于基本稳定后再做后期支护结构。这种可分式的支护结构不仅使作业灵活,而且可以保证支护结构的经济性和合理性。

过去工程中多采用木支撑作为早期支护,但在大多数情况下是用完后拆除的,它不能和后期支护成为整体。而且,在拆除已承载的支撑过程中会造成围岩再度变形而坍塌。所以,木支撑是不符合要求的,作为正式的早期支护,目前工程上已经很少采用。

最后,作为支护结构还要满足易于架设,构件可以互换,断面类型单一等施工技术上的要求。

当然,某一种支护结构要完全满足上述要求是很困难的,这就要求我们对各种类型的支护结构有一个正确评价,以便根据变化的地质条件加以合理的选择。

6.2.2　支护结构类型的选择和设计

地下工程支护结构的类型较多,但目前常用的有木支撑、钢支撑、锚杆和金属网支护、喷射混凝土和混凝土支护,以及上述支护所组成的复合式结构。

木支撑由于其自身的弱点,现在地下工程中很少用其作为正式的早期支护,只是在塌方抢救时用来作为临时支撑。

钢支撑基本上有两种形式,一种是用型钢做成的钢拱,另一种是用钢筋焊成的格栅拱。它们都可以迅速架设,并能提供足够的支护阻力。钢支撑与围岩的接触条件取决于楔块的数目和楔块打紧的程度。现在主要是用来作为早期支护;但在大多数情况下都是将它灌入混凝土,作为永久支护结构的一部分。

锚杆是一种特殊的支护类型,它主要是起加固岩体的作用,只有预应力和两端锚固型锚杆才能形成主动的支护阻力。锚杆安装迅速并能立即起作用;故广泛地被用作早期支护,尤其适应于多变的地质条件、块裂岩体及形状复杂的地下洞室。而且锚杆不占用作业空间,洞室的开挖体积要比使用其他类型支护结构时小。锚杆和围岩之间虽然不是大面积接触;但其分布均匀,从加固岩体的角度来看,它能使岩体的强度普遍提高。

一般地说,锚杆所提供的支护阻力比较小,尤其不能防止小块塌落;所以它经常和金属网同时使用,如能与喷射混凝土联合使用效果更佳。

喷射混凝土支护中有素喷混凝土和纤维(钢纤维、聚丙烯纤维等)喷混凝土两种。因素喷混凝土的抗拉伸和弯曲的能力较低,抗裂性和延性较差;因此素喷混凝土通常都配合金属网一起使用。钢纤维喷混凝土是指在混凝土中加入约占其总体积 1% - 2%,直径为 0.25 ~ 0.4 mm,长约为 20 ~ 30 mm,端部带钩或断面形状奇特的钢丝纤维的一种新型混凝土。它的抗拉、抗弯及韧性比素喷混凝土高 30% ~ 120%,故可取消喷射混凝土内的金属网。这对提高喷射混凝土支护的密实度大有好处,因为金属网后面不易喷到。

　　喷射混凝土支护施喷迅速,能与围岩紧密结合,并具有足够的柔性;对岩体条件和隧道形状具有很好的适应性;而且这种支护可根据它的变形情况随时补喷加强。喷混凝土支护主要用作早期支护,对通风阻力要求不高的隧道也可用作后期支护。

　　立模板灌注混凝土支护有人工灌注和混凝土泵灌注两种。泵灌混凝土支护因取消了回填层;故能和围岩大面积的牢固接触,是当前比较通用的一种支护形式。因工艺和防水要求,立模板灌注混凝土支护的厚度一般都不小于 25～40 cm,所以刚度大,强度高,表面光滑。但由于现浇混凝土需要有一定的结硬时间(不小于 8 h),不能立即承受荷载;故这种支护结构通常都用作后期支护,在早期支护的变形基本稳定后再灌注,或用于围岩稳定无需早期支护的场合。

　　复合式支护结构的种类较多;但都是上述基本支护结构的某种组合,这里就不重复叙述。

　　支护结构类型的选择应根据客观需要和实际可能相结合的原则。客观需要是指围岩和地下水的状况,实际可能就是支护结构本身的能力、适应性、经济性及施工的可能性。

　　在设计支护结构时应注意如下两个方面。

　　(1)最好将支护结构设计成封闭式的。众所周知,封闭式结构具有最佳的抵抗变形的能力,即使在厚度较小时,亦能提供较大的支护阻力。所以,在软弱岩体、塑性或流变岩体和膨胀性岩体中,以及在围岩压力较大条件下,支护结构必须封闭。

　　(2)对于抗拉性能较差的混凝土类支护结构,应尽量避免受弯矩作用。首先,支护结构应尽量设计得薄一些,如果需要加强的话,亦不应增加其厚度,而应通过配筋来解决;其次,支护结构应设计得圆顺些,断面尽量接近圆形,岩体愈差,围岩压力愈大就愈要这样做;再次,可以在支护结构中设置铰或纵向伸缩缝,增加支护结构的柔性,减少弯矩,但必须结合地下工程的防水要求一并考虑。目前,支护结构中铰的防水问题仍是个难点。

6.3　铁路隧道支护类型的选择和设计参数

　　《铁路隧道设计规范》(TB 10003—2005)规定:隧道应采用曲墙式衬砌,其衬砌类型应优先采用复合式衬砌,地下水不发育的Ⅰ、Ⅱ级围岩的短隧道,可采用喷锚衬砌。衬砌结构的形式及尺寸,可根据围岩级别、水文地质条件、埋置深度、结构工作特点,结合施工条件等,通过工程类比和结构计算确定,必要时,还应经过试验论证。

　　(1)复合式衬砌设计,应符合下列规定。

　　① 复合式衬砌设计应综合考虑包括围岩在内的支护结构、断面形状、开挖方法、施工顺序和断面闭合时间等因素,力求充分发挥围岩的自承能力。

　　② 复合式衬砌的初期支护,宜采用喷锚支护;二次衬砌宜采用模筑混凝土,二次衬砌宜为等厚截面,连接圆顺。

　　③ 各级围岩在确定开挖断面时,除应满足隧道建筑限界要求外,还应预留适当的围岩变形量,其量值可根据围岩级别、隧道宽度、埋置深度、施工方法和支护情况等条件,采用工程类比法确定;当无类比资料时,可参照表 6-1 采用。

表6-1　预留变形量　　　　　　　　　　　　　单位:mm

围岩级别	单线隧道	双线隧道
Ⅱ	—	10~30
Ⅲ	10~30	30~50
Ⅳ	30~50	50~80
Ⅴ	50~80	80~120
Ⅵ	由设计确定	由设计确定

说明:(1) 深埋、软岩隧道取大值,浅埋、硬岩隧道取小值;
　　　(2) 有明显流变、原岩应力较大和膨胀性围岩,应根据量测数据反馈分析确定。

④ 复合式衬砌初期支护及二次衬砌的设计参数,可采用工程类比确定,并通过理论分析进行验算,当无类比资料时,可参照表6-2与表6-3选用,并应根据现场围岩量测信息对支护参数作必要的调整。

表6-2　单线隧道复合式衬砌的设计参数

围岩级别	初期支护							二次衬砌厚度/cm	
	喷射混凝土厚度/cm		锚　　杆			钢筋网	钢架	拱、墙	仰拱
	拱、墙	仰拱	位置	长度/m	间距/m				
Ⅱ	5	—	—	—	—	—	—	25	—
Ⅲ	7	—	局部设置	2.0	1.2~1.5	—	—	25	—
Ⅳ	10	—	拱、墙	2.0~2.5	1.0~1.2	必要时设置@25×25	—	30	40
Ⅴ	15~22	15~22	拱、墙	2.5~3.0	0.8~1.0	拱、墙、仰拱@20×20	必要时设置	35	40
Ⅵ	通 过 试 验 确 定								

表6-3　双线隧道复合式衬砌的设计参数

围岩级别	初期支护							二次衬砌厚度/cm	
	喷射混凝土厚度/cm		锚　　杆			钢筋网	钢架	拱、墙	仰拱
	拱、墙	仰拱	位置	长度/m	间距/m				
Ⅱ	5~8	—	局部设置	2.0~2.5	1.5	—	—	30	—
Ⅲ	8~10	—	拱、墙	2.0~2.5	1.2~1.5	必要时设置@25×25	—	35	45
Ⅳ	15~22	15~22	拱、墙	2.5~3.0	1.0~1.2	拱、墙、仰拱@25×25	必要时设置	40	45
Ⅴ	20~25	20~25	拱、墙	3.0~3.5	0.8~1.0	拱、墙、仰拱@20×20	拱、墙、仰拱	45	45
Ⅵ	通 过 试 验 确 定								

说明:(1) 采用钢架时,宜选用格栅钢架,钢架设置间距宜为0.5~1.5 m;
　　　(2) 对于Ⅳ、Ⅴ级围岩,可视情况采用钢筋束支护,喷射混凝土厚度可取小值;
　　　(3) 钢架与围岩之间的喷射混凝土保护层厚度不应小于4 cm;临空一侧的混凝土保护层厚度不应小于3 cm。

（2）喷锚衬砌设计，应符合下列规定。

① 喷锚衬砌内部轮廓应比整体式衬砌适当放大，除考虑施工误差和位移量外，应再预留10 cm 作为必要时补强用。

② 遇下列情况，不应采用喷锚衬砌：

● 地下水发育或大面积淋水地段；

● 能造成衬砌腐蚀或膨胀性围岩的地段；

● 最冷月平均气温低于 −5℃ 地区的冻害地段；

● 有其他特殊要求的隧道。

③ 喷锚衬砌的设计参数，可参照表 6−4 选用。

表 6−4　喷锚衬砌的设计参数

围岩级别	单 线 隧 道	双 线 隧 道
I	喷射混凝土厚度 5 cm	喷射混凝土厚度 8 cm，必要时设置锚杆，锚杆长 1.5～2.0 m，间距 1.2～1.5 m
II	喷射混凝土厚度 8 cm，必要时设置锚杆，锚杆长 1.5～2.0 m，间距 1.2～1.5 m	喷射混凝土厚度 10 cm，锚杆长 2.0～2.5 m，间距 1.0～1.2 m，必要时设置局部钢筋网

说明：（1）边墙喷射混凝土厚度可略低于表列数值，当边墙围岩稳定，可不设置锚杆和钢筋网；

　　　（2）钢筋网的网格间距宜为 15～30 cm，钢筋网保护层厚度不应小于 3 cm。

（3）整体衬砌设计应符合下列规定。

① 单线隧道洞口段，当线路中线与地形等高线斜交，围岩为 I～III 级时，可采用斜交衬砌。双线斜交衬砌的选用应慎重考虑。

② 最冷月平均气温低于 −15℃ 的地区，应根据情况设置变形缝。

③ 各级围岩地段拱部衬砌背后应压注不低于 M20 的水泥砂浆。

（4）初期（施工）支护的组成应根据围岩的性质及状态、地下水情况、隧道断面尺寸及其埋置深度等条件确定。

① 系统锚杆应沿隧道周边均匀布置，在岩面上按梅花形布置，其方向应接近于径向或垂直岩层，并应根据使用目的和围岩性质及状态等确定锚杆的类型、锚固方式、长度等，尤其对软弱围岩、自稳时间短、初期变形大的地层，应采用长锚杆或自钻式锚杆注浆加固围岩。

② 自稳时间短、初期变形大的地层，或对地面下沉量有严格限制时，应采用钢架。根据围岩条件的不同，可选择仅在隧道拱部设置的钢架或在拱部及墙部设置的开口式钢架。在软弱围岩中应采用封闭式钢架。格栅钢架主筋的直径不宜小于 18 mm，各排钢架间应设置钢拉杆，其直径宜为 20～22 mm。

③ 松散、破碎或膨胀性围岩中宜采用钢筋网喷射混凝土作初期支护，其厚度不宜小于10 cm，钢筋网应以直径 6～8 mm 的钢筋焊接而成，网格间距宜为 15～30 cm，钢筋网搭接长度

应为1~2个网孔。

(5)衬砌仰拱应具有与其使用目的相适应的强度、刚度和耐久性。仰拱厚度宜与拱、墙厚度相同。

Ⅲ～Ⅵ级围岩隧道的仰拱,其初期支护宜采用钢筋网喷射混凝土,必要时宜加设锚杆、钢架或采用早强喷射混凝土;二次衬砌应采用模筑混凝土。

在软弱围岩有水地段或最冷月平均气温低于-15℃地区的洞口段,仰拱应加强。

(6)隧道仰拱与底板施工应符合下列要求:

① 仰拱或底板施作前,必须将隧底虚碴、杂物、积水等清除干净,超挖部分应采用同级混凝土回填与找平;

② 仰拱应超前拱墙衬砌施作,其超前距离宜保持3倍以上衬砌循环作业长度;

③ 仰拱或底板施工缝、变形缝处应作防水处理,其工艺按有关规定办理;

④ 仰拱或底板施作应各段一次成型,不得分部灌筑。

(7)隧道喷射混凝土应在开挖后及时进行,宜采用湿喷工艺。

(8)隧道拱、墙背回填应符合下列规定:

① 拱部范围与墙脚以上1m范围内的超挖,应用同级混凝土回填;

② 其余部位的空隙,可视围岩稳定情况、空隙大小,采用混凝土、片石混凝土回填;

③ 拱部局部坍塌严禁采用浆砌片石回填。

(9)特殊岩土和不良地质地段的隧道衬砌设计,应符合下列规定。

① 黄土地区的隧道,应视黄土分类、物理力学性能和施工方法等确定衬砌结构,并应采用曲墙有仰拱的衬砌,曲墙衬砌的边墙矢高不应小于弦长的1/8。

黄土隧道宜采用复合式曲墙带仰拱衬砌,其初期支护宜采用钢架、钢筋网喷射混凝土和锚杆支护,单线隧道喷层厚度不得小于10cm,双线隧道不应小于15cm,钢筋网钢筋直径宜为6～12mm。设锚杆时,其长度宜为2.5～4m,支护沿纵向每隔5～10m,应设置环向变形缝,其宽度宜为10～20mm。

位于隧道附近地表的冲沟、陷穴、裂缝应予回填、铺砌,并设置地表水的引排设施。

② 松散堆积层、含水砂层及软弱、膨胀性围岩的隧道设计应遵守下列规定。

● 衬砌应采用曲墙有仰拱的结构,必要时可采用钢筋混凝土或钢架混凝土结构。

● 通过松散堆积层或含水砂层时,施工前宜采取设置地表砂浆锚杆、从地表或沿隧道周边向围岩注浆等预加固措施;施工中可采用超前锚杆、超前小导管注浆或管棚等超前支护措施。

● 通过软弱和膨胀性围岩时,宜采用圆形或接近圆形断面。

● 根据具体情况,应对地表水和地下水作出妥善处理。

③ 穿越岩溶、洞穴的隧道,应根据空穴大小、充填情况及其与隧道的关系、地下水情况,采取下列处理措施:

● 对空穴水的处理应因地制宜,采用截、堵、排结合的综合治理措施;

● 干、小的空穴,可采取堵塞封闭;有水且空穴较大,不宜堵塞封闭时,可根据具体情况,采取梁、拱跨越;

● 当空穴岩壁强度不够或不稳定,可能影响隧道结构安全时,应采取支顶、锚固、注浆等措施。

④ 通过含瓦斯地层的隧道,应根据地层每吨煤含瓦斯量、瓦斯压力确定瓦斯地段等级,针对不同瓦斯等级地段采用不同的衬砌结构。瓦斯隧道衬砌应采取下列防瓦斯措施:

● 瓦斯隧道应采用复合式衬砌,初期支护的喷射混凝土厚度不应小于 15 cm,二次衬砌模筑混凝土厚度不应小于 40 cm;

● 衬砌应采用单层或多层全封闭结构,并选用气密性建筑材料,提高混凝土的密实性和抗渗性指标;

● 衬砌施工缝隙应严密封填;

● 应向衬砌背后或地层压注水泥砂浆,或采用内贴式、外贴式防瓦斯层,加强封闭。

⑤ 通过放射性岩层的隧道,应根据放射性元素性质和放射强度,采用单层或多层全封闭衬砌结构。

实例　大瑶山隧道工程的支护参数选择。

大瑶山隧道为双线铁路隧道,全长为 14.3 km,位于广东省境内坪石—乐昌之间。经方案比选,采用长隧道方案。从线路角度看,该方案较沿河方案缩短线路长度约 11 km,改善了运营条件;从地质角度看,避开了沿河水文条件恶劣及岩坡的坍塌、错落、滑坡等不良地质地段。

隧道的支护结构参数如表 6-5 所示,图 6-6 为方案示意图。

表 6-5　大瑶山隧道支护结构参数

围岩级别	初期支护形式	锚杆			喷混凝土厚度/cm	钢筋网		仰拱厚度/cm	钢支撑	二次衬砌厚度/cm
		根数×长度/m	直径/mm	间距/m		直径/mm	格距/cm			
Ⅱ	喷混凝土,局部锚杆	视具体情况而定	22		6					30
Ⅲ	喷混凝土,系统锚杆,拱部金属网	15×2.0	22	1.5	10	6	20×20			35
Ⅳ	全断面喷锚网	19×3.0	22	1.2	14	6	20×20	30	必要时设	拱顶截面为40 cm,变截面
Ⅴ	全断面喷锚网	23×3.5	22	1.0	18	8	20×20	40	必要时设	拱顶截面为50 cm,变截面

大瑶山隧道Ⅴ、Ⅳ级围岩的衬砌断面如图 6-7 和图 6-8 所示。

图6-6　大瑶山隧道线路方案示意图

单位：钢筋直径以mm计，其余均以cm计

图6-7 V级围岩衬砌断面

单位：钢筋直径以mm计，其余均以cm计

图6-8 IV级围岩衬砌断面

6.4 公路隧道支护类型的选择和设计参数

6.4.1 支护(衬砌)类型及其选择

公路隧道支护(衬砌)类型有喷锚支护(衬砌)、整体式衬砌和复合式衬砌。隧道采用何种衬砌类型,应视围岩地质条件、施工条件和使用要求而定。高速公路、一级公路、二级公路的隧道应采用复合式衬砌;三级及三级以下公路隧道,在Ⅰ、Ⅱ、Ⅲ级围岩条件下,隧道洞口段应采用复合式衬砌或整体式衬砌,其他段可采用锚喷衬砌。

6.4.2 分离式独立双洞隧道复合式衬砌设计参数

隧道衬砌参数,一般采用工程类比法进行设计,而通过理论分析进行验算。根据《公路隧道设计规范》(JTG D70—2004),复合式衬砌初期支护及二次衬砌的设计参数可参照表6-6、表6-7选用,但应通过施工过程对围岩和支护结构动态的监控量测及信息反馈对设计参数做必要的验证和调整。

表6-6 两车道隧道复合式衬砌的设计参数

围岩级别	初 期 支 护							二次衬砌厚度/cm	
	喷射混凝土厚度/cm		锚杆/m			钢筋网	钢架	拱、墙混凝土	仰拱混凝土
	拱部、边墙	仰拱	位置	长度	间距				
Ⅰ	5		局部	2.0				30	—
Ⅱ	5~8		局部	2.0~2.5				30	—
Ⅲ	8~12		拱、墙	2.0~3.0	1.0~1.5	局部@25×25		35	—
Ⅳ	12~15		拱、墙	2.5~3.0	1.0~1.2	拱、墙@25×25	拱、墙	35	35
Ⅴ	15~25		拱、墙	3.0~4.0	0.8~1.2	拱、墙@20×20	拱、墙、仰拱	45	45
Ⅵ	通过试验、计算确定								

表6-7 三车道隧道复合式衬砌的设计参数

围岩级别	初 期 支 护							二次衬砌厚度/cm	
	喷射混凝土厚度/cm		锚杆/m			钢筋网	钢架	拱、墙混凝土	仰拱混凝土
	拱部、边墙	仰拱	位置	长度	间距				
Ⅰ	8		局部	2.5		局部		35	
Ⅱ	8~10		局部	2.5~3.5		局部		40	
Ⅲ	10~15		拱、墙	3.0~3.5	1.0~1.5	拱、墙@25×25	拱、墙	45	45
Ⅳ	15~20		拱、墙	3.0~4.0	0.8~1.0	拱、墙@20×20	拱、墙、仰拱	50,钢筋混凝土	50
Ⅴ	20~30		拱、墙	3.5~5.0	0.5~1.0	拱、墙(双层)@20×20	拱、墙、仰拱	60,钢筋混凝土	60,钢筋混凝土
Ⅵ	通过试验、计算确定								

说明:有地下水时,可取大值;无地下水时,可取小值。采用钢架时,宜选用格栅钢架。

6.4.3　小净距及连拱隧道支护类型选择及设计参数

由于公路选线条件的限制,往往不可避免地出现小净距隧道或连拱隧道,小净距隧道,特别是连拱隧道,经常给施工造成很大的困难,连拱隧道甚至给结构防水带来极大困难。因此,小净距及连拱隧道的支护设计及施工过程的控制是公路隧道设计与施工的难点之一。

当隧道间的中间岩柱宽度小于表6-8的值时,应视为小净距隧道。

表 6-8　分离式独立双洞间的最小净距

围岩级别	Ⅰ	Ⅱ	Ⅲ	Ⅳ	Ⅴ	Ⅵ
最小净距/m	$1.0 \times B$	$1.5 \times B$	$2.0 \times B$	$2.5 \times B$	$3.5 \times B$	$4.0 \times B$

说明:B——隧道开挖断面的宽度。

小净距隧道支护设计应符合下列要求:

(1)应优先选用复合式衬砌,支护参数应经工程类比、计算分析综合确定;

(2)设计应考虑相应的施工方法,并提出各类方法的具体要求;

(3)设计与施工应遵循"少扰动、快加固、勤量测、早封闭"的原则,并将中间岩柱的稳定与加固作为设计与施工的重点;

(4)小净距隧道监控量测应根据不同围岩级别制定量测方案,将中间岩柱稳定、爆破振动对相邻洞室的影响作为监控量测的重点;

(5)在地震动峰值加速度大于0.15g的地区选用小净距隧道时,宜进行抗震强度和稳定性验算。

连拱隧道支护设计应符合下列要求。

(1)隧道暗挖段应优先采用复合式衬砌,支护参数可采用工程类比或计算分析确定。

(2)中墙设计应在满足结构设计与施工安全的前提下,综合考虑洞外接线要求、防排水系统的可靠性等因素。

(3)连拱隧道按中墙结构形式不同分为整体式中墙和复合式中墙两种形式,在有条件加大中墙厚度的地段宜选用复合式中墙连拱隧道形式。

(4)两车道连拱隧道设计为整体式中墙时,中墙厚度不宜小于1.4 m;设计为复合式中墙时,中墙厚度不宜小于2.0 m。三车道连拱隧道设计为整体式中墙时,中墙厚度不宜小于1.6 m;设计为复合式中墙时,中墙厚度不宜小于2.2 m。

(5)在地震动峰值加速度大于0.15g的地区,连拱隧道应进行抗震强度和稳定性验算。

6.5　盾构隧道衬砌结构类型选择与设计参数

6.5.1　盾构隧道衬砌结构类型选择

用盾构法修建的隧道衬砌有预制装配式衬砌、预制装配式衬砌和模注钢筋混凝土整体式衬砌相结合的双层衬砌及挤压混凝土整体式衬砌三大类,如图6-9所示。

(a) 单层装配式衬砌　　　　　　　　　(b) 双层衬砌

(c) 挤压混凝土整体衬砌

图6-9　盾构法修建的隧道衬砌结构

1. 预制装配式衬砌

预制装配式衬砌是用工厂预制的构件(称为管片),在盾构尾部拼装而成的。按材料不同,管片种类可分为钢筋混凝土,钢、铸铁及由几种材料组合而成的复合管片。

钢筋混凝土管片的耐压性和耐久性都比较好,目前已可生产抗压强度达60 MPa,渗透系数小于10^{-11} m/s 的管片,而且这种管片刚度大,由其组成的衬砌防水性能有保证。所以,在用盾构法修建的各种隧道中都得到了广泛应用。其缺点是重量大,抗拉强度较低,在脱模、运输、拼装过程中容易将其角部碰坏。

钢管片的强度高,具有良好的焊接性,便于加工和维修,由于重量轻也便于施工。与混凝土管片相比,其刚度小、易变形,而且钢管片的抗锈性差,在不做二次衬砌时,必须采取抗腐、抗锈措施。

铸铁管片强度高,防水和防锈蚀性能好,易加工,和钢管片相比,刚度亦较大;故在早期的地下铁道区间中得到广泛的应用。

钢和铸铁管片价格较贵,现在除了在需要开口的衬砌环或预计将承受特殊荷载的地段采用外,一般都采用钢筋混凝土管片。

按管片螺栓手孔成型大小,可将管片分为箱型和平板型两类。箱型管片是指因手孔较大而呈肋板型结构,如图 6-10 所示。手孔较大不仅方便了接头螺栓的穿入拧紧,而且也节省了材料,使单块管片重量减轻,便于运输和拼装。但因截面削弱较多,在盾构千斤顶推力作用下容易开裂;故只有强度较大的金属管片才采用箱型结构。当然,直径和厚度较大的钢筋混凝土管片也有采用箱形结构的。

　　在箱型管片中纵向加劲肋是传递千斤顶推力的关键部位,一般沿衬砌环向等距离布置,加劲肋的数量应大于盾构千斤顶的台数,其形状应根据管片拼装和是否需要灌注二次衬砌的施工要求而定。

　　平板型管片是指因螺栓手孔较小或无手孔而呈曲板型结构的管片,如图 6-11 所示。由于管片截面削弱少或无削弱,故对盾构千斤顶推力具有较大的抵抗力,对通风的阻力也较小。无手孔的管片也称为砌块。现代的钢筋混凝土管片多采用平板型结构。

图 6-10　箱型管片　　　　　　　　　　　图 6-11　平板型管片

　　箱型管片的纵向接缝(径向接缝)和横向接缝(环向接缝)一般都是平面状的。为了减少管片在盾构千斤顶推力和横向荷载作用下的损伤,钢筋混凝土管片间的接触面通常比相应的接缝轮廓要小些。

　　平板型管片的接缝除可采用平面状外,为提高装配式衬砌纵向刚度和拼装精度,也有采用榫槽式接缝的,如图 6-12 所示。当管片间的凸出和凹下部分相互吻合衔接时,靠榫槽即可将管片相互卡住。当衬砌中内力较大时,管片的径向接缝还可以做成圆柱状的,使接缝不产生或少产生弯矩,如图 6-13 所示。

图 6-12　榫槽式接缝　　　　　　　　　　图 6-13　圆柱状接缝

　　衬砌环内管片之间及各衬砌环之间的连接方式,从其力学特性来看,可分为柔性连接和刚性连接,前者允许相邻管片间产生微小的转动和压缩,使衬砌环能按内力分布状态产生相应的变形,以改善衬砌环的受力状态;后者则通过增加连接螺栓的排数,力图在构造上使接缝处的刚度与管片本身相同。实践证明,刚性连接不仅拼装麻烦、造价高,而且会在衬砌环中产生较大的次应力,带来不良后果;因此目前较为通用的是柔性连接,常用的有以下几种形式。

　　(1) 单排螺栓连接:按螺栓形状又可分为弯螺栓连接、直螺栓连接和斜螺栓连接3种,如图6-14所示。其中,弯螺栓连接多用于钢筋混凝土管片平面形接缝上,由于它所需螺栓手孔小,截面削弱少,原以为接缝刚度可以增加,能承受较大的正负弯矩;但实践表明,弯螺栓连接容易变形,且拼装麻烦,用料又多,近年来有被其他螺栓连接方式取代的倾向。

直螺栓连接　　　　　　　　　　　弯螺栓连接

斜螺栓连接

图6-14　管片柔性连接形式

　　直螺栓连接是最常见的连接方式。设置单排直螺栓的位置,要考虑它与管片端肋的强度相匹配,即在端肋破坏前,螺栓应先屈服,同时又要考虑施工因素的影响。一般设在$h/3$处,h为管片厚度,且螺栓直径亦不应过小。为了提高管片端肋的强度和缩短直螺栓的长度,在钢筋混凝土管片中也可采用钢板端肋。但用钢量大,预埋钢盒时精度不易保证,目前只有少数国家还在使用。

　　斜螺栓连接是近几年发展起来的用于钢筋混凝土管片上的一种连接方式,它所需的螺栓手孔最小,耗钢量最省,如能和榫槽式接缝联合使用,管片拼装就位亦很方便。

　　从理论上讲,连接螺栓只在拼装管片时起作用,拼装成环并向衬砌背后注浆后,即可将其卸除。但在实践中大多不拆,其原因一是拆除螺栓费工费时,得不偿失;二是为了安全。不准备拆除的螺栓,必须要有很高的抗腐、抗锈能力。试验表明,采用锌粉酪酸进行化学处理形成保护膜和氧化乙烯树脂涂层效果较好,可以有100年以上的保护效果(在海岸地带)。

（2）销钉连接。销钉连接可用于纵向接缝，亦可用于横向接缝，如图 6-15 所示。所用的销钉可在管片预制时埋入，亦可在拼装时安装。销钉的作用除为了临时稳定管片，保证防水密封垫的压力外，在安装管片时还起导向作用，将相邻衬砌环连在一起。用销钉连接的管片形状简单，截面无削弱，建成的隧道内壁光滑平整。和螺栓连接相比，既省力、省时，价格又低廉，连接效果也相当好。

销钉是埋在衬砌内的，不能回收；故通常都是用塑料制成，如图 6-15 所示。

（3）无连接件。在稳定的不透水地层中，圆形衬砌的径向接缝也可不用任何连接件连接。因管片沿隧道径向呈一楔形体，外缘宽内缘窄，在外部压力作用下，管片将相互挤紧，而形成一个稳定的结构。

关于装配式衬砌的防水问题，一直是盾构法施工中的重要课题。金属管片本身不透水，而且加工精度高，拼装后管片接缝非常密贴，几乎不透水；因此仅需在隧道内壁用防水材料对接缝进行嵌填，并对螺栓孔和注浆孔进行防水处理，如图 6-16 所示。

目前，钢筋混凝土管片的制造精度和抗渗性已经大大提高，单块管片各部尺寸误差均可达 ±0.1 mm；但管片接缝的密贴程度尚不能保证不渗水。有关管片衬砌的防水细节见第 10 章。

已上销钉的环向接头

CONEX塑料销钉

图 6-15　塑料销钉

图 6-16　螺栓孔密封防水

2. 双层衬砌

为了防止隧道渗水和衬砌腐蚀，修正隧道施工误差，减少噪声和振动及作为内部装饰，可以在装配式衬砌内部再做一层整体式混凝土或钢筋混凝土内衬。根据需要还可以在装配式衬砌与内层之间敷设防水隔离层。双层衬砌主要用在含有腐蚀性地下水的地层中。例如，香港地下铁道区间隧道单层钢筋混凝土管片衬砌,因地下水中氯化物含量高达 $16\,000\times10^{-6}$,在地下 26℃ 的高温和相对湿度达 90% 以上的环境中,加上行车时间内干湿循环和列车活塞效应,引起衬砌渗漏处积聚大量盐分,出现严重腐蚀现象,导致混凝土保护层剥落,钢筋锈蚀,不得不进行大量修复和补强工作。但近年来,由于混凝土耐腐蚀性和管片防水性能的提高,采用双层衬砌的必要性已大为减少;但仍有一些国家(如日本等)坚持使用双层衬砌。

6.5.2　横截面内轮廓和结构尺寸拟定

1. 横截面内轮廓尺寸

采用盾构法修建隧道时,无论是在直线上还是曲线上,均使用同一台盾构施工,中途无法更换。因此,其横截面的内轮廓尺寸全线是同一的;故除要根据建筑限界、施工误差、道床类型、预留变形等条件决定外,还要按线路的最小曲线半径进行验算,保证列车在最困难条件下也能安全通过。广州、上海地下铁道的圆形区间隧道内径为 5.5 m,可以保证 3.0 m 宽体车在 $R=300$ m,最大超高 $h=120$ mm 的曲线上安全通过。

2. 管片厚度

管片的厚度取决于围岩条件、覆盖层厚度、管片材料、隧道用途、施工工艺等条件。为了充分发挥围岩自身的承载能力,现代的隧道工程中都采用柔性衬砌,其厚度相对较薄。根据日本经验,单层的钢筋混凝土管片衬砌,管片厚度一般为衬砌环外径的 5.5% 左右。上海、南京地下铁道区间隧道钢筋混凝土管片厚度为 350 mm,广州、北京、深圳地下铁道管片厚度为 300 mm,约为衬砌环外径的 5%~6%。

3. 管片宽度

管片宽度的选择对施工、造价的影响较大。当宽度较小时,虽然在曲线上搬运、组装施工方便;但接缝增多,加大了隧道防水的难度,增加管片制作成本,而且不利于控制隧道纵向的不均匀沉降。管片宽度太大则施工不便,也会使盾尾长度增长而影响盾构的灵活性。因此,过去单线区间隧道管片的宽度控制在 700~1 000 mm 之间;但随着铰接盾构的出现,管片宽度有进一步增大的趋势,目前,控制在 1 000~1 500 mm 之间。例如,上海地下铁道区间隧道的管片宽度为 1 000 mm;广州地下铁道区间隧道采用铰接式盾构施工,故其管片宽度为 1 200~1 500 mm。

4. 衬砌环的分块

衬砌环的组成,一般有两种方式。一种是由若干标准管片(A)、二块相邻管片(B)和一块封顶管片(K)构成。另一种是由若干块 A 型管片、一块 B 型管片和一块 K 型构成,如图 6-17 所示,相邻管片一端带坡面,封顶管片则两端或一端带坡面。从方便施工,提高衬砌环防水效果角度看,第一种方式较好。

封顶块的拼装形式有径向楔入和纵向插入两种。径向楔入时,封顶块的两个径向边必须呈内八字形或者至少是平行,受载后有向下滑动的趋势,受力不利。采用纵向插入时,封顶块不易向内滑动,受力较好;但在拼装封顶块时,需加长盾构千斤顶行程。封顶块位置一般设在拱顶处;但也有设在 45°、135°甚至 180°(圆环底部)处的,视需要而定。

衬砌环的拼装形式有错缝和通缝两种,如图 6-18 所示。错缝拼装可使接缝分布均匀,减少接缝及整个衬砌环的变形,整体刚度大;所以是一种较为普遍采用的拼装形式。但当管片制作精度不够高时,管片在盾构推进过程中容易被顶裂,甚至顶碎。在某些场合,例如需要拆除管片修建横通道处或某些特殊需要时,则衬砌环常采用通缝拼装形式,以便于结构处理。

图 6-17　管片分块方法　　　　　　　　图 6-18　管片拼缝形式

由上述可知,从制作成本、防水、拼装速度等方面考虑,衬砌环分块数越少越好,但从运输和拼装方便而言,又希望分块数多些。在设计时应结合隧道所处的围岩条件、荷载情况、构造特点、计算模型(如按多铰柔性圆环考虑,分块数应多些;按弹性匀质圆环考虑,分块数宜少)、运输能力、制作拼装方便等因素综合考虑决定。通常对直径 $D \leqslant 6$ m 的地下铁道区间隧道,衬砌环以分 4~6 块为宜,当 $D > 6$ m 时,可分 6~8 块。上海、广州地铁都是分 6 块。

5. 螺栓和注浆孔的配置

组装管片用的螺栓分为纵向连接螺栓和环向连接螺栓两种。在柔性连接中,纵、环向的连接螺栓通常都布置一排,螺栓孔的设置不得降低管片强度,并方便螺栓紧固作业。螺栓直径一般为 16~36 mm,螺栓孔直径必须大于螺栓直径 4~8 mm,如表 6-9 所示。以销钉代替螺栓时,孔径的余裕如表 6-10 所示。

表 6-9　螺栓直径与螺栓孔直径的关系

螺栓直径[1]/mm	27	30	33
螺栓孔直径[2]/mm	32~33	35~38	38~41

说明:(1)—螺纹的公称直径;(2)—最狭部分的孔径;表 6-9 和表 6-10 数据取自日本《隧道标准规范<盾构篇>》。

表 6-10　销钉直径与销钉孔直径的关系

销钉直径[1]/mm	16	18	20	22	24	27	30	33	36
销钉孔直径[2]/mm	19	21~23	23~25	25~27	27~29	30~32	33~36	36~39	39~41

采用错缝拼装形式时,为了曲线地段施工方便,一般将纵向连接螺栓沿圆周等距离分置。

为了均匀地向衬砌背后进行回填注浆,管片上还应设置一个以上的注浆孔,注浆孔直径一般由所用的注浆材料决定,通常其内径为 50 mm 左右。如将注浆孔兼作起吊孔使用,则应根据作业安全和是否便于施工确定其位置及孔径的大小。

在钢筋混凝土管片中一般都不另行设置起吊孔,而是将注浆孔或螺栓孔兼作起吊孔使用。

6.5.3　盾构法施工时特殊地段的衬砌

曲线段的衬砌

在竖曲线和水平曲线地段上,需要在标准衬砌环之间插入一些楔形衬砌环,以保证隧道向所需的方向逐渐转折,如图 6-19 所示。

楔形衬砌环的楔入量为 Δ,即楔形衬砌环最大宽度与最小宽度之差,或楔入角 θ,即楔入量与衬砌外径 $D_外$ 之比,即 $\theta = \dfrac{\Delta}{D_外}$,除应根据曲线半径、衬砌外径、管片宽度和在曲线段使用楔形衬砌环所占的百分比确定外,还要按盾尾间隙量进行校核。实践中采用的楔入量和楔入角如表 6-11 所示,可供参考。

图 6-19　曲线段的管片衬砌环

表 6-11　楔入量、楔入角

衬砌环外径 $2R_0$	$2R_0 < 4$ m	4 m$\leqslant 2R_0 < 6$ m	6 m$\leqslant 2R_0 < 8$ m	8 m$\leqslant 2R_0$	10 m$\leqslant 2R_0 < 12$ m
楔入量/mm	15~45	20~50	25~60	30~70	32~80
楔入角	15′~60′	15′~45′	10′~35′	10′~30′	10′~25′

通常,一条线路上有很多不同半径的曲线,如按不同的曲线半径来设计楔形环,势必造成类型太多,给制造增加麻烦,甚至无法制造。如曲线半径为 3 000 m 时,楔形衬砌环的楔入量 $\Delta = 2.01$ mm,制造楔入量如此小的钢筋混凝土管片,精度不易控制,造价也高。因此,常用的方法是根据线路上的最小曲线半径设计一种楔形环,然后用优选的方法将标准环和楔形环进行排列组合,以拟合不同半径的曲线段,并使线路拟合误差,即隧道推进轴线与设计轴线的偏差,达到最小($\leqslant 10$ mm)。在进行排列组合时,楔形衬砌环与标准衬砌环的组合比最好不要大于 2:1,否则暗榫式对接区间过长,易于变形,从构造和施工两方面来看都不可取。此时,可以重新设计楔形衬砌环,以满足上述要求,或采用楔形垫板的方法,如图 6-20 所示,即在标准衬砌环背后盾构千斤顶的环面上,分段覆贴不同厚度的低压石棉橡胶板,以使其在施工阶段千斤顶推力作用下成为一个合适的斜面,以调整楔形衬砌环的拟合精度或组合比。由于覆贴料厚度小,不会减弱弹性密封垫的止水效果。

拟合曲线用的楔形衬砌环或楔形垫板也可用来修正蛇行。所谓蛇行即盾构在施工中,由

图 6－20 楔形垫块

于地质条件变化或操纵不当,使施工轴线或左或右地偏离轴线,其轨迹似蛇行的曲线。此时,就需要根据已成环的衬砌的坐标和下续施工的设计轴线情况,在一段范围内采用楔形衬砌环或楔形垫板来修正线路位置,使线路偏差控制在允许范围内。

第7章 地下工程防水

7.1 地下工程防水的重要性

地下工程是在含水的岩土环境中修建的结构物,在其施工和使用过程中,时刻都受到地下水的危害。由于地下水的渗透和侵蚀作用,使工程产生病害,轻者影响使用功能,严重者使整个工程报废,造成巨大的经济损失和严重的社会影响。如我国既有铁路隧道中,由于防排水工程存在问题,有相当一部分隧道存在漏水现象,其中不少隧道漏水严重(截止 1995 年末,已交付运营的隧道共 4 855 座,其中严重漏水的有 1 428 座)。由于渗漏危害,严重地影响铁路隧道的结构稳定和运营安全。与铁路隧道一样,公路隧道、地下铁道等交通地下工程因渗漏而影响结构稳定、使用功能和运营安全的现象普遍存在。国际隧道协会(International Tunnelling Association, ITA)地下结构维修与养护工作组(Working Group on Maintenance and Repair of Underground structures)曾于 1991 年在国际著名刊物《Tunnelling and Underground Space Technology》发表了一个专题报告"Report on the Damaging Effects of Water on Tunnels During Their Working Life"。该报告将水对隧道等地下结构的影响作了开宗明义的论述:Water is the tunneller's enemy: it causes problems during excavation; it introduces additional expense into the tunnel lining and ground support; it frequently causes ongoing problems during the working life of the tunnel, sometimes affecting not only the tunnel lining but also the structures and fittings within the tunnel.

因此,杜绝水对地下工程的危害,做好地下结构的防水是地下工程设计、施工以至运营阶段的重要课题。

7.2 地下工程中常遇的地下水

1. 上层滞水

上层滞水一般存在于近地表岩土层的包气带中,如透水性不大的夹层,阻滞下渗的大气降水和凝结水,并且使它聚集起来如图 7-1(a)所示;地表的低洼地区,由于降水很难从其中流走,也可以形成上层滞水。上层滞水型的地下水,距地表一般较浅,分布范围有限,补给区与分布区一致,水量极不稳定,通常是雨季出现,旱季消失。因此,旱季勘测时往往很难发现。另外,在居民区和工业区上下水管的渗漏,也有可能出现上层滞水,人工填土层也会出现上层滞水。

2. 潜水

潜水是埋藏在地表以下第一个隔水层以上的地下水。当开挖到潜水层时,即出现自由水面,或称潜水面,在地下工程中通常把这个自由水面标高称作地下水位。潜水主要由大气降水、地表水和凝结水补给,变化幅度比较大。潜水系重力水,在重力作用下,由高水位流向低水位。当河水水位低于潜水位时,潜水补给河水如图 7-1(b)所示;当河水水位高于潜水水位时,河水补给潜水。因此,当地下工程采取自流排水的办法防水时,必须准确掌握地表水体(江河、湖泊、水渠、水库等)的常年水位变化情况,对于近地表水体构筑的地下工程,要特别注意防止洪水倒灌。

（a）上层滞水

（b）潜水与河水补给关系

（c）毛细管水

（d）层间水

图 7-1　地下工程常遇的地下水

3. 毛细管水

通常毛细管水可以部分或全部充满离潜水面一定高度的土壤孔隙如图 7-1(c)所示。毛细管现象是由于土粒和水接触时受到表面张力的作用,水沿着土粒间的连通孔隙上升而引起的。土壤的孔隙所构成的毛细管系统很复杂,所形成的沟管通向各个方向,沟管的粗细变化也很大,而薄膜水的存在又妨碍了毛细管水的运动;因此土中毛细管水的上升高度不可能用简单的数学公式来计算,它与土壤的种类、孔隙和颗粒大小及土壤湿润程度有关。一般粗砂和大块碎石类土中毛细管水的上升高度不超过几厘米,而黄土可超过 2 m,黏土则更大。因为水的毛细管上升引力作用是与毛细管的直径成反比例的。当温度为 15 ℃时,直径为 1 mm 的毛细管里的水上升高度为 0.29 cm;而直径为 0.1 mm 的可上升 29 cm,直径为 0.01 mm 的可上升 200 cm。实验证明,小碎石粒径为 1.0~0.5 mm 时,水可上升 1.31 cm;土粒径为 0.2~0.1 mm 时,水可上升 4.82 cm;土粒径为 0.1~0.05 mm 时,水可上升 10.5 cm。土壤中的毛细管水上升,也可传播到与地下水和土壤的毛细管水相接触的地下工程。在地下工程防水设计时,毛细管水带区取潜水位以上 1 m,毛细管带以上部分可设防潮层。

4. 层间水

埋藏在两个隔水层之间的地下水称为层间水。在层间水未充满透水层时为无压水,如水充满了两个隔水层之间的含水层,打井至该层时,水便在井中上升甚至自动喷出。这种层间水称为承压水或自流水。承压水的特征是上下都有隔水层,具有明显的补给区、承压区和泄水区如图 7 - 1(d)所示。补给区和泄水区相距很远;由于具有隔水层顶板,受地表水文、气候因素影响较小,水质好,水温变化小。它是很好的给水水源,但是当地下工程穿过该层时,由于层间水压力较大,要采取可靠的防压力水渗透措施,否则将造成严重后果。

7.3 地下工程防水设计原则和要求

7.3.1 设计原则

《地下工程防水技术规范》(GB 50108—2001)规定:地下工程防水的设计和施工应遵循"防、排、截、堵相结合,刚柔相济,因地制宜,综合治理"的原则。

铁路隧道、公路隧道和地下铁道设计规范从各自的特点,功能和使用要求出发,分别提出了自己的防水设计原则。《铁路隧道设计规范》(TB 10003—2005)规定:新建和改建隧道防排水应采取"防、排、截、堵结合,因地制宜,综合治理"的原则,采取切实可靠的设计、施工措施,保障结构物和设备的正常使用和行车安全。对地表水和地下水应作妥善处理,洞内外应形成一个完整的防排水系统。

隧道防排水原则是多年来隧道治水的经验和总结,与国标《地下工程防水技术规范》(GB 50108—2001)提出的防排水原则是一致的。

"防"即要求隧道衬砌结构具有一定的防水能力,能防止地下水渗入,如采用防水混凝土或塑料防水板等。

"排"即隧道应有排水设施并充分利用,以减少渗水压力和渗水量;但必须注意大量排水后引起的后果,如围岩颗粒流失,降低围岩稳定性或造成当地农田灌溉和生活用水困难等,要求设计时应事先了解当地环境要求,以"限量排放"为原则,结合注浆堵水制定设计方案与措施,妥善处理排水问题。

"截"即隧道顶部如有地表水易于渗漏处或有坑洼积水,应设置截、排水沟和采取消除积水的措施。

"堵"即在隧道施工过程中,有渗漏水时,可采用注浆、喷涂等方法堵住;运营后渗漏水地段也可采用注浆、喷涂或用嵌填材料、防水抹面等方法堵水。

隧道防排水工作应结合水文地质条件、施工技术水平、工程防水等级、材料来源和成本等,因地制宜,选择适宜的方法,以达到防水可靠,排水通畅,线路基床底部无积水,经济合理,最终保障结构物和设备的正常使用和行车安全。

《公路隧道设计规范》(JTG D70—2004)规定:隧道防排水应遵循"防、排、截、堵结合,因地制宜,综合治理"的原则,保证隧道结构物和营运设备的正常使用和行车安全。隧道防排水设计应对地表水、地下水妥善处理,洞内外应形成一个完整通畅的防排水系统。

隧道的水害是由洞内、洞外的多种因素引起的,所以靠单一的办法决不能得到很好的解决。根据多年来公路隧道治水的经验,防排水应遵循"防、排、截、堵结合,因地制宜,综合治理"的原则。

"防"即要求隧道衬砌、防水层具有防水能力,防止地下水透过防水层、衬砌结构渗入洞内。

"排"即隧道应有畅通的排水设施,将衬砌背后、路面结构层下的积水排入洞内中心水沟或路侧边沟,排出衬砌背后的积水,能减少或消除衬砌背后的水压力,排得越好,衬砌渗漏水的几率就越小,防水也就更容易;排出路面结构层下的积水,能防止路面冒水、翻浆、结构破坏。

"截"即对易于渗漏到隧道的地表水,应采用设置截(排)水沟、清除积水、填筑积水坑洼地、封闭渗漏点等措施。对于地下水,应采取导坑、泄水洞、井点降水等措施。

"堵"即针对隧道围岩有渗漏水地段,采用注浆、喷涂、堵水墙等方法,将地下水堵在围岩体内。

公路隧道防排水工作,应结合水文地质条件、施工技术水平、材料来源和成本等,因地制宜,选择适宜的方法,以满足保证使用期内结构和设备的正常使用和行车安全的目的。

《地铁设计规范》(GB 50157—2003)规定:地铁工程的防水设计,应根据气候条件、工程地质和水文地质状况、结构特点、施工方法和使用要求等因素进行,以保证结构的安全、耐久性和使用要求,并应遵循"以防为主,刚柔结合,多道防线,因地制宜,综合治理"的原则,采取与其相适应的防水措施。当结构处于贫水稳定地层,同时位于地下潜水位以上时,在确保安全的条件下,可考虑限排。

地铁隧道工程属大型构筑物,长期处于地下,时刻受地下水的渗透作用,防水问题能否有效地解决不仅影响工程本身的坚固性和耐久性,而且直接影响地铁的正常使用。防排结合的提法仅限隧道处于贫水稳定的地层,围岩渗透系数小,可允许限排,因结构排水不致对周围环境造成不良影响;反之,当围岩渗透系数大,使用机械排除工程内部渗漏水需要耗费大量能源和费用,且大量的排水还可能引起地面和地面建筑物不均匀沉降和破坏,这种情况则不允许排。"刚柔结合,多道防线",其出发点是从材料角度要求在地铁工程中刚性防水材料和柔性防水材料结合使用。多道设防是针对地铁工程的特点与要求,通过防水材料和构造措施,在各道设防中发挥各自的作用,达到优势互补、综合设防的要求,以确保地铁工程防水和防腐的可靠性,从而提高结构的使用寿命。实际上,目前地铁工程结构主体不仅采用了防水混凝土,同时也使用了柔性防水材料。"因地制宜、综合治理",是指勘察、设计、施工、管理和维护保养各个环节都要考虑防水要求,应根据工程及水文地质条件、隧道衬砌的形式、施工技术水平、工程防水等级、材料来源和价格等因素,因地制宜地选择相适应的防水措施。

总之,地下工程因其种类、使用功能、所处的区域和环境保护要求等的不同,防水设计原则有所不同。

7.3.2　设计要求

(1)防水设计应定级准确、方案可靠、施工简便、经济合理。

(2)地下工程的防水必须从工程规划、结构设计、材料选择、施工工艺等方面统筹考虑。

(3)地下工程的钢筋混凝土结构应采用防水混凝土。

(4)地下工程的变形缝、施工缝、诱导缝、后浇带、穿墙管(盒)、预埋件、预留通道接头、桩头等细部构造应加强防水措施。

(5) 地下工程的排水管沟、地漏、出入口、窗井、风井等,应有防倒灌措施,寒冷及严寒地区的排水沟应有防冻措施。

(6) 地下工程防水设计,应根据工程的特点和需要搜集下列资料:

① 最高地下水位的高程、出现的年代,近几年的实际水位高程和随季节变化情况;

② 地下水类型、补给来源、水质、流量、流向、压力;

③ 工程地质构造,包括岩层走向、倾角、节理及裂隙,含水地层的特性、分布情况和渗透系数,溶洞及陷穴,填土区、湿陷性土和膨胀土层等情况;

④ 历年气温变化情况、降水量、地层冻结深度;

⑤ 区域地形、地貌、天然水流、水库、废弃坑井及地表水、洪水和给水排水系统资料;

⑥ 工程所在区域的地震烈度、地热,含瓦斯等有害物质的资料;

⑦ 施工技术水平和材料来源。

(7) 地下工程防水设计应包括以下5方面内容:

① 防水等级和设防要求;

② 防水混凝土的抗渗等级和其他技术指标、质量保证措施;

③ 柔性防水层选用的材料及其技术指标、质量保证措施;

④ 工程细部构造的防水措施,选用的材料及其技术指标,质量保证措施;

⑤ 工程的防排水系统,地面挡水、截水系统及工程各种洞口的防倒灌措施。

7.4 地下工程防水等级和设防要求

7.4.1 地下工程的防水等级

《地下工程防水技术规范》规定:地下工程的防水等级分为4级,各级的标准应符合表7-1的规定。

表7-1 地下工程防水等级标准

防水等级	标 准
一级	不允许渗水,结构表面无湿渍
二级	不允许漏水,结构表面可有少量湿渍 工业与民用建筑:总湿渍面积不应大于总防水面积(包括顶板、墙面、地面)的1/1 000;任意100 m² 防水面积上的湿渍不超过1处,单个湿渍的最大面积不大于0.1 m² 其他地下工程:总湿渍面积不应大于总防水面积的6/1 000;任意100 m² 防水面积上的湿渍不超过4处,单个湿渍的最大面积不大于0.2 m²
三级	有少量漏水点,不得有线流和漏泥砂 任意100 m² 防水面积上的漏水点数不超过7处,单个漏水点的最大漏水量不大于2.5 L/d,单个湿渍的最大面积不大于0.3 m²
四级	有漏水点,不得有线流和漏泥砂 整个工程平均漏水量不大于2 L/m²·d;任意100 m² 防水面积的平均漏水量不大于4 L/m²·d

各类地下工程的防水等级,应根据工程的重要性和使用中对防水的要求按表7-2选定。

表7-2　不同防水等级的适应范围

防水等级	适用范围
一级	人员长期停留的场所,因有少量湿渍会使物品变质、失效的储物场所及严重影响设备正常运转和危及工程安全运营的部位,极重要的战备工程
二级	人员经常活动的场所,在有少量湿渍的情况下不会使物品变质、失效的储物场所及基本不影响设备正常运转和工程安全运营的部位,重要的战备工程
三级	人员临时活动的场所,一般战备工程
四级	对渗漏水无严格要求的工程

7.4.2　地下工程的防水设防要求

地下工程的防水设防要求应根据使用功能、结构形式、环境条件、施工方法及材料性能等因素合理确定:

（1）明挖法地下工程的防水设防要求应按表7-3选用;

（2）暗挖法地下工程的防水设防要求应按表7-4选用;

表7-3　明挖法地下工程防水设防

工程部位	主体						施工缝					后浇带				变形缝、诱导缝						
防水措施	防水混凝土	防水砂浆	防水卷材	防水涂料	塑料防水板	金属板	遇水膨胀止水条	中埋式止水带	背贴式止水带	外抹防水砂浆	外涂防水涂料	膨胀混凝土	遇水膨胀止水条	背贴式止水带	防水嵌缝材料	中埋式止水带	背贴式止水带	可卸式止水带	防水嵌缝材料	外贴防水卷材	外涂防水涂料	遇水膨胀止水条
防水等级 一级	应选	应选一至二种					应选二种					应选	应选二种			应选	应选二种					
二级	应选	应选一种					应选一至二种					应选	应选一至二种			应选	应选一至二种					
三级	应选	宜选一种					宜选一至二种					应选	宜选一至二种			应选	宜选一至二种					
四级	宜选	—					宜选一种					应选	宜选一种			应选	宜选一种					

表7-4　暗挖法地下工程防水设防

工程部位	主体				内衬砌施工缝					内衬砌变形缝、诱导缝				
防水措施	复合式衬砌	离壁式衬砌、衬套	贴壁式衬砌	喷射混凝土	背贴式止水条	遇水膨胀止水条	防水嵌缝材料	中埋式止水带	外涂防水涂料	中埋式止水带	背贴式止水带	可卸式止水带	防水嵌缝材料	遇水膨胀止水条
防水等级 一级	应选一种			—	应选二种			应选		应选	应选二种			
二级	应选一种				应选一至二种			应选		应选	应选一至二种			
三级	—		应选一种		宜选一至二种			应选		应选	宜选一种			
四级			应选一种		宜选一种			应选		应选	宜选一种			

(3) 处于侵蚀性介质中的地下工程,应采用耐侵蚀的防水混凝土、防水砂浆、卷材或涂料等防水材料;

(4) 处于冻土层中的混凝土结构,其混凝土抗冻融循环不得少于 100 次;

(5) 结构刚度较差或受振动作用的工程,应采用卷材、涂料等柔性防水材料。

防水混凝土是指以调整配合比或掺用外加剂的办法增加混凝土自身抗渗性能的一种混凝土。隧道衬砌常用的防水混凝土有以下两类。

(1) 普通防水混凝土。普通防水混凝土是指以控制水灰比,适当调整含砂率和水泥用量的方法来提高其密实性及抗渗性的一种混凝土,其配合比需经过抗压强度及抗渗性能试验后确定。在有冻害地区或受侵蚀介质作用的地区应选择适宜品种的水泥,此种混凝土应严格按有关规定要求施工。

(2) 外加剂防水混凝土。在混凝土中掺入适量的外加剂,如引气剂、减水剂或密实剂等,使其达到防水的要求。这种防水混凝土施工较为方便,若使用得当,一般能满足隧道衬砌的防水要求。

当衬砌处于侵蚀性地下水环境中,混凝土的耐侵蚀系数不应小于 0.8。

混凝土的耐侵蚀系数按式(7-1)计算,即

$$N_s = R_{ws}/R_{wy}。 \tag{7-1}$$

式中：N_s——混凝土的耐侵蚀系数;

R_{ws}——在侵蚀性水中养护 6 个月的混凝土试块抗折强度;

R_{wy}——在饮用水中养护 6 个月的混凝土试块抗折强度。

防水混凝土的设计抗渗等级,应符合表7-5的规定。

表 7-5　防水混凝土设计抗渗等级

工程埋置深度/m	设计抗渗等级(标号)
<10	S6
10~20	S8
20~30	S10
30~40	S12

说明:(1) 本表适用于 IV、V 级围岩(土层及软弱围岩)。

　　　(2) 山岭隧道防水混凝土的抗渗等级可按铁路、公路隧道设计规范执行。

混凝土的抗渗标号是以每组 6 个试件中 4 个未发现有渗水现象时的最大水压力表示。抗渗标号或称抗渗等级按式 7-2 计算,即

$$P = 10P_t - 1。 \tag{7-2}$$

式中：P——混凝土抗渗标号;

P_t——6 个试件中 4 个未出现渗水时的最大水压值,MPa。

7.5　地下工程防排水系统

根据围岩的水文地质条件、地下工程的防水要求、地下工程周围的环境条件和环境保护要求、地下工程的防水成本等的不同,按柔性防水层的敷设方式,地下工程的防排水系统可分为如下 3 类。

(1) 全包式防水系统。全包式防水系统是结构外包全封闭式的柔性防水层或复合式衬砌的内外衬之间夹全封闭式的柔性防水层。城市地下工程,如地下铁道,因环境(包括水环境)保护要求高,不允许排水,一般应采用全包式防水系统。

(2) 半包式防排水系统。半包式防排水系统是结构边墙和顶板(或隧道边墙和顶拱)设防水层,底板或仰拱不设防水层,结构的边墙、顶板或顶拱为普通混凝土或防水混凝土,结构内部设排水系统,如为复合式衬砌,初期支护背后间隔一定距离设环向排水管或盲沟,在墙脚高于结构内排水沟位置设纵向排水管或盲沟,环向排水管(或盲沟)与纵向排水管(或盲沟)相连,初期支护背后的排水系统间隔一定距离以横向排水管与结构内排水沟相连。对环境保护要求不高的地下工程,可以采用半包式防排水系统。

(3) 控制排水型全包式防排水系统。控制排水型全包式防排水系统是结构外包全封闭式的防水层或复合式衬砌的内外衬之间夹全封闭式的防水层,结构(或二衬)本身为普通混凝土或防水混凝土。复合式衬砌初期支护背后设盲管或盲沟排水系统与结构内排水沟相连,在与结构内水沟相连的横向排水管上安装可控制的排水阀门以实现控制排水。城市地下工程或山岭隧道,如作用于结构上的静水压很高,全包式防水代价太大时,可采用控制排水型全包式防排水系统。

7.6　地下工程防水层的材料

7.6.1　卷材防水层

卷材防水层适用于受侵蚀性介质作用或受振动作用的地下工程。卷材防水层应铺设在混凝土结构主体的迎水面上;用于建筑物地下室的卷材防水层应铺设在结构主体底板垫层至墙体顶端的基面上,在外围形成封闭的防水层。

卷材防水层为一层或二层。高聚物改性沥青防水卷材厚度不应小于 3 mm,单层使用时,厚度不应小于 4 mm,双层使用时,总厚度不应小于 6 mm;合成高分子防水卷材单层使用时,厚度不应小于 1.5 mm,双层使用时,总厚度不应小于 2.4 mm。

卷材防水层应选用高聚物改性沥青类或合成高分子类防水卷材,并符合下列规定:

(1) 卷材外观质量、品种规格应符合现行国家标准或行业标准;

(2) 卷材及其胶黏剂应具有良好的耐水性、耐久性、耐刺穿性、耐腐蚀性和耐菌性;

(3) 高聚物改性沥青防水卷材的主要物理性能应符合表7-6的要求;

表 7-6　高聚物改性沥青防水卷材的主要物理性能

项　目		性 能 要 求		
		聚酯毡胎体卷材	玻纤毡胎体卷材	聚乙烯膜胎体卷材
拉伸性能	拉力 (N/50 mm)	≥800(纵横向)	≥500(纵向)	≥140(纵向)
			≥300(横向)	≥120(横向)
	最大拉力时延伸率/%	≥40(纵横向)		≥250(纵横向)
低温柔度/℃		≤-15		
		3 mm 厚,r=15 mm;4 mm 厚,r=25 mm;3 S,弯180°,无裂纹		
不透水性		压力为0.3 MPa,保持时间为30 min,不透水		

(4) 合成高分子防水卷材的主要物理性能应符合表7-7的要求。

表 7-7　合成高分子防水卷材的主要物理性能

项　目	性 能 要 求				
	硫化橡胶类		非硫化橡胶类	合成树脂类	纤维胎增强类
	JL_1	JL_2	JF_3	JS_1	
拉伸强度/MPa	≥8	≥7	≥5	≥8	≥8
断裂伸长率/%	≥450	≥400	≥200	≥200	≥10
低温弯折性/℃	-45	-40	-20	-20	-20
不透水性	压力为0.3 MPa,保持时间为30 min,不透水				

7.6.2　涂料防水层

涂料防水层包括无机防水涂料和有机防水涂料。无机防水涂料可选用水泥基防水涂料、水泥基渗透结晶型涂料。有机涂料可选用反应型、水乳型、聚合物水泥防水涂料。

无机防水涂料宜用于结构主体的背水面,有机防水涂料宜用于结构主体的迎水面。用于背水面的有机防水涂料应具有较高的抗渗性,且与基层有较强的黏结性。

水泥基防水涂料的厚度宜为1.5~2.0 mm;水泥基渗透结晶型防水涂料的厚度不应小于0.8 mm;有机防水涂料根据材料的性能,厚度宜为1.2~2.0 mm。

无机防水涂料、有机防水涂料的性能指标应符合表7-8和表7-9的规定。

表 7-8　无机防水涂料的性能指标

涂料种类	抗折强度 /MPa	黏结强度 /MPa	抗渗性/MPa	冻融循环
水泥基防水涂料	>4	>1.0	>0.8	>D50
水泥基渗透结晶型防水涂料	≥3	≥1.0	>0.8	>D50

表 7-9　有机防水涂料的性能指标

| 涂料种类 | 可操作时间/min | 潮湿基面黏结强度/MPa | 抗渗性/MPa | | | 浸水 168 h后拉伸强度/MPa | 浸水 168 h后断裂伸长率/% | 耐水性/% | 表干/h | 实干/h |
			涂膜/30 min	砂浆迎水面	砂浆背水面					
反应型	≥20	≥0.3	≥0.3	≥0.6	≥0.2	≥1.65	≥300	≥80	≤8	≤24
水乳型	≥50	≥0.2	≥0.3	≥0.6	≥0.2	≥0.5	≥350	≥80	≤4	≤12
聚合物水泥	≥30	≥0.6	≥0.3	≥0.8	≥0.6	≥1.5	≥80	≥80	≤4	≤12

说明:(1)浸水 168 h后的拉伸强度和断裂延伸率是在浸水取出后只经擦干即进行试验所得的值。

（2）耐水性指标是指材料浸水 168 h 后取出擦干即进行试验其黏结强度及抗渗性的保持率。

7.6.3　塑料防水板防水层

塑料防水板可选用乙烯－醋酸乙烯共聚物(EVA)、乙烯－沥青共聚物(ECB)、聚氯乙烯(PVC)、高密度聚乙烯(HDPE)、低密度聚乙烯(LDPE)类或其他性能相近的材料。

塑料防水板应符合下列规定：

（1）幅宽宜为 2～4 m；

（2）厚度宜为 1～2 mm；

（3）耐刺穿性好；

（4）耐久性、耐水性、耐腐蚀性、耐菌性好；

（5）塑料防水板物理力学性能应符合表 7-10 的规定。

表 7-10　塑料防水板物理力学性能

项　　目	拉伸强度/MPa	断裂延伸率/%	热处理时变化率/%	低温弯折性	抗渗性
指标	≥12	≥200	≤2.5	−20℃无裂纹	0.2 MPa 24 h 不透水

防水板应在初期支护基本稳定并经验收合格后进行铺设。

铺设防水板的基面应平整,无尖锐物。基面平整度应符合 $D/L = 1/6 \sim 1/10$ 的要求,其中,D 为初期支护基面相邻两凸面间凹进去的深度,L 为初期支护基面相邻两凸面间的距离。

铺设防水板前应先铺缓冲层。缓冲层应用暗钉圈固定在基面上(无钉孔敷设),如图7-2所示。

铺设防水板时,边铺边将其与暗钉圈焊接牢固。两幅防水板的搭接宽度应为 100 mm,搭接缝应为双焊缝,单条焊缝的有效焊接宽度不应小于 10 mm,焊接严密,不得焊焦焊穿。环向铺设时,先拱后墙,下部防水板应压住上部防水板。

7.6.4　膨润土(纳米)板(毯)防水层

用膨润土板(毯)做地下工程防水层最多的是美国、加拿大、日本、韩国、新加坡、马来西亚等国家。韩国5个城市近几年修建的地铁和垃圾填埋场几乎百分之百用膨润土板(毯)防水。

膨润土(bentonite)的矿物学名称叫蒙脱石(montmorillonite),是天然的纳米材料。因其具有高度的水密实性和自我修补、自愈合功能,在理论上是最接近于完美的防水材料。

1. 膨润土板(毯)的4种特性

(1) 密实性。天然钠基膨润土在水压状态下形成凝胶隔膜,在约5 mm的时候,它的透水系数小于10^{-9} cm/s量级,几近不透水。

图7-2 塑料防水板无钉孔敷设

地层
喷射混凝土
衬垫卷材

ECB等卷材

热塑性圆垫圈
金属垫片
射钉

(2) 自保水性。天然钠基膨润土在和水反应的时候,因为13～16倍膨胀力的作用,混凝土结构物的2 mm以内的裂纹会自我补修填补,从而继续维持其防水能力。

(3) 永久性。因为天然钠基膨润土是天然无机矿物质,所以不会出现因为时间的增长而经常发生的老化或者腐蚀现象,也不会发生化学性质的变化;所以具有永久的防水性能。

(4) 环保性。膨润土是天然无机矿物质,不会污染地下水。

2. 使用膨润土防水的基本条件

(1) 只有在密闭的空间(有压力)才能防水。如果密实度(一般85%以上)不够,膨润土不能正常发挥自己的作用,密实度可以用填充的方法解决。填充时要求压力一般为1.4～2.0 kPa(每平方米139～200 kg)。另外,对密实度的要求条件中,在膨润土防水剂和结构物之间,不能有影响密实度的其他物质。

(2) 与水接触后发挥防水性能。膨润土只有和水接触才会水化膨胀并形成凝胶体(见图7-3),所以必须要有水。有时在施工完膨润土防水层后,将为了防止水化而设的P.E保养薄膜去掉;有时也有提前让其和水接触,让其提前形成胶体。

(3) 膨润土和结构的结合。膨润土在特性上要求和结构物接触才会在结构物表面上形成胶体隔膜,从而达到防水的目的。

一定要遵守以上3点,膨润土才能发挥自己的性能,这也是膨润土——天然纳米材料防水的特点。

膨润土(纳米)防水板(毯)耐穿刺,直接穿孔铺设,不需焊接直接搭接即可;因而施工简便,效率高,不易发生渗漏。

我国也开始生产膨润土(纳米)防水板(毯)。膨润土防水毯是将天然钠基膨润土颗粒均匀分布在两层土工织物之间,用针织方法固定膨润土颗粒,其构造如图7-4所示。

图7-3 膨润土的水化膨胀过程

图7-4 膨润土防水毯的构造

7.7 地下工程混凝土结构自防水

地下工程防水系统包括刚柔结合的多道防线,7.6节所叙述的地下工程防水层属于柔性防水层,为柔性防线;本节将要论述的是地下工程混凝土结构自防水,为刚性防线。混凝土结构的质量关系结构的自防水和耐久性能。从确保地下工程在使用年限内的防水性能的角度考虑,合理的设计原则是确立"结构自防水为本,多道防线并重"的理念,并采取切实有效的设计和施工措施,以实现这一设计理念。

在防水设计中,通常根据结构类型、地质条件、地下水条件和工程埋深等,按表7-5的要求,规定结构混凝土应达到的抗渗等级(标号),并在混凝土浇筑时取圆台形试样按公式(7-2)计算是否达到设计要求的抗渗标号。实际上,按公式(7-2)计算的抗渗标号是圆台形混凝土试样的抗渗标号,而决非结构混凝土的抗渗标号。如何确保地下工程结构混凝土的自防水性能呢?实现的途径是确保结构混凝土密实并控制混凝土裂缝,尤其是早期裂缝。

在混凝土材料科学与工程领域,对于混凝土"早期"的定义较为模糊。在混凝土的成型发展过程中,按水泥水化进程一般分为以下4个阶段。

(1)塑性阶段。从浇捣完成开始至终凝完成的时段,对于普通混凝土一般时段约为6～12 h。该阶段中,混凝土仍处于塑性流变阶段,水化反应剧烈,物理化学性质极不稳定,体积变化剧烈。

(2)早前期阶段。一般指12 h(终凝完成后)至72 h的时段。该阶段中,水化进程过半,混凝土内部形成了基本的微观结构体系,强度发展极为迅速。

(3)早期阶段。一般指72 h至28 d的时段。该阶段中,水化过程基本结束,强度发展减缓,混凝土趋于成熟。

(4)成熟阶段。一般指28 d以后的时段。该阶段中仍有极微弱的水化过程继续进行,混凝土强度发展达到稳定状态,属于通常讨论的结构混凝土的普通性质范畴。

下面以明挖地铁车站混凝土结构为背景,从设计和施工的各个方面论述如何确保混凝土密实和控制混凝土裂缝。

7.7.1　现浇混凝土结构早期裂缝控制设计指南

1. 车站侧墙形式选择及混凝土早期收缩抗裂设计方法

1) 侧墙形式及选型原则

第1条　明挖结构的侧墙形式一般可分为单层墙、叠合墙和复合墙3种形式。特殊条件下,因防水和维持结构正常使用功能的需要,也有离壁墙。

单层墙、叠合墙和复合墙3种形式侧墙的综合比较见表7-11。

第2条　侧墙形式对工程投资、结构受力、施工和使用等有较大影响,应结合使用要求、围护结构的形式、工程地质与水文地质条件及场地条件等通过技术经济比较确定。综合考虑侧墙的结构特征和优缺点,明挖地下车站、区间(含折返线)、通道、风道宜选用复合墙和叠合墙。复合墙和叠合墙方案的比选中,因复合墙更有利于控制混凝土早期裂缝和确保使用功能,宜首选复合墙方案;选用单层墙时,对泥浆中浇注的地下墙混凝土的防水性能及耐久性应有论证依据和确保其能达到设计要求的技术措施,否则,设计不宜选用单层墙。

表 7－11　侧墙形式的综合比较

侧墙形式		单层墙	叠合墙	复合墙
结构的特征	墙体的受力特点	施工阶段和使用阶段的荷载全部由单一的墙体承担,墙体的应力状态明确	设置内衬前的荷载由围护墙承担,设置内衬后的荷载增量由叠合墙承担;墙体的应力状态复杂	设置内衬前的荷载由围护墙承担,设置内衬后的荷载增量由围护墙和内衬墙共同承担;墙体的应力状态复杂
	围护墙与内衬墙的连接		通过对地下墙的凿毛、清洗,与内衬墙连成整体;当结合面的剪应力超过 0.7 MPa 时,应在二者之间设置抗剪拉接筋	对墙面一般不作专门处理,并设置隔离层、防水层等
	围护墙与水平构件的连接	水平构件的受力钢筋锚固到围护墙内	水平构件的受力钢筋锚固到围护墙内	水平构件的受力钢筋一般不能锚固到围护墙内
优缺点比较		(1) 侧墙的厚度最小,有利于在车站总宽度受到限制之处采用 (2) 施工简单,工序少,工程进度快 (3) 对围护墙的防水要求高,槽段之间须采用防水接头 (4) 施工精度要求高,净空需预留较大裕量 (5) 经济 (6) 墙体的纵向刚度较弱,当沿结构的纵向地层或荷载分布明显不同时,不宜采用 (7) 由于围护墙混凝土的是在泥浆中浇筑的,耐久性尚存在疑问	(1) 经济 (2) 侧墙的刚度大 (3) 施工工序较多 (4) 由于内部结构的混凝土在硬化过程中的收缩受到地下墙的约束,内衬和水平构件中易出现裂缝,防水效果较差,在渗透性强的砂层中使用时要慎重	(1) 防水效果好 (2) 内衬的收缩一般不受围护墙的约束,裂缝少 (3) 水压力较大时内衬的断面较厚,钢筋用量大,但侧墙的总刚度比叠合墙小 (4) 由于侧墙的总厚度最大,不利于在车站宽度受到限制之处采用 (5) 工程建设阶段的直接经济性相对较差

注: 本表基本引自《地铁设计规范》(GB 50157—2003)

2) 减少侧墙混凝土早期收缩裂缝的构造措施和设计方法

第 1 条　叠合墙应采取消除约束的有效措施控制早期收缩裂缝。

(1) 基坑围护结构为地下连续墙时,内衬墙浇筑前,应对地下连续墙面的平整性进行处理;经处理后,墙面平整度应符合 $D/L \leqslant 1/6$(D 为墙面相邻两凸起间凹进去的深度,L 为相邻两凸起间的距离),且墙面应无尖锐突起。

(2) 基坑围护结构为排桩时,内衬墙浇筑前,应先施作 15 mm 厚的水泥砂浆找平层。

第 2 条　叠合墙结构设计时,应检算叠合面的剪应力。

叠合面剪应力不超过 0.7 MPa,应不设抗剪拉接筋;叠合面剪应力超过 0.7 MPa,也应尽量少设抗剪拉接筋,保证叠合面的剪力传递效果即可。

第 3 条　复合墙结构设计时,应经综合比选确定侧墙的防水隔离层,不宜选择挂设后需作水泥砂浆保护层的防水材料。

3) 混凝土早期收缩裂缝控制的设计要求

第1条　设计文件中应有结构混凝土早期裂缝的控制设计,从混凝土原材料、配合比设计、温度钢筋配置、模板选型等方面提出明确的设计要求。

第2条　现浇结构混凝土早期裂缝控制设计至少应包括:

(1) 混凝土的原材料;

(2) 混凝土配合比设计;

(3) 配筋要求;

(4) 钢筋保护层厚度;

(5) 模板选型;

(6) 施工分段及浇筑顺序要求;

(7) 拆模时间及养护要求。

2. 混凝土结构抗裂设计及计算方法

1) 一般规定

第1条　本小节适用于地铁混凝土结构在使用阶段考虑因环境温度变化引起的成型结构混凝土裂缝的控制设计。

第2条　地铁混凝土结构及其构件在使用阶段的抗裂性能,应根据结构类型和地下水等环境条件进行设计。同一结构的不同部位或不同构件由于所处的局部环境条件有异或所要求的防水性能和耐久性的不同,其抗裂设计可予以分别对待。

第3条　地铁混凝土结构及其构件在使用阶段的抗裂设计应与混凝土早期裂缝控制统筹考虑。

2) 荷载组合及混凝土收缩、温度荷载计算方法

第1条　结构设计在确定荷载及其组合时应考虑使用阶段温度变化对成型结构混凝土抗裂的影响,见表7-12。荷载组合可以考虑分为基本组合和一些特殊组合。基本组合仅计入主要荷载(永久荷载＋基本可变荷载),而特殊组合之一则考虑主要荷载和温度变化影响的共同作用。

表7-12　地铁结构的荷载分类表

荷 载 分 类	荷 载 名 称
永 久 荷 载	结构自重
	地层压力
	结构上部和破坏棱体范围的设施及建筑物压力
	水压力及浮力
	混凝土收缩及徐变影响
	预加应力
	设备重量
	地基下沉影响

续表

荷载分类		荷载名称
可变荷载	基本可变荷载	地面车辆荷载及其动力作用
		地面车辆荷载引起的侧向土压力
		地铁车辆荷载及其动力作用
		人群荷载
	其他可变荷载	温度变化影响
		施工荷载
偶然荷载		地震影响
		沉船、抛锚或河道疏浚产生的撞击力等灾害性荷载

注：1. 设计中要求考虑的其他荷载，可根据其性质分别列入上述 3 类荷载中；
　　2. 施工荷载包括设备运输及吊装荷载，施工机具及人群荷载，施工堆载，相邻隧道施工的影响，盾构法或顶进法施工的千斤顶顶力及压浆荷载，沉管拖运、沉放和水力压接等荷载。

第 2 条　按《铁路桥涵设计基本规范》(TB 10002.1)规定，混凝土收缩的影响可假定用降低温度的方法来计算。对于整体浇筑的混凝土结构相当于降低温度 20℃，对于整体浇筑的钢筋混凝土结构相当于降低温度 15℃，对于分段浇筑的混凝土或钢筋混凝土结构相当于降低温度 10℃，对于装配式钢筋混凝土结构相当于降低温度 5℃ ～10℃。

3）混凝土收缩、温度梯度引起内力的计算方法

第 1 条　根据结构特点及受约束的状态，混凝土收缩的影响运用荷载－结构模型按一维杆系结构有限元法计算与分析。

第 2 条　根据地层、环境和结构特点及受约束的状态，温度变化影响而产生的温度场、温度应力或内力，运用地层－结构模型按三维有限元法计算与分析。

4）温度裂缝控制配筋计算方法及配筋原则

第 1 条　结构设计时，分布钢筋（构造/温度钢筋）的间距宜小于 150 mm，其配筋率不宜小于 0.2%，且宜配置在竖筋（受力钢筋）的外侧。

第 2 条　结构开口部位、变截面部位和出入口部位应按设计要求增加附加筋。门窗的角处、预留洞的四角处宜配置 45°的附加斜筋。

第 3 条　明挖结构顶板、叠合墙的内衬墙、单层墙，其分布钢筋在设计时宜按相同配筋率的原则调整为细而密的钢筋网或增设附加的抗裂钢筋网。

5）混凝土结构构件设计强度等级、抗渗标号及保护层厚度

第 1 条　根据地铁混凝土结构的设计使用年限、环境条件、构件类型和抗裂要求，混凝土的强度等级应符合表 7-13 的规定。

第 2 条　地铁结构混凝土的设计抗渗等级应按历史最高地下水位和受 100 年一遇降水对地下水位的影响来考虑。进行抗渗混凝土配合比设计时，应进行抗渗性能试验，并应符合下列

规定：

表 7－13　混凝土最低强度等级

设计使用年限 环境作用等级	100 年	50 年
A	C 30	C 25
B	C 35	C 30
C	C 40	C 35

注：表中环境作用等级 A 的作用程度的定性描述为"可忽略"，B 的作用程度的定性描述为"轻度"，C 的作用程度的定性描述为"中度"。

(1) 试配要求的抗渗水压值应比设计提高 0.2 MPa；

(2) 试配时，宜采用水胶比最大的配合比作抗渗试验，其试验结果应符合式(7－2)要求。

第 3 条　在满足抗渗和耐久性要求的前提下，地铁混凝土结构或构件不应追求较高的强度等级。

第 4 条　根据地铁混凝土结构的设计使用年限、环境条件和构件类型，钢筋保护层厚度应符合中国土木工程学会标准《混凝土结构耐久性设计与施工指南》(CCES 01—2004)相关条文的规定。

3. 混凝土的原材料选用

混凝土采用的原材料包括水泥、骨料、掺合料、外加剂、水及辅助材料。

1) 低水化热水泥

第 1 条　采用符合现行国家标准《硅酸盐水泥、普通硅酸盐水泥》(GB 175)的普通硅酸盐水泥，不得采用混合材水泥。水泥强度等级为 P·O42.5 和 P·O32.5。水泥的比表面积必须小于 350 m²/kg，水泥的碱含量应小于 0.6%；水泥的水化热 3 d 不大于 265 kJ/kg，7 d 不大于 300 kJ/kg。水泥中不得掺加窑灰。水泥的其他性能指标按现行国家标准《硅酸盐水泥、普通硅酸盐水泥》(GB 175)执行。

第 2 条　使用低水化热水泥时，水泥的安定性、凝结时间、强度、比表面积为必检项目，烧失量、碱含量、水化热、三氧化硫、不溶物为抽检项目。设计有其他要求时，还应检验其他性能。水泥的安全性、凝结时间应按《水泥标准稠度用水量、凝结时间、安定性检验方法》(GB/T 1346)检验，强度按现行国家标准《水泥胶砂强度检验方法(ISO 法)》(GB/T 17671)检验，比表面积按《水泥比表面积测定方法(勃氏法)》(GB 8074)检验，碱含量、烧失量、三氧化硫和不溶物《水泥化学分析方法》(GB/T 17.6)检验，水化热应按《水泥水化热试验方法(直接法)》(GB/T 2022)检验。

根据需要可采用水泥快速检验方法预测水泥 28 d 强度，为混凝土配合比设计提供依据。

第 3 条　水泥应按不同品种、强度等级及不同生产厂家按批分别存储在专用的仓罐或水泥库内,浇筑某一工程时,严禁不同品牌和强度等级的水泥混用。水泥存储超过 3 个月后,应重新进行物理性能检验,并按复验的结果使用,但不能用于结构的重要部位。

第 4 条　水泥进场使用时,温度不宜大于 60℃;使用时,严禁使用大于 60℃ 的水泥。

2) 外加剂

第 1 条　采用符合现行行业标准《混凝土泵送剂》(JC 473)中一等品技术要求的泵送剂或符合现行国家标准《混凝土外加剂》(GB 8076)中一等品技术要求的缓凝高效减水剂。

第 2 条　采用外加剂(泵送剂或缓凝高效减水剂、防冻剂)的 28 d 收缩率比应小于 120%。

第 3 条　外加剂使用前,应作适应性试验,不得有假凝、速凝、分层或离析现象。

第 4 条　外加剂释放氨含量应满足现行国家标准《混凝土外加剂释放氨限量》(GB 18588)的相关规定。

第 5 条　外加剂碱含量应符合现行国家标准《混凝土外加剂》(GB 8076)、《混凝土外加剂应用技术规范》(GB 50119)的有关规定。

第 6 条　外加剂中的氯离子含量应符合现行国家标准的《混凝土外加剂》(GB 8076)、《混凝土外加剂应用技术规范》(GB 50119)的有关规定,单方混凝土中氯离子含量不大于 0.02 kg/m^3。

3) 骨料

第 1 条　粗骨料采用符合现行行业标准《普通混凝土用碎石或卵石质量标准及检验方法》(JGJ 53)中各项技术指标要求的石子。细骨料采用符合现行行业标准《普通混凝土用砂质量标准及检验方法》(JGJ 52)中各项技术指标要求的水洗砂。

第 2 条　地铁工程采用商品泵送混凝土,粗骨料粒径不宜大于 3.0 cm,且含泥量小于 1%,宜采用粒径为 5～25 mm 连续级配的粗骨料。

第 3 条　应根据混凝土的强度等级和工程部位不同选择粗骨料种类,强度等级较高的混凝土、侧墙混凝土易开裂,应优先选用山碎石。

第 4 条　细骨料的含泥量应小于 3%,并采用中、粗砂,不得采用细砂。可以掺加水洗的人工砂调整砂的细度模数。

第 5 条　关于粗骨料级配,研究发现 5～25 mm 碎石及 5～10 mm 碎石按(75%～70%):25%～30% 比例混合后可以得到最大的堆积密度。且这种两粒级石子组合的方案在生产施工中易于实施,因此混凝土所用粗骨料宜为以 5～25 mm 及 5～10 mm 按(75%～70%):(25%～30%)混合。

第 6 条　骨料的碱活性指标除满足国家标准外,应尽量采用低碱活性的骨料。

第 7 条　骨料中严禁混入影响混凝土性能的有害物质。不得含有冰、雪、泥块和烧结物等,也不得混入粉煤灰、水泥和外加剂等粉状材料。

第 8 条　严禁使用海砂。

第 9 条　骨料不宜直接露天堆放、爆晒,堆场上方宜设罩棚;高温季节,骨料温度不宜大于28℃。

4）掺合料

第1条 应采用符合现行国家标准《用于水泥和混凝土中的粉煤灰》(GB 1596)的Ⅰ级粉煤灰。在市场供应有困难的情况下,非预应力混凝土可采用Ⅱ级以上的粉煤灰,但必须经过实验论证可行后提前向业主申报,并经业主批准。严禁采用高钙粉煤灰和Ⅱ级以下的粉煤灰。

第2条 掺合料在运输与存储中,应有明显标志。严禁与水泥等其他粉状材料混淆。

5）水

拌制混凝土宜采用饮用水。当采用其他水源时,水质应符合现行国家标准《混凝土拌合用水标准》(JGJ 63)的规定。高温季节施工时,水温不宜大于20℃。

6）辅助材料

第1条 采用抗裂防水剂,其性能应符合现行行业标准《砂浆、混凝土防水剂》(JC 474)的受检混凝土泌水率比、凝结时间差、渗透高度比、48 h 吸水量比,细度性能指标合格品要求。

第2条 所采用的抗裂防水剂应符合现行行业标准《混凝土膨胀剂》(JC 476)的化学成分(氧化镁、含水率、总碱量、氯离子)、限制膨胀率、抗压强度和抗折强度的指标要求,但干空 21 d 的膨胀率应不小于 -1.6×10^{-4};水中养护 7 d 限制膨胀率应大于 3.0×10^{-4},28 d 的限制膨胀率应小于 10×10^{-4};增加 3 d、10 d、14 d 的测试龄期,水中养护期间,限制膨胀率的规律应满足 28 d>14 d>10 d>7 d>3 d。

第3条 进场使用的每个批号抗裂防水剂的泌水率比,渗透高度比,凝结时间差,水中 3 d、7 d、10 d、干空 21 d 限制膨胀率,7 d 抗压和抗折强度为必检项目;化学成分、48 h 吸水量比、细度为抽检项目。

第4条 抗裂防水剂必须严防受潮,在运输过程中和存储期间已受潮的抗裂防水剂严禁使用。正常存储的抗裂防水剂,出厂超 6 个月后,应重新进行物理性能检验,合格后方可使用。

4. 低水化热量混凝土配合比设计

1）配比设计原则

第1条 进行控制早期开裂混凝土的配合比设计时,必须对水泥进行水化热的实验测定,并选择低水化热水泥品种。

第2条 施工前,混凝土供应商必须根据工程对象、设计的强度和抗渗等级要求及施工季节,进行控制早期开裂混凝土施工用配合比设计和试配工作。

第3条 进行控制早期开裂混凝土的配合比设计时,除应遵守本指南的规定外,尚应符合相关的国家、行业和地方现行规范或标准的规定。

第4条 混凝土的性能除满足抗压强度、抗渗指标等常规要求外,还应满足表 7-14、表 7-15 和表 7-16 的限制膨胀率与干缩率的要求。

表 7 - 14 非易裂部位控裂混凝土的技术性能

项　目	限制膨胀率($\times 10^{-4}$)	限制干缩率($\times 10^{-4}$)
龄期	水中 14 d	水中 14 d,空气中 28 d
性能指标	≥1.5	≤3.0

注:非易裂部位包括车站、区间(含折返线)、风道、通道的底板和底梁或仰拱等。

表 7 - 15 易裂部位控裂混凝土的技术性能

项　目	限制膨胀率($\times 10^{-4}$)	限制干缩率($\times 10^{-4}$)
龄期	水中 14 d	水中 14 d,空气中 28 d
性能指标	≥2.0	≤2.0

注:易裂部位包括车站、通道和风道的侧墙、中楼板、顶板(或拱部衬砌)、区间(含折返线)的边墙和拱部二衬混凝土。

表 7 - 16 后浇带等填充用膨胀混凝土的技术性能

项　目	限制膨胀率($\times 10^{-4}$)	限制干缩率($\times 10^{-4}$)
龄期	水中 14 d	水中 14 d,空气中 28 d
性能指标	≥2.5	≤2.0

混凝土抗压强度测定应按现行国家标准《普通混凝土力学性能试验方法标准》(GB 50081)进行,混凝土限制膨胀率与限制干缩率测定按现行国家标准《混凝土外加剂应用技术规范》(GB 50119)附录 B 的方法进行。

若工程设计图纸对混凝土还有其他技术性能要求时,应在试配计算中予以考虑,并应添加相应的试验项目。混凝土的抗冻性和抗渗性试验方法应按现行国家标准《普通混凝土长期性能和耐久性能试验方法》的规定进行。

第 5 条　试配混凝土时,应进行混凝土坍落度及其损失、含气量、泌水和凝结时间试验。

配置的混凝土坍落度损失要小,动态混凝土坍落度损失应小于 20 mm/h;气温 28℃ 以上时,动态混凝土坍落度损失应小于 30 mm/h。

配置的混凝土应有足够的缓凝时间。常温下,混凝土初凝时间应为 10 h 以上;高温季节(气温 28℃ 以上)施工时,应 15 h 以上;冬季施工(有些地区可能不存在冬施问题)时,不得早于 8 h,并根据外界气温状况进行调整;混凝土终凝时间不得超过 24 h。

除抗冻混凝土外,混凝土的含气量宜为 3.0% 左右。

混凝土的坍落度及其损失、含气量、凝结时间应按现行国家标准《普通混凝土拌合物性能试验方法标准》(GB 50080)进行测定。

第 6 条　砂率宜取 43.5 %。

第 7 条　配制的混凝土的碱含量不得超过 3 kg/ m³。

第 8 条　混凝土中的最大氯离子含量为 0.06 %。

2) 水泥及胶凝材料用量

第 1 条　在保证混凝土强度和其他耐久性指标的前提下,应尽量降低胶凝材料的总用量和水泥的用量,但胶凝材料最少用量(水泥、抗裂防水剂和活性掺合料)不宜少于 320 kg/m³。当有抗渗要求时,水泥用量不应低于 220 kg/m³,或符合设计要求。

对于该条规定,这里作如下解释。

《普通混凝土配合比设计规程》(JGJ 55—2000)第 7.1.2 条第 1 款规定:每立方米混凝土中的水泥和矿物掺合料总量不宜小于 320 kg,未规定水泥的最小用量,仅规定了试配时抗渗试验结果应满足抗渗要求。

《地下工程防水技术规范》(GB 50108—2001)第 4.1.14 条第 1 款规定:防水混凝土的水泥用量不得少于 320 kg/m³;掺有活性掺合料时,水泥用量不得少于 280 kg/m³。

《地下防水工程质量验收规范》(GB 50208—2002)第 4.1.3 条第 2 款规定:防水混凝土的水泥用量不得少于 300 kg/m³;掺有活性掺合料时,水泥用量不得少于 280 kg/m³。

工程实践表明,《地下工程防水技术规范》(GB 50108—2001)第 4.1.14 条第 1 款和《地下防水工程质量验收规范》(GB 50208—2002)第 4.1.3 条第 2 款规定的最小水泥用量 280 kg/m³ 往往使得结构混凝土的强度大为超过设计要求。强度超标不利于控制因水泥水化热而引起的混凝土早期开裂,因而工程实践中不能鼓励结构混凝土强度较大超出设计规定的强度等级,而要特别强调结构混凝土满足设计抗渗等级的要求。因此,十分必要对这两个规范条文中规定的最小水泥用量进行调整。

中国土木工程学会标准《混凝土结构耐久性设计与施工指南》(CCES 01—2004,2005 年修订版)第 4.0.2 条规定:不同环境作用等级(地铁混凝土结构的环境作用等级应不超出 A、B、C 三级)和不同使用年限的钢筋混凝土结构与预应力混凝土结构,其混凝土的最低强度等级、最大水胶比和每立方米混凝土胶凝材料最低用量宜满足表 7－17 的规定。该条规定并没有明确规定水泥的最小用量。

表 7－17　混凝土最低强度等级、最大水胶比和胶凝材料最小用量　　　单位:kg/ m³

环境作用等级 　设计使用年限	100 年	50 年
A	C30,0.55,280	C25,0.60,260
B	C35,0.50,300	C30,0.55,280
C	C40,0.45,320	C35,0.50,300

注:表中环境作用等级 A 的作用程度的定性描述为"可忽略",B 的作用程度的定性描述为"轻度",C 的作用程度的定性描述为"中度"。

该指南的第 6.1.4 条第 1 款规定:混凝土中的粉煤灰掺量应不少于胶凝材料总量的 20%。如按该条款规定,对于环境作用等级为 A,设计使用年限为 100 年的 C 30 结构混凝土,其最小水泥用量相当于 220 kg/m³。

第 2 条　粉煤灰的掺量宜为 20% ~ 30%,在满足强度等级和抗渗性等耐久性指标的前提下,应尽量提高粉煤灰的掺量,但预应力混凝土中粉煤灰掺量不得超过 25%。

3) 水胶比和最大用水量

第 1 条　在保证混凝土和易性和混凝土强度的前提下,应优选具有缓凝功能且减水率高的外加剂,尽量降低混凝土的水胶比,C 30 混凝土的水胶比不应大于 0.46;C 50 混凝土的水胶比不应大于 0.38。

第 2 条　混凝土拌和水的最大用量不宜超过 180 kg/m³。

将拌和水的最大用量作为宏观控制混凝土品质的一个指标,有可能比用最大水胶比更为适宜。依靠水胶比的控制尚不能解决混凝土中因浆体用量过大而引起收缩的负面影响;减少浆体用量,增加骨料所占比例,又是提高混凝土抗渗性或抗氯离子渗透性的重要手段。如果控制拌和水用量,则可同时控制浆体用量(浆骨比)和水胶比。但是,将拌和水最大用量作为质量控制指标的工程经验和研究积累还很少,尤其是目前供应的骨料级配与粒形普遍较差,不得不用过量的浆体填充;所以一般仍以水胶比作为混凝土品质的最主要综合指标。在日本的标准中,要求各种混凝土的每立方米用水量最多不超过 175 kg。通过对每立方米用水量为 167 kg 和 181 kg 的两组配合比的混凝土的抗裂性能、抗渗性能、可工作性和微观结构等进行系统测定,得出每立方米用水量为 167 kg 的混凝土明显优于每立方米用水量为 181 kg 的混凝土的结论。

4) 抗裂防水剂掺量

第 1 条　抗裂防水剂的掺量百分比按式(7 − 3)确定,即

$$K = \frac{m_K}{m_c + m_F + m_K} \times 100\% 。 \qquad (7-3)$$

式中,K 为抗裂防水剂的掺量百分比;m_c 为混凝土配合比中的水泥用量;m_F 为粉煤灰掺量;m_K 为抗裂防水剂掺量。

在计算抗裂防水剂的掺量时,必须把粉煤灰的超量取代部分一并考虑。

第 2 条　抗裂防水剂的掺量百分比为 8% ~ 12%,应根据混凝土的强度等级、工程部位和施工季节等情况选用,侧墙、中楼板、顶板混凝土的掺量不应低于 10%;底板混凝土的掺量不宜低于 8%;后浇带等填充性混凝土中抗裂防水剂的掺量宜为 12%;高于 C 40(含 C 40)的混凝土,抗裂防水剂的掺量不应低于 11%。

5. 混凝土模板及选型

第 1 条　根据现场测定,选用钢模板与选用木模板比较,车站侧墙的内衬墙中心点的温度和表层温度分别约低 3℃ ~ 5℃ 和 7℃ ~ 13℃。因此,在暖季进行混凝土施工,应尽可能地选用钢模板;在冷季进行混凝土施工,为避免在结构混凝土表层形成较大的温度梯度,应尽可能地选用木模板;如遇气温变化剧烈的天气,还应考虑采取保温措施。

第 2 条　根据现场测定,选用钢模板,车站侧墙的内衬墙中心点的温峰约发生在浇注后 24 h;选用木模板,温峰约滞后 20 h。

第3条　根据现场测定,选用钢模板,车站侧墙内衬墙的最大温度梯度约在浇筑后24 h～26 h时开始出现,最大温度梯度出现后的72 h内,温度梯度变化很缓慢;选用木模板,车站侧墙内衬墙的最大温度梯度约在浇筑后44 h～46 h时开始出现;最大温度梯度出现后的48 h内,温度梯度变化很缓慢;如果在最大温度梯度出现后的48 h～72 h内拆模,混凝土将可能产生早期裂缝。

第4条　在设计文件中,应选择模板类型;模板的选型,应从有利于控制混凝土早期裂缝和确保混凝土观感质量等方面进行综合比选,并应规定所选模板的拆模时间。

7.7.2　现浇混凝土结构早期裂缝控制施工指南

1. 钢筋安装

第1条　钢筋安装位置的偏差应符合表7－18的规定。

表7－18　钢筋安装位置的允许偏差和检验方法

项　目			允许偏差/mm	检验方法
绑扎钢筋网	长、宽		±10	钢尺检查
	网眼尺寸		±20	钢尺量连续三档,取最大值
绑扎钢筋骨架	长		±10	钢尺检查
	宽、高		±5	钢尺检查
受力钢筋	间距		±10	钢尺量两端、中间各一点,取最大值
	排距		±5	
	保护层厚度	基础	±10	钢尺检查
		柱、梁	±5	钢尺检查
		板、墙、壳	±3	钢尺检查
绑扎箍筋、横向钢筋间距			±20	钢尺量连续三档,取最大值

注：表中梁类、板类构件上部纵向受力钢筋保护层厚度的合格点率应达到90%及以上,且不得有超过表中数值1.5倍的尺寸偏差。

2. 混凝土计量、拌制、运输和浇筑

1) 计量

第1条　混凝土原材料每盘称量的偏差应符合表7－19的规定。

表7－19　混凝土原材料每盘称量的允许偏差

组成材料	允许偏差
水泥、粉煤灰	±2%
粗、细骨料	±3%
水、外加剂、抗裂防水剂	±1%

注：混凝土各组成材料的计量应按重量计,水和液体外加剂可按体积计。

第 2 条　每一工作班正式称量前,应对计量设备进行零点校核。

第 3 条　生产过程中应测定骨料的含水率,每一工作班不应少于 1 次,当含水率有较大变化时及在雨天施工时,应增加测定次数,依据检测结果及时调整用水量和骨料用量。

第 4 条　计量器具应定期检定,保证计量正确。

2)拌制

第 1 条　粉状的掺合料、抗裂防水剂和外加剂应与混凝土其他原材料一起投入搅拌机,搅拌站集中搅拌时,搅拌时间要比普通混凝土延长 10 s,搅拌时间不得少于 30 s。

混凝土的搅拌时间,每一工作班至少应抽查 2 次。

第 2 条　混凝土的坍落度应在搅拌站和浇筑地点分别取样检测,每一工作班应不少于 2 次。评定时应以浇筑地点的测定值为准。在搅拌站和浇筑地点检测坍落度时,还应观察混凝土的和易性,不得存在泌水、离析、分层现象。

3)运输

第 1 条　运输混凝土的容器和管道,在夏季最高气温超过 35℃时,应有隔热措施。

第 2 条　混凝土从搅拌站到工地的运输计划要考虑从混凝土搅拌开始至运送工地的时间、工地的输送设备、气候条件等。车辆调度计划应考虑浇筑场所运输和停留时间。混凝土从搅拌站卸出后到浇筑完毕的延续时间不宜超过表 7 - 20 的规定。混凝土从搅拌站卸料开始计时,超过 180 min 后,不得使用。

表 7 - 20　混凝土从搅拌机卸出到浇筑完毕的延续时间要求

气　温	延续时间/min	
	≤C 30	>C 30
≤25℃	≤180	≤150
>25℃	≤150	≤120

注:适用于掺加缓凝型外加剂的混凝土。

第 3 条　高温季节必须采取有效的降温措施,尽量降低混凝土的入模温度,并对生产过程中混凝土的出机温度进行检测、记录。拌制混凝土时,应综合控制原材料的温度、搅拌站泄料开始到浇筑完毕的延续时间,混凝土的入模温度不得超过 25℃。

中国土木工程学会标准《混凝土结构耐久性设计与施工指南》(CCES 01—2004,2005 年修订版)第 6.2.7 条规定:混凝土的入模温度应视气温而调整,在炎热气候下不宜高于气温且不超过 28℃,负温下不宜低于 12℃。对于构件最小断面尺寸在 300 mm 以上的低水胶比混凝土结构,混凝土的入模温度宜控制在 25℃以下。降低入模温度对混凝土的早期裂缝控制非常重要。同样的混凝土,入模温度高的其温升值要比入模温度低的大许多。在气温很高时,更应采取措施设法降低混凝土的入模温度。但是,如果入模温度降得太多,则接触气温的表面比内部硬化得快,等到内部升温而膨胀时,表面产生拉应力而易形成早期表层裂缝。夏季在降低入模温度的同时,还要冷却模板并避免混凝土表面遭到日光爆晒。条文中提出的入模温度不超过25℃的要求,是对厚度为 300~600 mm 的构件而言的;如果厚度更大特别是大体积厚板,还应进一步降低入模温度。

4) 浇筑

(1) 浇筑前的准备

第1条　模板的安装应按现行国家标准《地下铁道工程施工及验收规范》(GB 50299)执行,确保安装牢固,宜优先采用钢模板。

第2条　混凝土浇筑前应对支架、模板、钢筋、保护层和预埋件等分别进行检查验收,模板内的杂物、积水和钢筋上的污垢应清理干净;模板如有缝隙、应填塞严密,模板内面应涂刷脱模剂。符合要求后,方能浇筑混凝土。

第3条　混凝土浇筑区域及其浇筑顺序等应考虑工程设计条件、混凝土的供给能力,运输、浇筑机械的能力,气候条件,施工管理水平等,按施工组织设计执行。

(2) 浇筑段划分

第1条　明挖车站、通道、风道等结构混凝土应设施工缝分段浇筑,底板分段长度不宜超过 24 m,侧墙和顶板分段长度不宜超过 16 m,宜采用跳槽分段的方法施工。

厚度大于 800 mm 的明挖车站的底板(含底梁)、暗挖车站的底梁和顶梁,厚度大于500 mm(含 500 mm)的车站、区间(含折返线)的侧墙和顶板(或拱部衬砌),必须按大体积混凝土考虑,采取混凝土缓凝措施。

当存在需要进行超长结构无缝施工的问题时,应经充分论证,并提前报请业主审批。

第2条　对于暗挖车站、区间(含折返线)、通道、风道等地下结构,按施工流程设置施工缝,分段长度以施工步序为准,一般不超过 16 m。

第3条　施工缝的处理按设计图纸和有关规范进行,施工缝表面要凿毛,剔除浮石、浮浆和杂物等,清理干净,用水冲刷后,在表面铺上厚度为 20~25 mm 的与混凝土同配合比的砂浆或涂刷环氧树脂类的界面剂,然后继续浇筑混凝土。当有防水要求时,施工缝要设置止水带等构造措施,具体细部做法按设计图纸或相关规范规定执行。

(3) 浇筑

第1条　入模混凝土的坍落度不得超过 120 mm,顶板、中板和底板纵梁等配筋密集的部位,混凝土的入模坍落度可适当放宽,但不得超过 200 mm。

第2条　高温季节应尽量降低混凝土的入模温度,尽量避开高温时段浇筑混凝土,宜在气温较低的夜间浇筑混凝土。

第3条　在计划浇筑区段内应连续浇筑混凝土,不得中断,以避免出现冷缝。混凝土接茬时间不得超过 90 min。

第4条　混凝土浇筑过程中,严禁随意加水。

第5条 混凝土浇筑时的自由落距应控制在 3 m 内;超过 3 m 时,应通过串筒、溜管或振动溜管等设施下落。

第6条 混凝土的振捣一定要严格按操作规程进行,振捣棒要快插慢拔,振距一定要掌握好,不能漏振、欠振和过振,以混凝土表面出现浮浆和不再沉落为度。

第7条 明挖车站、通道、风道的底板、中楼板和顶板,暗挖车站、区间(含折返线)、通道和风道的仰拱,混凝土浇筑完毕后,在混凝土终凝前应进行二次抹压工作并进行覆盖,边抹压边覆盖;最后一次抹压时,采取"边掀开、边抹压、边覆盖"的措施,覆盖材料应与混凝土表面严密粘贴,以抑制混凝土由于塑性沉陷和表面失水过快而产生的非结构性表面裂缝。已经出现的表面裂缝,应在混凝土终凝前予以修整。

第8条 大体积混凝土浇筑前,应进行混凝土中心温度估算,并结合浇筑期间的环境条件,提出并采取有效的温控措施,控制混凝土内外温差不超过 25℃。

第9条 雨天施工时,必须有防雨措施。大风天气施工时,刚浇筑完的混凝土必须有防风措施。

第10条 混凝土强度达到 1.2 MPa 前,不得在其上安装模板及支架,严禁堆放重物。

第11条 在浇筑混凝土时,应按相关规范的规定制作供结构拆模和强度、抗渗合格评定的试件。

3.混凝土的拆模与养护

第1条 混凝土拆模与养护计划应考虑气候条件、工程部位和断面、养护龄期等,使其必须达到有关规范对混凝土拆模时强度要求。

第2条 墙体拆模时,混凝土的表面温度与环境温度之差不得超过 10℃。

第3条 明挖车站、风道、通道的底板、中楼板,暗挖车站、区间(含折返线)、通道、风道的仰拱,混凝土应进行覆盖并以洒水方式养护;车站顶板宜采用蓄水养护。混凝土湿养护时间不应少于 14 d。

第4条 明挖车站/区间、通道、风道的侧墙,拆模时间不得早于混凝土浇筑后 4 d。拆模前,应沿施工缝进行浇水养护(冬季施工除外);拆模后,应采用涂刷养护剂的方法养护。涂刷养护剂时,必须边拆模边涂刷,不得延误涂刷时间和漏刷。

第5条 混凝土养护用水宜用饮用水。

4.浇筑过程混凝土质量控制

1)强度等级控制要求

第1条 混凝土的强度等级应按现行国家标准《混凝土结构工程施工质量验收规范》(GB 50204)的有关规定进行测定。

第2条 施工单位、监理单位和混凝土供应商应对每一浇筑段的结构混凝土的强度发展规律进行实验室测试和现场无损测试,并绘制强度发展的时程曲线。

第3条 施工单位、监理单位和混凝土供应商应设计要求严格控制结构混凝土的强度等级。结构混凝土的实测 28 d 强度不得超出设计要求的强度等级 5 MPa。

第 4 条　对于强度等级偏高区段和部位的混凝土结构,应密切观察其早期裂缝控制情况;如出现早期裂缝,应及时召开专家评审会分析原因,提出应对措施。

2) 抗渗标号控制要求

第 1 条　施工单位、监理单位和混凝土供应商应按现行的有关标准、规范规定或设计要求留置试件,进行抗渗试验。

第 2 条　每组试件的抗渗试验结果均应符合式(7-2)要求。

3) 其他控制要求

第 1 条　施工单位和监理单位应按《混凝土外加剂应用技术规范》(GB 50119)中附录 B 的方法对各搅拌站供应的混凝土的限制膨胀率性能指标进行抽检。

第 2 条　结构混凝土正式浇筑前,施工单位、监理单位和混凝土供应商应对所选定配合比的混凝土的抗早期开裂性能进行测试,测试方法采用中国土木工程学会标准《混凝土结构耐久性设计与施工指南》(CCES 01—2004,2005 年修订版)附录 A 的平板试件测试法。对于重要的工程区段、部位或构件,宜共同进行模拟构件的试浇筑。

5. 混凝土抗裂施工组织管理系统及措施

第 1 条　业主、总监理单位、施工单位和混凝土供应商应各自由主要负责人牵头成立混凝土早期裂缝控制领导机构,切实加强混凝土早期开裂的过程管理与控制;驻地监理应指定有丰富经验的专人负责混凝土早期裂缝控制。

第 2 条　施工单位和混凝土供应商必须成立混凝土质量跟踪组,对混凝土的施工质量、早期裂缝的控制进行全过程跟踪、记录与分析,并对混凝土早期裂缝控制进行定期报告和通报。

第 3 条　混凝土工程在正式施工前,针对工程特点和施工条件,施工单位应会同设计、监理、混凝土供应商和甲方代表等各方,共同制定施工全过程和各个施工环节的质量控制与质量保证措施及相应的施工技术条例、质量奖惩办法;对于重点浇筑部位和区段,施工单位应制定专项施工组织设计,并经专家评审会审查通过。

第 4 条　施工单位、监理单位和混凝土供应商的质量跟踪小组应各自委派专人负责记录混凝土出厂时间、运送到工地的时间、出机坍落度、浇筑时间和浇筑时的坍落度、浇筑时气温、混凝土入模温度、施工缝的划分、钢筋定位的准确性及保护层厚度、混凝土浇筑高度的控制及混凝土的养护方式和养护过程,包括养护开始时间、混凝土养护中的表面温度与降温速率、拆模时间与拆模时气温及养护后对混凝土强度发展和防裂的防护措施等。如果出现早期裂缝,应记录裂缝出现的时间、部位、宽度、延长、是否渗漏等情况。记录资料应及时整理、分析并经组长签字后定期上报到各自的混凝土早期裂缝控制领导机构。

第 5 条　一旦混凝土出现异常的早期开裂,应立即组织专家召开分析会查明原因,并提出下一步的应对措施。

第 6 条　对于结构混凝土出现的早期裂缝,施工单位和混凝土供应商不得自行进行裂缝处理,应根据专家会的专家意见提出专项整理方案,并报甲方批准后方可施工。

7.8　地下工程混凝土结构细部构造防水

7.8.1　变形缝防水

1. 一般规定

（1）变形缝应满足密封防水、适应变形、施工方便、检修容易等要求。

（2）用于伸缩的变形缝宜不设或少设，可根据不同的工程结构类别及工程地质情况采用诱导缝、加强带、后浇带等替代措施。

（3）变形缝处混凝土结构的厚度不应小于 300 mm。

2. 变形缝防水设计

（1）用于沉降的变形缝其最大允许沉降差值不应大于 30 mm。当计算沉降差值大于30 mm 时，应在设计时采取措施。

（2）用于沉降的变形缝的宽度宜为 20～30 mm，用于伸缩的变形缝的宽度宜小于此值。

（3）变形缝的防水措施可根据工程开挖方法、防水等级按表 7-3 和表 7-4 选用，变形缝的几种复合防水构造形式如图 7-5、图 7-6 和图 7-7 所示。

（4）对环境温度高于 50℃ 处的变形缝，可采用 2 mm 厚的紫铜片或 3 mm 厚不锈钢等金属止水带，其中间呈圆弧形，如图 7-8 所示。

（5）变形缝使用的钢边橡胶止水带的物理力学性能应符合表 7-21 的规定。

表 7-21　钢边橡胶止水带的物理力学性能

项目	硬度（邵氏 A）	拉伸强度/MPa	扯断伸长率/%	压缩永久变形(70℃×24 h)%	扯裂强度/N·mm	热老化性能(70℃×168 h)			拉伸永久变形(70℃×24 h 拉伸100%)	橡胶与钢带黏合试验	
						硬度变化（邵氏 A）	拉伸强度/MPa	扯断伸长率/%		破坏类型	黏合强度/MPa
性能指标	62±5	≥18.0	≥400	≤35	≥35	≤+8	≥16.2	≥320	≤20	橡胶破坏(R)	≥6

图 7-5　中埋式止水带与背贴止
水带复合使用（单位：mm）
1—混凝土结构；2—中埋式止水带；3—填缝材料；
4—背贴止水带；其中，背贴式止水带 L≥300，
外贴防水卷材 L≥400，外涂防水涂层 L≥400

图 7-6　中埋式止水带与遇水膨胀橡胶条、
嵌缝材料复合使用（单位：mm）
1—混凝土结构；2—中埋式止水带；3—嵌缝材料；
4—背衬材料；5—遇水膨胀橡胶条；6—填缝材料

图 7-7　中埋式止水带与可卸式止水带复合使用(单位:mm)

1—混凝土结构;2—填缝材料;3—中埋式止水带;

4—预埋钢板;5—紧固件压板;6—预埋螺栓;

7—螺母;8—垫圈;9—紧固件压块;

10—Ω 型止水带;11—紧固件圆钢

图 7-8　中埋式金属止水带(单位 mm)

1—混凝土结构;2—金属止水带;3—填缝材料

7.8.2　施工缝防水构造

施工缝防水的 3 种构造形式如图 7-9、图 7-10 和图 7-11 所示。施工缝的施工应符合下列规定:

(1)水平施工缝浇筑混凝土前应将其表面浮浆和杂物清除,铺水泥砂浆或涂刷混凝土界面处理剂并及时浇筑混凝土;

(2)垂直施工缝浇筑混凝土前应将其表面清理干净,涂刷界面处理剂并及时浇筑混凝土;

(3)施工缝采用遇水膨胀橡胶止水条止水时,应将止水条牢固地安装在缝表面预留凹槽内;

(4)施工缝采用中埋式止水带止水时,应确保止水带位置准确、固定牢靠。

图 7－9 施工缝——防水
基本构造(一)

1—先浇混凝土;2—遇水膨
胀止水条;3—后浇混凝土

图 7－10 施工缝——防水
基本构造(二)

1—先浇混凝土;2—背贴止水带;
3—后浇混凝土;背贴止水带 $L \geqslant 150$,
外涂防水涂料 $L = 200$,外抹防
水砂浆 $L = 200$

图 7－11 施工缝——防水
基本构造(三)

1—先浇混凝土;2—中埋止水带;
3—后浇混凝土;其中,钢板止水
带 $L \geqslant 100$,橡胶止水带 $L \geqslant 125$,
钢边橡胶止水带 $L \geqslant 120$

7.8.3 后浇带防水

后浇带应设在受力和变形较小的部位,间距宜为 $30 \sim 60 \, \text{m}$,宽度宜为 $700 \sim 1 \, 000 \, \text{mm}$。后浇带可做成平直缝,结构主筋不宜在缝中断开,如必须断开,则主筋搭接长度应大于 45 倍主筋直径,并应按设计要求加设附加钢筋。后浇带的防水构造如图 7－12、图 7－13 和图 7－14 所示。

图 7－12 后浇带防水构造(一)

1—先浇混凝土;2—遇水膨胀止水条;3—结构主筋;4—后浇补偿收缩混凝土

图 7-13 后浇带防水构造(二)

1—先浇混凝土;2—结构主筋;3—背贴式
止水带;4—后浇补偿收缩混凝土

图 7-14 后浇带防水构造(三)

1—先浇混凝土;2—遇水膨胀止水条;
3—结构主筋;4—后浇补偿收缩混凝土

7.9 盾构法隧道结构防水

目前,盾构法修建的隧道绝大部分仍然采用由单层钢筋混凝土管片拼装而成的衬砌结构,其防水工作包括管片防水、管片接缝防水、螺栓孔和注浆孔防水、充填注浆、盾尾密封和渗漏处理等。

7.9.1 管片防水

管片防水包括管片本体防水和管片外防水涂层。根据隧道所处的水文地质条件,应对管片本体的抗渗性能作出明确规定,一般要求其抗渗标号不小于 P_8,渗透系数不大于 10^{-11} m/s。对于钢筋混凝土管片来说,制作质量、工艺和外加剂的使用对提高管片本体的抗渗性效果明显。上海地下铁道区间隧道的钢筋混凝土管片制作时,掺入了 $10\% \sim 15\%$ 的磨细粉煤灰与

SH-Ⅱ型减水剂。

管片外防水涂层需根据管片材质而定,对钢筋混凝土管片而言,一般要求如下:

(1) 涂层应能在盾尾密封钢丝刷与钢板的挤压摩擦下不损伤;

(2) 当管片弧面的裂缝宽度达 0.3 mm 时,仍能抗 0.6 MPa 的水压,长期不渗漏;

(3) 涂层应具有良好的抗化学腐蚀性能、抗微生物侵蚀性能和耐久性;

(4) 涂层应具有防迷流的功能,其体积电阻率、表面电阻率要高;

(5) 涂层应具有良好的施工季节适应性,施工简便,成本低廉。

上海有些隧道的钢筋混凝土管片采用焦油氯磺化聚乙烯涂料为底层,环氧类树脂为表层。因底层具有较高延伸率,可以解决裂缝时的防水问题,而表面层则具有很好的耐磨性,足以抵抗钢丝刷的挤压摩擦。或者采用 911 环氧聚氨酯反应物涂层也是可行的。

但应指出,若管片制作质量高,采用抗侵蚀水泥,不作外防水涂层也是可以的。

7.9.2　管片接缝防水

管片接缝防水包括管片间的弹性密封垫防水、隧道内侧相邻管片间的嵌缝防水及必要时向接缝内注入聚氨酯药液等。其中,弹性密封垫防水最可靠,是接缝防水重点。当然,管片制作精度对接缝防水的影响不可忽视,一般要求接缝宽度不应大于 1.5 cm。

1. 弹性密封垫防水

(1) 弹性密封垫的功能要求。

一般情况下,要求弹性密封垫能承受实际最大水压的 3 倍。衬砌环缝的密封垫还应在衬砌产生纵向变形时,保持在规定水压力作用下不透漏水,即密封垫在设计水压下的允许开张值应大于衬砌在产生纵向挠曲时环缝的开张值,可表示为

$$\delta \leqslant \frac{B \cdot D}{\rho_{\min} - \dfrac{D}{2}} + \delta_{\mathrm{o}} + \delta_{\mathrm{s}}。 \tag{7-4}$$

式中:δ——环缝中弹性防水密封垫在设计水压下允许的缝开张值;

$\quad$ D——衬砌外径;

$\quad$ B——管片宽度;

$\quad$ $\rho_{\min}$——隧道纵向挠曲的最小曲率半径;

$\quad$ δ_{o}——生产和施工可能造成的环缝间隙;

$\quad$ δ_{s}——隧道邻近建筑物及桩基沉降等引起的隧道挠曲和接缝张开值。

同时,还要求密封垫传给密封槽接触面的应力大于设计水压力。接触面应力是由扭紧连接螺栓、盾构千斤顶推力、密封垫膨胀等因素产生的。此外,当密封垫一侧受压力作用时也会产生一定的接触面应力,即所谓"自封作用"。

(2) 密封垫材料要求。

实践证明,密封垫的材料性能极大地影响接缝防水的短期或长期效果,因此对它有严格的

要求,尤其是对防水功能的耐久性,即要求密封垫能长期保持接触面应力不松弛。有文献建议:接触面应力由 0.6 MPa 降至 0.2～0.3 MPa 的时间即为密封垫的寿命。其他耐久性要求包括耐水性、耐动力疲劳性、耐干湿疲劳性、耐化学侵蚀性等。对水膨胀橡胶还要求能长期保持其膨胀压力。

密封材料之间及密封材料与管片之间应有足够的黏结性,而且不能影响管片的拼装精度,施工还要方便。

(3) 密封材料种类。

从密封材料的发展过程看,密封材料大致可以分为如下 3 类:

① 单一的,如未硫化的异丁烯类、硫化的橡胶类、海绵类、两液型的聚氨酯类等;

② 复合的,如海绵加异丁烯类加保护层、硫化橡胶加异丁烯类加保护层等;

③ 水膨胀的,如水膨胀橡胶,它是在橡胶(天然橡胶或氯丁橡胶)中加入水膨胀剂(如吸水性树脂、水溶性聚氨酯等)而制成的。

可以说,水膨胀密封材料的出现,显著地改变了盾构法隧道的防水性;因为它吸水后膨胀产生的膨胀压力可以抵抗水压力,防止渗水,是今后的发展方向。

(4) 国际上采用的弹性密封垫简介。

德国主要采用氯丁橡胶的制品,经过实践和试验(包括不同构造形式的密封垫压缩量和压缩应力的关系及水压力和允许接缝张开量的关系、不同硬度的密封垫在低温和常温下压缩量与压缩应力的关系及水压力和允许张开量的关系等),他们认为:中间开 4 孔形式的密封垫更为合理;硬度对密封垫的压缩量和压缩应力的影响很大,氯丁橡胶密封垫硬度 HRC 以 65 较为合理。4 孔形密封垫如图 7-15 所示。

图 7-15　4 孔形密封垫

日本普遍采用水膨胀橡胶制品,经过实践和试验(不同材质的水膨胀橡胶在不同温度、水质、时间下浸泡的质量变化率,不同硬度和构造形式的水膨胀橡胶密封垫在长期压缩下应力松弛特性及压缩时间和复原率关系,膨胀、干缩循环后材料以上特性的变化),其结论为如下:

① 接触面上必须设置密封沟槽,其体积应为密封垫体积的 1～1.5 倍;

② 为确保密封垫完全压密,初始接触面应力应小于螺栓拧紧力和千斤顶顶力,长期接触面应力必须大于水压力;

③ 吸水性聚氨酯类比丙烯酸盐吸水性树脂好;

④ 密封垫构造形式和硬度对止水影响很大;

⑤ 接缝张开量为"0"时,其压缩量也应达到 30%～40%。

日本在试验时对膨胀力、水压力都用精度较高的压力传感器测定,对硬度与止水性关系研究较深入,尤其对材料的使用寿命估计方法较科学、合理。根据推算,水膨胀橡胶密封垫在隧道内寿命为 50～100 年。并指出管片角部加贴密封腻子条有利于防水。

日本普遍采用的密封垫形式如图 7-16 所示。

图 7 - 16　日本的密封垫类型

中国曾经采用过非水膨胀性和水膨胀性的密封垫,经过实践和试验发现:水膨胀橡胶在接缝张开时,止水性的发挥有滞后现象,外涂缓膨胀剂,可使其在受力前遇水不膨胀,受力后才吸水膨胀。氯丁橡胶长期压缩后,止水性有滞后和下降的现象。图 7 - 17 所示的密封垫可满足A、B 型管片的要求。

图 7 - 17　国产密封垫形式

（5）密封垫设计的有关问题。

根据上述各国的实践经验和试验研究,在设计密封垫时应注意:密封垫沟槽的断面积应大于或等于密封垫的断面积,才能使密封垫完全压密;盾构千斤顶的顶力应大于环面密封垫的压缩力,才能保证环缝不张开;螺栓紧固力应大于纵面密封垫压缩力,才能使纵缝张开量为"0" mm;拼装后接缝张开量为"0" mm 时,密封垫压缩率≤35 %,这是考虑材料老化所需要的;密封垫厚度与密封槽应视具体工程的接缝张开量和材料性能而定,一般槽深为 10 mm,槽宽为50 mm,密封垫高出端面 4.5 mm,如图 7 - 18 所示;密封槽的数目视具体工程的情况而定,一般为 1 道,在含水砂层或薄弱部位也可设 2 道,对于大直径隧道,因管片厚,也可设 3 道。

（6）密封垫施工。

弹性密封垫一般为预制品,但也可采用现场涂抹。无论采用哪一种形式的密封垫,施工前都必须用钢丝刷将密封槽内的浮灰和油污除去、烘干,并涂刷底层涂料以保证黏结良好。

对预制的密封垫,尤其是管片上有 2 道以上的密封槽时,一定要"对号入座",不得装错。嵌入槽内的密封垫要用木锤敲击,以提高黏结效果,不致在管片运输和拼装时掉落和错位。拐角处的密封垫,粘贴时尤应注意,必要时应采取加强措施。

对于 K 型管片,在纵向或径向插入时,密封垫容易被拉长或剥落,此时宜在密封垫上涂一层减摩剂,最好选用后期能凝固止水的减摩剂。

在曲线推进或纠正蛇行需要加设楔形垫板时,其厚度应与密封垫板相匹配,以确保接缝防水要求。

2. 接缝嵌缝防水

接缝防水的另一措施就是在隧道内侧用防水材料进行嵌缝。

嵌缝槽的形状要考虑拱顶嵌缝时,不致使填料堕落、流淌,其深度通常为 20 mm,宽度为 12 mm,如图 7－18 所示。嵌缝材料应具有良好的水密性、耐侵蚀性、伸缩复原性,硬化时间短,收缩小,便于施工等特性。满足上述要求的材料有以环氧类、聚硫橡胶类、尿素树脂类为主的材料。

图 7－18　接缝嵌缝防水结构图(一)

变形缝的嵌缝槽形状和填料必须满足在变形情况下,亦能止水的要求。上海市曾对不定型自粘性丁基橡胶腻子、水膨胀橡胶腻子(用氯丁胶乳水泥加封)、制品型海绵橡胶为芯材外包水膨胀橡胶的圆形嵌条及内插塑料扩张芯材的特殊齿形嵌条进行过试验,认为特殊齿形嵌条和水膨胀橡胶腻子较好,如图 7－19 所示。

嵌缝作业应在衬砌稳定后,在无千斤顶推力影响的范围内进行,一般距盾尾 20～30 m。

图 7-19 接缝嵌缝防水构造图(二)

嵌缝前要将嵌缝槽内的油、锈、水清除干净,必要时用喷灯烘干,不得在渗水情况下作业。涂刷底层涂料后再行填塞填料,进行捣实。

嵌缝时要特别注意仰拱 90°范围内的嵌填质量,因为此处在运营后无法补救。

3. 接缝注浆

接缝注浆是近年来开发的一种新技术,在管片的四边端面上设置灌注槽,管片拼装成环后,由隧道内向管片的灌注槽内压注砂浆或药液。要求压注的材料流动性好,具有膨胀性,固结后无收缩,如聚氨酯类浆液。但应注意,接缝注浆常易引起衬砌变形,反而降低防水效果;故需对管片的形状和压注方法仔细考虑。也有文献建议,只有当接缝的密封垫防水和嵌缝防水施作后仍有漏水现象时才使用。

4. 螺栓孔和压浆孔防水

螺栓与螺栓孔或压浆孔之间的装配间隙是渗水的重要通道,所采取的防水措施就是用塑性(合成树脂类、石棉沥青或铅)和弹性(橡胶或聚氨酯水膨胀橡胶等)密封圈垫在螺栓和螺孔之间,在拧紧螺栓时,密封圈受挤压充填在螺栓与孔壁之间,达到止水效果。

另一种防水方法是采用一种塑料螺栓孔套管,浇注混凝土预埋在管片内,与密封圈结合起来使用,防水效果更佳,如图 7－20 所示。

图 7－20 螺栓孔和压浆孔防水

密封圈应具有良好的伸缩性、水密性、耐螺栓拧紧力、耐老化等。为提高防水效果,螺栓孔口可做成喇叭状。由于螺栓垫圈会产生蠕变而松弛,为了提高止水效果,有必要对螺栓进行二次拧紧。

施工时螺栓位置偏于一边的现象是经常发生的,应充分注意,必要时也可对螺栓孔进行注浆。

7.10 北京地铁区间暗挖隧道复合衬砌可穿刺自愈合材料防水新技术与新工艺

7.10.1 地铁暗挖隧道复合衬砌防水技术及工艺现状

1. 北京地铁暗挖隧道复合衬砌防水技术和工艺的演变

1986—1987 年,地铁复兴门折返线工程采用厚 1.0 mm PVC(聚氯乙烯板)做防水层,用电烙铁焊接,射钉穿破板固定于喷射混凝土上。

1987—1990 年,地铁复兴门至西单车站区间隧道采用厚 1.0 mm PVC 板做防水层,用电烙铁焊接,射钉穿破板固定于喷射混凝土上。

1990 年以后,在复西区间隧道试验应用厚 0.65 mm HDPE(高密度聚乙烯膜)做防水层,并用美国 Gundle 公司专用焊枪焊接膜间接缝,射钉穿破膜固定于喷射混凝土上;但为防水,在射钉处加了遇水膨胀橡胶垫圈,效果较好。

1989—1992 年,地铁西单车站采用先在喷射混凝土基面上施做水泥防水砂浆,然后在拱部及边墙喷涂焦油聚氨酯涂料(设计要求厚度不小于 1.5 mm)做防水隔离层;与此同时,在西单车站折返线工程则采用厚 0.65 mm LDPE(低密度聚乙烯膜)做防水层,膜间接缝用专用焊枪焊接,用射钉固定,钉眼处用同质材料焊补。

　　1992 年 1 月,对北京五洲大酒店地下人行通道复合式衬砌防水层做了较大改进,仍采用厚 0.65 mm LDPE 膜做防水层,但在 LDPE 膜下面加了一层厚 4.0 mm PE 泡沫塑料垫衬作为缓冲层,膜间接缝采用专用热合机、双焊缝,先用射钉或胀管螺丝固定 LDPE 膜于喷射混凝土基面上,然后再将 LDPE 膜固定在 PE 泡沫塑料垫衬的垫圈上。这样实现了防水层无钉铺设、膜间接缝双焊缝,从而提高了防水层的防水可靠性。

　　1993 年 9 月 23 日,北京地铁复八线工程防水领导小组召开会议专门研究复八线工程防水用材料问题。会议根据防水专家小组意见决定:用浅埋暗挖法修建的区间隧道及车站复合式衬砌防水用材选以下两种:LDPE 膜和 EVA 膜(乙烯－醋酸乙烯共聚物)。LDPE 膜侧重用于区间隧道,EVA 膜侧重用于车站,两者亦可兼用,膜厚为 0.8 mm。由于初期支护喷射混凝土基面粗糙,为保证防水膜不受损伤,保证防水的可靠性,在 LDPE 膜或 EVA 膜下均需加设缓冲层。缓冲层选用厚 4～5 mm PE 泡沫塑料垫补或土工布(无纺布)。

　　1994 年,北京地铁复八线工程采用盖挖逆作法修建的永安里车站及天安门车站,其边墙防水层均采用了 EVA 膜＋PE 泡沫塑料垫衬新技术、新材料、新工艺施作,效果较好。当时,横穿长安街的多条人行过街地道复合式衬砌防水层也采用了上述技术、材料及工艺。

　　2002 年 1 月,北京地铁 5 号线工程开工。经研究确定,地下结构防水原则同地铁复八线工程,车站与区间隧道仍为复合式衬砌结构。由于车站与区间二次衬砌为钢筋防水混凝土,根据复八线工程的经验,防水板选择具有一定的抗穿刺能力的 ECB 板(乙烯－醋酸乙烯与沥青共聚物)和 EVA 板,其厚度为:车站选用厚 2.0 mm,区间选用厚 1.5 mm,缓冲层选用 400～350 g/m² 无纺布。

2. 复合式衬砌防水的优点及存在的突出问题

　　复合式衬砌的塑料防水板夹层,也称作防水隔离层。防水隔离层,除其本身作为一道防线起到防水作用外,其优点是能大大减少内衬砌(二衬)混凝土的约束,控制或减少二衬混凝土的早期裂缝,确保二衬自防水和耐久性。

　　复合式衬砌是一种“三明治”式构造。其在防水方面存在的突出问题,归纳起来,有如下 4 点。

　　(1)复合式衬砌防水本质上为“被动”防水。由于喷射混凝土初期支护不防水,复合式衬砌实际上是将地下水引入“三明治”结构内部,然后由塑料防水板和二衬防水混凝土来被动防水。

　　(2)塑料防水板有大量焊缝,焊接质量没有百分之百的保证,焊缝又难以一一检查;二衬钢筋架立、绑扎、焊接过程中易刺破和烧坏防水板,这些客观因素的存在,使得塑料防水板的敷设质量不易保证,焊缝的漏焊、脱焊和防水层的破损难以避免。

　　(3)只要有水从焊缝和防水板破损处透过防水层,那么,透过来的水在防水层与二衬的接触面间形成“窜流”。一旦发生渗漏,复合式衬砌渗漏水治理将很难找到渗漏源,就成了“打靶找不到靶子”,就像“瞎子摸象”。

　　(4)大量的施工缝和一定数量的变形缝使得二衬防水质量难以保证,施工缝、变形缝是最易产生渗漏的部位。

3. 复合衬砌分区防水技术及其存在的问题

因复合式衬砌塑料防水板防水技术存在的突出问题,自 20 世纪 90 年代起,欧美发达国家在复合式衬砌防水中全面引入分区防水的设计理念,开发了分区防水的系统材料,在隧道与地下工程复合式衬砌防水中开始推广应用塑料防水板分区防水新技术、新工艺。塑料防水板分区防水新技术、新工艺是国外隧道与地下工程复合式衬砌防水的领先技术和工艺之一。

在国内地铁暗挖车站和区间隧道复合式衬砌防水中,北京地铁以 5 号线、4 号线、10 号线为依托工程,领先研究、全面推广塑料防水板分区防水新技术、新工艺。

尽管分区防水技术能在很大程度上能防止塑料防水板的窜流的发生,并且一旦发生渗漏,能使得治理范围较为明确,治理代价小。但是,存在的问题是:① 背贴止水带(亦称外贴止水带)的底座板较防水板厚、硬,且只能与防水板人工焊接(手焊),焊缝不易保证均匀、连续且易脱开、撕裂,尤其是施工中无可靠方法检查其焊接效果,造成的后果是当地下水透过防水板的破损处进入某一个分区后,能从背贴止水带与防水板焊缝的漏焊、脱开或撕裂处"窜"到另一分区;② 背贴止水带的齿条在阴角处必然发生"倒齿",施工又常见不作处理或处理不到位,使得二衬混凝土与齿条不能紧密咬合而"窜"水;③ 二衬混凝土在拱顶部位不能浇捣密实而使得混凝土与背贴止水带的齿条完全不能咬合等主要问题而使得分区往往无法实现。

7.10.2 可穿刺、自愈合防水材料

1. 膨润土防水材料及防水原理

1) 膨润土防水材料

膨润土防水材料(bentonite materials for waterproofing)是指利用天然钠基膨润土(见图7-21)加工制作而成的地下工程防水材料,包括膨润土防水毯主材、密封膏及膨润土止水条等配套材料。

膨润土的主要矿物成分是蒙脱石(montmorillonite)。蒙脱石是一种层状含水的铝硅酸盐矿物,其理论结构式为$(1/2Ca, Na)_{0.7}(Al, Mg, Fe)_4(Si, Al)_8O_{20}(OH)_4 \cdot nH_2O$,其中的 Ca、Na 为可交换的阳离子。根据层间离子不同,自然界的蒙脱石可分为钠蒙脱石、钙蒙脱石,因此天然膨润土分为钠基膨润土和钙基膨润土。因钠基膨润土较钙基膨润土具有更优异的遇水膨胀性能,因此仅钠基膨润土可用作地下工程防水材料。北京地铁 5 号线选用的防水毯的膨润土的矿物成分见表 7-22。

表 7-22 膨润土的矿物组成

矿物名称	矿物代号	含量/%
Na-蒙脱石	S	55~60
伊利石	I	20
高岭石+绿泥石	K(C)	<5
石英	Q	<15
长石	Ab	<5
石膏	G	<5

图 7-21　颗粒状天然钠基膨润土

　　蒙脱石是由纳米级的颗粒($10^{-11} \sim 10^{-9}$ m)组成的,国外也称膨润土为天然纳米材料。

　　膨润土防水毯是指由两层土工织物(一层有纺土工布、一层无纺土工布)包裹天然钠基膨润土颗粒针织而成的毯状材料。膨润土颗粒均匀分布,以针织方法将膨润土颗粒固定,无纺土工布的外表面加烫一层高密度聚乙烯(HDPE)薄膜以适应在潮湿基面上铺设,如图 7-22 所示。

图 7-22　针织法固定膨润土颗粒的膨润土防水毯

注:图中两层土工织物间针织固定的为膨润土颗粒,黑色边缘为 HDPE 薄膜。

2) 膨润土材料的防水原理

膨润土材料的防水原理是遇水止水。

天然钠基膨润土与水接触后,将逐渐发生水化膨胀(见图7-23——膨润土水化膨胀的扫描电镜照片,扫描电镜研究的膨润土样品取自用于北京地铁5号线工程的膨润土防水毯);如在自由状态下充分水化,其体积至少能膨胀13～16倍,甚至超过30倍;如在一定的限制条件下,能形成极低渗透性(可以看作不透水)的凝胶体,其渗透系数小于 $\alpha \times 10^{-9}$ cm/s。

图7-23　天然钠基膨润土水化膨胀的扫描电镜照片
(其中白色部分为膨润土水化物、黑色部分为膨润土颗粒间的吸附水和层间域的结合水)

膨润土防水毯遇水化形成的极低渗透性的致密凝胶层,即为地铁工程结构的防水层。

2. 膨润土防水毯的技术性能指标

膨润土防水毯的主要技术性能指标见表7-23。

表7-23　膨润土防水毯主要物理技术性能指标

序　号	物理技术性能指标	单　位	指　标　值
1	防水毯厚度	mm	6.4
2	钠基颗粒状膨润土单位面积含量	kg/m²	5.5

序　　号	物理技术性能指标	单　　位	指　标　值
3	抗拉强度	N	≥530
4	膨润土膨胀指数	ml/2g	≥24
5	导水系数(渗透率)	cm/s	≤5×10⁻¹⁰
6	穿刺强度	N	≥620
7	延伸率	%	20
8	抗静水压	m	≥70
9	低温柔韧性		−32℃ 不受影响
10	高密度聚乙烯(HDPE)薄膜剥离强度	N	≥65
11	剥离强度	N	≥65
12	混凝土面剥离强度	kN/m²	≥2.6

3．膨润土防水毯的膨胀压力

1) 测试装置

为了研究膨润土防水毯的水化膨胀特性,专门研制了一种膨胀压力测定仪(见图 7-24 所示)。在饱和水条件下对膨润土防水毯吸水膨胀所产生的压力及其随时间变化趋势进行了测定。其中,样品两侧的金属挡板相当于约束防水毯的工程结构。实验时将膨润土防水毯置于钢板和挡板之间,并施加一定的初始压力将其固定。实验时,采用针式注水法连续向防水毯注水,防水毯吸水膨胀,并把其膨胀所产生的压力传给压力传感器的探头,通过压力传感器来判读防水毯吸水膨胀所产生的压力值,并实时记录其随时间的变化趋势。

图 7-24　膨润土防水毯膨胀压力测定装置示意图

2）测试结果

（1）膨胀压力测定仪的可靠性。

如图 7-25 所示，在给定初始压力值和饱和供水的条件下，膨胀压力仪所测得的压力曲线具有很好的一致性，证明自行研制的膨胀压力测定仪是可靠的。

图 7-25　膨润土防水毯膨胀压力随时间变化曲线

（2）膨润土防水毯在饱水条件下的膨胀压力时程曲线。

图 7-26 所示为在饱水条件下膨润土防水毯充分膨胀和失水状态收缩的压力时程曲线，充分膨胀和失水收缩的初始状态历时 100 d。从图 7-26 中的时程曲线可以看出：① 膨润土防水毯在饱水条件下充分膨胀约历时 90 d；② 在失水状态下，膨润土防水毯能逐渐收缩的初始状态，具有很好的膨胀－收缩的可逆性能；③ 在结构的完全限制条件下，膨润土防水毯充分膨胀能产生越 20～30 kPa 的膨胀压力。

图 7-26　膨润土防水毯充分膨胀和完全收缩的压力时程曲线

4. 膨润土防水材料的技术特点

（1）可穿刺、自愈合。膨润土防水毯是一种可穿刺、自愈合防水材料。防水毯铺/挂设时，采用水泥钉、垫片穿刺固定。防水毯穿刺处遇水后，因膨润土水化膨胀，可自行愈合，见图 7-27。

图 7-27　膨润土防水毯穿刺处的自愈合

（2）自然搭接、不需焊接。因自愈合功能，膨润土防水毯接缝处为自然搭接固定（见图7-28），而不像塑料防水板那样在接缝处需要焊接。

图 7-28　膨润土防水毯在搭接处的自愈合

（3）耐久。膨润土是天然无机黏土矿物,在自然界其物理化学性质十分稳定;在 pH 值为 4~12 的水或溶液中,其防水性能无任何变化。天然钠基膨润土防水材料的耐久性远超过结构物本身。

（4）环保。膨润土无毒、无害,用作地铁和其他地下工程的防水材料,不会污染地下水;同时,膨润土防水毯在铺/挂设过程中,不会在作业环境中产生任何有害物。

（5）能修补结构混凝土裂隙。由于天然钠基膨润土具有独有的高膨胀性,使其能修补结构混凝土的孔隙、裂隙,因而能提高结构的自防水功能。

（6）对基面无特殊要求。膨润土防水毯铺/挂设时,对基面平整度和渗漏水处理的要求与塑料防水板相同。

7.10.3　地铁暗挖区间隧道复合衬砌可穿刺、自愈合材料防水新技术及新工艺

1. 技术和工艺标准的制定

基于实验室试验、相似结构模型(隧道模型与地铁标准的暗挖区间隧道的几何相似比为 1:2)试验和北京地铁 5 号线天坛东门站东南风井、磁器口站西南风井复合式衬砌膨润土防水毯防水的工程试验,首次研制了 2 个北京市建设工程技术企业标准(实际为北京市地方标准)《轨道交通膨润土材料防水工程施工质量验收标准》(QGD－001—2005)和《轨道交通膨润土材料防水工程施工细则》(QGD－002—2005),这是国内第一套膨润土材料防水的技术标准。

2. 膨润土防水毯铺(挂)设的技术及工艺要点

1) 基面处理

第 1 条　防水毯铺/挂设前应进行基面处理,包括基面渗漏水治理和基面平整度处理等。

第 2 条　基面渗漏水治理应符合下列规定。

① 治理后的基面允许潮湿,但不得有点状漏水或线状流水现象。

② 基面渗漏水治理应以堵为主,如难以封堵,可采取临时引排水措施。所使用的临时引排水管应嵌入槽内或直接固定在基面上,但必须用水泥砂浆填槽抹平覆盖;临时引排水坑及引排水管在停止排水后必须用水泥砂浆充填。

③ 基面低洼处的积水应清除。

第 3 条　基面平整度处理应符合下列规定。

① 基面应坚实、平整、圆顺、清洁,平整度应符合 $D/L \leqslant 1/30$ 的要求,其中,D 为基面相邻两凸面凹进去的深度,L 为基面相邻两凸面间的距离。

② 基面应无尖锐突起和凹坑,有尖锐突起应去除,有凹坑应用砂浆填平。

③ 注浆管等金属突出物应截除,并用水泥砂浆覆盖。

④ 基面裂缝宽度≥1.5 mm 时,应作嵌填处理。处理方法:凿 V 形槽,平面上用水泥砂浆或膨润土防水粉/浆嵌填;立面上用水泥砂浆或膨润土防水浆嵌填。

⑤ 基面阴阳角应用水泥砂浆做成 $\phi 50$ mm 的圆角,或做成 50×50 mm 的钝角。

⑥ 底板或仰拱防水毯铺设前,必须将底板或仰拱清扫干净。

第4条 基面渗漏水治理和平整度处理后,须报请监理检查验收合格签字后,方可进行下道工序。

2) 防水毯铺/挂设设备与机具

第1条 铺/挂设防水毯的设备与机具包括简易吊装设备、铺/挂设台架、射钉枪、铁锤、裁切刀/剪刀。

第2条 所使用的射钉枪应为可调节冲击力的射钉枪,不用冲击力过大的射钉枪,冲击力的大小应在防水毯铺设前通过现场试验确定。

第3条 如无可调节冲击力的射钉枪时亦可人工锤击固定防水毯。

3) 防水毯的铺/挂设

(1) 防水毯的固定。

第1条 防水毯应用水泥钉及垫片穿孔固定。

第2条 水泥钉的长度应不小于40 mm,垫片可为圆形或方形,垫片的直径或边长应不小于30 mm。钉孔应呈梅花形布置,水泥钉间距:立(斜)面不大于500 mm,隧道顶拱不大于300 mm,隧道仰拱不大于500 mm,搭接缝处不大于300 mm。平面(顶板、底板)仅在搭接缝处用水泥钉固定。在搭接部位,水泥钉距搭接缝边缘应为15~20 mm。

第3条 垫片可用与水泥钉配套的圆垫片,也可用不小于1.5 mm厚的镀锌铁皮现场裁剪而成的方形垫片,或厚度2.0 mm以上、有一定刚度、能满足挂设要求的塑料垫片。

第4条 防水毯的高密度聚乙烯(HDPE)薄膜的一面应朝向迎水面;如为暗挖隧道复合式衬砌防水,防水毯的高密度聚乙烯(HDPE)薄膜的一面则朝向初期支护面。

(2) 防水毯搭接

第1条 防水毯为自然搭接,搭接宽度应不小于100 mm。

第2条 大面防水毯的搭接缝不宜设在拐角处,搭接缝应离拐角500 mm以上;拐角处防水毯应增设附加层。

拐角处防水毯铺设方法:先铺500 mm宽附加层(沿拐角两侧各250 mm),再铺大面防水毯。

第3条 如在立面(边墙)、平面(底板)拐角处的搭接不可避免时,则搭接宽度应为600 mm,即立面、平面上的防水毯在拐角处均再往平面、立面延长300 mm,不另铺500 mm宽的附加层,且立面的防水毯必须压在平面的防水毯之上;如为顶板和侧墙拐角的外包防水,则必须为顶板防水毯压侧墙防水毯。

第4条 膨润土防水毯与塑料类防水板的搭接宽度应不小于400 mm。

第5条 搭接缝应密贴、平整,严禁皱折。

第6条 立(斜)面上,防水毯的搭接必须是上幅压下幅,隧道为顶拱防水毯压边墙防水毯。

第7条 防水毯的拼接应尽量减少接缝,接缝宜错开。

第8条 搭接缝必须用膨润土防水浆封闭。

第9条 所有搭接缝的搭接质量,包括搭接宽度、平整度、密贴、叠压等是否符合要求,均必须经监理人员检查、签字认可。

(3) 甩头的保护和连接

第1条 甩头的预留长度应比钢筋头长 200 mm 以上(如图 7 - 29 所示),且必须大于500 mm,并用收边条收边密封。

图 7 - 29 平面(底板/隧道仰拱)上竖向施工缝的甩头及甩头保护

第2条 立面上的甩头应用 300 mm 宽的白铁皮或低密度聚乙烯(LDPE)防水板保护,以防止杂物进入甩头背后和施工对甩头的扰动、破坏。

第3条 平面(底板/隧道仰拱)上的甩头,用柔性临时保护层作 U 形包裹后,再压临时保护板覆盖保护(如图 7 - 29 所示)。

第4条 由于甩头暴露时间长,一定程度的水化难以避免,严禁对甩头反复揉搓、挤压而致使膨润土水化凝胶破坏、损失。

第5条 甩头连接时,不应将已发生一定程度水化的甩头截掉,新防水毯可直接搭接在甩头上,并与附加层对接(甩头的实际搭接宽度应为 250 mm);甩头对接缝必须用膨润土防水浆封闭;连接时,应先撕掉收边条。

第6条 甩头连接前,必须先将甩头部位的杂物清除干净。

(4) 与塑料防水板的连接

防水毯与塑料类防水板的搭接方法:塑料类防水板必须压在防水毯之上,并应用水泥钉和垫片固定;搭接缝必须用膨润土防水浆封闭;同时,应在搭接部位的塑料类防水板上焊接与其同材质的背贴式止水带,以实现两种防水材料防水区域的分隔。

（5）防水毯破损处的修补

防水毯铺/挂设过程中,因钉孔或其他原因造成的破损,应妥善修补。

修补方法:在防水毯铺设过程中,对破损处先作明显标识;破损如为钉孔,用膨润土防水浆封闭即可。其他较大的破损,先用膨润土防水浆将破损部位封闭,再用同质防水毯覆盖修补,补丁应大于破损边缘 300 mm,并用水泥钉固定;同时,必须用膨润土防水浆将补丁周边封闭。

（6）防水毯空鼓或皱折的处理

防水毯一旦空鼓或皱折,应割开或切除少许防水毯,使之平整并与基面伏贴;割开或切除部位,先用膨润土防水浆封闭,再用同质防水毯覆盖修补,补丁处的搭接宽度应不小于 300 mm,补丁周边必须用膨润土防水浆封闭。

3. 北京地铁天磁区间暗挖隧道复合衬砌膨润土材料防水工程

1）工程概况及工程地质水文地质条件

（1）工程概况

北京地铁 5 号线天坛东门—磁器口区间(简称天磁区间)施工范围包括 K4＋984～K5＋979,全长为 995 m。主要工程包括区间隧道正线及其所含的联络通道、迂回风道、泵房、人防防护段、施工横通道、竖井、与规划 7 号线的联络线节点等土建工程。区间经过的路段,道路两侧重大建筑物较少,以居民住宅为主,由于区间隧道主要位于机动车道下方,离两侧居民住宅较远,对住宅基本上无影响。

区间线路沿天坛东路及崇文门外大街走向,隧底埋深为 21.2～22.5 m,见天磁区间平面图及纵断面图(图 7－30 和图 7－31)。从施工竖井及横通道往南和往北,区间正线采用上半断面环形开挖留核心土的短台阶法施工,初期支护采用格栅拱架＋C20 网喷混凝土,二次衬砌采用 C30 P10 防水混凝土。

图 7－30　北京地铁 5 号线天坛东门站—磁器口站区间(天磁区间)总平面图

（2）工程地质和水文地质条件

① 天磁区间位于永定河冲积扇南部地带,场址地形基本平坦,地面标高为 40 m 左右。场址地层由上至下依次为人工堆积层、第四纪全新世冲洪积层、第四纪晚更新世冲洪积层。隧道

穿越地层主要为粉质黏土、黏土层,其中 K5+150~K5+500、K5+700~K5+820 段隧底处于细中砂层(见图 7-31)。

图 7-31　天磁区间地质纵剖面图

场址处从上到下有 3 层水,依次为上层滞水、潜水和承压水。区间全部位于承压水下。

② 地层性质。

● 粉质黏土、黏土、粉土层为饱和土层,属Ⅵ级围岩,土体的自稳能力差,在地下水的作用下强度大大降低,易发生坍塌现象。

● 中粗砂、粉细砂层为含水层,在地下水作用下易发生漏水、流砂、坍方等现象。

● 圆砾层为富含水层、饱和状态,一般粒径为 15~40 mm,亚圆形为主,砾、卵含量约占全重的 55% 左右,密实,有一定的自稳性。

③ 地下含水层的性质。

● 上层滞水位于地表下 4 m 左右,存于填土层。

● 潜水层主要存于粉细砂层、中粗砂层、圆砾层内,潜水埋深为 7~12 m。

下层水主要为承压水,主要存于深层粉细砂层和卵石圆砾层内。第一层承压水埋深为 14~16 m,第二层承压水埋深为 20 m 左右。

④ 地下水的腐蚀性。

潜水对混凝土结构无腐蚀性,在干湿交替环境下对钢筋混凝土的钢筋具有弱腐蚀性,而在长期浸水的条件下对钢筋混凝土中的钢筋无腐蚀性。承压水对混凝土结构无腐蚀性,对混凝土中的钢筋无腐蚀性。

2) 暗挖区间隧道复合衬砌膨润土材料防水设计

如图 7-32 所示,为了进行工程试验对比,横通道以南的南段隧道(约 350 m 长),在喷射混凝土的基面上设计了 20 mm 厚的找平层;横通道以北的北段隧道(长约 645 m),取消找平层,膨润土防水毯直接在符合平整度要求($D/L \leqslant 1/30$)的基面上铺设。

(a) 横通道以南隧道断面

(b) 北段隧道断面

图 7 - 32　区间隧道标准横断面结构防水设计图

3) 暗挖区间隧道复合衬砌膨润土材料防水施工

(1) 膨润防水毯的铺/挂设。

天磁区间隧道按照如前所述的技术和工艺要点铺/挂设膨润土防水毯,基面处理和膨润土防水毯铺/挂设的效果见图 7 - 33 和图 7 - 34 所示。

(2) 膨润土防水毯对二衬混凝土强度影响的现场测试。

① 测试方法。

取两组对比试验试样,一组为常规的抗压强度试样,另一组为在试模的底部放置了膨润土防水毯的抗压强度试样。同一时刻取同样的混凝土,取样后在同一条件下养护两组试样。测试两组试样的 3 d、7 d、14 d 和 28 d 抗压强度。

② 取样地点。

天坛东门站东南风井,磁器口站西南、东北风井。

③ 测试结果。

测试结果见表 7 - 24 所示。

图 7 - 33　区间隧道北段喷射混凝土基面平整度处理

图 7 - 34　隧道内铺/挂设好的高质量膨润土防水毯防水层

表 7-24　抗压强度对比　　　　　　　　　　　　单位：MPa

试样分组		3 d	7 d	14 d	28 d
组 1（取自天坛东门站东南风井）	常规强度试块	17.8	21.2	28.2	31.1
	试模底部放置膨润土防水毯的试块	17.7	23.6	27.6	31.2
组 2（取自磁器口站西南风井）	常规强度试块	15.8	19.2	28.5	31.2
	试模底部放置膨润土防水毯的试块	14.0	22.8	28.2	33.5
组 3（取自磁器口站东北风井）	常规强度试块	16.3	22.7	28.2	34.6
	试模底部放置膨润土防水毯的试块	16.5	24.4	28.1	30.4

④ 测试结论。

膨润土防水毯对二衬混凝土强度没有影响。

（3）顶拱充填注浆。

① 注浆材料、配比及注浆参数。

通过相似结构模型的注浆试验，确定隧道顶拱充填注浆的材料、配比及注浆参数如下。

● 浆液种类：为了提高浆液结石率，保证填充密实，采用水泥与天然钠基膨润土防水粉的混合浆液。

● 浆液配比：水灰比为 0.75 : 1，天然钠基膨润土防水粉掺量为水泥用量的 15%，水泥的强度等级为 32.5 的普通硅酸盐水泥。

● 浆液性能：凝结时间为初凝 5 h 15 min、终凝 9 h 38 min，结石率＞90%。

● 注浆压力：0.2～0.3 MPa。

● 注浆次数：2 次，间隔时间为 9 h，为同一注浆管注浆。

② 注浆施工及效果。

注浆顺序为先拱腰后拱顶。图 7-35 所示为浆液结石率测试的现场取样，测试得到顶拱充填注浆浆液的平均结石率为 93.4%。拱腰注浆时，因膨润土防水毯被二衬混凝土压紧且其织布纤维长入混凝土而使得膨润土防水毯与二衬紧密结合，未发现相邻注浆管的"窜浆"现象。经钻孔检查和无损检测证实，通过 2 次注浆，拱顶填充密实。

4．天磁区间隧道的防水效果

1）地下水位恢复状况

据 2006 年 2 月 9 日的水位观测结果，部分降水井的地下水水位如表 7-25 所示。根据表 7-25，试验段地下水水位恢复到 21.70～21.90 m 标高，而隧道结构底板标高为 19.35 m 标高，因此截至 2006 年 2 月 9 日，地下水水位恢复到隧道底板以上 2.35～2.55 m。此后，因地面交通原因无法进一步观测地下水位，但估计目前地下水已经恢复到施工前的状态。

图 7-35　顶拱充填注浆浆液结石率测试的现场取样

表 7-25　天磁区间 2006 年 2 月 9 日的地下水水位

本次观测日期: 2006-2-9		上次观测日期		2005-9-21		平均水位	20.72		
井号	部位	初始观测时间	初始值/m	上次水位 标高/m	井口标 高/m	本次水 位埋深/m	本次水 位标高/m	结构底 标高/m	备注
116	天磁区间	2003-11-16	17.50		41.70	20.80		19.350	
117	天磁区间	2003-11-24	18.60		41.70			19.350	已回填
118	天磁区间	2003-11-18	20.40		41.70			19.350	注死
119	天磁区间	2003-11-16	24.60		41.70			19.350	注死
120	天磁区间	2003-11-16	20.10		41.70			19.350	已回填
121	天磁区间	2003-11-18	17.90		41.70	17.00		19.350	
122	天磁区间	2003-11-16	17.10		41.70			19.350	已回填
123	天磁区间	2003-11-16	26.10		41.70			19.350	注死
124	天磁区间	2003-11-18	22.70		41.70			19.350	已回填
125	天磁区间	2003-11-16	26.00		41.70	18.00		19.350	
126	天磁区间	2003-11-16	20.90		41.70	19.00		19.350	

续表

本次观测日期：2006-2-9		上次观测日期		2005-9-21		平均水位	20.72		
井号	部位	初始观测时间	初始值/m	上次水位标高/m	井口标高/m	本次水位埋深/m	本次水位标高/m	结构底标高/m	备注
127	天磁区间	2003-11-18	18.70		41.70	21.00	20.70	19.350	
128	天磁区间	2003-11-16	14.30		41.70	21.00	20.70	19.350	
129	天磁区间	2003-11-16	15.40		41.70	19.80	21.90	19.350	
130	天磁区间	2003-11-18	18.80		41.70	21.00	20.70	19.350	
131	天磁区间	2003-11-16	16.40		41.70	20.90	20.80	19.350	
132	天磁区间	2003-11-16	15.00		41.70			19.350	已回填
133	天磁区间	2003-11-18	16.00		41.70			19.350	已回填
134	天磁区间	2003-11-16	16.50		41.70	20.50	21.20	19.350	
135	天磁区间	2003-11-16	14.80		41.70	21.00	20.70	19.350	
136	天磁区间	2003-11-16	15.20		41.70	21.00	20.70	19.350	
137	天磁区间	2003-11-24	18.00		41.70	21.40	20.30	19.350	
138	天磁区间	2003-11-23	24.80		41.70	21.50	20.20	19.350	
139	天磁区间	2003-11-16	15.80		41.70	21.60	20.10	19.350	
140	天磁区间	2003-11-24	17.70		41.70	23.13	18.57	19.350	
141	天磁区间	2003-11-23	23.10		41.70	21.00	20.70	19.350	
142	天磁区间	2003-11-16	16.10		41.70	21.20	20.50	19.350	
143	天磁区间	2003-11-24	25.70		41.70			19.350	注死
144	天磁区间	2003-11-23	17.50		41.70	21.10	20.60	19.350	
145	天磁区间	2003-11-16	16.70		41.70	21.00	20.60	19.350	
146	天磁区间	2003-11-17	17.10		41.70	20.80	20.90	19.350	
147	天磁区间	2003-11-23	18.30		41.70	21.00	20.70	19.350	
148	天磁区间	2003-11-16	17.10		41.70	20.50	21.20	19.350	
149	天磁区间	2003-11-17	26.30		41.70	20.00	21.70	19.350	
150		2003-11-23	18.60		41.70	21.00	20.70	19.350	
151	天磁区间	2003-11-16	17.30		41.70	20.80	20.90	19.350	
152	天磁区间	2003-11-17	24.00		41.70	20.90	20.80	19.350	
153	天磁区间	2003-11-23	18.20		41.70	20.50	21.20	19.350	
154	天磁区间	2003-11-16	17.80		41.70	20.80	20.90	19.350	

2) 防水效果

《地铁设计规范》(GB 50157—2003)规定:区间隧道及连接通道等附属的隧道结构防水等级应为二级,顶部不允许滴漏,其他不允许漏水,结构表面可有少量湿渍,总湿渍面积不应大于总防水面积的 6/1 000;任意 100 m² 防水面积上的湿渍不超过 4 处,单个湿渍的最大面积不大于 0.2 m²。

到目前为止,根据 2 年来对天磁区间隧道防水效果的连续观测,其防水效果满足并好于地铁设计规范规定和设计要求。

5. 暗挖隧道复合衬砌膨润土材料防水的性价比

北京市轨道交通建设管理有限公司物资部对在 5 号线、10 号线、4 号线工程应用的膨润土防水毯防水层、ECB 塑料防水板防水层的材料和施工综合成本作了精确测算,见表 7 - 26 所列。

据表 7 - 26,不计膨润土防水毯铺/挂设工效大为提高的节约,膨润土防水毯防水的材料和施工的直接总成本为 110.76 元/m²,ECB 塑料防水板防水的材料和施工的直接总成本为 118.37 元/m²。因此,暗挖隧道复合衬砌膨润土材料防水新技术和新工艺具有较优的性价比。

表 7 - 26　膨润土防水毯防水层与 ECB 塑料防水板防水层的材料和施工综合成本比较

膨润土防水毯					
序号	防水施工项目	单位	单价/元	数量/m²	金额/元
1	【防滴】针织加劲膨润土防水毯(单层厚 6.4 mm,含膨润土防水浆、膨润土防水粉等附料)	m²	83	1.2	99.6
2	人工费	m²	6	1	6
3	水泥钉	个	0.19	4	0.76
4	水泥钉垫片	个	0.1	4	0.4
5	脚手架费用(人工、材料)	m²	4	1	4
每平方米共合					110.76

ECB 防水板					
1	【ECB】塑料防水板	m²	40	1.25	50
2	无纺土工布	m²	8	2.5	20
3	人工费(含印章、焊缝机、水泥钉、垫片等小材和小型机具费)	m²	15.14	1	15.14
4	水泥砂浆基面处理(人工、材料费)	m²	10	1	10

续表

	ECB 防水板				
5	细石混凝土或水泥砂浆保护层(平、立面平均后的人工、材料费)	m²	19.23	1	19.23
6	脚手架费用(人工、材料)	m²	4	1	4
每平方米共合					118.37
备注	成本数据来源:膨润土防水毯,中铁三局集团承建,北京地铁 5 号线 4 标段,天磁区间隧道左线;ECB 防水板,中铁三局集团承建,北京地铁 5 号线 4 标段,天磁区间隧道右线				

7.10.4　工程应用结论

（1）在我国首次研制的轨道交通膨润土材料防水工程的技术和工艺标准,将成为我国隧道及地下工程膨润土材料防水工程的技术和工艺依据。

（2）复合衬砌可穿刺、自愈合材料(膨润土材料)防水新技术和新工艺在北京地铁 5 号线天磁区间暗挖隧道的成功实施为我国暗挖隧道设计与施工开创了一种新的工法。

（3）复合衬砌可穿刺、自愈合材料(膨润土材料)防水新技术和新工艺施工简易,大大提高了防水工程施工的工效,且具有较优的性价比,具有广泛的推广应用价值。

第**3**篇

地下工程施工降水

第8章　地下水赋存及运动的基本理论

8.1　岩土中水的存在形式

地下水是赋存于地表以下岩土空隙中的水,主要来源于大气降水、冰雪融水、地表水等,经土壤渗入地下而成。地下水与大气水、地表水是统一的,共同组成地球水圈,地下水在岩土空隙中运移,参与全球性陆地、海洋之间的水循环。

地下水是地质环境的组成部分之一,能影响环境的稳定性,它往往是滑坡、地面沉降和地面塌陷发生的主要原因。地下水对地下工程的影响也很大:地基土中的水能降低土的承载力,基坑涌水会威胁工程的安全施工,地下水对地下工程结构有渗透、侵蚀作用,因而需要进行结构防水处理。

岩土空隙中的水,根据其存在形式可分为气态水、结合水、重力水、毛细水和固态水。

8.1.1　气态水

气态水即水蒸气,它和空气一起分布于包气带岩土空隙中。它来源于大气中的水汽与地下水的蒸发。气态水可随空气一起流动,也可独自由绝对湿度大的地方向绝对湿度小的地方迁移。夏季白天的气温高于岩土的温度,于是水汽将由大气向岩土空隙中运动、聚集并凝结成为凝结水,夜晚则相反。此外,在年常温带以下,深部的温度总是高于上部,水蒸发成气态水后总是向上运动,然后聚集凝结成为液态水。气态水在一定的温度、压力下与液态水相互转化,二者保持动平衡;因而对岩土中水的重新分配有很大意义,但气态水不能被直接利用,也不能被植物吸收。

8.1.2　结合水

由于静电引力作用而吸附在岩土颗粒上的水称为结合水。岩土颗粒及裂隙表面均带有电荷,水又是偶极体,由于静电吸引,颗粒表面能够吸附水分子,形成结合水。根据库伦定律,电场强度与距离平方成反比,离颗粒越近,吸附的水分子越多,而随着距离的增大,吸附的水分子将越来越少,以至到达某一距离,水分子将不受静电引力作用,而只受重力的作用,水便由结合水变为重力水或毛细水。由于颗粒表面对水分子的吸引力自内向外减弱,结合水的物理性质也自内向外发生变化。其中,最靠近颗粒表面、受静电引力最大的那部分结合水称为强结合水,其外层受静电引力较小的称为弱结合水。

强结合水又称吸着水,是最靠近颗粒表面的结合水,其厚度相当于几个到几百个水分子厚度。水分子和颗粒表面之间的静电引力很大,可达 $1.013\,25\times10^5$ Pa;故结合水分子排列紧密整齐,具有与固体相似的性质,其平均密度为 2×10^3 kg/m³,冰点为 $-78\,℃$,具有较大的黏滞性、抗剪强度和弹性,不能溶解盐类,不能被植物吸收,不能自由运动,只有加热到 $105\,℃\sim110\,℃$,使其成为气态水时才能将它与岩土分开。

弱结合水又称薄膜水,处于强结合水的外层。其厚度说法不一,从几十到几千个水分子厚。特点是排列不如强结合水规则和紧密,密度约 $1.3\sim1.774\times10^3$ kg/m³,冰点仍低于 $0℃$,其黏滞性、抗剪强度和弹性均小于强结合水,且越往外层相差越大,外层有少量溶解盐类的能力,能被植物吸收,一般不受重力作用,不能自由移动;但可由水膜厚处向水膜薄处移动,直到两者相等为止。弱结合水的这一性质对岩土中地下水的分布有一定的意义,它能使水分由湿度大处向湿度小处转移。

弱结合水在某些情况下能够传递静水压力。弱结合水在包气带分布不连续,故不能传递静水压力;但在饱水带中,若对其施加一个外力,使之大于其抗剪强度,便能够传递静水压力。如黏土是不透水层,但在一定的水头差下,若所受的静水压力大于其抗剪强度,黏土层也能发生越流渗透变为透水层。

结合水的含量决定于所受静电引力的大小,静电引力又决定颗粒表面积的大小(即岩土颗粒的大小),岩土颗粒越细小,表面积就越大,吸附的结合水就越多。如细颗粒的黏土所含强结合水量与弱结合水量分别达到 18% 和 45%,而粗颗粒的砂分别只有 0.5% 和 2%。可见,含水介质粒径越大,所含结合水量越少,大都为重力水。

8.1.3 重力水

岩土空隙全部被充满,在重力作用下运动的液态水称为重力水。结合水层以外的水分子,其自身重力大于颗粒表面的吸引力,便可凝聚成液态水滴充满岩土的空隙,在自身重力影响下运移。重力水可以被植物所吸收,可以被人类利用,是水文地质学研究的主要对象,对土木工程的影响也非常大。

位于结合水外层,靠近固体颗粒的那部分重力水,仍然要受静电引力的影响,水分子排列比较整齐,运动比较规则,水流表现为层流运动,空隙中央远离颗粒表面的那一部分水分子,完全不受静电引力的作用,只受重力的作用,流速比较快,水分子的运动轨迹比较杂乱,可以出现紊流运动。

8.1.4 毛细水

由于毛细力的作用而充满岩土毛细空隙中的水称为毛细水。岩土的毛细孔隙直径小于 1 mm,毛细裂隙宽度小于 0.25 mm,就如同细小的玻璃管一样,可以发生毛细现象,即在表面张力作用下水可沿重力水面上升一定的距离,形成毛细上升带。

毛细上升最大高度与毛细孔隙大小有关,毛细孔隙越大,毛细上升高度越小。在砾石中实际上不存在毛细上升高度,而黏土的毛细上升高度最大,可达 6～12 m。岩土的矿物成分也能影响毛细上升高度,因为不同的矿物与水之间联系的力量不同,若颗粒的粒径相同,都是 0.25～0.1 mm,在云母砂中,水能够上升 65.8 cm,石英砂中上升 56 cm,而长石砂中只能上升 49.2 cm。此外,温度可以使水的黏滞性减小,故温度升高,将使最大上升高度减小。

毛细水充满了全部孔隙,能作垂直方向的运动,能够有条件地传递静水压力,能被植物吸收,按其性质来说接近于重力水。同时,它又有结合水的某些性质,如冰点较低,必须低于 0 ℃ 才能冻结等。毛细孔隙的直径越小,其冻结温度越低。

毛细水按其形成特点,可以分为以下 3 种类型。

(1) 支持毛细水。由于毛细力的作用,水沿毛细孔隙上升一定高度,形成毛细水带,其下部有地下水面支持,故称支持毛细水(见图 8-1(a))。

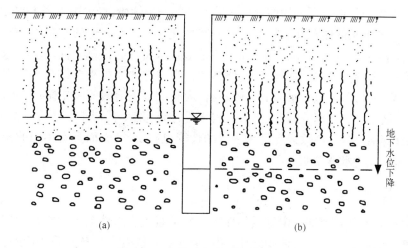

图 8-1　支持毛细水和悬挂毛细水

(2) 悬挂毛细水。呈悬挂帷幕状。砾石和细砂交互成层时,当接受补给后地下水位可上升到细砂层中形成支持毛细水。如果一段时间内,没有补给,水位将下降到下面的砾石层中,砾石孔径大于毛细孔隙,在其中不能形成毛细水,使保留在细砂层中的毛细水与砾石层中的重力水面不相连接,因而形成悬挂毛细水(图 8-1(b))。

(3) 孔角毛细水。在颗粒和颗粒之间的接触处或狭窄地带,孔隙直径小于毛细孔隙,也可形成弯曲液面,将水滞留在孔角间,呈个别点滴状态,这种水叫孔角毛细水。

毛细水对岩土中地下水的分布有很大意义,土壤盐渍化与毛细作用密切相关。对于气候炎热、蒸发强烈的干旱地区,地下水补给较少且埋藏不深时,水分不断被蒸发带走,盐分不断积聚沉淀而形成土壤盐渍化。此外,土木工程也需要考虑防止毛细水造成的破坏作用。

8.1.5　固态水

以固体冰形式存在于岩土空隙中的水称固态水。当岩土温度低于水的冰点 0 ℃ 时,岩土空隙中的重力水便冻结成为固态冰。冻结岩土中并非所有的水都呈固体状态,结合水尤其是强结合水,其冰点较低仍可保持液态。固态水分布于多年冻结区或季节冻结区。我国内蒙古、黑龙江与青藏高原的某些地区,可形成多年冻土和季节性冻土,其岩土含有固态水。

8.1.6　矿物水

矿物水是存在于矿物晶体内部或晶格之间的水,又称化学结合水,包括沸石水、结晶水和结构水等。矿物水只有当高温加热以后,才能从矿物中析出。

8.2　岩土的水理性质

岩土的水理性质是指与水分的储容和运移有关的岩土性质,指水进入岩土空隙后,岩土空隙所表现出的与地下水的储存和运移有关的一些物理性质。在岩土的空隙中,依次分布着强结合水、弱结合水和重力水。空隙大小不同,各种形式水所占的比例不同。空隙越大,重力水所占比例越大;空隙越小,结合水所占比例便越大。当空隙的半径小于结合水的水层厚度时,则空隙中全是结合水,不含重力水。而在砂砾石、大裂隙或大溶穴等大空隙中,结合水的数量甚微,几乎全部被重力水占据。因此,水渗入岩土后,因空隙大小不同,岩土中水的存在形式也不同,岩土能够容纳、保持、释放或允许水透过的性能也有所不同,而具有不同的容水性、持水性、给水性与透水性等水理性质。

8.2.1　容水性

容水性是指岩土能够容纳一定水量的性能。衡量岩土容水性大小的指标叫容水度,即岩土所能容纳的水的体积和岩土总体积之比,用小数或百分数表示。岩土所以能够容纳水,是由于岩土具有空隙。岩土的空隙体积即岩土所能容纳水的体积,故在数值上容水度等于松散沉积物的孔隙度、基岩的裂隙率和碳酸盐岩的溶穴率。但对于具有膨胀性的黏土矿物,如蒙脱石等,因其结晶格架为层束结构,层与层之间活动性很大,水进入层间,体积要膨胀若干倍,故其容水度将大于孔隙度。

8.2.2　持水性

持水性是指重力释水后,岩土能够保持住一定水量的性能。在重力作用下,岩土能够保持住的水,主要是结合水和部分孔角毛细水或悬挂毛细水。衡量岩土持水性的指标叫持水度,它是指在重力作用下,岩土能够保持住的水的体积与岩土总体积之比,可以小数或百分数表示。

根据岩土保持水的形式不同,可分为毛细持水度和结合持水度,通常说的是指结合持水度。结合持水度又称最大分子持水度,是岩土所能保持的最大结合水的体积或重量和岩土总体积或重量之比。结合持水度的大小取决于颗粒大小。颗粒越小,其表面积越大,表面吸附的结合水越多,持水度也越大。松散岩土持水度数值见表8-1。

表 8-1　松散沉积物持水度数值表

岩土名称	粗　砂	中　砂	细　砂	粉　砂	黏质粉土	黏　土
颗粒大小/mm	2~0.5	0.5~0.25	0.25~0.1	0.1~0.05	0.05~0.002	<0.002
持水度/%	1.57	1.6	2.73	4.75	10.8	44.85

8.2.3　给水性

给水性是指饱水岩土在重力作用下,能自由给出一定水量的性能。当地下水位下降时,饱水岩土在重力作用下,其中所含的水将自由释出。衡量岩土给水性的指标叫给水度。给水度是地下水位下降 1 个单位深度时,单位水平面积的岩土柱体在重力作用下释放出的水的体积,以小数或百分数表示。例如,当水位下降 1 m 时,在重力作用下,1 m^2 水平面积的岩土柱体释放出的水的体积为 0.1 m^3,则其给水度为 0.1 或 10%。

给水度的大小取决于岩土空隙的大小,其次才是空隙的多少。松散岩土的给水度数值见表 8-2。

表 8-2　松散沉积物给水度数值表

岩土名称	黏土	粉土	粉砂	细砂	中砂	粗砂	砾砂	细砾	中砾	粗砾
平均给水度/%	2	7	8	21	26	27	25	25	23	22

黏土虽然孔隙度大,可达 60%;但因其颗粒细小,所含的几乎都是结合水,重力不能将结合水排出,故黏土的给水度很小,只有 2% 左右。随着颗粒的增大,给水度也增大。其中,中砂和粗砂的给水度最大,分别达到 26% 和 27%。这是因为粗、中砂既有较大的孔隙度,又有较大的孔隙,在大孔隙中结合水所占比重极少,故给水度几乎等于其孔隙度。砾砂和砾石类岩土,其给水度略有减小;这是因为颗粒虽更粗大,但易被小颗粒充填而使孔隙和孔隙度减小。坚硬岩土粗大裂隙和溶穴中的地下水也和粗粒松散岩土的情况相似,结合水、毛细水所占比例非常小;故它们的空隙度或容水度可近似地看做是给水度。

对于的松散土层,给水度值还与地下水位埋藏深度及水位下降速度有关。如果地下水位埋深小于毛细上升最大高度,当水位下降时,总有一些重力水转为毛细水,而不能给出,从而使给水度偏小。特别当地下水位下降速度较快,重力释水速度往往滞后于水位下降速度。同时大小孔隙的释水速度也不相同,因而在小孔隙中保留一部分悬挂毛细水,使给水度偏小。可见岩土空隙特点不同,其重力给水过程也不同。

8.2.4　透水性

透水性是指岩土允许水透过的能力。评价岩土透水性的指标是渗透系数。岩土的透水性取决于岩土中空隙的大小、多少和连通程度。一般说来,岩土中空隙大而多,连通程度好的,则具有良好的透水性;空隙小而少,连通程度差的,则透水性弱或不透水。颗粒越细小,孔隙就越小,透水性就越差。因为细小的空隙大都被结合水占据,水在细小的空隙中流动时,空隙表面对其流动产生很大的阻力,水不容易从中透过。例如,黏土虽有很高的孔隙度,可达50%以上,但因其孔隙细小,重力水在其中的运动很困难,故黏土称为不透水层。《地下铁道、轻轨交通岩土工程勘察规范》(GB 50307—1999)根据渗透系数大小,对岩土透水性进行了划分(见表8-3)。

表8-3　岩土透水性划分　　　　　　　　　　　　单位:m/d

类别	特强透水	强　透　水	中 等 透 水	弱　透　水	微　透　水	不　透　水
K 值	K>200.000	10.000≤K≤200.000	1.000≤K<10.000	0.010≤K<1.000	0.001≤K<0.010	K<0.001

8.2.5　毛细性

岩土的毛细性指的是在地下水面以上,岩土中的水在毛细张力作用下,沿毛细孔隙向上运动的性能。

毛细水的形成是由于两种力的作用。一是上凹的弯液面产生向上的表面张力,可以把水上拉一定的距离,二是自身的重力使水滴向下运动。当二者达到平衡时,水位便稳定不变,形成毛细水带。各类岩土毛细水的上升高度见表8-4。不同的岩土其毛细上升高度不同,毛细水上升的高度可用式(8-1)计算。

$$H_k = \frac{0.003}{D}。 \hspace{4cm} (8-1)$$

式中:H_k——毛细上升高度,cm;

　　　D——孔隙直径或裂隙宽度,mm。

表8-4　各类岩土毛细上升最大高度表

岩土名称	粗　砂	中　砂	细　砂	粉　土	黏质粉土	黏　土
毛细上升最大高度/cm	2~4	12~35	35~120	120~350	350~650	650~1200

对粉土、黏质粉土等细颗粒弱含水层采用管井方法进行降水,效果往往较差,基坑或隧道开挖出临空面后,还有水缓慢渗出,其主要原因就是弱含水层的孔隙度大,毛细孔隙小,毛细作用强,仅靠重力作用地下水难以形成井流。而采用真空方法降水,对弱含水层施加负压,相当于人为加大水力梯度,就能达到比较理想的降水效果。

8.3　地下水的赋存

8.3.1　包气带与饱水带

地下水面一般在地面下一定深度内形成。地下水面以上称包气带,地下水面以下称为饱水带。

在包气带中,空隙壁面吸附有结合水,细小空隙中含有毛细水,未被液态水占据的空隙中包含空气及气态水。空隙中的水超过吸附力和毛细力所能支持的量时,空隙中的水便以过路重力水的形式向下运动。以上述几种形式存在于包气带中的水统称为包气带水。

包气带水来源于大气降水入渗、地表水体及地下管线渗漏、由地下水面通过毛细上升输送的水分及地下水蒸发形成的气态水。包气带水的赋存与运移受毛细力与重力的共同影响。重力使水分下移,毛细力则将水分输向空隙细小与含水量较低的部位,在蒸发影响下,毛细力常将水分由包气带下部输向上部。在雨季,包气带水以下渗为主,雨后,浅表的包气带水以蒸发及植物蒸腾形式向大气圈排泄,一定深度以下的包气带水则继续下渗到饱水带。

包气带的含水量及包气带水的运动受气象因素影响极为显著,植被对其影响也很大。包气带又是饱水带与大气圈、地表水圈联系必经的通道。饱水带通过包气带获得大气降水和地表水的补给,又通过包气带蒸发与蒸腾排泄到大气圈。

饱水带岩土空隙全部为液态水所充满。饱水带中的水体是连续分布的,能够传递静水压力,在水头差的作用下,可以发生渗流。饱水带中的重力水是地下工程施工降水和结构防水的主要对象。

8.3.2　含水层与隔水层

含水层是指能够透过并给出相当数量水的岩土层。因此,含水层应是空隙发育的具有良好给水性和透水性的岩土层,如各种砂土、砾石、裂隙和溶穴发育的坚硬岩石。隔水层则是不能透过并给出水或只能透过与给出极少量水的岩土层。因此,隔水层具有良好的持水性,而其给水性和透水性微弱。隔水层可以含水甚至饱水,如黏土层;也可以不含水,如致密的岩石。

含水层是透水层中位于地下水位以下经常为地下水所饱和的部分,上部未饱和部分则是透水不含水层。故一个透水层可以是含水层,如冲洪积砂卵石含水层;也可以是透水不含水层,如河流阶地上部的粉土层。同一岩性的岩土层,还可以部分是含水层(位于水面以下部分),部分是透水不含水层(位于水面以上部分)。

含水层的形成应具备如下条件。

(1) 岩层具有储存重力水的空间。岩土的空隙越大,数量越多,连通性越好,储存和通过的重力水就越多,越有利于形成含水层。

(2) 具备储存地下水的地质结构,即一个含水层的形成必须要有透水层和不透水层组合在一起,形成储水空间,以便地下水汇集而不致流失。

(3) 具有一定的补给水源,形成含水层的透水岩土层应部分地或全部地出露地表以便接受大气降水和地表水的补给,或在顶部及底部的隔水层中存在透水天窗或导水断裂等通道,通过这些通道,含水层可以得到其他含水层补给。

含水层在空间分布的几何形态是多样的;但多为层状,故称之为含水层,如冲积平原的砂砾石含水层。此外,有些含水层还呈带状、脉状和透镜状分布,此类含水层宜称为含水带,如断层含水带。

8.3.3 不同埋藏条件的地下水

1. 上层滞水

当包气带中存在局部隔水层时,局部隔水层之上会积聚具有自由水面的重力水,这便是上层滞水。上层滞水分布最接近地表,接受大气降水的补给,以蒸发形式或向隔水底板的边缘下渗排泄。上层滞水雨季补给补充,积存一定水量,旱季水量逐渐耗失。因而上层滞水水量小,动态变化大。

另外,地下管线渗漏也可能形成上层滞水,由于有渗漏水常年补给,其动态较稳定。这类由地下管线渗漏形成的上层滞水对工程建设危害很大,常突然涌入开挖区域给施工造成安全隐患。

2. 潜水

饱水带中第一个具有自由表面的含水层中的水称为潜水。潜水没有隔水顶板,或只有局部隔水顶板。潜水的表面为自由水面,称为潜水面。潜水面到隔水底板的距离为潜水含水层的厚度,潜水面到地面的距离为潜水埋藏深度。

潜水面是向排泄区倾斜的曲面,起伏大体与地形一致而较缓和。潜水面上任一点的高程称为该点的潜水位。将潜水位相等的各点连线,即得潜水等水位线图(见图8-2)。图8-2能反映潜水面形状。垂直等水位线由高到低为潜水流向。相邻两条等水位线的水位差除以其水平距离即为潜水水力梯度。利用同一区域的潜水等水位线图与地形图可以判断潜水与地表水体的相互补给关系。潜水面的陡缓一般能反映潜水含水层厚度与渗透性的变化情况。

图8-2 潜水等水位线图

由于潜水含水层与包气带直接连通,因而在潜水分布范围内都可以通过包气带接受大气降水和地表水的补给。潜水在重力作用下由水位高的地方向水位低的地方径流。自然状态下,潜水的排泄,除了流入其他含水层以外,还向大气圈蒸发排泄,还可以以泉、泄流等形式向地表或地表水体排泄。

潜水动态受气候影响较大,具有明显的季节性变化特征。例如,北京地区每年 7—9 月份为大气降水的丰水期,地下水位从 7 月份开始上升,9—10 月份达到当年最高水位,随后逐渐下降,至次年的 6 月份达到当年的最低水位,平均年变幅约 2～3 m。

3. 承压水

充满于两个隔水层之间的含水层中的水叫承压水。承压含水层上部的隔水层称为隔水顶板,下部的隔水层称为隔水底板。隔水顶、底板之间的距离为承压含水层厚度。承压性是承压水的重要特征,由于来自出露区地下水的静水压力作用,承压区含水层不但充满水,而且含水层顶面的水承受大气压强以外的附加压强。当钻孔揭穿隔水顶板时,钻孔中的水位将上升到含水层顶部以上一定高度才静止下来。钻孔中静止水位到含水层顶面之间的距离称为承压高度。井中静止水位的高程就是承压水在该点的测压水位。测压水位高于地表的范围是承压水的自流区。

承压水和潜水一样,主要来源于大气降水与地表水的入渗。当顶、底板隔水性能良好时,它主要通过含水层出露于地表的补给区获得补给,并通过范围有限的排泄区以泉或其他径流方式向地表或地表水体泄出。当顶、底板为弱透水层时,还可以从上、下部含水层获得越流补给,也可向上、下部含水层进行越流排泄。承压水参与水循环不如潜水积极。因此,气象、水文因素的变化对承压水的影响较小,承压水动态比较稳定。

将某一承压含水层测压水位相等的各点连线,即得等水压线图。根据等测压水位线可以确定承压水的流向和水力梯度。承压水的测压水面只是一个虚构的面,并不存在这样一个实际的水面,只有当钻孔穿透上覆隔水层达到含水层顶面时,钻孔中才能见到水,孔中水位上升到测压水位高度后静止不动。

在接受补给或进行排泄时,承压含水层对水量增减的反应与潜水含水层不同。潜水获得补给或进行排泄时,随着水量增加或减少,潜水位抬高或降低,含水层厚度加大或变薄。承压含水层接受补给时,由于隔水顶板的限制,不通过增加含水层厚度而容纳增加的水量。获得补给时测压水位上升,一方面,由于压强增大含水层中水的密度加大。另一方面,由于孔隙水压力增大,有效应力降低,含水层骨架发生少量回弹,空隙度增大,使含水层厚度也有微量增加。这就是说,增加的水量通过水的密度加大及含水介质空隙的增加而容纳。承压含水层排泄时,减少的水量表现为含水层中水的密度变小及含水介质空隙缩减。

关于承压含水层的给水性,可以比照潜水含水层给水度,用储水系数(也称弹性给水度)进行表征。承压含水层储水系数是指其测压水位下降(或上升)一个单位深度,单位水平面积含水层释出(或储存)的水的体积。

可以看出,在形式上,潜水含水层的给水度与承压含水层的储水系数非常相似,但是在释出或储存水的机理方面是不同的。水位下降时潜水含水层所释出的水来自部分空隙的排水。而测压水位下降时承压含水层所释出的水来自含水层中水体积的膨胀及含水介质空隙的收缩。显然,测压水位下降时承压含水层释出的水,远较潜水含水层水位下降时释出的小。一般,承压含水层的储水系数比潜水含水层小 1～3 个数量级。

由于上部受到隔水层或弱透水层的隔离,承压水与大气圈、地表水圈的联系较差,水循环也缓慢得多。

8.3.4 水文地质单元与水文地质边界

地下水体系按其储存系统和交替系统,分为一系列独立的或半独立的单元,这些单元称为水文地质单元。一个水文地质单元可以是一个或几个联合的蓄水构造或是完整的地下水域,也可是二者结合的水文地质体。

约束地下水储存和运动的水文地质单元的边界称为水文地质边界。任何一个水文地质单元都有它本身的边界。这个边界决定了水文地质单元的大小、几何形态及封闭程度。因此,要了解一个地区的水文地质单元,应首先弄清水文地质边界条件。

1. 蓄水构造边界

(1)隔水边界:由隔水层和隔水围岩所构成的边界,边界两侧不产生水量交换。包括:①含水层与隔水层或阻水体之间的分界面;②含水带与隔水围岩之间的分界面;③断层阻水边界。

(2)透水边界:由透水岩层构成的边界,边界两侧会发生水量交换。

① 给水边界。给水边界是对地下水起补给作用的边界,包括:河湖、渠道、水库等地表水体的渗漏补给段(见图8-3);基岩含水层接受松散层孔隙水补给时,其与第四系地层的界面即为基岩含水层的给水边界(见图8-4);回灌井或其他形式的人工补给地段。

图8-3 给水与排泄边界

a—作为排泄边界的得水河流;b—作为给水边界的失水河流

② 排泄边界。排泄边界是对地下水起排泄作用的边界,包括:泉水溢出带;河流或排水渠道排泄地下水的地段(见图8-3);基岩地下水排入第四系松散地层时,基岩含水层与第四系的界面(见图8-5);沼泽、湿地、盐碱地为垂向蒸发排泄边界;人工开采地下水排泄地段。

图 8-4　作为给水边界的基岩含水层与第四系含水层的界面

图 8-5　山前地带基岩地下水排入第四纪松散地层时的排泄边界

2. 地下水域边界

地下水域边界是包围或区分地下水渗流系统的界面,包括可动边界和固定边界两种。

(1) 可动边界(自由边界)。可动边界位于透水层中,其位置随着渗流场强度变化而移动。包括:相邻地下水流之间的分水面,即地下水分水岭;非承压地下水的自由水面。

(2) 固定边界(约束边界)。由隔水层或隔水围岩构成,它的位置是固定的,对地下水渗流场的分布起约束作用,对地下水域的扩展起限制作用。地下水域的固定边界主要包括含水层与隔水层、隔水围岩、阻水体、阻水断层之间的分界面。

3. 水文地质边界的表现形式

(1) 地形边界。当地下水分水岭与地表水分水岭一致时,地形分水岭就是水文地质单元在地表的边界。山区与平原的交界线是基岩与第四系沉积物分界线,这种地形分界线常是基岩地下水在地表的排泄边界。

(2) 地质边界。地质边界包括地层岩性边界和地质构造边界。

(3) 水文边界。水文边界包括与地下水有联系的河流、湖泊,泉水溢出带和地下水分水岭。

(4) 人工边界。地铁等地下构筑物修建后,在地下含水层中起阻水作用,也即构成人工边界。

(5) 水文地质数值计算中水文地质边界的设定。

第一类边界(水头边界):水头变化规律为已知,又分为定水头边界和变水头边界。

第二类边界(流量边界):流过边界的流量或流量的变化规律为已知,隔水边界属第二类边界,因流过边界的流量为0。

8.3.5 不同岩土介质中的地下水

1. 孔隙水

孔隙水广泛分布于第四纪松散沉积物中,其赋存规律主要受沉积物的成因类型控制。特定沉积环境中形成的成因类型不同的松散沉积物,形成时受到不同的水动力条件控制,从而呈现岩性与地貌有规律的变化,决定着赋存于其中的地下水的特征。

孔隙水最主要的特点是其水量空间分布连续性好且相对均匀。孔隙水一般呈层状分布,同一含水层中的水有密切的水力联系,具有统一的地下水面,在自然状态下呈层流运动。

1) 洪积扇中的地下水

洪积扇形成于干旱半干旱地区的山前地带。其形成过程是:暴雨形成流速极大的洪流,山区洪流沿河槽流出山口,进入平原或盆地,洪流不再受河槽的约束,加之地势突然转为平坦,集中的洪流转为辫状散流,水的流速顿减,搬运能力急剧降低,洪流所携带的物质以山口为中心堆积成扇形。在山前平原或盆地处常常形成一系列大大小小的洪积扇,扇间为洼地。

从洪积扇顶部到边缘地形由陡逐渐变缓,洪水的搬运能力逐渐降低,因而沉积物颗粒由粗逐渐变细。洪积扇的顶部、中部和下部(见图8-6)表现出不同的水文地质特征。

图8-6 洪积扇水文地质剖面图

a—顶部径流带;b—中部溢出带;c—下部垂直交替带

洪积扇顶部地形较陡,沉积物颗粒粗,卵石、粗砂直接出露地表,十分有利于吸收降水及山区汇流的地表水,是主要补给区。该部位潜水透水性强,厚度大,径流条件好,水位埋藏深,水量丰富,水质好。在洪积扇的轴部,水量更为丰富。

洪积扇中部地形变缓,由粗、细沉积物交错组成,潜水径流条件逐渐变差,水位埋深变浅,富水性变小。当潜水运移受前方黏性土沉积物阻挡,水面上台逐步贴近地面,形成沼泽或溢出成泉。该部位上部为潜水,下部为承压水。在区域地下水开采强度很小的情况下,此部位打井,承压水甚至可以形成自流。

洪积扇下部处于洪积扇边缘与平原的交接处,地形平缓,沉积物由粉土、黏性土与细粉砂互层组成,潜水埋藏变深,富水性差,径流缓慢,土壤盐碱化。

洪积扇的形成往往也伴随有河流的冲积作用,因而在我国很多文献中也称冲洪积扇。

2) 冲积平原中的地下水

冲积平原中流速较大的河床堆积着砂砾石,河床外围则以淤积黏性土为主。因而构成冲积平原主要含水层的砂沿河道呈条带状分布。随着河流决口改道,形成不同时期的古河道。除了决口处前后期古河道的砂层连通外,后期的河道砂带也可能在某些地方直接叠置在原有河道砂带之上。因此,剖面上看来似乎是孤立透镜体的砂,在三维空间实际上是相互联系的网络状砂带(见图 8-7)。砂层含水层正是这样相互联通,以及通过黏性土弱透水层的越流相互发生水力联系。

(a) 平面图

(b) 剖面图

图 8-7　冲积平原中的河道变迁及砂层的几何形态

Ⅰ～Ⅳ—河道期次

冲积平原的现代河道及古河道沉积物的颗粒较粗,渗透性好,利于接受地表水与降水的入渗补给,地下水埋藏深度较大。自两侧向河间洼地,渗透性变差,地下水位变浅。

河流下游为下沉积区,常形成滨海平原,松散沉积物很厚,常在 100 m 以上。滨海平原上部为潜水,埋藏很浅。滨海平原下部常为砂层与黏土互层,存在多层承压水。

2. 裂隙水

储存并运移于基岩裂隙中的裂隙水具有与孔隙水不同的特点。在某些情况下,打在同一岩层中相距很近的钻孔,水量悬殊,甚至一孔有水而邻孔无水;有时在相距很近的井孔测得的地下水位差别很大,水质与动态也有明显不同;在裂隙岩层中开挖隧道,通常涌水量不大的岩层中,局部也可能大量涌水。在裂隙岩层中抽取地下水往往发生这种情况:某一方向上离抽水井很远的观测孔水位已明显下降,而在另一方向上离抽水井很近的观测孔水位却无变化。这些现象表明:裂隙水的赋存具有不均匀性和各向异性的特点。

松散沉积的地层中,空隙分布连续均匀,构成具有统一水力联系、水量分布均匀的层状含水系统。但裂隙岩层只有在一些特殊的条件下才能形成水量分布比较均匀的层状含水系统。例如,夹于厚层塑性岩层中的薄层脆性岩层、规模比较大的风化裂隙岩层等。这些岩层中裂隙往往密集均匀,使整个含水层具有统一的水力联系。

基岩的裂隙率比较低,通常比松散岩土的孔隙率低 1～2 个数量级,裂隙在岩层中所能占有的赋存空间很有限;这一有限的赋存空间在岩层中分布很不均匀;裂隙通道在空间上的展布具有明显的方向性。因此,裂隙岩层一般并不形成具有统一水力联系、水量分布均匀的含水层,而通常由部分裂隙在岩层中某些局部范围内连通构成若干带状或脉状裂隙含水系统。岩层中各裂隙含水系统内部具有统一的水力联系,水位受该系统最低出露点控制。各个系统与系统之间没有或仅有微弱的水力联系,各有自己的补给范围、排泄点及动态特征,其水量的大小取决于自身的规模。规模大的系统储容能力大,补给范围广,水量丰富,动态比较稳定。规模小的系统储存和补给有限,水量小而动态不稳定。带状或脉状裂隙含水系统一般是由一条或几条大的断层带、侵入岩与围岩接触带等构成。地下工程开挖通过这类裂隙含水带时往往会大量涌水,给安全施工造成极大威胁。

3. 岩溶水

赋存并运移于岩溶化岩层(石灰岩、白云岩)中的水称岩溶水。岩溶常沿可溶岩层的构造裂隙带发育,通过水的溶蚀,常形成管道化岩溶系统,并把大范围的地下水汇集成一条地下河系。因此,岩溶水在某种程度上带有地表水系的特征,其空间分布极不均匀,动态变化大,流速快,排泄集中。

由于介质的可溶性及水对介质的差异性溶蚀,岩溶水在流动过程中不断扩展介质的空隙,改变其形状,改造着自己的赋存与运动的环境,从而改造着自身的补给、径流、排泄与动态特征。岩溶水系统是一个能够通过水与介质相互作用不断自我演化的动力系统。处于不同演化阶段的岩溶水具有不同特征,处于演化初期的岩溶水系统往往与裂隙水系统没有很大的不同。处于演化后期的岩溶水系统,管道系统发育,大范围内的水汇成一条完整的地下河系。

8.3.6　实例：北京城近郊区水文地质概况

1.地形地貌

北京市区主要位于西山东麓永定河冲洪积扇的中上部(见图8-8),地势西北高,东南低,地形坡降为1‰~3‰。其西北、西、西南边缘为海拔200~700 m的丘陵、低山;山前有老山、玉泉山、万寿山、石景山等海拔在100 m左右的基岩残山孤丘,相对高差不超过50 m;平原海拔自80 m逐渐降为20余米。市中心海拔为43 m左右。

图8-8　北京平原区冲洪积扇分布图

2. 第四纪沉积物特征

北京市平原区第四纪沉积物的分布主要受基岩地质构造、气候变化和永定河、潮白河为主的河流作用控制。主要表现为以下特征。

(1) 第四系厚度由西向东逐渐加厚,但局部变化显著,主要受古地形及地质构造影响。八宝山至东直门以南地区变化均匀,西部厚约20多米,向东渐增到100余米;但在八宝山以北地区,局部沉积厚度在200 m以上。东部来广营、酒仙桥、高碑店以东地区第四系厚度更大,达300 m以上。而在西部公主坟、白堆子和北郊龙王堂一带,因基底凸起,厚度仅有10~40 m。

(2) 市区冲洪积层主要受永定河河流作用控制。永定河现代河道与近期古河道分布地段在衙门口、芦沟桥、丰台一带,第四系厚度较薄。中期古河道分布地段在城区和丰台以南地区,第四系厚度较大。早期古河道分布地段在西黄庄、廖公庄、闵家庄一带,第四系沉积厚度大。一般来说,河流作用的时间长短和频繁程度决定了冲积层的厚度和沉积物颗粒的粗细分布,并且因地而异。

(3) 除沿山麓一带形成的宽度不等的坡积、坡积~洪积层外,广大平原均以冲洪积相为主。冲洪积层由西向东,岩性由粗变细,层次由少变多。西部地区以单一砂卵砾石层组成,而东郊地区岩性以砂砾石与黏性土互层,渐变为以黏性土为主,层次由一层逐渐增多到十余层,地下水类型由潜水转变为承压水。

3. 含水层特征

根据含水层岩性、含水层结构特征及富水性进行归类划分,北京城近郊区含水层具有如下特征。

(1) 单层砂卵砾石含水层:主要分布在西部,即海淀、八里庄、广安门以西地区,含水层主要由单一的厚层砂卵石、砂砾石组成,局部有黏土夹层。八宝山、公主坟以南含水层主要埋藏在50 m以上,厚度在10~30 m之间,西薄东厚,第三系半胶结风化砾岩是它的底板。八宝山以北,即古城、西黄村、廖公庄、闵家庄一带,含水层埋藏在150 m以上,厚度为20~100 m,西薄东厚,廖公庄、闵庄是凹陷的中心,沉积最厚,水井单位涌水量>3 000 m³/(d·m),渗透系数为300~500 m/d。第四系冰积泥砾层构成它的相对隔水底板。

(2) 多层(2~3层)砂卵砾石含水层:分布于海淀、八里庄、广安门以东,大屯、天安门、小红门以西地带,含水层由2-3层砂卵砾石组成,与黏性土互层,单层厚度为10~20 m,累计厚度为15~45 m,其底板埋深一般为70~80 m,水井单位涌水量为2 000~3 000 m³/(d·m),渗透系数为200~300 m/d。第三系砾岩、砂页岩构成它的隔水底板。

(3) 多层(4~5层)砂及砂砾石含水层:分布在大屯、大安门、小红门以东,南湖渠、六里屯、左安门以西地区,含水层由4-5层砂及砂砾石组成,与黏性土互层,单层厚度一般小于10 m,累计厚度为30~45 m,含水层底板主要是第三系砂页岩,埋藏深度为100~200 m,主要含水层一般埋藏100 m以上,水井单位涌水量为1 000~2 000 m³/(d·m),渗透系数为100~200 m/d。

(4) 多层(4~5层)砂含砾石含水层:分布在南湖渠、六里屯、左安门以东地区,含水层由

4～5 层或更多层的砂层及砂含砾石层组成,呈层状或透镜状分布于黏性土之间。单层厚度一般小于 10 m,累计厚度和主要含水层埋藏深度各地不一,变化较大,累计厚度一般为 30～60 m。埋深 150 m 以上,水井单位涌水量为 500～1 000 m³/(d·m),渗透系数为 50～100 m/d。

(5) 多层砂含水层:分布于东南十八里店、大羊坊附近。含水层主要由 4～5 层中细砂组成,呈薄层状或透镜体状夹于黏性土层之间,单层厚度一般为 3～6 m,累计厚度为 20 m 左右,主要含水层埋深在 50～120 m 之间,水井单位涌水量<500 m³/(d·m),渗透系数<50 m/d。

北京的地铁降水工程一般只涉及上述含水层中埋深 40 m 以上的部分,如考虑降水→回灌,则可选择埋深 50～100 m 的含水层为回灌层。

4. 地下水位的动态

地下水的动态是地下水补给量和排泄量随时间动态均衡的反映。当地下水的补给量大于排泄量时,地下水位上升;反之,当地下水的补给量小于排泄量时,地下水位就下降。各层地下水的动态各有其特点。

(1) 上层滞水的动态随季节大气降水及管道渗漏的变化而变化,在古河道水文地质单元,上层滞水几乎不存在,不具有明显的多年连续升降趋势。在河间地块水文地质单元,随着地面环境的变化,农田变为住宅小区,地面硬化,大气降水垂直渗入,补给量迅速减少,上层滞水的水位逐年下降。在仍为农田的地区,上层滞水水位仍然较高,不具有明显的多年连续升降趋势。在北京城区,上层滞水水位动态完全受地下管线渗漏情况控制。

(2) 潜水的动态与大气降水关系密切。每年 7—9 月份为大气降水的丰水期,地下水位自 7 月份开始上升,9—10 月份达到当年最高水位,随后逐渐下降,至次年的 6 月份达到当年的最低水位,平均年变幅约为 2～3 m。一般情况下,潜水的动态受农田供水开采的影响,不直接受城市供水开采的影响;但由于潜水与承压水具有密切的水力联系,当承压水头降低时,越流补给量增大,潜水水位也随之下降。1970 年以前,北京市的城市规模和工农业生产规模发展速度较慢,地下水位下降速度缓慢。20 世纪 70 年代以来,北京市开始大规模打井开采地下水,潜水水位逐年下降。

(3) 承压水的动态比潜水稍有滞后,当年最高水位出现在 10—11 月,最低水位出现在 6—7 月,年变幅约为 1～2 m。自 20 世纪 70 年代以来,随着工农业生产的迅速发展和城市的扩大,地下水开采量逐年增加,地下水位不断下降,已经形成分布面积达数千平方公里的区域性地下水位降落漏斗,漏斗中心位于城区东北方向的天竺一带,水位埋深大于 30 m。

8.4　地下水的运移

8.4.1　地下水的渗流

地下水在岩土空隙中的运动称为渗流。由于受到介质的阻滞,地下水的流动比地表水缓慢得多。为了使渗流符合渗透的真实情况,它必须满足条件:①对于同一过水断面,渗流的流量等于通过该断面的实际渗透流量;②渗流在任意体积内所受的阻力和实际渗透水流所受的阻力相同。

　　渗透是岩土中实际存在的水流,由于岩土空隙的大小、形状和连通情况极不相同,从而形成大小不等、形状复杂、弯曲多变的通道(见图8-9(a))。在不同空隙或同一空隙中的不同部位,地下水的流动方向和流动速度均不相同,空隙中央部分流速最大,而水流与颗粒接触面上的流速最小。真实渗透水流的特点是在整个含水层过水断面上不连续。通常根据生产实际需要对地下水流加以概化,即用假想的水流模型去代替真实的水流,一是不考虑渗流途径的迂回曲折,只考虑地下水的流向,二是不考虑岩土的颗粒骨架,假想岩土的空间全被水流充满(见图8-9(b)),渗流就是这样的假想水流。

(a) 渗透　　　　　　　　　　　(b) 渗流

图8-9　渗透与渗流示意图

　　在岩土空隙中渗流时,水的质点作有秩序的、互不混杂的流动,称作层流运动。在狭小空隙的岩土中流动时,重力水受介质的吸引力较大,水的质点排列较有秩序,故均作层流运动。水的质点无秩序地、互相混杂的流动,称为紊流。紊流运动的水流所受阻力比层流状态大,消耗能量多。在宽大的空隙中(如大的溶穴、裂隙)水的流速较大时,容易呈紊流运动。

　　水在渗流场内运动,水位、流速、流向等运动要素不随时间改变时,称作稳定流。运动要素随时间变化的水流运动,称作非稳定流。严格地说,自然界中地下水都属于非稳定流,但为了便于分析和运算,也可以将某些运动要素变化微小的渗流,近似地看做稳定流。

　　发生渗流的区域称为渗流场。通常采用一些物理量描述渗流场的特征,如渗流速度、渗流量、渗流压强、水头等。这些表示渗流特征的物理量,称为渗流的运动要素。

　　渗流场内的水头及流向是空间的连续函数,因此可作出一系列水头值不同的等水头线和一系列流线,由一系列等水头线与流线所组成的网络称为流网。在各向同性介质中,地下水必定沿着水头变化最大的方向,即垂直于等水头线的方向运动;因此流线与等水头线构成正交网格。显然,此时的等水头面与过水断面是一致的。渗流场内的流网分布,形象地刻画了渗流的特征,同时也反映形成此种渗流特征的水文地质背景。因此,正确地绘制渗流区的流网对分析该地区的水文地质条件,了解地下水运动规律,进行水文地质计算都具有重要意义。下面简要介绍各向同性岩土介质中的稳定流网。

　　作流网图时,首先根据边界条件绘制容易确定的等水头线或流线。边界包括定水头边界、隔水边界和地下水面边界。地表水体的断面一般可看作等水头面,因此河渠的湿周必定是一条等水头线(见图 8 - 10(a))。隔水边界无水流通过,而流线本身就是零流量边界;因此平行隔水边界可以绘出流线(见图 8 - 10(b))。

地下水面边界比较复杂,当无入渗补给及蒸发排泄,有侧向补给并作稳定流运动时,地下水面是一条流线(见图 8 - 10(c));当有入渗补给时,既不是流线,也不是等水头线(见图 8 - 10(d))。

(a)   (b)   (c)   (d)

图 8 - 10   等水头线、流线与各类边界的关系

▨—隔水层;▽—潜水面;- - -—等水头线;
→—流线;☲—河渠水面;↓↓↓—降水入渗

如果流网图的线间距是按等值绘制的,即相邻两根流线之间的流量相等,相邻两根水头线的水头差相等,则根据流网图上等水头线的疏密变化,可判断渗流场内不同部位渗流强度的差异,也可以根据等水头线(浸润曲线)与流网的关系来判断潜水的补给条件。

8.4.2 渗流的基本定律

法国水力学家达西(Darcy)通过大量试验,于 1856 年总结出了线性渗流定律。

实验是在装有砂的圆筒中进行的(见图 8 - 11)。水由圆筒的上端加入,水流经过砂柱由下端流出。上下游用溢水设备控制水位,使实验过程中水头始终保持不变。在圆筒的上下端各设一根测压管,分别测定上下两过水断面的水头。从下端出口处测定流量。根据实验结果,得到关系式

$$Q = K\omega \frac{H_1 - H_2}{L} = K\omega I 。 \qquad (8-2)$$

式中:Q——渗流量,出口处测得的流量,水位稳定后即等于通过砂柱各断面的流量;

ω——过水断面,在实验装置中相当于砂柱横截面积;

H_1、H_2——测压管水位;

L——渗流长度,即两过水断面之间的距离;

图 8 - 11   达西试验装置图

I——水力梯度;

K——渗透系数,常用单位是 m/d 或 cm/s。

公式(8-2)即达西公式。从水力学已知,通过某一断面的流量 Q 等于流速 v 与过水断面 ω 的乘积,即

$$Q = \omega v。 \tag{8-3}$$

由此得到达西定律的另一种表达形式,即

$$v = KI。 \tag{8-4}$$

式中:v——渗流速度。

它说明渗流速度等于渗透系数与水力梯度的乘积。v 与 I 的一次方成正比,故称达西公式为线性渗透定律。

在实际的地下水流中,水力梯度往往各处不同,因此可以把达西定律写成更一般的表达式,即

$$v = -K \frac{\mathrm{d}H}{\mathrm{d}l}。 \tag{8-5}$$

式中:$\mathrm{d}H/\mathrm{d}l$——水力梯度。

天然条件下大多数地下水流是符合达西定律的。对达西定律中各项物理量的含义及一些有关的问题说明如下。

(1) 渗流速度。

式 (8-2) 中的过水断面 ω 系指砂柱的横断面积。在该横断面积中包括砂颗粒所占据的面积与孔隙所占据的面积,而水流实际通过的是孔隙,设实际过水的面积为 ω',即 $\omega' = n_e \omega$,其中 n_e 为有效空隙度,即实际参与流动的那部分水所占的空隙体积(不包括结合水所占据的体积)与岩土总体积之比。如令通过实际过水断面 ω' 时的渗透流速为 u,则

$$Q = \omega v = \omega' u, \tag{8-6}$$

则得到

$$v = n_e u。 \tag{8-7}$$

(2) 水力梯度。

水力梯度为沿渗透途径水头损失与相应渗透长度的比值。水质点在空隙中运动时,为了克服水质点之间的摩擦阻力,必须消耗机械能,从而出现水头损失。所以,水力梯度可以理解为水流通过单位长度渗透途径为克服摩擦阻力所耗失的机械能。

(3) 渗透系数。

渗透系数是表征含水层透水性能的一个重要的水文地质参数。从达西定律可以看出,当 $I = 1$ 时,$v = K$。这说明,渗透系数值相当于水力梯度为 1 时的渗流速度。当水力梯度一定时,K 愈大,则 v 就愈大。当渗流速度一定时,I 与 K 成反比,K 愈大,则 I 愈小。这说明渗透系数大时,岩土透水性好,水头损失小。

岩土的渗透系数可以通过抽水、注水试验、井间示踪等现场试验测定,也可在室内按达西

实验测定。松散沉积物渗透系数的常见值见表 8-5。

表 8-5 松散沉积物渗透系数经验值 单位:m/d

松散岩土名称	渗透系数	松散岩土名称	渗透系数
黏质粉土	0.001~0.10	中砂	5.0~20.0
粉土	0.10~0.50	粗砂	20.0~50.0
粉砂	0.50~1.0	砾石	50.0~150.0
细砂	1.0~5.0	卵石	100.0~500.0

根据渗透系数在空间位置变化情况,可将地下水含水介质划分为均质各向同性、均质各向异性、非均质各向同性和非均质各向异性介质。

8.5 流向井的地下水运动

地下工程降水要确定降水井的布设,要计算基坑涌水量,要预测降水水位分布及其变化规律。本节为这些问题提供理论基础。按照地下水运动要素是否随时间变化分为稳定井流和非稳定井流。

8.5.1 地下水的稳定井流

1. 均质含水层中地下水流向完整井的稳定井流

裘布依(J.Dupuit)是最早研究稳定井流的学者,裘布依公式是在下列假设基础上建立起来的:

(1) 含水层是水平的,均质各向同性的;

(2) 水流呈轴对称的径向流运动;

(3) 在距井轴一定距离 R 上,水位下降为 0;

(4) 水流运动符合达西定律。

承压完整井:

单井
$$Q = 2.73 \frac{KMs_{\mathrm{w}}}{\lg \dfrac{R}{r_{\mathrm{w}}}}; \tag{8-8}$$

多井
$$Q = 2.73 \frac{KM(s_{\mathrm{w}} - s_1)}{\lg \dfrac{r_1}{r_{\mathrm{w}}}}。 \tag{8-9}$$

潜水完整井:

单井

$$Q = 1.366K \frac{(2H_0 - s_w)s_w}{\lg \dfrac{R}{r_w}}; \qquad (8-10)$$

多井

$$Q = 1.366K \frac{(H_2^2 - H_1^2)}{\lg \dfrac{r_2}{r_1}} \text{。} \qquad (8-11)$$

式(8-8)~式(8-11)中符号见图 8-12 和图 8-13。

图 8-12　地下水向承压水井运动

图 8-13　地下水向潜水井运动

2. 裘布依公式存在的问题

按裘布依公式可以看出,流量与水位降 $Q-s$(承压水)和 $Q-(H_0^2-h_w^2)$(潜水)均为线性关系;潜水井的最大流量在 $s_w = H_0$ 时;井径与流量呈对数关系;在距抽水井 R 处水位降为 0 等。实际上并非如此。

1) 降落漏斗曲线方程

裘布依公式未考虑地下水流入井时流速很高,造成水头损失;入井后由水平运动转为垂直运动也有损失,这些损失统称为井损失。因此,$Q-s$ 或 $Q-(H_0^2-h_w^2)$ 呈线性关系只是在降深很小时才出现,大部分情况下呈曲线关系,不论是抛物线型、幂函数曲线型都可以用 $\dfrac{s}{Q} = a + bQ^{(n-1)}$ 这一通式来表示;因此存在 $\lg\left(\dfrac{s}{Q} - a\right) = \lg b + (n-1)\lg Q$ 关系,在 n 次抽降得到 n 对 $s-Q$ 值后经多次试算,在双对数纸上总可以找到一根直线,其截距为 $\lg b$,斜率为 $(n-1)$,从而求得该曲线的方程式。根据该方程式来推算降深适当加大时的出水量与实际的偏离不会太大。

2) 井的最大出水量

由于裘布依公式在潜水井公式中忽略了渗透速度的垂直分量,以 $\dfrac{dH}{dr} = \tan\theta$ 代替 $\dfrac{dH}{ds} = \sin\theta$($\theta$ 为降落漏斗曲线的坡角),造成了当 $s_w = H_0$ 时会出现最大出水量的错觉。可以看出,

当 $s_w = H_0$ 时只有渗透速度的垂直分量，$\sin\theta = 1$，而 $\tan\theta = \infty$。因此，裘布依的潜水井公式只有在降深与含水层厚度相比很小时才有较高的准确性。

3）井径与出水量的关系

井损失与井径有关，裘布依公式只考虑了出水量与渗透系数的关系，而忽视了与井损有关。在降深相同的情况下，出水量与井径并非对数关系，一般井径的变化对出水量的影响要比对数关系大得多，渗透性好的含水层井径变化对出水量很敏感；反之，井径与出水量的关系比较接近于裘布依公式。而井径增大到一定程度后其变化对出水量就不敏感了。

4）关于影响半径 R

裘布依公式中的 R 只有在圆形的孤岛或河心洲中心打井抽水时才能出现，这种情况是极个别的。在井内抽水一般随着时间的推移，影响半径必然要扩展到边界。裘布依公式的影响半径只不过是当井抽水量较小，水位下降较小，到一定距离以后很难用一般的方法测量到，或在这个距离外因抽水而引起的水位降可忽略不计而已，而且这距离并非是一个对称圆。显然，这个影响半径的大小与含水层透水性的好坏有关，与补给边界的距离等因素有关。因此，有人建议将影响半径改称为引用影响半径，其大小是反映区域地下水补给强度的综合性参数。

尽管如此，由于计算简便，计算结果基本能达到工程精度要求，裘布依公式在工程上还是得到了广泛应用。但在应用过程中，要充分认识到裘布依公式存在的问题。

3. 非均质含水层中层状构造地下水流向完整井的运动

1）对承压完整井

如图 8－14 所示，有

$$Q = 2.73 K_m \frac{M S_w}{\lg(R/r_w)}。 \tag{8－12}$$

式中：$K_m = \dfrac{K_1 M_1 + K_2 M_2 + \cdots + K_n M_n}{M_1 + M_2 + \cdots + M_n}$；

M——含水层总厚度，m，$M = M_1 + M_2 + \cdots$

2）对潜水完整井

如图 8－15 所示，有

图 8－14　层状非均质层中的承压水井

图 8－15　层状非均质层中潜水井

$$Q = 1.366 K_m \frac{H^2 - h_w^2}{\lg(R/r)} \text{。}$$ (8-13)

式中：$K_m = \dfrac{K_{mw} h_w + K_{m0} H_0}{H_0 + h_w}$；

K_{mw}，K_{m0}——分别为井壁和井壁到影响边界上含水层渗透系数的加权平均值，m/d。

8.5.2 地下水的非稳定井流

1. 承压水流向完整井的非稳定流运动

1）基本微分方程

假设条件：①含水层是均质、各向同性、在平面上的扩展是无限、没有越流补给和水平的；②从完整井中抽水时，在水头降低的瞬间，水立即从含水层的储存中释放，流入井内的水量全部来自含水层自身储存水的释放；③水头 H 不随 θ 的大小而改变；④水头 H 随深度 Z 的变化很小，可以忽略不计。

这样 H 只是径向距离 r 和时间 t 的函数，以柱坐标表示的微分方程为

$$\frac{\partial^2 H}{\partial r^2} + \frac{1}{r} \frac{\partial H}{\partial r} = \frac{S}{T} \frac{\partial H}{\partial t} \text{。}$$ (8-14)

2）抽水流量不变时，单井非稳定流计算

假设从完整井抽水流量是固定的，抽水前承压水头面是水平的，水头为 H_0；井的半径为无限小，式(8-14)相应的边界条件为

$$H(\infty, t) = H_0, \qquad t > 0 \text{ 时；}$$

$$\lim_{r \to 0} \left(r \frac{\partial H}{\partial r} \right) = -\frac{Q}{2\pi T}, \qquad t > 0 \text{ 时。}$$

初始条件为

$$H(r, 0) = H_0, r_w < r < \infty \text{ 时。}$$

式(8-14)的解为

$$s = H_0 - H = \frac{Q}{4\pi T} \int_{\frac{r^2 S}{4\pi T}}^{\infty} \frac{e^{-u}}{u} du \text{。}$$ (8-15)

常用井函数代替指数积分函数，即

$$W(u) = \int_{\frac{r^2 S}{4\pi T}}^{\infty} \frac{e^{-u}}{u} du = -0.577216 - \ln u + u - \frac{u^2}{2 \cdot 2!} + \frac{u^3}{3 \cdot 3!} - \cdots$$

这个级数可以从表(8-6)中查得。

式(8-15)可写成

$$s = \frac{Q}{4\pi T} W(u) \text{。}$$ (8-16)

表 8－6　$W(u)$数值表(根据费里斯、诺尔斯、布朗利斯托尔曼 1962)

u/N	$N\times10^{-15}$	$N\times10^{-14}$	$N\times10^{-13}$	$N\times10^{-12}$	$N\times10^{-11}$	$N\times10^{-10}$	$N\times10^{-9}$	$N\times10^{-8}$	$N\times10^{-7}$	$N\times10^{-6}$	$N\times10^{-5}$	$N\times10^{-4}$	$N\times10^{-3}$	$N\times10^{-2}$	$N\times10^{-1}$	N
1.0	33.961 6	31.659 0	29.356 4	27.053 8	24.751 2	22.448 6	20.146 0	17.813 5	15.540 9	13.238 3	10.935 7	8.633 2	6.331 5	4.037 9	1.822 9	0.219 4
1.1	33.866 2	31.563 7	29.261 1	26.958 5	24.655 9	22.353 3	20.050 7	17.748 1	15.445 6	13.143 0	10.840 4	8.537 9	6.236 3	3.943 6	1.737 1	0.186 0
1.2	33.779 2	31.476 7	29.174 1	26.871 5	24.568 9	22.266 3	19.963 7	17.661 1	15.358 6	13.056 0	10.753 4	8.450 9	6.149 4	3.857 6	1.659 5	0.158 4
1.3	33.699 2	31.396 6	29.094 0	26.791 4	24.488 9	22.186 3	19.883 7	17.581 0	15.278 5	12.975 9	10.673 4	8.370 9	6.069 5	3.778 5	1.588 9	0.135 5
1.4	33.625 1	31.322 5	29.019 9	26.717 3	24.414 7	22.112 2	19.809 6	17.507 0	15.204 4	12.901 8	10.599 3	8.296 8	5.995 5	3.705 4	1.524 1	0.116 2
1.5	33.556 1	31.253 5	28.950 9	26.648 3	24.345 8	22.043 2	19.740 6	17.438 0	15.135 4	12.832 8	10.530 3	8.227 8	5.926 6	3.637 4	1.464 5	0.100 0
1.6	33.491 6	31.189 0	28.886 4	26.583 8	24.281 3	21.978 8	19.676 1	17.373 5	15.070 9	12.768 3	10.465 7	8.163 4	5.862 1	3.573 9	1.409 2	0.086 31
1.7	33.430 9	31.128 3	28.825 8	26.523 2	24.220 6	21.918 0	19.615 4	17.312 8	15.010 3	12.707 7	10.405 1	8.102 7	5.801 6	3.514 3	1.357 8	0.074 65
1.8	33.373 8	31.071 2	28.768 6	26.466 0	24.163 4	21.860 8	19.558 3	17.255 7	14.953 1	12.650 5	10.347 9	8.045 5	5.744 6	3.458 1	1.308 9	0.064 71
1.9	33.319 7	31.017 1	28.714 5	26.411 9	24.109 4	21.806 8	19.504 2	17.201 6	14.899 0	12.596 4	10.293 9	7.991 5	5.690 6	3.405 0	1.264 9	0.056 20
2.0	33.268 4	30.965 8	28.663 2	26.360 7	24.058 1	21.755 5	19.452 9	17.150 3	14.847 7	12.545 1	10.242 6	7.940 2	5.639 4	3.354 7	1.222 7	0.048 90
2.1	33.219 6	30.917 0	28.614 5	26.311 9	24.009 3	21.706 7	19.404 1	17.101 5	14.798 9	12.496 4	10.193 8	7.891 4	5.590 7	3.306 9	1.182 9	0.042 61
2.2	33.173 1	30.870 5	28.567 9	26.265 3	23.962 8	21.660 2	19.357 6	17.055 0	14.752 4	12.449 8	10.147 3	7.844 9	5.544 3	3.261 4	1.145 4	0.037 19
2.3	33.128 6	30.826 1	28.523 5	26.220 9	23.918 3	21.615 7	19.313 1	17.010 6	14.708 0	12.405 4	10.102 8	7.800 4	5.499 9	3.217 9	1.109 9	0.032 50
2.4	33.086 1	30.783 5	28.480 9	26.178 3	23.875 8	21.573 2	19.270 6	16.968 0	14.665 4	12.362 8	10.060 3	7.757 9	5.457 5	3.176 3	1.076 2	0.028 44
2.5	33.045 0	30.742 7	28.440 1	26.137 5	23.834 9	21.532 3	19.229 8	16.927 2	14.624 6	12.322 0	10.019 4	7.717 2	5.416 7	3.136 5	1.044 3	0.024 91
2.6	33.006 0	30.703 5	28.400 9	26.098 3	23.795 7	21.493 1	19.190 5	16.888 0	14.585 4	12.282 8	9.980 2	7.677 9	5.377 6	3.098 3	1.013 9	0.021 85
2.7	32.968 0	30.665 7	28.363 1	26.060 6	23.758 0	21.455 4	19.152 8	16.850 2	14.547 6	12.245 0	9.942 5	7.640 1	5.340 0	3.061 5	0.984 9	0.019 18
2.8	32.931 9	30.629 4	28.326 8	26.024 2	23.721 6	21.419 0	19.116 4	16.813 8	14.511 3	12.208 7	9.906 1	7.603 8	5.303 7	3.026 1	0.957 3	0.016 86
2.9	32.896 8	30.594 3	28.291 7	25.989 1	23.686 5	21.383 9	19.081 3	16.778 8	14.476 2	12.173 6	9.871 0	7.568 7	5.268 7	2.992 0	0.930 9	0.014 82
3.0	32.862 9	30.560 4	28.257 8	25.955 2	23.652 6	21.350 0	19.047 4	16.744 9	14.442 3	12.139 7	9.837 1	7.534 8	5.234 8	2.959 1	0.905 7	0.013 05
3.1	32.830 0	30.527 6	28.225 0	25.922 4	23.619 8	21.317 2	19.014 6	16.712 1	14.409 5	12.106 9	9.804 3	7.502 0	5.202 2	2.927 3	0.881 5	0.011 49
3.2	32.798 4	30.495 8	28.193 2	25.890 7	23.588 0	21.285 5	18.982 9	16.680 3	14.377 7	12.075 1	9.772 6	7.470 3	5.170 6	2.896 5	0.858 3	0.010 13
3.3	32.767 6	30.465 1	28.162 5	25.859 9	23.557 3	21.254 7	18.952 1	16.649 6	14.347 0	12.044 4	9.741 8	7.439 5	5.139 9	2.866 8	0.836 1	0.008 939
3.4	32.737 8	30.435 2	28.132 6	25.830 0	23.527 4	21.224 9	18.922 3	16.619 7	14.317 1	12.014 5	9.712 0	7.409 7	5.110 2	2.837 9	0.814 7	0.007 891
3.5	32.708 8	30.406 2	28.103 6	25.801 0	23.498 5	21.195 9	18.893 3	16.590 7	14.288 1	11.985 5	9.683 0	7.380 7	5.081 3	2.809 9	0.794 2	0.006 970
3.6	32.680 6	30.378 1	28.075 5	25.772 9	23.470 3	21.167 7	18.865 1	16.562 5	14.259 9	11.957 4	9.654 8	7.352 6	5.053 2	2.782 7	0.774 5	0.006 160
3.7	32.653 2	30.350 6	28.048 1	25.745 5	23.442 9	21.140 3	18.837 7	16.535 1	14.232 5	11.930 0	9.627 4	7.325 2	5.025 9	2.756 3	0.755 4	0.005 448
3.8	32.626 6	30.324 0	28.021 4	25.718 8	23.416 2	21.113 6	18.811 0	16.508 5	14.205 9	11.903 3	9.600 7	7.298 5	4.999 3	2.730 6	0.737 1	0.004 820
3.9	32.600 6	30.298 0	27.995 4	25.692 8	23.390 2	21.087 7	18.785 1	16.482 5	14.179 9	11.877 3	9.574 8	7.272 5	4.973 5	2.705 6	0.719 4	0.004 267
4.0	32.575 3	30.272 7	27.970 1	25.667 5	23.364 9	21.062 3	18.759 8	16.457 2	14.154 6	11.852 0	9.549 5	7.247 2	4.948 2	2.681 3	0.702 4	0.003 779
4.1	32.550 6	30.248 0	27.945 4	25.642 8	23.340 2	21.037 6	18.735 1	16.432 5	14.129 9	11.827 3	9.524 8	7.222 5	4.923 6	2.657 6	0.685 9	0.003 349
4.2	32.526 5	30.223 9	27.921 3	25.618 7	23.316 1	21.013 6	18.711 0	16.408 4	14.105 8	11.803 2	9.500 7	7.198 5	4.899 7	2.634 4	0.670 0	0.002 969
4.3	32.502 9	30.200 4	27.897 8	25.595 2	23.292 6	20.990 0	18.687 5	16.384 9	14.082 3	11.779 7	9.477 1	7.174 9	4.876 2	2.611 9	0.654 6	0.002 633
4.4	32.480 0	30.177 4	27.874 8	25.572 2	23.269 6	20.967 1	18.664 5	16.361 9	14.059 1	11.756 7	9.454 1	7.152 0	4.853 3	2.589 9	0.639 7	0.002 336

续表

$\frac{u}{N}$	$N\times10^{-15}$	$N\times10^{-14}$	$N\times10^{-13}$	$N\times10^{-12}$	$N\times10^{-11}$	$N\times10^{-10}$	$N\times10^{-9}$	$N\times10^{-8}$	$N\times10^{-7}$	$N\times10^{-6}$	$N\times10^{-5}$	$N\times10^{-4}$	$N\times10^{-3}$	$N\times10^{-2}$	$N\times10^{-1}$	N
4.5	32.457 5	30.154 9	27.852 9	25.549 7	23.247 1	20.944 6	18.642 0	16.339 4	14.036 8	11.734 2	9.431 7	7.125 9	4.831 0	2.568 4	0.625 3	0.002 073
4.6	32.435 5	30.132 9	27.830 3	25.527 7	23.225 2	20.922 6	18.620 0	16.317 4	14.014 8	11.712 2	9.409 7	7.107 5	4.809 1	2.547 4	0.611 4	0.001 841
4.7	32.414 0	30.111 4	27.808 8	25.506 2	23.203 7	20.901 1	18.598 5	16.295 9	13.993 3	11.690 7	9.388 2	7.086 0	4.787 7	2.526 8	0.597 9	0.001 635
4.8	32.392 9	30.090 4	27.787 8	25.485 2	23.182 6	20.880 0	18.577 4	16.274 8	13.972 3	11.669 7	9.367 1	7.065 0	4.766 7	2.506 8	0.584 8	0.001 453
4.9	32.372 3	30.069 7	27.767 2	25.464 6	23.162 0	20.859 1	18.556 6	16.254 2	13.951 6	11.649 1	9.346 5	7.044 4	4.746 2	2.487 1	0.572 1	0.001 291
5.0	32.352 1	30.045 9	27.747 0	25.444 4	23.141 8	20.839 2	18.536 6	16.234 0	13.931 4	11.628 9	9.326 3	7.024 2	4.726 1	2.467 9	0.559 8	0.001 148
5.1	32.332 3	30.029 7	27.727 1	25.424 6	23.122 0	20.819 4	18.516 8	16.214 2	13.911 6	11.609 1	9.305 5	7.004 4	4.706 4	2.449 1	0.547 8	0.001 021
5.2	32.312 9	30.010 3	27.707 7	25.405 1	23.102 6	20.800 0	18.497 4	16.194 8	13.892 2	11.589 6	9.287 1	6.985 0	4.687 1	2.430 6	0.536 2	0.000 908 6
5.3	32.293 9	29.991 3	27.688 7	25.386 1	23.083 5	20.780 9	18.478 3	16.175 8	13.873 1	11.570 6	9.268 7	6.965 9	4.668 1	2.412 6	0.525 0	0.000 808 6
5.4	32.275 0	29.972 5	27.670 0	25.367 4	23.064 8	20.762 0	18.459 6	16.157 1	13.854 5	11.551 9	9.249 4	6.947 3	4.649 5	2.394 8	0.514 0	0.000 719 8
5.5	32.256 0	29.951 0	27.651 6	25.349 1	23.046 5	20.743 9	18.441 3	16.138 7	13.836 1	11.533 6	9.231 0	6.928 9	4.631 3	2.377 5	0.503 4	0.000 640 9
5.6	32.238 8	29.936 2	27.633 6	25.331 0	23.028 5	20.725 9	18.423 3	16.120 7	13.818 1	11.515 5	9.213 0	6.910 9	4.613 4	2.360 4	0.493 0	0.000 570 8
5.7	32.221 0	29.918 5	27.615 9	25.313 3	23.010 8	20.708 2	18.405 6	16.103 0	13.800 4	11.497 8	9.195 3	6.893 2	4.595 8	2.343 7	0.483 0	0.000 508 5
5.8	32.203 7	29.901 1	27.598 5	25.295 9	22.993 4	20.690 8	18.388 2	16.085 6	13.783 0	11.480 4	9.177 9	6.875 8	4.578 5	2.327 2	0.473 2	0.000 453 2
5.9	32.186 6	29.884 0	27.581 4	25.278 8	22.976 3	20.673 7	18.371 1	16.068 5	13.765 9	11.463 3	9.160 6	6.858 8	4.561 5	2.311 1	0.463 7	0.000 403 9
6.0	32.169 8	29.867 2	27.564 6	25.262 0	22.959 5	20.656 9	18.354 3	16.051 7	13.749 1	11.446 5	9.144 0	6.842 0	4.544 8	2.295 3	0.454 4	0.000 360 1
6.1	32.153 3	29.850 7	27.548 1	25.245 5	22.942 9	20.640 3	18.337 8	16.035 2	13.732 6	11.430 0	9.127 5	6.825 4	4.528 3	2.279 7	0.445 4	0.000 321 1
6.2	32.137 0	29.834 4	27.531 8	25.229 3	22.926 7	20.624 1	18.321 5	16.018 9	13.716 3	11.413 8	9.111 2	6.809 2	4.512 2	2.264 5	0.436 6	0.000 286 4
6.3	32.121 0	29.818 4	27.515 8	25.213 3	22.910 7	20.608 1	18.305 5	16.002 9	13.700 3	11.397 8	9.095 2	6.793 2	4.496 3	2.249 4	0.428 0	0.000 255 5
6.4	32.105 3	29.802 7	27.500 1	25.197 5	22.894 9	20.592 3	18.289 8	15.987 2	13.684 6	11.382 0	9.079 5	6.777 5	4.480 6	2.234 6	0.419 7	0.000 227 9
6.5	32.089 8	29.787 2	27.484 6	25.182 0	22.879 4	20.576 8	18.274 2	15.971 7	13.669 1	11.366 5	9.064 0	6.762 0	4.465 2	2.220 1	0.411 5	0.000 203 4
6.6	32.074 5	29.771 9	27.469 3	25.166 7	22.864 1	20.561 6	18.259 0	15.956 4	13.653 8	11.351 2	9.048 7	6.746 7	4.450 1	2.205 8	0.403 6	0.000 181 6
6.7	32.059 5	29.756 9	27.454 3	25.151 7	22.849 1	20.546 5	18.243 9	15.941 4	13.638 8	11.336 2	9.033 7	6.731 7	4.435 1	2.191 7	0.395 5	0.000 162 1
6.8	32.044 6	29.742 1	27.439 5	25.136 9	22.834 3	20.531 7	18.229 1	15.926 5	13.624 0	11.321 4	9.018 9	6.716 9	4.420 4	2.177 9	0.388 3	0.000 144 8
6.9	32.030 0	29.727 5	27.424 9	25.122 3	22.819 7	20.517 1	18.214 5	15.911 9	13.609 4	11.306 9	9.004 3	6.702 3	4.405 9	2.164 3	0.381 0	0.000 129 3
7.0	32.015 6	29.713 1	27.410 5	25.107 9	22.805 3	20.502 7	18.200 1	15.897 6	13.595 0	11.292 4	8.989 0	6.687 9	4.391 6	2.150 8	0.373 8	0.000 115 5
7.1	32.001 5	29.698 9	27.396 3	25.093 7	22.791 1	20.488 5	18.186 0	15.883 4	13.580 8	11.278 2	8.975 7	6.673 7	4.377 5	2.137 6	0.366 8	0.000 103 2
7.2	31.987 5	29.684 9	27.382 3	25.079 7	22.777 1	20.474 6	18.172 0	15.869 4	13.566 8	11.264 2	8.961 7	6.659 8	4.363 6	2.124 6	0.359 9	0.000 092 19
7.3	31.973 7	29.671 1	27.368 5	25.065 9	22.763 3	20.460 8	18.158 2	15.855 6	13.553 0	11.250 4	8.947 9	6.646 0	4.350 0	2.111 8	0.353 2	0.000 082 39
7.4	31.960 1	29.657 5	27.354 9	25.052 3	22.749 7	20.447 2	18.144 6	15.842 0	13.539 4	11.236 8	8.934 3	6.632 4	4.336 4	2.099 1	0.346 7	0.000 073 64
7.5	31.946 7	29.644 1	27.341 5	25.038 9	22.736 3	20.433 7	18.131 1	15.828 6	13.526 0	11.223 4	8.920 9	6.619 0	4.323 1	2.086 7	0.340 3	0.000 065 83
7.6	31.933 4	29.630 8	27.328 2	25.025 7	22.723 1	20.420 5	18.117 9	15.815 3	13.512 7	11.210 2	8.907 6	6.605 7	4.310 0	2.074 4	0.334 1	0.000 058 86
7.7	31.920 3	29.617 8	27.315 2	25.012 6	22.710 0	20.407 4	18.104 8	15.802 2	13.499 7	11.197 1	8.894 6	6.592 7	4.297 0	2.062 3	0.328 0	0.000 052 63
7.8	31.907 4	29.604 8	27.302 3	24.999 7	22.697 1	20.394 5	18.091 9	15.789 3	13.486 8	11.184 2	8.881 7	6.579 8	4.284 2	2.050 3	0.322 1	0.000 047 07
7.9	31.894 7	29.592 1	27.289 5	24.986 9	22.684 4	20.381 8	18.079 2	15.776 6	13.474 1	11.171 4	8.868 9	6.567 1	4.271 6	2.038 6	0.316 3	0.000 042 10

续表

N＼μ	N×10⁻¹⁵	N×10⁻¹⁴	N×10⁻¹³	N×10⁻¹²	N×10⁻¹¹	N×10⁻¹⁰	N×10⁻⁹	N×10⁻⁸	N×10⁻⁷	N×10⁻⁶	N×10⁻⁵	N×10⁻⁴	N×10⁻³	N×10⁻²	N×10⁻¹	N
8.0	31.882 1	29.579 5	27.276 9	24.974 9	22.671 8	20.369 2	18.066 6	15.764 0	13.461 0	11.158 9	8.856 3	6.554 5	4.259 1	2.026 9	0.310 6	0.000 037 67
8.1	31.869 7	29.567 1	27.264 5	24.961 5	22.659 4	20.356 8	18.054 2	15.751 6	13.449 0	11.146 4	8.843 9	6.542 1	4.246 8	2.015 5	0.305 0	0.000 033 70
8.2	31.857 4	29.554 8	27.252 3	24.949 2	22.647 1	20.344 5	18.041 9	15.739 4	13.436 7	11.134 2	8.831 7	6.529 8	4.234 6	2.004 2	0.299 6	0.000 030 15
8.3	31.845 3	29.542 7	27.240 1	24.937 1	22.635 0	20.332 4	18.029 8	15.727 2	13.424 6	11.122 0	8.819 5	6.517 7	4.222 6	1.993 0	0.294 3	0.000 026 69
8.4	31.833 3	29.530 7	27.228 2	24.925 0	22.623 0	20.320 4	18.017 8	15.715 2	13.412 6	11.110 1	8.807 6	6.505 7	4.210 7	1.982 0	0.289 1	0.000 024 15
8.5	31.821 5	29.518 9	27.216 3	24.913 2	22.611 2	20.308 6	18.006 0	15.703 4	13.400 8	11.098 2	8.795 7	6.493 9	4.199 0	1.971 1	0.284 0	0.000 021 62
8.6	31.809 8	29.507 2	27.204 6	24.902 0	22.599 5	20.296 9	17.994 3	15.691 6	13.389 1	11.086 5	8.784 0	6.482 2	4.187 4	1.960 4	0.279 0	0.000 019 36
8.7	31.798 2	29.495 7	27.193 1	24.890 5	22.587 9	20.285 3	17.982 7	15.680 1	13.377 6	11.075 0	8.772 5	6.470 7	4.175 9	1.949 8	0.274 2	0.000 017 33
8.8	31.786 8	29.484 2	27.181 6	24.879 0	22.576 5	20.273 9	17.971 3	15.668 7	13.366 1	11.063 5	8.761 0	6.459 2	4.164 6	1.939 3	0.269 4	0.000 015 52
8.9	31.775 5	29.472 9	27.170 4	24.867 8	22.565 2	20.262 6	17.960 0	15.657 4	13.354 4	11.052 3	8.749 7	6.448 0	4.153 4	1.929 0	0.264 7	0.000 013 90
9.0	31.764 3	29.461 8	27.159 2	24.856 6	22.554 0	20.251 4	17.948 8	15.646 4	13.343 7	11.041 1	8.738 6	6.436 8	4.142 3	1.918 7	0.260 2	0.000 012 45
9.1	31.753 2	29.450 7	27.148 1	24.845 5	22.542 9	20.240 4	17.937 8	15.635 4	13.332 6	11.030 0	8.727 5	6.425 8	4.131 3	1.908 7	0.255 7	0.000 011 15
9.2	31.742 3	29.439 8	27.137 2	24.834 6	22.532 0	20.229 4	17.926 8	15.624 3	13.321 7	11.019 0	8.716 6	6.414 8	4.120 5	1.898 7	0.251 3	0.000 009 988
9.3	31.731 5	29.429 0	27.126 4	24.823 8	22.521 2	20.218 6	17.916 0	15.613 6	13.310 9	11.008 3	8.705 8	6.401 0	4.109 8	1.888 8	0.247 0	0.000 008 948
9.4	31.720 8	29.418 3	27.115 7	24.813 1	22.510 5	20.207 9	17.905 3	15.602 8	13.300 2	10.997 5	8.695 1	6.393 4	4.099 2	1.879 1	0.242 9	0.000 008 018
9.5	31.710 3	29.407 7	27.105 1	24.802 5	22.499 9	20.197 3	17.894 8	15.592 2	13.289 6	10.987 0	8.684 5	6.382 8	4.088 7	1.869 5	0.238 7	0.000 007 185
9.6	31.699 8	29.397 2	27.094 6	24.792 0	22.489 4	20.186 9	17.884 3	15.581 7	13.279 1	10.976 5	8.674 0	6.372 3	4.078 4	1.859 9	0.234 7	0.000 006 439
9.7	31.689 4	29.386 8	27.084 3	24.781 7	22.479 0	20.176 5	17.873 9	15.571 3	13.268 8	10.966 2	8.663 7	6.362 0	4.068 1	1.850 5	0.230 8	0.000 005 771
9.8	31.679 2	29.376 6	27.074 0	24.771 4	22.468 8	20.166 3	17.863 7	15.561 1	13.258 5	10.955 9	8.653 4	6.351 7	4.057 9	1.841 2	0.226 9	0.000 005 173
9.9	31.669 0	29.366 4	27.063 9	24.761 3	22.458 7	20.156 1	17.853 5	15.550 8	13.248 3	10.945 8	8.643 3	6.341 6	4.047 9	1.832 0	0.223 1	0.000 004 637

式(8-16)就是著名的泰斯公式。

当 u 相当小时，$W(u) \approx -0.577216 - \ln u$，则

$$s = \frac{Q}{4\pi T}\left[\ln\frac{1}{u} - \ln 1.78\right] = \frac{0.183Q}{T}\lg\frac{2.25Tt}{r^2 S}。 \qquad (8-17)$$

3）抽水流量呈阶梯状变化时单井非稳定流计算

可以将抽水流量呈阶梯状变化时经时间 t 后的水位降看做：用流量 Q_1 抽水，经时间 $(t-t_1)$ 后产生的下降 s_1；用流量 $(Q_2 - Q_1)$ 抽水，经时间 $(t-t_2)$ 产生的下降 s_2；用流量 $(Q_3 - Q_2)$ 抽水，经时间 $(t-t_3)$ 后产生的下降 s_3 等的叠加，即

$$s = \sum_{j=1}^{n} s_j = \frac{1}{4\pi T}\left[Q_1 W(u_1) + \sum_{j=2}^{n}(Q_j - Q_{j-1})W(u_j)\right]。 \qquad (8-18)$$

式中，$u_1 = \dfrac{r^2 S}{4T(t-t_1)}$，$u_2 = \dfrac{r^2 S}{4T(t-t_2)}$，$\cdots$，$u_j = \dfrac{r^2 S}{4T(t-t_j)}$。

2. 潜水流向完整井的非稳定运动

由于潜水含水层上部界面为一自由表面(见图8-16)，故潜水含水层中的非稳定运动与承压含水层不同。主要表现在：① 导水系数 $T = Kh$ 是随降深而变化的，不同的距离 r 和时间 t 出现不同的 T 值；② 井的附近是三维流，需要考虑渗透速度的垂直分量；③ 潜水井抽出的水因水位下降释放的弹性储存量与整个抽水量相比只占了很少的一部分，并随着抽水时间增加而愈来愈微不足道，而抽出的水主要来自含水层孔隙水的疏干，它不是瞬间完成的，而是逐渐被释放出来的。

图8-16　潜水含水层示意图

同时考虑上述3种情况的解还没有很好的办法，目前一般采用均质含水层考虑各向异性和滞后反应的纽曼法来计算潜水含水层中完整井抽水的地下水运动。

假设：① 水平隔水层上的含水层侧向延伸是无限的；② 含水层是均质、各向异性的；③ 完整井的抽水流量不变；④ 从含水层中释放出来的水由含水介质的压缩、水的膨胀和自由面的重力排水两部分组成；⑤ 潜水面上没有入渗水补给；⑥ 降深与含水层厚度相比小得多。

在上述情况下，可近似列出基本方程和定解条件，即

$$\begin{cases} K_r \dfrac{\partial^2 s}{\partial r^2} + \dfrac{K_r \partial s}{r \partial r} + K_z \dfrac{\partial^2 s}{\partial z^2} = S_s \dfrac{\partial s}{\partial t}, 0 < z < h_0; \\ s(r,z,0) = 0; \\ s(\infty,z,t) = 0; \\ \dfrac{\partial}{\partial z} s(r,0,t) = 0; \\ K_z \dfrac{\partial}{\partial z} s(r,h_0,t) = -S_y \dfrac{\partial}{\partial z} s(r,h_0,t); \\ \lim\limits_{r \to 0} \int_0^{h_0} \dfrac{\partial s}{\partial r} dz = -\dfrac{Q}{2\pi K_r}. \end{cases} \tag{8-19}$$

式中：K_r，K_z——分别为潜水含水层的径向和垂直渗透系数；

　　　　S_s——潜水储水率；

　　　　S_y——潜水给水度。

对完整观测孔来说，求得上述定解问题的解为

$$\begin{cases} s(r,z,t) = \dfrac{Q}{4\pi T} \int_0^\infty 4y J_0(y\beta^{\frac{1}{2}}) \left[\omega_0(y) + \sum_{n=1}^\infty \omega_n y \right] dy, \\ \omega_0(y) = \dfrac{\{1 - \exp[-t_s \beta(y^2 - v_0^2)]\} \mathrm{ch}(v_0 z_d)}{\{y^2 + (1+\sigma) r_0^2 - [(y^2 - v_0^2)^2/\sigma]\} \mathrm{ch}(v_0)}, \\ \omega_n(y) = \dfrac{\{1 - \exp[-t_s \beta(y^2 + v_n^2)]\} \cos(v_n z_d)}{\{y^2 - (1+\sigma) v_n^2 - [(y^2 + v_n^2)^2/\delta]\} \cos(v_n)}. \end{cases} \tag{8-20}$$

式中，v_0、v_n 为下列方程式的根：

$$\sigma v_0 \mathrm{sh}(v_0) - (y^2 - v_0^2)\mathrm{ch}(v_0) = 0, v_0^2 < y^2;$$

$$\sigma v_n \sin(v_n) + (y^2 + v_n^2)\cos(v_n) = 0,$$

此处　　$(2n-1)\dfrac{\pi}{2} < v_n < n\pi, n \geqslant 1;$

$$\sigma = \dfrac{S}{S_y}, K_d = \dfrac{K_z}{K_r}, Z_d = \dfrac{Z}{h_0}, t_s = \dfrac{Tt}{Sr^2},$$

$$\beta = \dfrac{K_d}{h_d^2} = \dfrac{r^2 K_z}{h_0^2 K_r}, h_d = \dfrac{h_0}{r}.$$

由解析解所描述的时间－降深曲线与实测的是一致的。整个曲线分为 3 部分，在早期，符合与弹性储存有关的泰斯解，抽水开始的瞬间，水主要来自含水层的弹性释放，随着时间的推移，重力水逐步释放，曲线偏离泰斯解。与有越流补给相似，出现了一种水位暂时稳定现象，随着时间的进一步推移，弹性释放显得微不足道，而水量主要来自含水层的疏干，曲线又再一次和与给水度有关的泰斯解一致（见图 8-17）。在距抽水井不同的径向距离上，时间－降深曲线形状不同，径向距离增大，弹性储存和地下水面的滞后反应现象逐渐减弱，在一定距离后，时间－降深曲线的前半部消失，曲线只遵循与给水度有关的泰斯曲线。在各向异性含水层中，

K_z 越小(即垂直渗透系数相对较小),则弹性储存和滞后现象越明显。

　　潜水完整井标准曲线 A 的 s_d 数值见表 $8-7$。潜水完整井标准曲线 B 的 s_d 数值见表 $8-8$。

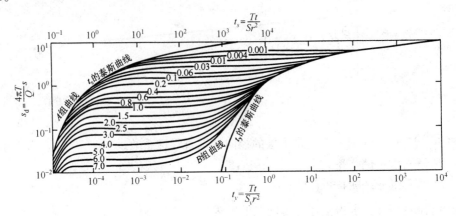

图 8-17　潜水含水层完整井定流量抽水时的标准曲线(据纽曼)

3. 地下水流向非完整井的非稳定流运动

　　在承压水层中非完整井抽水属于三维流问题,在不完整井附近要考虑渗透速度的垂直分量。对于无越流补给的承压含水层中的非完整井(见图 8-18),假设滤水管安装在含水层的底部(或顶部),滤水管顶部与隔水顶(底)板距离为 m_d。观测孔滤水管位置与抽水井一致,离抽水井的距离 $r<1.5M$(M 为含水层厚度),其他假设条件与泰斯解假设条件一样。

　　渗流的微分方程式为

$$\frac{\partial^2 s}{\partial r^2} + \frac{1}{r}\frac{\partial s}{\partial r} + \frac{\partial^2 s}{\partial z^2} = \frac{S}{T}\frac{\partial s}{\partial t}。 \tag{8-21}$$

定解条件为

$$s(r,z,0)=0;$$

$$s(\infty,z,t)=0;$$

$$\frac{\partial s(r,0,t)}{\partial z} = \frac{\partial s(r,M,t)}{\partial z} = 0;$$

$$\lim_{r\to 0}\left(L_r\frac{\partial s}{\partial r}\right) = \begin{cases} 0, 0<z<m_d; \\ -\dfrac{Q}{2\pi K}, m_d<z<M。 \end{cases}$$

则离抽水井 r 处观测孔中的水位降为

$$s = \frac{Q}{4\pi T}\left\{\int_0^\infty \frac{e^{-y}}{y}dy + \frac{2M^2}{\pi^2 L^2}\sum_{n=1}^\infty \frac{1}{n^2}\sin^2\left(\frac{n\pi m_d}{M}\right)\cdot\int_u^\infty \frac{1}{y}\exp\left[-y - \frac{\left(\dfrac{n\pi r}{M}\right)^2}{4y}\right]dy\right\} =$$

$$\frac{Q}{4\pi T}W\left(u,\frac{r}{M},\frac{l}{M}\right)。 \tag{8-22}$$

表 8-7　潜水完整井标准曲线 A 的 s_d 数值表（据纽曼）

t_s	$\beta=0.001$	$\beta=0.004$	$\beta=0.01$	$\beta=0.03$	$\beta=0.06$	$\beta=0.1$	$\beta=0.2$	$\beta=0.4$	$\beta=0.6$	$\beta=0.8$	$\beta=1.0$	$\beta=1.5$	$\beta=2.0$	$\beta=2.5$	$\beta=3.0$	$\beta=4.0$	$\beta=5.0$	$\beta=6.0$	$\beta=7.0$
1×10^{-1}	2.48×10^{-2}	2.43×10^{-2}	2.44×10^{-2}	2.35×10^{-2}	2.30×10^{-2}	2.24×10^{-2}	2.14×10^{-2}	1.99×10^{-2}	1.88×10^{-2}	1.79×10^{-2}	1.70×10^{-2}	1.53×10^{-2}	1.38×10^{-2}	1.25×10^{-2}	1.13×10^{-2}	9.33×10^{-3}	7.72×10^{-3}	6.39×10^{-3}	5.30×10^{-3}
2×10^{-1}	1.45×10^{-1}	1.42×10^{-1}	1.40×10^{-1}	1.36×10^{-1}	1.31×10^{-1}	1.27×10^{-1}	1.19×10^{-1}	1.08×10^{-1}	9.88×10^{-2}	9.15×10^{-2}	8.49×10^{-2}	7.13×10^{-2}	6.03×10^{-2}	5.11×10^{-2}	4.35×10^{-2}	3.17×10^{-2}	2.34×10^{-2}	1.74×10^{-2}	1.31×10^{-2}
3.5×10^{-1}	3.58×10^{-1}	3.52×10^{-1}	3.45×10^{-1}	3.31×10^{-1}	3.18×10^{-1}	3.04×10^{-1}	2.79×10^{-1}	2.44×10^{-1}	2.17×10^{-1}	1.94×10^{-1}	1.75×10^{-1}	1.36×10^{-1}	1.07×10^{-1}	8.46×10^{-2}	6.78×10^{-2}	4.45×10^{-2}	3.02×10^{-2}	2.10×10^{-2}	1.51×10^{-2}
6×10^{-1}	6.62×10^{-1}	6.48×10^{-1}	6.33×10^{-1}	6.01×10^{-1}	5.70×10^{-1}	5.40×10^{-1}	4.83×10^{-1}	4.03×10^{-1}	3.43×10^{-1}	2.96×10^{-1}	2.56×10^{-1}	1.82×10^{-1}	1.33×10^{-1}	1.01×10^{-1}	7.67×10^{-2}	4.76×10^{-2}	3.13×10^{-2}	2.14×10^{-2}	1.52×10^{-2}
1×10^{0}	1.02×10^{0}	9.92×10^{-1}	9.63×10^{-1}	9.05×10^{-1}	8.49×10^{-1}	7.92×10^{-1}	6.88×10^{-1}	5.42×10^{-1}	4.38×10^{-1}	3.60×10^{-1}	3.00×10^{-1}	1.99×10^{-1}	1.40×10^{-1}	1.03×10^{-1}	7.79×10^{-2}	4.78×10^{-2}		2.15×10^{-2}	
2×10^{0}	1.57×10^{0}	1.52×10^{0}	1.46×10^{0}	1.35×10^{0}	1.23×10^{0}	1.12×10^{0}	9.18×10^{-1}	6.59×10^{-1}	4.97×10^{-1}	3.91×10^{-1}	3.17×10^{-1}	2.03×10^{-1}	1.41×10^{-1}						
3.5×10^{0}	2.05×10^{0}	1.97×10^{0}	1.88×10^{0}	1.70×10^{0}	1.51×10^{0}	1.34×10^{0}	1.03×10^{0}	6.90×10^{-1}	5.07×10^{-1}	3.94×10^{-1}									
6×10^{0}	2.52×10^{0}	2.41×10^{0}	2.27×10^{0}	1.99×10^{0}	1.73×10^{0}	1.47×10^{0}	1.07×10^{0}	6.96×10^{-1}											
1×10^{1}	2.97×10^{0}	2.80×10^{0}	2.61×10^{0}	2.22×10^{0}	1.85×10^{0}	1.53×10^{0}	1.08×10^{0}												
2×10^{1}	3.56×10^{0}	3.30×10^{0}	3.00×10^{0}	2.41×10^{0}	1.92×10^{0}	1.55×10^{0}													
3.5×10^{1}	4.01×10^{0}	3.65×10^{0}	3.23×10^{0}	2.48×10^{0}	1.93×10^{0}														
6×10^{1}	4.42×10^{0}	3.93×10^{0}	3.37×10^{0}	2.49×10^{0}	1.94×10^{0}														
1×10^{2}	4.77×10^{0}	4.12×10^{0}	3.43×10^{0}	2.50×10^{0}															
2×10^{2}	5.16×10^{0}	4.26×10^{0}	3.45×10^{0}																
3.5×10^{2}	5.40×10^{0}	4.29×10^{0}	3.46×10^{0}																
6×10^{2}	5.54×10^{0}	4.30×10^{0}																	
1×10^{3}	5.59×10^{0}																		
2×10^{3}	5.62×10^{0}																		
3.5×10^{3}	5.62×10^{0}	4.30×10^{0}	3.46×10^{0}	2.50×10^{0}	1.94×10^{0}	1.55×10^{0}	1.08×10^{0}	6.96×10^{-1}	5.07×10^{-1}	3.94×10^{-1}	3.17×10^{-1}	2.03×10^{-1}	1.41×10^{-1}	1.03×10^{-1}	7.79×10^{-2}	4.78×10^{-2}	3.13×10^{-2}	2.15×10^{-2}	1.52×10^{-2}

表 8-8　潜水完整井标准曲线 B 的 s_d 数值表（据纽曼）

t_s	$\beta=0.001$	$\beta=0.004$	$\beta=0.01$	$\beta=0.03$	$\beta=0.06$	$\beta=0.1$	$\beta=0.2$	$\beta=0.4$	$\beta=0.6$	$\beta=0.8$	$\beta=1.0$	$\beta=1.5$	$\beta=2.0$	$\beta=2.5$	$\beta=3.0$	$\beta=4.0$	$\beta=5.0$	$\beta=6.0$	$\beta=7.0$
1×10^{-4}	5.62×10^{0}	4.30×10^{0}	3.46×10^{0}	2.50×10^{0}	1.94×10^{0}	1.56×10^{0}	1.09×10^{0}	6.97×10^{-1}	5.08×10^{-1}	3.95×10^{-1}	3.18×10^{-1}	2.04×10^{-1}	1.42×10^{-1}	1.03×10^{-1}	7.80×10^{-2}	4.79×10^{-2}	3.14×10^{-2}	2.15×10^{-2}	1.53×10^{-2}
2×10^{-4}	5.62×10^{0}	4.31×10^{0}	3.46×10^{0}	2.50×10^{0}	1.94×10^{0}	1.56×10^{0}	1.09×10^{0}	6.97×10^{-1}	5.08×10^{-1}	3.95×10^{-1}	3.18×10^{-1}	2.04×10^{-1}	1.42×10^{-1}	1.03×10^{-1}	7.81×10^{-2}	4.80×10^{-2}	3.15×10^{-2}	2.16×10^{-2}	1.53×10^{-2}
3.5×10^{-4}	5.63×10^{0}	4.31×10^{0}	3.47×10^{0}	2.51×10^{0}	1.95×10^{0}	1.56×10^{0}	1.10×10^{0}	6.98×10^{-1}	5.09×10^{-1}	3.96×10^{-1}	3.19×10^{-1}	2.05×10^{-1}	1.43×10^{-1}	1.04×10^{-1}	7.83×10^{-2}	4.81×10^{-2}	3.16×10^{-2}	2.17×10^{-2}	1.54×10^{-2}
6×10^{-4}	5.63×10^{0}	4.32×10^{0}	3.49×10^{0}	2.52×10^{0}	1.96×10^{0}	1.57×10^{0}	1.11×10^{0}	7.00×10^{-1}	5.10×10^{-1}	3.97×10^{-1}	3.21×10^{-1}	2.07×10^{-1}	1.45×10^{-1}	1.04×10^{-1}	7.85×10^{-2}	4.84×10^{-2}	3.18×10^{-2}	2.19×10^{-2}	1.56×10^{-2}
1×10^{-3}	5.64×10^{0}	4.35×10^{0}	3.51×10^{0}	2.54×10^{0}	1.98×10^{0}	1.58×10^{0}	1.13×10^{0}	7.03×10^{-1}	5.12×10^{-1}	3.99×10^{-1}	3.23×10^{-1}	2.09×10^{-1}	1.47×10^{-1}	1.05×10^{-1}	7.89×10^{-2}	4.88×10^{-2}	3.21×10^{-2}	2.21×10^{-2}	1.58×10^{-2}
2×10^{-3}	5.65×10^{0}	4.38×10^{0}	3.55×10^{0}	2.57×10^{0}	2.01×10^{0}	1.61×10^{0}	1.18×10^{0}	7.10×10^{-1}	5.16×10^{-1}	4.03×10^{-1}	3.27×10^{-1}	2.13×10^{-1}	1.52×10^{-1}	1.07×10^{-1}	7.99×10^{-2}	4.96×10^{-2}	3.29×10^{-2}	2.28×10^{-2}	1.64×10^{-2}
3.5×10^{-3}	5.67×10^{0}	4.44×10^{0}	3.63×10^{0}	2.62×10^{0}	2.06×10^{0}	1.66×10^{0}	1.24×10^{0}	7.20×10^{-1}	5.24×10^{-1}	4.12×10^{-1}	3.37×10^{-1}	2.24×10^{-1}	1.62×10^{-1}	1.09×10^{-1}	8.14×10^{-2}	5.09×10^{-2}	3.41×10^{-2}	2.39×10^{-2}	1.73×10^{-2}
6×10^{-3}	5.70×10^{0}	4.52×10^{0}	3.74×10^{0}	2.73×10^{0}	2.13×10^{0}	1.73×10^{0}	1.35×10^{0}	7.37×10^{-1}	5.37×10^{-1}	4.25×10^{-1}	3.50×10^{-1}	2.39×10^{-1}	1.78×10^{-1}	1.13×10^{-1}	8.38×10^{-2}	5.32×10^{-2}	3.61×10^{-2}	2.57×10^{-2}	1.89×10^{-2}
1×10^{-2}	5.76×10^{0}	4.71×10^{0}	3.90×10^{0}	2.88×10^{0}	2.31×10^{0}	1.83×10^{0}	1.50×10^{0}	7.63×10^{-1}	5.57×10^{-1}	4.47×10^{-1}	3.74×10^{-1}	2.65×10^{-1}	2.05×10^{-1}	1.24×10^{-1}	8.79×10^{-2}	5.68×10^{-2}	3.93×10^{-2}	2.86×10^{-2}	2.15×10^{-2}
2×10^{-2}	5.85×10^{0}	4.94×10^{0}	4.22×10^{0}	3.11×10^{0}	2.55×10^{0}	2.07×10^{0}	1.85×10^{0}	8.29×10^{-1}	5.89×10^{-1}	4.83×10^{-1}	4.12×10^{-1}	3.07×10^{-1}	2.48×10^{-1}	1.39×10^{-1}	9.80×10^{-2}	6.61×10^{-2}	4.78×10^{-2}	3.62×10^{-2}	2.84×10^{-2}
3.5×10^{-2}	5.99×10^{0}	5.23×10^{0}	4.88×10^{0}	3.40×10^{0}	2.86×10^{0}	2.37×10^{0}	2.23×10^{0}	9.22×10^{-1}	6.67×10^{-1}	5.71×10^{-1}	5.06×10^{-1}	4.10×10^{-1}	3.57×10^{-1}	1.66×10^{-1}	1.13×10^{-1}	8.06×10^{-2}	6.12×10^{-2}	4.86×10^{-2}	3.98×10^{-2}
6×10^{-2}	6.16×10^{0}	5.59×10^{0}	5.00×10^{0}	3.92×10^{0}	3.24×10^{0}	2.75×10^{0}	2.68×10^{0}	1.07×10^{0}	7.89×10^{-1}	6.97×10^{-1}	6.42×10^{-1}	5.62×10^{-1}	5.17×10^{-1}	2.10×10^{-1}	1.41×10^{-1}	1.06×10^{-1}	8.53×10^{-2}	7.14×10^{-2}	6.14×10^{-2}
1×10^{-1}			5.46×10^{0}	4.40×10^{0}	3.85×10^{0}	3.18×10^{0}	3.15×10^{0}	1.29×10^{0}	9.54×10^{-1}	8.89×10^{-1}	8.50×10^{-1}	7.92×10^{-1}	7.63×10^{-1}	3.23×10^{-1}	1.84×10^{-1}	1.49×10^{-1}	1.28×10^{-1}	1.13×10^{-1}	1.02×10^{-1}
2×10^{-1}				4.92×10^{0}	4.38×10^{0}	3.63×10^{0}	3.82×10^{0}	1.72×10^{0}	1.20×10^{0}	1.16×10^{0}	1.13×10^{0}	1.10×10^{0}	1.08×10^{0}	4.89×10^{-1}	2.98×10^{-1}	2.66×10^{-1}	2.45×10^{-1}	2.31×10^{-1}	2.20×10^{-1}
3.5×10^{-1}				5.42×10^{0}	4.91×10^{0}	4.38×10^{0}	4.37×10^{0}	2.17×10^{0}	1.68×10^{0}	1.66×10^{0}	1.65×10^{0}	1.64×10^{0}	1.63×10^{0}	7.45×10^{-1}	4.70×10^{-1}	4.45×10^{-1}	4.30×10^{-1}	4.19×10^{-1}	4.11×10^{-1}
6×10^{-1}					5.42×10^{0}	4.91×10^{0}	4.91×10^{0}	2.66×10^{0}	2.15×10^{0}	2.15×10^{0}	2.14×10^{0}	2.14×10^{0}	2.14×10^{0}	1.07×10^{0}	7.33×10^{-1}	7.18×10^{-1}	7.09×10^{-1}	7.03×10^{-1}	6.99×10^{-1}
1×10^{0}						5.42×10^{0}	5.42×10^{0}	3.14×10^{0}	2.65×10^{0}	2.65×10^{0}	2.65×10^{0}	2.65×10^{0}	2.64×10^{0}	1.63×10^{0}	1.07×10^{0}	1.06×10^{0}	1.06×10^{0}	1.05×10^{0}	1.05×10^{0}
2×10^{0}								3.82×10^{0}	3.14×10^{0}	3.14×10^{0}	3.14×10^{0}	3.14×10^{0}	3.14×10^{0}	2.14×10^{0}	1.63×10^{0}	1.63×10^{0}	1.63×10^{0}	1.63×10^{0}	1.63×10^{0}
3.5×10^{0}								4.37×10^{0}	3.82×10^{0}	3.82×10^{0}	3.82×10^{0}	3.82×10^{0}	3.82×10^{0}	2.64×10^{0}	2.14×10^{0}	2.14×10^{0}	2.14×10^{0}	2.14×10^{0}	2.14×10^{0}
6×10^{0}								4.91×10^{0}	4.37×10^{0}	4.37×10^{0}	4.37×10^{0}	4.37×10^{0}	4.37×10^{0}	3.14×10^{0}	2.64×10^{0}	2.64×10^{0}	2.64×10^{0}	2.64×10^{0}	2.64×10^{0}
1×10^{1}								5.42×10^{0}	4.91×10^{0}	4.91×10^{0}	4.91×10^{0}	4.91×10^{0}	4.91×10^{0}	3.82×10^{0}	3.14×10^{0}	3.14×10^{0}	3.14×10^{0}	3.14×10^{0}	3.14×10^{0}
2×10^{1}									5.42×10^{0}	5.42×10^{0}	5.42×10^{0}	5.42×10^{0}	5.42×10^{0}	4.37×10^{0}	3.82×10^{0}	3.82×10^{0}	3.82×10^{0}	3.82×10^{0}	3.82×10^{0}
3.5×10^{1}														4.91×10^{0}	4.37×10^{0}	4.37×10^{0}	4.37×10^{0}	4.37×10^{0}	4.37×10^{0}
6×10^{1}														5.42×10^{0}	4.91×10^{0}	4.91×10^{0}	4.91×10^{0}	4.91×10^{0}	4.91×10^{0}
1×10^{2}															5.42×10^{0}	5.42×10^{0}	5.42×10^{0}	5.42×10^{0}	5.42×10^{0}

图 8-18　无越流补给承压含水层中不完整井

式中：$u = \dfrac{r^2 S}{4Tt}$；

　　M——含水层厚度，m；

　　l——$M - m_d$，即滤水管长度，m；

　　m_d——含水层顶（底）板到滤水管顶（底）部的距离，m；

　　$W\left(u, \dfrac{r}{M}, \dfrac{l}{M}\right)$——无越流补给的均质各向同性承压含水层中非完整井的井函数，见

　　　　表 8-9。

表 8-9　$W(u, r/M, l/M)$ 数值表（据沃尔顿）

u \ r/M	l/M = 0.25						
	1.00	0.75	0.20	0.10	0.03	0.01	0.001
10^{-6}	13.338 5	13.936 7	16.212 3	18.984 5	25.170 7	31.417 6	44.971 8
10^{-5}	11.035 9	11.634 1	13.909 7	16.683 7	22.868 1	2.115 0	40.796 0
10^{-4}	8.633 4	9.331 6	11.607 2	14.379 4	30.565 6	26.766 6	33.533 8
10^{-3}	6.431 7	7.029 9	9.305 5	12.077 7	18.204 5	22.602 6	24.942 8
10^{-2}	4.138 1	4.736 3	7.011 9	9.738 2	13.897 1	15.368 4	15.970 2
10^{-1}	1.923 1	2.521 3	4.445 1	5.754 5	6.829 8	7.110 1	7.191 3
1	0.298 1	0.495 9	0.716 0	0.785 6	0.849 3	0.854 9	0.853 1
2	0.080 6	0.127 1	0.167 5	0.179 4	0.190 0	0.187 5	0.189 3
3	0.024 5	0.036 6	0.045 4	0.047 2	0.050 1	0.048 1	0.048 1

u \ r/M	l/M = 0.50					
	0.5	0.2	0.1	0.03	0.01	0.001
10^{-6}	13.566 5	14.468 9	15.498 9	17.635 8	19.750 6	24.295 4
10^{-5}	11.263 9	12.166 3	13.196 3	15.333 2	17.449 8	21.150 6
10^{-4}	8.961 4	9.863 8	10.893 8	13.030 7	15.122 4	17.034 0
10^{-3}	6.659 7	7.562 1	8.592 1	10.699 4	11.981 2	12.584 5

l/M $\ \ \ r/M$ $\ u$	0.50					
	0.5	0.2	0.1	0.03	0.01	0.001
10^{-2}	4.366 1	5.268 5	6.275 7	7.455 5	7.885 1	8.046 2
10^{-1}	2.151 1	2.882 2	3.262 0	3.530 5	3.605 0	3.630 4
1	0.033 4	0.398 6	0.418 5	0.431 9	0.434 9	0.435 3
2	0.080 8	0.091 0	0.094 2	0.096 4	0.096 6	0.096 8
3	0.022 3	0.024 7	0.025 2	0.025 4	0.025 4	0.025 5

l/M $\ \ \ r/M$ $\ u$	0.75		
	0.1	0.01	0.001
10^{-6}	13.876 7	15.258 0	16.763 7
10^{-5}	11.574 1	12.955 4	14.253 0
10^{-4}	9.271 6	10.647 8	11.399 5
10^{-3}	6.969 9	8.139 2	8.399 1
10^{-2}	4.671 2	5.296 7	5.363 5
10^{-1}	2.259 7	2.410 3	2.419 3
1	0.282 3	0.289 8	0.289 8
2	0.063 4	0.064 3	0.064 5
3	0.016 7	0.016 9	0.016 9

在 $r>1.5M$ 处,由于承压含水层的流线已接近水平,渗透速度的垂直分量可以忽略不计,因此利用 $r>1.5M$ 处的观测资料就可以不考虑非完整井的影响而符合泰斯解。

8.5.3　地下水流向直线边界附近完整井的运动

含水层在侧向延伸不是无限的,其侧面在一定范围内会受到直线补给边界(如河流)或隔水边界(如含水层受到岩体阻挡)的限制,这必然会影响地下水运动。解决这类问题可以采用"汇点源点映射法"来处理。直线边界就像一面镜子,有一个实体就有一个映像,如当有 2 个或 2 个以上的直线边界组成一定的形状(如矩形等)时,实体与映像的多次反射可形成若干个映像。如一条补给边界,假设补给边界上在抽水过程中水头保持不变,这就必须在边界另一侧有一个与实井到边界距离相等的虚井同时以相同的流量注水,这个假设才能实现这个注水井表示水流沿径向流出(见图 8-19),渗透理论中把这种直径无限小的注水井称为源点。相反在隔水边界上为了保持其流量为 0,就必须在边界另一侧也有一个与实际边界相等的虚井同时以相同的流量在抽水,在边界形成一个分水岭才能实现这个抽水井表示水流沿径向被吸收(见图 8-20),渗流理论中将这种直径无限小的抽水井称为汇点。将这些虚设的抽水井或注水井分别代表隔水边界或补给边界的存在,则在直线边界附近抽水对含水层中任意点引起水位降应为所有实井与虚井对该任意点引起的水位降的叠加。

图 8-19 一条直线补给边界附近的抽水井

图 8-20 一条直线隔水边界附近的抽水井

1. 半无限含水层

半无限含水层是指含水层有一条直线边界。

（1）直线补给边界（见图 8-19）：相当于受等流量的一个汇点和一个源点的共同作用，t 相当大时：

抽水井的水位降　　　$s_w = \dfrac{Q}{4\pi T}\left(\ln\dfrac{2.25at}{r_w^2} - \ln\dfrac{2.25at}{(2b)^2}\right) = \dfrac{Q}{2\pi T}\ln\dfrac{2b}{r_w}$；　　　　　(8-23)

任意点的水位降　　　　　　　　　$s = \dfrac{Q}{2\pi T}\ln\dfrac{r_1}{r_2}$。　　　　　　　　　(8-24)

式中：r_2——虚井到任意点的距离，m；

　　　r_1——实井到任意点的距离，m；

　　　b——虚井到补给边界的距离，m；

　　　r_w——实井的半径，m；

　　　a——导压系数，m^2/d。

（2）直线隔水边界（见图8-20）：相当于受两个等流量的汇点的共同作用，t 相当大时：

抽水井的水位降　　$s_w = \dfrac{Q}{4\pi T}\left(\ln\dfrac{2.25at}{r_w^2} + \ln\dfrac{2.25at}{(2b)^2}\right) = \dfrac{Q}{2\pi T}\ln\dfrac{2.25at}{2r_w\cdot b}$；　　　　(8-25)

任意点的水位降　　　　　　　　$s = \dfrac{Q}{2\pi T}\ln\dfrac{2.25at}{r_1\cdot r_2}$。　　　　　　　(8-26)

式中：b——实井到隔水边界的距离，m。

2. 象限含水层

含水层受 2 条相互垂直的直线边界所限。

（1）一条补给边界，一条隔水边界（见图8-21）。

相当于等流量的两个汇点和两个源点共同作用，t 相当大时：

抽水井的水位降 $s_w = \dfrac{Q}{4\pi T}\left(\ln\dfrac{2.25at}{r_w^2} + \ln\dfrac{2.25at}{r_2^2} - \ln\dfrac{2.25at}{r_3^2} - \ln\dfrac{2.25at}{r_4^2}\right) = \dfrac{Q}{2\pi T}\ln\dfrac{r_3\cdot r_4}{r_w\cdot r_2}$；　(8-27)

任意点的水位降　　　　　　　$s = \dfrac{Q}{2\pi T}\ln\dfrac{r_3\cdot r_4}{r_1\cdot r_2}$。　　　　　　(8-28)

式中：r_1、r_2、r_3、r_4——实井和虚井到计算点的距离，m。

（2）两条补给边界（见图8-22）。

图8-21　相互垂直的直线补给边界和隔水
边界附近的完整井
●—虚设注水井；○—虚设抽水井

图8-22　两条相互垂直的直线补给
边界附近的抽水井
●—虚设注水井；○—虚设抽水井

相当于两个抽水井与两个注水井等流量注水的共同作用,t 相当大时:

抽水井的水位降 $\quad s_{\mathrm{w}} = \dfrac{Q}{2\pi T}\ln\dfrac{r_2 \cdot r_4}{r_{\mathrm{w}} \cdot r_3}$; $\qquad$ (8-29)

任意点的水位降 $\quad s = \dfrac{Q}{2\pi T}\ln\dfrac{r_2 \cdot r_4}{r_1 \cdot r_3}$。 $\qquad$ (8-30)

(3) 两条隔水边界(见图8-23)。

相当于4个等流量抽水井的共同作用,t 相当大时:

抽水井的水位降 $\quad s_{\mathrm{w}} = \dfrac{Q}{2\pi T}\ln\dfrac{(2.25at)^2}{r_{\mathrm{w}} \cdot r_2 \cdot r_3 \cdot r_4}$; $\qquad$ (8-31)

任意点的水位降 $\quad s = \dfrac{Q}{2\pi T}\ln\dfrac{(2.25at)^2}{r_1 \cdot r_2 \cdot r_3 \cdot r_4}$。 $\qquad$ (8-32)

图8-23 两条相互垂直的直线
隔水边界附近的抽水井
○—虚设抽水井

3. 条形含水层

位于平行边界内的含水层,称为条形含水层,它形如两面平行的镜子,抽水孔位于其间,会出现无数次映射,得到一个无限长的流量抽水的井排,根据边界性质不同,这些源点与汇点和抽水井对于任意点产生的水位降的叠加之和,即为条形含水层中抽水井对于任意点引起的水位降,见图8-24 和图8-25。

图8-24 两条平行直线补给边界附近的抽水井
○—虚设抽水井;●—虚设注水井

图8-25 两条平行直线隔水边界附近的抽水井

4. 矩形含水层

含水层为两组正交的断层所分割,形成矩形含水层,可以看做条形含水层出现的无数次映射,形成一个无限长的等流量抽水井排的再一次映射,得到两个无限长井排,根据边界性质不同,将所有的源点与汇点及抽水井抽水对任意点产生的水位降叠加之和,即为在矩形含水层中抽水井对任意点引起的水位降(见图8-26)。

图 8 - 26　矩形含水层中的抽水井

8.5.4　井群干扰的计算

群井降水时对含水层任意点所引起的水位降,等于各个井对于该点引起的水位降的叠加,这就是叠加原理。降水设计一般要检验不同地段含水层的水位降深是否符合要求,因而涉及井群干扰计算问题,一般应验算基坑最不利点的降深。

1. 稳定流完整井井群干扰水位计算

有 n 个降水井,按任意方式布置互相干扰,其流量分别为 Q'_1、Q'_2、$\cdots$、Q'_n,若 A 点为井群影响范围内的任意点,它至各井的距离依次为 x_1、x_2、$\cdots$、x_n。

承压井群:

$$H = H_0 - \frac{1}{2\pi KM}\left(Q'_1\ln\frac{R_1}{x_1} + Q'_2\ln\frac{R_2}{x_2} + \cdots + Q'_n\ln\frac{R_n}{x_n}\right)。 \tag{8-33}$$

潜水井群:

$$H = \sqrt{H_0^2 - \frac{1}{\pi K}\left(Q'_1\ln\frac{R_1}{x_1} + Q'_2\ln\frac{R_2}{x_2} + \cdots + Q'_n\ln\frac{R_n}{x_n}\right)}。 \tag{8-34}$$

如各井流量相等,影响半径相等,则可简化为:

承压井群
$$H = H_0 - \frac{1}{2\pi KM}\left[\ln R - \frac{1}{n}\ln(x_1 x_2 \cdots x_n)\right]; \tag{8-35}$$

潜水井群
$$H = \sqrt{H_0^2 - \frac{Q}{\pi K}\left[\ln R - \frac{1}{n}\ln(x_1 x_2 \cdots x_n)\right]}。 \tag{8-36}$$

式中:H——含水层任意点的动水位,m;

$\quad\quad H_0$——含水层静水位,m。

2. 非稳定流井群干扰降深计算

含水层中有 n 口井降水,抽水量分别为 Q_1、Q_2、Q_3、$\cdots$、Q_n,各井离观测点的距离为 r_1、r_2、r_3、$\cdots$、r_n,则观测点引起的水位降为各井单独抽水时在该点引起的水位降 s_1、s_2、s_3、$\cdots$、s_n 的和,则

$$s = \sum_{i=1}^{n} s_i = \frac{Q_1}{4\pi T}W(u_1) + \frac{Q_2}{4\pi T}W(u_2) + \cdots + \frac{Q_n}{4\pi T}W(u_n) = \frac{1}{4\pi T}\sum_{i=1}^{n} Q_i W(u_i)。$$

$$\tag{8-37}$$

式中:$u_1 = \dfrac{r_1^2 S}{4Tt}$,$u_2 = \dfrac{r_2^2 S}{4Tt}$,$\cdots$,$u_i = \dfrac{r_i^2 S}{4Tt}$,$\cdots$,$u_n = \dfrac{r_n^2 S}{4Tt}$。

当各个井的抽水量呈阶梯状变化时,共有 n 个阶梯,则在任一观测点的水位降为

$$s = \frac{1}{4\pi T} \left\{ \sum_{i=1}^{n} \left[Q_{i,j} W(u_{i,j}) + \sum_{i=1}^{n} (Q_{i,j} - Q_{i,j-1}) W(u_{i,j}) \right] \right\}。 \qquad (8-38)$$

式中:$Q_{i,j}$——第 i 口井,第 j 个阶梯的抽水量,m^3/d;

$$u_{i,j} = \frac{r_i^2 S}{4T(t-t_j)};$$

$W(u_{i,j})$——与 $u_{i,j}$ 相对应的泰斯井函数。

8.6 地下水的渗透破坏作用

渗透破坏是指土体在地下水渗流作用下土颗粒发生移动和土的结构发生改变的现象,主要形式有流砂、管涌和突涌,这些破坏作用常常发生在基坑开挖或隧道掘进过程中。其发生都与地下水的渗透压力密切相关。

地下水在渗流过程中对土骨架的作用力叫渗透压力,单位为 kN/m^3。地下水渗流时受到土骨架的阻力,其值与渗透压力相等,方向相反。渗透压力与水力梯度有如下关系:

$$G_D = \gamma_w i。 \qquad (8-39)$$

取水的容重 $\gamma_w = 1$,则渗透压力 G_D 的大小与水力坡度的绝对值相等。在渗流过程中,如水自上而下渗流,则渗透压力的方向与重力方向相同,加大了土粒之间的压力;若水自下而上渗流,则渗透压力的方向与重力方向相反,将减少土粒之间的压力。当渗透压力等于土的浮容重 γ' 时,土粒之间就没有压力,理论上处于悬浮状态,土粒将随渗流水一起流动,造成渗透破坏。

8.6.1 流砂

流砂是指松散细颗粒土被地下水饱和后,在渗透压力的作用下,产生的悬浮流动现象。流砂多发生在颗粒级配均匀而且比较细的粉、细砂等砂性土中,有时在粉土中亦会发生。其表现形式是所有颗粒同时从一个近似于管状的通道中被渗透水流冲走。流砂发展的结果是使基础发生滑移或不均匀下沉,基坑坍塌,隧道侧壁、掌子面塌方等。流砂通常是由于工程活动而引起,在有地下水出露的斜坡、岸边或有地下水溢出的地表面也会发生。流砂破坏一般比较突然,尤其是城市地下工程,在管道渗漏水严重的地段,往往防不胜防,对工程危害很大。流砂形成的基本条件如下。

(1) 岩性条件:土层由粒径均匀的细颗粒组成,一般粒径在 0.01 mm 以下的颗粒含量在 30% ~ 35% 以上,并含有较多的片状、针状矿物(如云母、绿泥石等)和附有亲水胶体矿物颗粒,从而增加了岩土的吸水膨胀性,降低了土粒重量。在不大的水流冲力下,细小土颗粒即会发生悬浮流动。

(2) 水动力条件:水力梯度较大,流速增大,渗透压力超过了土颗粒的重力时,就能使土颗粒悬浮流动形成流砂。基坑或隧道侧壁表面由里向外水平方向受地下水渗透作用时,流砂破坏

的临界水力梯度为

砂性土 $$i_{cr} = G_w(\cos\theta\tan\varphi - \sin\theta)/\gamma_w,$$ (8-40)

黏性土 $$i_{cr} = (G_w(\cos\theta\tan\varphi - \sin\theta) + c)/\gamma_w。$$ (8-41)

式中：G_w—— 土的浮重,即土的浮容重乘以土的体积,kN；

φ—— 土的内摩擦角；

c—— 土的黏聚力；

γ_w—— 水的容重,kN/m³；

θ—— 基坑或隧道侧壁坡度。

可按单位土体进行计算。

8.6.2 管涌

地基土在具有一定渗流速度的渗透水流作用下,其细小颗粒被冲走,岩土的孔隙逐渐增大,慢慢形成一种能穿越地基的细管状渗流通路,从而掏空地基,使地基、基坑边坡或隧道侧壁变形、失稳,此现象称为管涌。管涌通常是由于工程活动而引起,但在有地下水出露的斜坡、岸边或有地下水溢出的地带也有发生。

管涌发生在非黏性土中,其特征是:颗粒大小差别较大,往往缺少某种粒径,孔隙直径大而且互相连通。颗粒多由比重较小的矿物组成,易随水流动,有较大和良好的渗流出路。

管涌发生的条件如下：

(1) 土中粗细颗粒粒径比 $D/d > 10$；

(2) 土的不均匀系数 $C_u = d_{60}/d_{10} > 10$；

(3) 两种互相接触的土层渗透系数之比 $K_1/K_2 > 2 \sim 3$；

(4) 渗流水力梯度大于土的临界梯度。

对于管涌的防治措施,一方面是通过降水来降低水力梯度,同时在水流溢出处设置反滤保护层。

8.6.3 突涌

当基底下有承压水存在,基坑或隧道开挖减小了含水层上覆不透水层的厚度,在厚度减小到一定程度时,承压水的水头压力能顶裂或冲毁基坑底板,造成突涌现象。基坑突涌将会破坏地基强度,并给施工带来很大困难。基坑突涌主要有如下 3 种形式：

(1) 基底顶裂,出现网状或树枝状裂缝,地下水从裂缝中涌出,并带出下部土颗粒；

(2) 基坑底发生流砂现象,从而造成边坡失稳和整个地基悬浮流动；

(3) 基底发生类似于"沸腾"的喷水冒砂现象,使基坑积水,严重扰动地基土。

关于基坑突涌产生条件,如图 8-27 所示,基坑底不透水层厚度与承压水头压力的平衡条件为

$$H < \frac{\gamma_{\mathrm{w}}h}{\gamma}。 \tag{8-42}$$

式中：H—— 基坑开挖后不透水层的厚度，m；

　　　γ_{w}—— 水的容重，$\mathrm{kN/m^3}$；

　　　γ—— 不透水层土的容重，$\mathrm{kN/m^3}$；

　　　h—— 承压水水头高于含水层顶板的高度，m。

图 8 - 27　基坑突涌验算示意图

为防止基坑突涌，首先应查明基坑范围内不透水层的厚度、岩性、强度及下部承压含水层水头高度、顶板埋深等，然后按式(8 - 42)验算基坑开挖到预计深度时基底能否发生突涌。若能发生突涌，应采取降水措施把承压水头降低到某一许可值。

第9章 地下水对地铁等地下工程施工的影响

　　根据地铁线路所处位置的不同水文地质条件和地铁结构与地下含水层的相对关系,以及结构设计是否设置止水帷幕(包括地下连续墙),地下水对地铁工程施工的影响程度各有不同。

9.1 设置止水帷幕的情况

　　为了能够最大限度地减小降水施工对环境的影响,滨海、滨江城市的地铁明、暗挖施工一般都设置止水帷幕。地下水对地铁工程施工的影响大致有以下两种情形。

　　(1) 止水帷幕深入到含水层下部的隔水层中(见图9-1(a)),止水帷幕将基坑内、外的地下水完全分隔开来,基坑内、外地下水失去水力联系,且下部含水层水头对基坑底板土层的顶托力在安全范围内。这种情形地下水对地铁工程施工的影响程度最小,只需在基坑内设置疏干井把含水层疏干。降排水量即含水层给水度与含水层体积之积。如采用真空方法降水,还可以排出一部分弱透水层的毛细水和弱结合水,降低土体含水量。

图9-1　基坑设置止水帷幕情况下地下水影响示意图

　　(2) 止水帷幕深入到地铁结构所处含水层以下的隔水层中(见图9-1(b)),没有封闭对基底土层构成顶托作用的下部承压含水层,止水帷幕将基坑内、外的地下水完全分隔开来,基坑内、外的潜水及层间水失去水力联系;但下部承压含水层水头对基坑底板土层构成突涌威胁。

这种情形除需在基坑内设置疏干井把含水层疏干外,还需在基坑外设置降压井把承压水头降低到安全范围内。

9.2　不设置止水帷幕的情况

位于冲洪积扇上的城市修建地铁,一般都不设置止水帷幕,如北京、沈阳、成都等城市。一方面是降水引起的地层压缩量很小,对建构筑物的影响较小;另一方面是含水层颗粒粗且厚度大,止水帷幕施做到地铁结构所处含水层以下隔水层的难度很大,而且止水帷幕的工程造价也很高。地下水对地铁工程施工的影响大致有以下几种情形。

1. 潜水影响

单一受潜水影响的地段主要位于冲洪积扇的中部和中上部,含水层岩性主要是砂卵石、砂砾石,由于地层透水性好,富水性强,因而对地铁结构施工影响较大。

(1) 地铁结构底板处于潜水含水层中部时(见图 9 - 2),根据降深要求和潜水厚度大小采用潜水完整井或非完整井降水可达到无水作业要求;但如果潜水含水层透水性很强,厚度又比较大时,涌水量很大,需加强构筑排水系统,例如,沈阳地铁 2 号线工程主要受巨厚的潜水影响,降排水量极大。

图 9 - 2　沈阳地铁 2 号线市府广场站结构与地下水关系图

(2)地铁结构底板处于潜水含水层底部或已进入潜水含水层底板时(见图9-3),需疏干地铁结构范围的潜水,这种情况的降水难度较大,一般可采用潜水-承压水混合降水井,以抽渗结合的方式降水。如果降水井的密度不足,则潜水层底板上的界面水将持续影响地铁掘进施工,这时还需在洞内进行辅助排水措施。

图9-3 北京地铁4号线西四站结构与地下水关系图

2.承压水影响

地铁工程单纯受承压水影响在以下两种情况下存在。

(1)在冲洪积扇中部,潜水层已趋于疏干,但承压水水头较高(见图9-4)。

图9-4 北京地铁复八线大西站结构与地下水关系图

(2)地铁隧道只在承压含水层中掘进,承压含水层顶板为硬塑黏性土,厚度大于3 m,且平面上分布稳定。在这种情况下,一般可不考虑上部潜水的影响,而根据降深要求和承压含水层厚度大小采用承压完整井或非完整井降水即可。在井的结构处理上应封闭好上部潜水含水层。

3．潜水和承压水共同影响

地铁结构埋深较大,受潜水和承压水共同影响的情况很常见,主要有以下两种情况。

(1) 地铁结构底板处于承压含水层顶板之上(见图9-5),由于压力水头较高,基础底板下的土层厚度不能满足抗突涌的要求。降水需疏干潜水并降低承压水头,降压只要达到地铁开挖时满足抗突涌要求即可,无须将承压水头降到槽底以下。一般可采用潜水 - 承压水混合降水井,以抽渗结合的方式降水。

图 9 - 5　北京站—北京西站地下直径线 2# 盾构竖井结构与地下水关系图

(2) 地铁结构底板处于承压含水层中(见图9-6)。降水不仅要疏干潜水并降压,还必须将水位降到结构底以下 0.5 m,才能满足地下结构施工的要求,此时承压水层由承压过渡到无压状态。一般可采用潜水 - 承压水混合降水井,以抽渗结合的方式降水。

4．上层滞水影响

城市的地下管网密集,受管道渗漏补给,地铁沿线的很多地段可能存在上层滞水。上层滞水水量不稳定,分布无规律,当补给源位于降水井的外侧时,上层滞水影响一般会得到有效控制。而当补给源存在于地铁结构的顶部时,则很难采取有效的降水措施。在这种情况下,上层滞

图 9 - 6　北京地铁复八线王府井站 — 东单站区间隧道结构与地下水关系图

水往往是诱发掌子面塌方的主要原因。对于隧道拱顶上方的上层滞水和补给源,只能在地铁隧道掘进过程中加强对上层滞水水情的探测,进而在洞内或地面采取有效的防范措施。

第 10 章　地下工程施工降水方案与设计计算

地铁工程降水一般针对采用明挖、暗挖方法施工的车站和区间隧道,包括其附属的风井、风道,以及盾构法施工的区间隧道的盾构始发井、接收井和横通道等。

不同地域城市的地铁工程采用的降水方案有着很大差别,甚至截然不同。有时,由于地铁结构施工方法的不同,也会造成降水方案的差异。采用何种降水方案,应认真进行经济和技术论证。我国地域辽阔,大城市所处不同的地质单元,各有特点。例如,北京、沈阳、成都等城市坐落在山前冲洪积扇上,上海、天津、广州、南京、武汉等滨海、滨江城市,坐落在三角洲或冲积平原之上,而山城重庆则处在河流侵蚀作用强烈的山地。各地的水文地质条件千变万化,三角洲或冲积平原地下含水层颗粒细,含水层多而薄,地下水水位高而不丰富;黏性土隔水层的孔隙比大,固结程度底,抽取地下水会引起严重的地面沉降,修建地铁大多要采用地下连续墙或止水帷幕把外围地下水隔开,然后在槽内降水,或同时在槽外降压,排水量往往不大。山前冲洪积扇地下含水层颗粒粗,透水性强,水量大;黏性土隔水层孔隙比小,固结程度高,降水施工一般不会产生大的环境问题,在基坑或隧道外围实施封闭降水后采用浅埋暗挖方法,或护坡桩、土钉墙支护即可安全进行地铁结构施工,但排水量往往很大,例如,沈阳地铁某些车站的日排水量甚至超过了 $10 \times 10^4\ \text{m}^3$。一般来说,建在山前冲洪积扇上的城市采用基坑外围降水方案,无需修筑很厚、很深的地下连续墙,无论是在经济上还是在技术上,都是合理、可行的。

10.1　施工降水的特点、作用、原则和方法

10.1.1　施工降水的特点

由于地铁隧道及车站埋深大,线路长,部分地段穿越城市复杂地区;因而降水施工是地铁明、暗挖施工的一项极为重要的技术保障措施。与其他工民建工程的基坑降水相比,地铁工程降水的特点如下。

1. 降水范围大

地铁工程降水范围一般都很大,例如,北京地铁复八线全部采用浅埋暗挖法施工,位于地下水位以下的车站和区间总长约 8.5 km,除国贸桥地区局部地段管道渗漏严重,采用冷冻法施工外(不足 100 m),全部采用降水法施工,降水范围大体上纵贯了永定河冲洪积扇轴线的中

部;北京地铁 5 号线、10 号线、4 号线的大部分车站及一半以上的区间隧道采用降水法施工,降水范围横贯永定河冲洪积扇中上—中下部;沈阳市地处浑河冲洪积扇,由于潜水含水层巨厚,地下连续墙难以封闭含水层,因而几乎所有的地铁车站不得不采用降水法施工。

2. 降水深度大

地铁工程降水大多为超深降水,例如,北京地铁复八线地面下埋深一般为 20~23 m,5 号线蒲黄榆站—崇文门站埋深为 20~26.5 m,10 号线工体北路站—国贸站埋深为 25 m 左右,机场线东直门站埋深为 28 m 左右,施工竖井深度达到 33.5 m,北京南站交通枢纽的地铁 14 号线预埋段深度超过了 30 m;天津站交通枢纽预埋的天津地铁 2 号线、3 号线、9 号线的深度接近 30 m;沈阳地铁埋深也达到了 20 m。由于地铁结构埋深大,实际降水深度从几米到 20余米。

3. 降水时间长

降水工程需配合土建主体结构施工,延续到二衬结构施工结束,不能因故停止或间断降水。地铁工程降水周期一般都超过 2 年,至少要历经 2 个地下水丰、枯水期。对于丰、枯水期地下水动态变化大的地区,应认真分析地下水动态变化对地铁施工的影响。

4. 施工难度大

地铁线路大多顺城市主干道延伸,降水工程场地主要位于城市道路上,路面交通繁忙,地下各种管线纵横交错,有的紧临高楼大厦或居民住宅区,有的站体位于大型立交桥下方,施工场地狭窄,施工难度很大。

5. 技术要求高

由于地铁线路长,有的要穿过几个水文地质单元,甚至从地表水体下方通过,一些车站和区间段要求疏干潜水、层间水,并降低承压水位,降水层位多,降深幅度大;一些站段有时还涉及几种降水方法或堵水、排水结合应用的情况,施工技术要求较高。

6. 地铁工程对地下水环境的影响大

地铁修建后,在地下形成一道截水坝,将改变地下水特别是浅层地下水天然状态下的分布、赋存和运移规律。如果在同一水文地质单元修建多条地铁,已建成地铁对后建地铁降水施工的影响不容忽视。就北京来说,截至目前为止地铁建设现状(见图 10-1)是:横贯永定河冲洪积扇中上部,已建成的地铁是 2 号线;横贯永定河冲洪积扇中部,已建成的地铁是 5 号线;横贯永定河冲洪积扇中下部,土建工程已基本结束的地铁是 10 号线;横贯永定河冲洪积扇中上部,目前正在施工的地铁是 4 号线。上述一道道地下截水坝完全隔断了潜水,有的还阻截影响了第一承压含水层。即将开工的 9 号线位于永定河冲洪积扇上部,该部位本属潜水深埋区,受下游多条地铁截水的影响,潜水将有可能壅高,从而影响地铁 9 号线施工。

由此可见,地铁工程降水与一般基坑降水相比复杂得多,对降水设计的可靠程度要求很高。因而降水设计阶段应与地铁土建结构设计相对应,分为初步设计和施工设计,经多方评审确认后才能付诸实施。

图 10 - 1　北京地铁建设现况

10.1.2　施工降水的作用

（1）防止基坑和隧道侧壁、基底和掌子面渗水,保持隧道开挖无水作业,便于施工。

（2）消除地下水渗透压力的影响,防止地层颗粒流失,保证隧道围岩的稳定性。

（3）减少土体含水量,提高土体物理力学性能指标。对于放坡开挖而言可提高边坡稳定性;对于支护开挖可增加被动区土抗力,减少主动区土体侧压力,从而提高支护体系的稳定性,减少支护体系的变形;对于浅埋暗挖施工,可提高隧道拱顶和掌子面的稳定性。

（4）减少土中孔隙水压力,增加土中有效应力,提高土体固结程度,增加隧道围岩抗剪强度,防止塌方发生。

（5）降低基底下部承压水水头,减小承压水头对基底土层的顶托力,防止基坑和隧道底板突涌。

10.1.3 施工降水方案制定的原则

(1) 降水方案制定应符合相关规范、招标文件和地铁结构设计要求。如降水可能影响到市政设施,还应符合相关市政管理部门的具体要求。

(2) 应根据水文地质条件和土建施工工法制定降水方案,并慎重分析降水对周边环境的影响,必要时采取应对措施,以消除影响。

(3) 降水方案应进行经济、技术论证,以符合土建结构施工对安全、质量、进度的要求,做到经济合理。

(4) 降水方案应充分考虑区域上已完工地下工程和可能造成大量补给的地表水体的影响作用。

10.1.4 施工降水方法的选择

降水方法选择时需综合考虑工程场地水文地质条件、现场施工条件、施工对周边环境影响等因素,并结合当地降水施工的经验进行,无经验时可参考《建筑与市政降水工程技术规范》(JGJ/T111—98)选择降水方法(见表10-1)。

表 10-1　降水方法及适用范围

降水技术方法	适 合 地 层	渗透系数/m·d	降水深度/m
明排井(坑)	黏性土、砂土	<0.5	<2
轻型井点	黏性土、粉质黏土	0.1~20.0	单级<6,多级<20
喷射井点	砂土	0.1~20.0	<20
电渗点井	黏性土	<0.1	按井类型确定
引渗井	黏性土、砂土	0.1~20.0	根据水文地质条件综合确定
管井	砂土、碎石土	1.0~200.0	>5
大口井	砂土、碎石土	1.0~200.0	<20
辐射井	黏性土、砂土、砾砂	0.1~20.0	<20
潜埋井	黏性土、砂土、砾砂	0.1~20.0	<2

一般来说,针对山前冲洪积扇、冲积平原和基岩地区地铁工程降水,可以采用以管井为主的降水方法。对于穿过建、构筑物的地段,可以考虑采用辐射井方法降水。对于滨海、滨江等含水层颗粒细的地区,可考虑在止水帷幕内采用真空方法降水,减压井一般都采用管井形式。

10.2 制定施工降水方案应掌握的资料

由于地铁结构埋深不一,明、暗挖的施工方法不同,明挖基坑支护结构形式多样;工程场地水文地质条件和复杂程度不同;场地周围的环境要求差异等,使得降水方案因地而异,个别地段甚至非常复杂。因此,在制定降水方案前,应对相关资料进行收集、分析和整理,以免造成不必要的损失。

10.2.1　地质、水文地质资料

(1) 区域的地质、水文地质资料,包括区域的地层、地质构造、第四纪地质和地貌,地下水的类型、含水层分布及边界条件,地下水的补给、径流和排泄条件,地表水和地下水的水力联系,以及场地所处区域地质、水文地质单元等。

(2) 场地的岩土工程详细勘察报告,其中应包括估算降水引起的地面变形应掌握的参数:孔隙比(e)、压缩系数(a_v)、压缩模量(E_s)等。

(3) 工程场地降水涉及范围内的含水层及隔水层的水文地质参数,包括渗透系数(K)、给水度(μ)、弹性释水系数(S)、导水系数(T)、导压系数(a)、越流参数(B)、自然状态下地下水水力梯度(i)等。

10.2.2　基坑支护结构设计资料

基坑的支护结构设计对基坑的降水设计关系密切,基坑的开挖和支护对相关的含水层和隔水层来说,除天然的边界条件外又增加了一个人工的边界。这个人工边界的形状、大小、插入深度和阻水条件等,与降水井布设共同影响着地下水渗流场。因此,在降水设计前必须掌握支护结构设计和各个施工工况的详细资料,包括:

(1) 基坑形状、大小、开挖深度、开挖方法;

(2) 基坑支护结构形式,包括采用放坡开挖、重力式挡墙、土钉墙、排桩、止水帷幕、地下连续墙等;

(3) 支护结构设计对各个工况的要求;

(4) 在各个工况条件下,可能引起的支护结构的变形和周围地面的变形预测资料。

10.2.3　工程场地周边的环境状况资料

(1) 地下管线资料,包括上水管、煤气管、输油管线、供电线路管沟、电信管沟、雨污水等管线离基坑或隧道的距离,埋深,管径及重要程度的资料。特别应加强对隧道结构上方地下管线资料的收集和整理。

(2) 基坑周边的建筑物,包括建筑的基础埋深、基础形式和上部结构形式及这些建筑物的沉降和变形的现状。

(3) 市政设施情况,包括地铁沿线地下隧道、立交桥、高架道路等的规模,范围,深度,走向,基础形式及其使用现况。

(4) 不同建、构筑物允许的最大变形量。

10.3　水文地质勘察的内容及要求

针对地铁工程降水开展的水文地质勘察是岩土工程勘察的重要部分,目的是查明地下水类型,含水层与隔水层的空间分布,地下水渗透性,地下水水位动态,地下水的补给、径流、排泄条件,以及地下水与地表水之间的补排关系,为降水设计和降水施工提供依据。

水文地质勘察应与不同岩土工程勘察阶段的工作内容和要求相一致,并同时进行。具体的勘察内容和工作量应根据水文地质条件的复杂程度和设计要求而定。条件复杂时可以1个车站或1个区间为勘察单元,条件简单时可以某个里程段(包括几个车站和几个相邻区间)为勘察单元。水文地质勘察成果可以单独形成专项报告,也可以与岩土工程勘察成果一并形成统一的岩土工程勘察报告。

10.3.1　勘察孔布置

勘察孔的布置以查明降水范围内的水文地质条件为原则。不同勘察单元的每个含水层不少于一个勘察孔、一个抽水试验井、一个观测孔。条件复杂时,勘察孔数量应适当增加。勘察孔可以与其他岩土勘察孔相结合,勘察孔布置应能控制降水范围内地层的平面分布,并查明基底以下的含水层,勘察孔孔径不宜小于90 mm,深度应大于降水深度的2倍,冲洪积扇地区的勘察孔深度可适当减小。

10.3.2　抽水试验

抽水试验是水文地质勘察的重要试验方法。其目的是测定含水层参数,评价含水层的富水性,确定井的出水量和特性曲线,了解含水层之间的水力联系和含水层的边界条件,为制定降水方案提供依据。根据不同需要,分为单井、多井、群井抽水,稳定流与非稳定流抽水,完整井或非完整井抽水,定流量或定降深抽水,分层或混合抽水等。以求含水层参数为目的的抽水试验一般都用水泵以固定流量抽水,同时测定抽水主井及观测井随时间而变化的水位值的方法进行。

1. 抽水试验的布置原则

(1)抽水试验的主井可以布置在预计会布置降水井的位置上,抽水试验结束后该井可留作以后工程施工降水所用。抽水试验井应深入降水目的层或减压目的层,具体深度可视目的层厚度而定,井管直径在松散层中不小于200 mm,在基岩中不小于150 mm,下泵深度位于降水深度下不少于2 m。

(2)根据抽水试验的目的与要求的不同,观测井的布置也不同;但应尽可能满足计算水文地质参数所采用公式的需要,并与降水运行时作为观测井相结合。对于均质无限大含水层,可在垂直与平行地下水流向的方向上布置观测井。对于有界含水层主要应垂直和平行边界布置观测井,必要时在边界附近增设观测井。对于非稳定抽水,用 $s-\lg t$ 或 $\lg s-\lg t$ 曲线计算时,布置 1~2 个观测井即可;用 $s-\lg r$ 曲线计算时,应布置 3 个或 3 个以上观测井。对于承压含水层的抽水试验,可考虑在上、下弱透水层和上、下越流补给含水层中也布置观测井。观测井一般应避开因主井抽水在抽水井附近形成的三维流和紊流的影响。多个观测井的距离由近到远应由密到疏。在与抽水含水层相邻的越补含水层和弱透水层中的观测井应离抽水主井近一些。

稳定抽水试验时观测井的距离 r 一般应控制在

$$1.5M \leqslant r \leqslant 0.187\,R \text{。}$$

式中:M——含水层厚度,m;

　　R——引用影响半径,m。

2. 抽水试验要求

抽水试验前,抽水井和观测井均应按降水管井设计与施工的要求达到降水管井的质量要求,并已进行彻底洗井。每个抽水井和观测井在抽水试验开始前应测量自然状态的地下水位,一般 1 h 测一次,连续 3 次测得的数字相同或 4 h 内水位相差 <2 cm 时,可作为抽水前的自然水位。对于地下水位受动态变化明显的地区应有一天以上的观测记录,观测时间可每间隔 30~60 min 一次。需要时应在抽水试验影响区外同一水文地质单元内设观测井,掌握试验期间地下水位的天然变化。抽水结束或因故停止抽水时应测恢复水位。抽水试验过程中,应采取必要的措施防止抽出的水又回渗到含水层中。

1) 稳定流抽水试验

一般要进行 3 次降深抽水,最大的 1 次降深应接近设计水位降深,其余 2 次分别为最大降深值的 1/3 和 2/3,每次下降值之差不小于 1 m。对出水量较小的含水层或已掌握较详细水文地质资料的含水层也可只作 1 次或 2 次降深的抽水试验。当出水量与动水位没有持续上升或下降趋势,水位波动 2~3 cm,流量波动 <3% 时,抽水试验可认为达到稳定。稳定延续时间要求:卵石、砾石、粗砂含水层为 8 h;中砂、细砂、粉砂含水层为 16 h;基岩含水层(带)为 24 h。

抽水试验开始后,应同时观测抽水主井动水位、出水量和各观测井的水位,观测时间一般在抽水开始后的第 5、10、15、20、25、30 min 各观测一次,以后每间隔 30 min 观测一次,流量可每间隔 60 min 观测一次。抽水试验结束或因故停抽,均应观测恢复水位。一般要求停抽后第 1、2、3、4、6、8、10、12、15、20、25、30 min 各观测一次,以后每间隔 30 min 观测一次。

2) 非稳定流抽水试验

抽水试验前应精确测量主井与观测井的距离。非稳定抽水试验一般只作 1 次降深抽水,但如果需要测定井损,一般也要进行 3 次降深抽水,每次抽降开始前应测静止水位,试验过程中应取每次抽降开始相同的累计时间的流量和动水位,绘制 $Q-s$ 曲线。

为满足求参计算需要,非稳定抽水试验的延续时间应根据观测井的水位下降与时间的半对数曲线,即 $s-\lg t$ 曲线来判定。当 $s-\lg t$ 曲线可以出现拐点时,抽水试验应延续到拐点以后,曲线出现平缓段,并能正确推出稳定水位下降值时,试验即可结束;当 $s-\lg t$ 曲线不出现拐点,呈直线延伸时,其直线延伸段在 $\lg t$ 轴上的投影不少于 2 个对数周期时可以结束试验;当有几个观测井时,应以最远的观测井的 $s-\lg t$ 曲线进行判定。

　　所有抽水主井、观测井的动水位与流量都必须以抽水开始的同一时间作为起始时间进行观测。主井与观测井的动水位观测时间应在抽水开始后的第 1、2、3、4、5、6、8、10、12、15、20、25、30、40、50、60、80、100、120 min 观测一次,以后每 30 min 观测一次,5 h 后每 1 h 观测一次,目的是使每次观测所得的数据在 $s - \lg t$ 曲线上分布均匀。停抽或因故停抽后应测抽水主井和观测井的恢复水位,其时间间隔以停抽时间起算,以上述抽水开始时的时间间隔进行观测,直到水位恢复到自然水位为止。

　　非稳定抽水要求抽水量保持常量。整个试验期间流量 Q 的变化≤1%。抽水开始后抽水量的观测可间隔 5~10 min 一次,3~4 次后可改为每间隔 1~2 h 一次。为了保持抽水量稳定,应采用深井泵或潜水泵进行抽水。空压机抽水一般难以达到稳定流量的抽水要求。

10.3.3　水文地质参数计算

　　利用抽水试验资料计算水文地质参数,应该在分析勘察区水文地质条件的基础上,合理地选用公式。这里给出一些常用的计算公式。

1. 渗透系数

　　(1) 单井稳定流抽水试验,当利用抽水井的水位下降资料计算渗透系数时,可采用下列公式。

　　① 承压水完整井:

$$K = \frac{0.366Q}{s_{\mathrm{w}}M}\lg\frac{R}{r_{\mathrm{w}}}。 \tag{10-1}$$

　　② 承压水非完整井:

$$K = \frac{0.366Q}{s_{\mathrm{w}}M}\left(\lg\frac{R}{r_{\mathrm{w}}} + \frac{M-l}{l}\lg\frac{1.12M}{\pi r_{\mathrm{w}}}\right)。 \tag{10-2}$$

　　③ 潜水完整井:

$$K = \frac{Q}{\pi(H^2 - h^2)}\ln\frac{R}{r_{\mathrm{w}}}。 \tag{10-3}$$

　　④ 潜水非完整井:

$$K = \frac{Q}{\pi(H^2 - h^2)}\left(\ln\frac{R}{r_{\mathrm{w}}} + \frac{\bar{h}-l}{l}\lg\frac{1.12\bar{h}}{\pi r_{\mathrm{w}}}\right)。 \tag{10-4}$$

式中: K——渗透系数,m/d;

　　　Q——出水量,m³/d;

　　　S——水位下降值,m;

　　　M——承压水含水层的厚度,m;

　　　H——自然情况下潜水含水层的厚度,m;

　　　$\bar{h}$——潜水含水层在自然情况下和抽水试验时的厚度的平均值,m;

　　　h——潜水含水层在抽水试验时的厚度,m;

l——滤水管长度,m;

r——抽水井滤水管半径,m;

R——影响半径,m。

(2) 单井稳定流抽水试验,当利用观测井的水位下降资料计算渗透系数时,可采用下列公式。

① 承压水完整井:

有一个观测井　　　　　　　$K = \dfrac{0.366Q(\lg r_1 - \lg r_w)}{(s_w - s_1)M}$;　　　　　　(10-5)

有两个观测井　　　　　　　$K = \dfrac{0.366Q(\lg r_2 - \lg r_1)}{(s_1 - s_2)M}$。　　　　　　(10-6)

② 潜水完整井:

有一个观测井　　　　　　　$K = \dfrac{Q}{\pi(h_1^2 - h_w^2)}\ln\dfrac{r_1}{r_w}$;　　　　　　(10-7)

有两个观测井　　　　　　　$K = \dfrac{Q}{\pi(h_2^2 - h_1^2)}\ln\dfrac{r_2}{r_1}$。　　　　　　(10-8)

(3) 单井非稳定流抽水试验,在没有补给的条件下,利用抽水井或观测井的水位下降资料计算渗透系数时,可采用下列公式。

① 配线法。

承压水完整井

$$\begin{cases} K = \dfrac{0.08Q}{sM}W(u), & (10-9) \\[2mm] u = \dfrac{S}{4KM}\cdot\dfrac{r^2}{t}; & (10-10) \end{cases}$$

潜水完整井

$$\begin{cases} K = \dfrac{0.08Q}{\bar{h}s}W(u), & (10-11) \\[2mm] u = \dfrac{\mu}{4K\bar{h}}\cdot\dfrac{r^2}{t}。 & (10-12) \end{cases}$$

式中: $W(u)$——井函数;

　　　　S——承压水含水层释水系数;

　　　　μ——潜水含水层给水度。

② 直线法。

当 $\dfrac{S}{4KM}\cdot\dfrac{r^2}{t}$ 或 $\dfrac{\mu}{4K\bar{h}}\cdot\dfrac{r^2}{t} < 0.01$ 时,可采用公式如下:

承压水完整井　　　　　　　$K = \dfrac{Q}{4\pi M(s_2 - s_1)}\ln\dfrac{t_2}{t_1}$;　　　　　　(10-13)

潜水完整井　　　　　　　　$K = \dfrac{Q}{2\pi(\Delta h_2^2 - \Delta h_1^2)}\ln\dfrac{t_2}{t_1}$。　　　　　　(10-14)

式中：s_1、s_2——观测井或抽水井在 $s - \lg t$ 关系曲线的直线段上任意两点的纵坐标值，m；

Δh_1^2、Δh_2^2——观测井或抽水井在 $\Delta h^2 - \lg t$ 关系曲线的直线段上任意两点的纵坐标值，m^2；

t_1、t_2——在 s(或 Δh^2) $- \lg t$ 关系曲线上纵坐标为 s_1、s_2(或 Δh_1^2、Δh_2^2)两点的相应时间，min。

（4）稳定流抽水试验或非稳定流抽水试验，当利用水位恢复资料计算渗透系数时，停止抽水前，若动水位没有稳定，仍呈直线下降时，可采用下列公式：

承压水完整井
$$K = \frac{Q}{4\pi Ms}\ln\left(1 + \frac{t_k}{t_T}\right); \tag{10-15}$$

潜水完整井
$$K = \frac{Q}{2\pi(H^2 - h^2)}\ln\left(1 + \frac{t_k}{t_T}\right). \tag{10-16}$$

式中：t_k——抽水开始到停止的时间，min；

t_T——抽水停止时算起的恢复时间，min；

s——水位恢复时的剩余下降值，m；

h——水位恢复时的潜水含水层厚度，m。

如恢复水位曲线直线段的延长线不通过原点时，应分析其原因，必要时应进行修正。

2．影响半径

当利用稳定流抽水试验观测井中的水位下降资料计算时，可采用下列公式。

① 承压水完整井：

有一个观测井
$$\lg R = \frac{s_w \lg r_1 - s_1 \lg r_w}{s_w - s_1}; \tag{10-17}$$

有两个观测井
$$\lg R = \frac{s_1 \lg r_2 - s_2 \lg r_1}{s_1 - s_2}. \tag{10-18}$$

② 潜水完整井：

有一个观测井
$$\lg R = \frac{s_w(2H - s_w)\lg r_1 - s_1(2H - s_1)\lg r_w}{(s_w - s_1)(2H - s_w - s_1)}; \tag{10-19}$$

有两个观测井
$$\lg R = \frac{s_1(2H - s_1)\lg r_2 - s_2(2H - s_2)\lg r_1}{(s_1 - s_2)(2H - s_1 - s_2)}. \tag{10-20}$$

3．给水度和释水系数

潜水含水层的给水度和承压水含水层的释水系数，可利用单井非稳定流抽水试验观测井的水位下降资料计算确定。

10.4 施工降水设计计算

10.4.1 降水参数的确定

水文地质参数的确定是降水设计计算的重要环节。采用的降水参数正确与否，直接影响降水设计方案的合理性及可靠程度。降水设计计算常用水文地质参数有含水层的渗透系数、影响半径、给水度和释水系数。这些参数的取得有实测和经验两种途径,可根据不同设计阶段选取。

1. 经验值

在降水初步设计阶段,应充分搜集已有的地质、水文地质资料,一般可采用区域或邻区已有的水文地质参数资料,也可以采用参数经验值。渗透系数经验值见表 8-5。给水度(μ)经验值见表 8-2。影响半径(R)经验值见表 10-2。

表 10-2　根据颗粒直径确定影响半径(R)经验值

	地 层 颗 粒		R/m
	粒径/mm	占重量百分比/%	
粉砂	0.05~0.10	<70	25~50
细砂	0.10~0.25	>70	50~100
中砂	0.25~0.5	>50	100~300
粗砂	0.5~1.0	>50	300~400
砾砂	1~2	>50	400~500
圆砾	2~3		500~600
砾石	3~5		600~1 500
卵石	5~10		1 500~3 000

影响半径(R)计算的经验公式如下:

潜水含水层

$$R = 2s\sqrt{KH};\tag{10-21}$$

承压含水层

$$R = 10s\sqrt{K}。\tag{10-22}$$

式中:R——降水影响半径,m;

s——基坑水位降深,m;

K——渗透系数,m/d;

H——含水层厚度,m。

2. 实测值

实测值一般是在工程场地通过单井抽水并布置有一个或多个观测井的稳定和非稳定流抽水试验获取的含水层参数,是在充分整理、分析水文地质试验数据后计算而得,不同条件下各种含水层参数的计算公式见式(10-1)~式(10-20)。特别是在水文地质条件复杂的地段,应以实测值作为降水施工设计依据。

3. 基坑等效半径(r_0)的确定

对于圆形基坑,基坑半径 r_0 即为圆形布置的井点系统的半径;当基坑不规则时,为简化计算,常把它简化成一个理想的大圆,按一个大井来考虑并计算基坑涌水量,其半径即为基坑等效半径。

(1) 当 $L/B>2.5$ 时,计算公式为

$$r_0 = \eta \frac{(L + B)}{4}。 \tag{10-23}$$

(2) 不规则基坑的等效半径的计算公式为

$$r_0 = \sqrt{\frac{A}{\pi}}。 \tag{10-24}$$

式中:r_0——基坑等效半径,m;

L——基坑长度,m;

B——基坑宽度,m;

η——概化系数,由表10-3查得;

A——基坑面积,m^2。

表10-3 矩形基坑的等效半径概化系数 η

B/L	0.1~0.2	0.2~0.3	0.3~0.4	0.4~0.6	0.6~1.0
η	1.00	1.12	1.14	1.16	1.18

10.4.2　基坑涌水量计算

1. 均质潜水含水层完整井基坑涌水量计算

计算简图见图10-2。

(a) 基坑远离边界　　　　　　(b) 岸边降水

(c) 基坑位于两地表水体之间　　(d) 基坑靠近隔水边界

图10-2 均质潜水含水层完整井基坑涌水量计算简图

（1）当基坑远离边界时（见图 10-2(a)），涌水量可按式(10-25)计算：

$$Q = 1.366K \frac{(2H-s)s}{\lg(1+R/r_0)}。 \qquad (10-25)$$

（2）岸边降水时（见图 10-2(b)），涌水量可按式(10-26)计算：

$$Q = 1.366K \frac{(2H-s)s}{\lg \dfrac{2b}{r_0}}, b < 0.5R。 \qquad (10-26)$$

（3）基坑位于两个地表水体之间或位于补给区与排泄区之间时（见图 10-2(c)），涌水量可按式(10-27)计算：

$$Q = 1.366K \frac{(2H-s)s}{\lg\left[\dfrac{2(b_1+b_2)}{\pi r_0} \cos \dfrac{\pi(b_1-b_2)}{2(b_1+b_2)}\right]}。 \qquad (10-27)$$

（4）基坑靠近隔水边界时（见图 10-2(d)），涌水量可按式(10-28)计算：

$$Q = 1.366K \frac{(2H-s)s}{2\lg(R+r_0)-\lg r_0(2b'+r_0)}, b' < 0.5R。 \qquad (10-28)$$

式中：Q——基坑涌水量，m^3；

　　　K——渗透系数，m；

　　　H——潜水含水层厚度，m；

　　　s——基坑水位降深，m；

　　　R——降水影响半径，m；

　　　r_0——基坑等效半径，m。

2. 均质潜水含水层非完整井基坑涌水量计算

计算简图见图 10-3。

（1）当基坑远离边界时（见图 10-3(a)），涌水量可按式(10-29)计算：

$$Q = 1.366K \frac{H^2 - h_m^2}{\lg\left(1+\dfrac{R}{r_0}\right) + \dfrac{h_m-l}{l}\lg\left(1+0.2\dfrac{h_m}{r_0}\right)}。 \qquad (10-29)$$

式中：$h_m = \dfrac{H+h}{2}$。

（2）近河基坑降水，含水层厚度不大时（见图 10-3(b)），涌水量可按式(10-30)计算：

$$Q = 1.366Ks\left[\frac{l+s}{\lg\dfrac{2b}{r_0}} + \frac{l}{\lg\dfrac{0.66l}{r_0}+0.25\dfrac{l}{M}\lg\dfrac{b^2}{M^2-0.14l^2}}\right], b > \frac{M}{2}。 \qquad (10-30)$$

式中：M——由含水层底板到滤水管有效工作部分中点的长度，m。

（3）近河基坑降水，含水层厚度很大时（见图 10-3(c)），涌水量可按式(10-31)或式(10-32)计算：

$$Q = 1.366Ks \left[\frac{l+s}{\lg \frac{2b}{r_0}} + \frac{l}{\lg \frac{0.66l}{r_0} - 0.22\mathrm{arcsh} \frac{0.44l}{b}} \right], b \geqslant l; \qquad (10-31)$$

$$Q = 1.366Ks \left[\frac{l+s}{\lg \frac{2b}{r_0}} + \frac{l}{\lg \frac{0.66l}{r_0} - 0.11 \frac{l}{b}} \right], b < l。 \qquad (10-32)$$

(a) 基坑远离边界　　(b) 近河基坑含水层厚度不大　　(c) 近河基坑含水层厚度很大

图 10-3　均质潜水含水层非完整井基坑涌水量计算简图

3. 均质承压水含水层完整井基坑涌水量计算

计算简图见图 10-4。

　(a) 基坑远离边界　　　　(b) 基坑位于岸边　　　　(c) 基坑位于两地表水体间

图 10-4　均质承压水含水层完整井基坑涌水量计算简图

(1) 当基坑远离边界时(见图 10-4(a)),涌水量可按式(10-33)计算:

$$Q = 2.73K \frac{Ms}{\lg \left(1 + \frac{R}{r_0} \right)}。 \qquad (10-33)$$

式中:M——承压水层厚度,m。

(2) 当基坑位于河岸边时(见图 10-4(b)),涌水量可按式(10-34)计算:

$$Q = 2.73K \frac{Ms}{\lg \frac{2b}{r_0}}, b < 0.5R。 \qquad (10-34)$$

(3) 基坑位于两个地表水体之间或位于补给区与排泄区之间时(见图 10-4(c)),涌水量可按式(10-35)计算:

$$Q = 2.73K \frac{Ms}{\lg \left[\frac{2(b_1+b_2)}{\pi r_0} \cos \frac{\pi(b_1-b_2)}{2(b_1+b_2)} \right]}。 \qquad (10-35)$$

4. 均质承压水含水层非完整井基坑涌水量计算

计算简图见图 10 - 5,涌水量可按式(10 - 36)计算:

图 10 - 5　均质承压水含水层非完整井基坑涌水量计算简图

$$Q = 2.73K \frac{Ms}{\lg\left(1 + \dfrac{R}{r_0}\right) + \dfrac{M - l}{l}\lg\left(1 + 0.2\dfrac{M}{r_0}\right)}。 \tag{10 - 36}$$

5. 均质含水层承压－潜水完整井基坑涌水量计算

计算简图见图 10 - 6,涌水量可按式(10 - 37)计算:

图 10 - 6　均质含水层承压－潜水完整井基坑涌水量计算简图

$$Q = 1.366K \frac{(2H - M)M - h^2}{\lg\left(1 + \dfrac{R}{r_0}\right)}。 \tag{10 - 37}$$

6. 狭长条形基坑涌水量计算

(1) 潜水完整井:

$$Q = KL\frac{H^2 - h^2}{R}; \tag{10 - 38}$$

$$q = \frac{\pi K(2H - s)s}{\ln\dfrac{d}{\pi r} + \dfrac{\pi R}{2d}}。 \tag{10 - 39}$$

(2) 承压完整井:

$$Q = \frac{2KMsL}{R}。 \tag{10 - 40}$$

(3) 承压－潜水完整井:

$$q = \frac{\pi K\left[(2H - M)M - h^2\right]}{\ln\dfrac{d}{\pi r} + \dfrac{\pi R}{2d}}。 \tag{10 - 41}$$

式中:Q——基坑涌水量,$\mathrm{m^3/d}$;

q——干扰单井涌水量,$\mathrm{m^3/d}$;

K——渗透系数,$\mathrm{m/d}$;

R——降水影响半径,m;

s——降深,m;

H——潜水含水层厚度,m;

h——降水后剩余含水层厚度,m;

L——降水长度,m;

$2d$——降水井间距,m;

$2r$——降水井排距,m;

M——承压含水层厚度,m。

10.4.3 单井出水能力计算

单井出水能力取决于降水场地的水文地质条件、滤水管结构、成井工艺和抽水设备能力。

1. 轻型井点和喷射井点单井出水能力

就目前常用的抽水设备与井点结构,在渗透系数较小地区,轻型井点出水能力的经验值为1.5～2.5 $\mathrm{m^3/h}$;喷射井点单井出水能力见表11－5。实际使用过程中,经常出现的情况是地层出水能力远小于抽水设备的抽水能力。因此,在进行降水设计时,应根据具体情况慎重选择抽水设备。

2. 管井出水能力

管井出水能力可按式(10－42)和式(10－43)进行计算。

$$q = \frac{ld}{\alpha'} \times 24。 \tag{10 - 42}$$

式中:q——管井出水能力,$\mathrm{m^3/d}$;

l——滤水管工作部分长度,m;

d——滤水管外径,mm;

α'——与含水层有关的经验系数,见表10－4。

表 10-4　经验系数 α' 值

含水层渗透系数 K/m/d	α'	
	含水层厚度≥20 m	含水层厚度<20 m
2~5	100	130
5~15	70	100
15~30	50	70
30~70	30	50

$$q = 2\pi \cdot r \cdot l' \cdot \frac{\sqrt{K}}{15}。 \tag{10-43}$$

式中:q——管井出水能力,m^3/s;

l'——滤水管工作部分长度,m;

r——管井半径,m;

K——渗透系数,m/s。

10.4.4　降水井数量及间距的确定

$$n = 1.1\frac{Q}{q}, \tag{10-44}$$

$$a = \frac{L}{n}。 \tag{10-45}$$

式中:n——降水井数量;

Q——基坑涌水量,m^3/d;

q——单井出水能力,m^3/d;

a——降水井间距,m;

L——沿基坑周边布置降水井的总长度,m。

式(10-45)得出的是降水井间距初值,并应大于 $15d$(d 为滤水管外径)。对于轻型井点和喷射井点,井间距应尽可能与井点设备总管的接口相对应。对于管井,还需经过在满足降深条件下群井干扰抽水时管井出水能力的检查验算。

10.4.5　水位降深检验

在井数、井间距及布井方式初步确定后,一般还要检验不同地段的水位降深是否符合要求,特别应验算基坑最不利点的降深。可以根据情况参照式(8-33)~式(8-38)进行检验。当计算出的降深不能满足降深要求时,应重新调整井数、井间距及布井方式。

第 11 章　地下工程施工降水技术

11.1　管井降水

11.1.1　管井降水及自渗降水的工作特性及适用条件

管井的口径和深度供选择的幅度很大,降水管井口径一般为 200~500 mm,井深可从 10 m 到 100 m 以上,单井抽水量可从 1 m³/h 到 80 m³/h 以上。管井常采用一井一泵抽水,含水层富水性很强时,如降水井口径够大,也可一井多泵抽水。降水深度小到 1~2 m,大到几十米,能够满足对地下水来源比较丰富的砂、砾、卵石和基岩裂隙含水层的工程降水需要。管井降水工艺成熟,设备简单,维护管理便利;故广泛应用于各类工程的降水施工中。目前,全国大部分地铁降水施工,都采用了管井方法降水。

当上、下含水层存在较大天然水头差时,管井也可以不下泵抽水或少下泵抽水就能达到降水目的,不下泵的管井称自渗井。这种情况大多在冲洪积扇地区存在,城市建设大量开采深层地下水后,深层地下水位低于浅层地下水位,这时用管井将上下两个含水层连通,上部含水层的水便通过管井下渗到下部含水层中,因而形成自渗降水(见图 11-1)。有时自渗井也可不下管而在钻孔中直接回填砾料,形成勾通上下含水层的垂向强导水通道,这种井称砂砾自渗井(见图 11-1(a))。

自渗降水一般用于浅层降水,用以疏导上层滞水和潜水,必要时辅以少量抽水井抽水,形成抽水井、自渗井结合降水形式(见图 11-1(b))。该方法操作简便,耗能低,动用抽水设备少,成本低;但受条件限制,只能有针对性地应用,其适用条件如下。

① 降水范围由 2 个以上含水层和隔水层互层组成,下部含水层的透水性强于上部含水层,水位低于上部含水层,如在低于基槽需要降低的地下水位,水量又不大的情况下,则可能形成完全自渗降水。

② 下部含水层具有一定厚度,消纳能力大于上部含水层的排泄能力,否则需辅以部分抽水井。

③ 上部含水层水质无污染,上部含水层水质的主要指标与下部含水层水质基本相同。

④ 受成井方法和井结构的限制及可能渗入浑浊水的影响,砂砾自渗井的时效性较差,一般不超过 3 个月就会逐渐淤塞而失效。地铁工程施工周期较长,可采用下管自渗井,淤塞后可洗井处理,以恢复其自渗能力。

图 11-1　自渗降水示意图

　　北京城区处于永定河冲洪积扇中部,存在 4～5 个含水岩组,受城市生产、生活用地下水开采影响,含水层水位由下而上一层比一层低,很多浅基坑都可以采用自渗降水,或把上层滞水通过自渗井渗到潜水含水层中,或把埋深 15～18 m 的潜水通过自渗井渗到 20 余米的第一承压含水层中。地铁工程由于结构埋深较大,很多地段都可采用抽水管井与渗水井相间布置的抽渗结合降水形式,抽水井主要用于降低承压含水层水头,渗水井则主要用于疏导上层滞水和潜水向下渗入承压含水层中。

11.1.2　管井设计

1. 降水管井的设计要求

　　降水管井的目的在于人工降低地下水位,以使基坑和隧道开挖达到无水安全作业要求。工程施工结束后,降水管井也就完成使命而报废,因而降水管井是临时的抽水构筑物。供水管井是以供水为目的而建造的地下水取水构筑物,使用寿命较长,一般要求使用期达到 20 年以上。两者的使用目的不同即决定了两者的设计要求也有所不同。

　　降水管井结构与供水管井结构是相同的,允许其设计要求可以有所不同的主要理由是:①降水管井的布置是以形成一定“干扰降深”为目的进行布置,降水井之间干扰程度比供水井大得多;②一般土建工程降水井使用期限在 1 年以内,地铁工程降水井延续使用 2～3 年也够了,因而降水管井设计使用寿命不要求很长;③为发挥最大单井降水效果,降水管井应在满足质量标准前提下,要求管井的出水量尽可能大一些,井损尽可能小一些。因而降水管井允许进水流速大一些,在滤水管和滤料用材方面的标准与供水管井相比可降低一些,但出水含砂量不能放宽,应达到工程降水规范要求。

2. 降水管井的布置

　　降水管井平面布置,宜符合下列要求。

　　(1) 对于长宽比不大的地铁车站和施工竖井,宜采取环形封闭式布置。

（2）对于长宽比很大的地铁隧道，应在隧道两侧布置双排井，隧道两端应延长布置降水井，外延长度宜为基坑宽度的 2 倍。

（3）降水管井一般布置在基坑或隧道的外侧，距基坑外缘线不小于 2 m，以防遭受隧道开挖背后填充注浆破坏。当降深要求很大，中间部位的水位降深难以满足要求时，也可在基坑内部布置降水管井，但井管强度要高一些，通常可采用钢管，以防基坑开挖时被破坏。

（4）基坑或隧道邻近地下水补给边界时，应在地下水补给方向一侧适当加密降水井。

（5）降水管井的井位，可根据场地地下管线的实际情况适当调整，当井位移动较大时，应验算不利点的水位降深值。

3. 管井结构设计

1）井身结构

（1）降水管井的井深，应根据降水或降压目的层位置、干扰计算得出的设计动水位深度、井损大小、滤水管工作部分长度及沉淀管的长度确定。

（2）供水管井井径设计包括井身各段井径设计，即开口井径、安泵段井径、变径段井径、开采段井径及终孔井径的设计。降水管井一般都不太深，大多一径到底。应注意安泵段井管内径要比选用的水泵泵体直径大 50 mm 以上，否则无法顺利将水泵下入井中。

2）井管配置

井管是井壁管和滤水管的总称。井壁管是支撑和封闭井壁的无孔管，俗称"死管"，降压井的降压目的层以上部位或降水管井水位以上部分一般下入井壁管，井底部的沉淀管通常也是井壁管；过滤管通常也称滤水管，起护壁、挡砂和过滤作用，一般下入与含水层对应的位置。

降水管井是临时抽水构筑物，井又比较浅，对井管的要求相对于供水管井来说可低一些，管材选用范围也较宽，选用井管应符合下列要求：

（1）井管应具有足够的抗压、抗拉、抗弯强度，以保证井管能够承受井壁地层和滤料的侧向压力及井管的全部重量；

（2）井管应无缺损、裂缝、弯曲等缺陷，两端面与管轴线垂直，保证井管连接后垂直；

（3）井管材质应无毒，对地下水质不构成污染；

（4）井管内径应满足下入抽水设备的要求；

（5）滤水管应有较大的孔隙率，以尽可能增加降水管井的出水量。

作为降水施工用途的井管类型有水泥管（包括水泥砾石滤水管和水泥砂石井壁管）、铸铁管、钢管、钢筋笼包滤网制作的井管等。我国北方地区的农田灌溉井普遍使用水泥管，水泥砾石滤水管是将砾石和水泥按一定配比加水拌和后入模制成，壁厚为 50 mm，管径为 400 mm 或 500 mm，孔隙率可达 15% 以上。同样，调整材料配比并加入砂子即可制成水泥砂石井壁管。这种管每节管长 1 m，排管灵活，只一次性使用，非常经济；但强度较低，易损坏，不宜在超过 50 m 深的降水井或回灌井中使用。

地铁工程中结构内的降水井应下入强度较高的井管，以防土建施工破坏，钢板卷管是较为经济合理的选择，其滤水管是模压孔滤水管，模压孔呈桥形的称桥式滤水管。这种滤水管是采用钢板经冲压成孔后,卷焊并经防腐处理制成。其优点是:无需在钢管上钻孔或切削,也无需垫筋缠丝,加工简便,成本较低,由于进水缝隙是侧向开孔,不容易被含水层颗粒或滤料堵塞;因此有效孔隙率较高,这种管在北方地区应用十分广泛。

河南省第一水文地质工程地质队滤水管厂生产的桥式滤水管的主要技术指标见表 11-1。

表 11-1　桥式滤水管主要技术指标　　　　　　　　单位:mm

公 称 规 格	108	127	146	159		168		219		273		325		377		426	
内径	92	111	130	140	138	150	148	200	198	254	250	305	300	357	350	406	400
壁厚	4	4	4	4	6	4	6	4	6	4	6	4	6	4	6	4	6
接箍外径	108	127	146	160	162	170	172	220	226	274	278	325	328	377	378	426	428

钢筋笼制作的井管强度较高,可重复使用,我国南方一些地区也广为应用。这种井管的滤网包扎质量要求很高,否则井内容易进砂而影响使用。

铸铁缠丝滤水管材料费用昂贵,多在供水井中采用,很少用于降水工程中。

4. 滤料填入位置及滤料规格

滤料是充填于井管与井壁环状间隙中有一定规格要求的砾石。在没有封闭止水要求时,往往全孔回填滤料,以便上层滞水顺着滤料下渗。有封闭止水要求时,滤料应与降水或降压目的层部位对应。

降水管井滤料规格可参照下述规则给定:

砂土类含水层,　　　　　　　　　$D_{50} = (8 \sim 12) d_{50}$;　　　　　　　　　(11-1)

碎石土类含水层,当 $d_{20} \leqslant 2$ mm 时,

$$D_{50} = (8 \sim 12) d_{20},\qquad(11-2)$$

当 $d_{20} \geqslant 2$ mm 时,可不填滤料或充填 10~20 mm 的砾石;

滤料的不均匀系数 C_u 应小于 2, $C_u = d_{60} / d_{10}$。

式中, D_{50}——滤料筛分样颗粒组成中,过筛重量累计为 50% 时对应的最大颗粒直径;

　　　　d_{50}、d_{20}、d_{60}、d_{10}——分别为含水层筛分样颗粒组成中,过筛重量累计为 50%、20%、

　　　　　　　　　　　60%、10% 时对应的最大颗粒直径。

砂土类含水层不均匀系数大于 10 时,应除去筛分样中部分粗颗粒后重新筛分,直至不均匀系数小于 10 时,取其 d_{50} 代入式(11-1)确定滤料规格。

5. 封闭止水位置及材料

对于降压井,其降压目的层以上部位应封闭止水,通常用黏土进行封闭,即用黏土做成球状,大小宜为 20~30 mm,在半干状态下缓慢填入。

11.1.3 管井施工

1. 施工设备

1) 钻井设备

一般采用冲击钻机、回转钻机钻井。常用型号有 YKC-30 型冲击钻机、GZ 50 型泵吸反循环钻机和迁安正反循环钻机等。旋挖钻机也可用于降水井施工,但钻井口径较大,在细颗粒地层中使用不经济。

2) 洗井设备

一般采用空压机洗井,工作压力不小于 0.7 MPa,排风量大于 6 m³/min。空压机洗井的风管、出水管装置有同心式和并列式两种形式,下端配有混合器,出水管应为钢管,风管用高压胶管为宜。

3) 抽水设备

根据单井出水量大小、水位埋深、井管内径及水位降深选择不同型号的潜水泵。

2. 施工方法的选择

针对地铁工程的降水井深一般在 40 m 之内,降压井可能稍深一些,钻井通常采用全面钻进、一径到底。对于粒径小于 150 mm 的第四系松散地层宜采用泵吸反循环钻井工艺,该法的钻进效率较高,是降水管井施工的首选钻井工艺;对于粒径大于 200 mm 的地层可以采用冲击钻机或旋挖钻机施工。正循环钻井工艺由于钻井效率较低,又大量使用泥浆护壁,建议不要采用。

1) 泵吸反循环钻井工艺的优点

(1) 采用清水水压钻进,依靠水的静压力与地层压力达成平衡,保持井壁稳定,而不是采用泥浆护壁,避免了泥浆对含水层的淤堵,洗井比较容易,一般用该法施工的水井只需用空压机洗井即可,不必配合化学洗井及其他方法洗井,成井后出水量较大,成井质量高。

(2) 冲洗液上升速度快,钻进时排除岩屑能力强,岩屑一般不受重复破碎,钻进效率高。从北京地铁复八线、5 号线、10 号线施工的数千口降水井来看,该法施工井深 35 m 左右的降水井,大部分钻进时间仅约 4 h,一口井从钻井开始到具备抽水条件,只需 2～3 天。

(3) 具有井底换浆功能,钻到设计深度后就可及时换浆,使得孔底沉渣较少,下管到位。

2) 冲击钻井工艺的优点

(1) 当钻进地层有较大直径的卵石、漂石时,使用冲击钻井方法较其他方法效率高;但洗井难度相对较大,一般要配合化学洗井或其他方法洗井。

(2) 钻进时孔内不需要冲洗液循环排渣,水量消耗小,适用于缺水场地的降水井施工。

3. 工艺流程

定井位→挖(围)泥浆池→钻机就位→钻井→换浆→下管→回填滤料→洗井→下泵→铺设排水管线→试抽、验收→降水维护管理。

4．操作方法

1）定井位

（1）根据降水设计井位图及地下管线分布图,参照车站或区间隧道中线控制点施放降水井井位,正常情况下井位偏差不宜大于0.5 m,当因障碍物影响而偏差过大时,应验算不利点降深。井位应设立显著标志,必要时用钢钎打入地面以下300 mm,并灌石灰粉作标记。

（2）在施放好的井位上人工挖探井,探井直径一般为800 mm,深度以见原状土为准,确认无地下管线及地下构筑物后下入护筒,护筒外侧填黏土封隔好表层杂填土层,以防止钻井冲洗液漏失,必要时随挖随做混凝土护壁。如遇地下管线,应调整井位,重挖探井。

2）挖（围）泥浆池

泥浆池的大小按该泥浆池计划共用的打井数量和排渣量综合确定。在柏油路面及人行步道为不破坏地面,应采用"围"的方式,对于拆迁场地则可"挖"可"围",围泥浆池可用挖探井的弃土,泥浆池底部及侧壁宜铺垫塑料布,以防跑浆污染环境。一般每2~3口井共用一个泥浆池。必要时可采用砖砌泥浆池。

3）钻机就位

钻机就位时需采用水平仪找平,做到稳固、周正、水平,以保证钻进过程中钻机稳定。起落钻塔必须平稳、准确。钻机对位偏差应小于20 mm,钻塔垂直度偏差小于1%。

4）钻井

（1）泵吸反循环钻进。

先启动砂石泵形成反循环再钻进。砂石泵启动有两种方式:一是用真空泵将砂石泵进水管段抽吸成真空,然后启动;二是用注水副泵给砂石泵进水管注满水,再开启砂石泵。

泵吸反循环钻进过程中,岩屑经钻头→钻杆→主动钻杆→水龙头→砂石泵吸口排入泥浆池中。钻进过程中要随时观察冲洗液的流损变化,水的补充应随冲洗液的流损情况及时调整,一般应保持冲洗液面不低于井口下1 m,当钻遇卵石层,冲洗液大量漏失时,应加大补水量,必要时应投入适量黏土,形成一定黏度的泥浆以控制冲洗液漏失,防止塌孔事故。在以黏性土为主的地层中钻进时,由于钻井自造浆较稠,钻进效率降低,此时可排走一部分泥浆,补充清水,调整泥浆密度到适宜状态。

每次下入钻具前,应检查钻具,如发现脱焊、裂口、严重磨损等情况时,应及时焊补或更换。钻机转速以不整车、岩屑排除正常为宜,一般应保持在10~15 r/min,钻井每进尺1 m,在排水管口捞砂样鉴别地层岩性。

钻进过程中如遇到个别较大粒径卵石,可提出钻具,更换上筒状钻头,捞出卵石。如在普通地层中钻进,发现钻具回转阻力增加、负荷增大等反常现象时,应立即停止钻进,查明原因。

钻进过程中要经常观察排渣口的排渣状况及返水量大小。发现钻渣突然减少或水量减少时,应及时串动钻具,减小钻压,控制进尺或暂停钻进,待排渣正常后再继续钻进。

泵吸系统的连接要做到严密、牢固、通顺。每次加接钻杆前,应使反循环延续1~2 min,待吸到钻杆内的钻渣全部排出地表后再关停砂石泵。应防止因停泵过早,钻杆内钻渣回落到钻头吸口处造成堵塞。

(2)冲击钻进。

下钻前,应对钻头的外径和出刃、抽筒肋骨片的磨损情况及钻具连接丝扣和法兰连接螺栓松紧度进行检查,如磨损过多应及时修补,丝扣动应及时上紧。

下钻时,应将钻头垂吊稳定后,再导正下入井孔。进入井孔后,不得全松刹车、高速下放。钻具进入井孔后,应盖好井盖板,使钢丝绳置于井盖板中间的绳孔中,并在地面设置固定标志,以便钻进中用交线法测量钢丝绳位移。

钻进中,发现塌孔、斜孔时,应及时处理。发现缩孔时,应经常提动钻具修扩孔壁,每次冲击时间不宜过长,以防卡钻。抽筒应配合钻进及时捞取岩屑,减少重复破碎。

提钻时,应缓慢提离孔底数米并确认未遇阻力后,再按正常速度提升,如发现卡钻,应将钻具下放,转动钻头方向后再提,不得强行提拉。提钻时,还应注意观察或测量钻进钢丝绳的位移,如偏差较大时,应查明原因,及时纠正。

在卵石层中钻进,井壁不稳定时,可向井内投入黏土,使黏土充填于卵石间的孔隙。钻遇大的漂砾而发生井斜时,应填入一些较软的石块或废砖头,然后加强钻具回转向下钻进,可纠正井斜。在黏土层中钻进,应常修孔,慢进尺,防止缩径或井壁不圆正。

冲击钻进应掌握好悬距,放绳要少而勤,冲击次数和冲击高度要配合适当,以减小钻具抖动。

5)换浆

钻孔至设计深度后(一般应大于设计深度 0.5~1.0 m),反循环钻进应将钻头提高 0.5 m左右,然后注入清水继续启动反循环砂石泵替换泥浆;冲击钻进则用抽筒将孔底稠泥浆掏出,并加清水稀释,直到泥浆密度接近 1.05×10^3 kg/m³,黏度为 18~20 s 为止,现场观察一般以换浆后泥浆不染手为准。替浆过程中,应安排好泥浆的清运或排放工作。

6)下管

降水井井深较浅,井管重量不大,一般均采用直接提吊法下管。

(1)井管为水泥管时,用钢丝绳兜住预制混凝土管鞋底部,将一节井管放置在管鞋上,并缓慢置于井口,包缠滤网,然后松动钢丝绳将井管缓缓下放,当管口与井口相差 20 cm 时,接下节井管,接头处用尼龙网裹严,以免挤入泥砂淤塞井管,井管竖向用 4 条 30 mm 宽、长 2~3 m的竹条用 2 道 8# 铅丝固定井管。井管下到孔底后,抽出钢丝绳。

(2)井管为钢管时,一般利用钻机绞车或三脚架吊住井管分段下入。先吊起第一节井管置于孔口,包缠滤网,然后缓缓下放,用夹板夹住井管上口,将夹板承落在井口架上,然后起吊下节井管与第一节井管焊接,松开夹板,将第二节井管放入孔中,再用夹板夹住第二节井管上口,如此分段下入井管,直至下到孔底。下管过程中应做到夹板上紧,接头焊牢,以防跑管。

吊放井管时应垂直,并保持在井孔中心。井管要高出地面 200 mm 以防止异物落入井中。操作绞车或三脚架应稳拉稳下,严禁猛墩。

7)回填滤料

井管下入后应立即填入滤料。填料时,应随填随测滤料填入高度,当填入量与理论计算量有较大出入时,应及时查找原因。应使用铁锹沿井壁四周均匀连续填入,不得用装载机或手推车直接倒入,以防填料不均匀或滤料冲击井管造成井管歪斜,如滤料发生蓬堵可向井内注水冲填。

8) 洗井

冲击成孔的降水井一般都采用了泥浆钻进,洗井应在下管填砾后 8 h 内进行,以免时间过长,影响洗井效果。泵吸反循环成孔的降水井洗井间隔可适当放长一些。降水施工简单、有效、经济的洗井方法是压缩空气洗井(通常称空压机洗井)。

对一般的降水施工来说,上部潜水层及层间水层是洗井的重点部位,应由上而下分段洗井,如沉没比不够时,应注清水洗井,洗井过程中应观测水位及出水量变化情况。洗井后应达到上、下含水层串通并形成合理的混合水位。

采用并列式装置洗井时,风管每 2 m 要用铅丝捆绑固定在出水管上,以避免橡胶风管抽打井管造成破损。风管入水沉没比一般应大于 40%,风管没入水中部分的长度不应超过空气压缩机额定最大风压相当的水柱高度。

冲击成孔的降水井如使用黏土过多,应加入焦磷酸钠洗井液浸泡软化泥皮后再用空压机洗井。洗井液浸泡时间一般为 4~8 h,焦磷酸钠洗井液的配置浓度一般为 0.6%~1.0%,洗井液配制量可按静水位以下井孔容积计算。洗井后若发现滤料下沉,应及时补填滤料至设计高度。

9) 下泵

下泵前应检查泵的放气孔、放水孔、放油孔和电缆接头处的封口是否松动,如有松动,必须拧紧。然后用摇表检查水泵绝缘电阻,如绝缘电阻低于规定值,应打开放水孔和放气孔,进行烘干处理。检查全部电路和开关,然后空转 3~5 min,检查电动机旋转方向是否正确。必要时可在水池或水箱中试运转。

下泵时不得使电缆受力,应用绳索将电缆拴在水泵耳环上缓慢下放。如设计没有要求,水泵一般应下入到距孔底 1~2 m 的位置,然后将水泵用钢丝绳吊住(泵管为塑料管)或用夹板夹牢(泵管为钢管)放置在井管上口。水泵安装应做到单井单控电源,并安装漏电保护系统。

10) 铺设排水管线

排水管线一般布置在降水井的同一侧,通常采用 PVC 管、混凝土管或钢管作为排水主管路,若干降水井抽出的水汇入主管排走。也可采用单井直排方式,即单根排水管与泵管相连直接排入市政排水管道。排水管宜埋入地下,也可在地面架设。地面架设时,每隔 5~8 m 设砖砌托台,托台高度应根据排水坡度确定。场地允许时,排水系统也可采用排水沟,排水沟通常采用砖砌而成,并做防渗处理。

排水系统接入市政排水管道前,应设沉淀池,沉淀池可按市政雨污水管线的检查井规格砌成,周圈及底部应作防渗处理。

11) 试抽、验收

上述工序完成后,应及时进行试抽水,检验井深、单井出水量、出水含砂量等情况是否符合要求。试抽正常后应组织现场验收。

5．季节性施工

1）冬季施工技术措施

(1) 不能用冻土块围泥浆池,必要时用塑料布围裹池壁,严禁泥浆外泄。

(2) 采用明排水的集水管、泵管必须采取保温措施,施工用的排水管、洗井管、各类水泵、泥浆泵、砂石泵等使用后应及时放水,以防冻裂。

(3) 开钻前应对钻机进行检查,防止机械受冻。施工中对机械传动部位应加强检查,如有问题,及时维修、调整。

2）雨季施工技术措施

(1) 雨季施工到来之前,料场、仓库地基要垫高,防止被雨水浸泡,排水管道、雨污水井等要随时检查疏通,防止排水不畅影响正常降排水。

(2) 所有的配电箱、机电设备必须要搭防雨棚,要经常检查接零、接地保护,机械设备要防水、防漏电,随时检查漏电装置功能是否灵敏有效。

(3) 钻机井架等高空设备应安装好避雷装置,并进行摇测检查。

(4) 对杂填土较厚的施工地段,应做好地面防渗处理,以防地面因雨水浸泡产生塌陷。

6．应注意的质量问题

(1) 钻孔时,应根据水文地质条件和土层物理力学性质,合理选择凿井设备,正确制备泥浆,控制好孔内冲洗液面的高度和钻进速度,以防塌孔。

(2) 下管时,井管要正中垂直、连接牢固,严禁井管强行插入沉淀的孔底。滤水管强度应符合要求,缠绕滤网应严实,以防出水含砂量超标。滤料粒径不得过大,填料厚度不得小于设计要求。

(3) 当泥浆比重大,井壁泥皮厚,洗井方法不当,洗井达不到要求时,应对已完成的管井重新洗井,直至符合要求。

(4) 降水过程中,当发现存在井间距过大,水泵流量小或水泵扬程不足,不明外来水补给等问题时,应采取相应措施,保证降水深度达到要求。

(5) 排水管之间应连接紧密,排水沟沟底部应铺设防渗材料,以防渗漏水回补基槽,并随时检查清理管道,确保排水管路畅通。

(6) 应采用双路供电或常备发电机,特别是当降水目的层为强透水层时,必须保证停电时能及时切换电源连续降水。

7．成品保护

(1) 为防止异物掉入井中,井口应加盖保护。地面上降水井影响车辆行驶时,应做检查井并加盖承重井盖,排水方式为铺排水管暗排。

(2) 在土方开挖时,应注意对坑内降水井的保护。当采用锚杆或土钉进行边坡支护时,应在井位处做明显标记并引到基坑上口开挖线,以防锚杆或土钉施工破坏井管或注浆液渗入井内滤料。

(3) 降水维护阶段应有专人值班,对降排水系统进行巡查,防止停电或其他外界因素影响降排水系统运行。

8. 安全环保措施

1) 安全操作要求

(1) 在进行安装钻机、拆卸钻机、钻进、下井管、故障排除等工作时,必须明确分工,统一指挥,避免忙乱。钻机的各防护罩都应固定在正确位置,并经常检查牢固程度。

(2) 钻进时,应随时检查钻机及钻塔的支承情况,以防钻机和钻塔倾斜,钻杆上各法兰必须连接牢固,密封可靠,如遇蹩钻,可停止给进,情况严重时,应停钻并提升钻具。

(3) 提升和下降钻具时,钻台工作人员不得将脚踏在转盘上面,工具及附件也不得放在转盘上。拧卸钻具扣时,离合器应慢慢结合,旋转速度不得太快。用扳手拧卸时,应注意防止扳手回冲打人。

(4) 配电盘、配电柜要有绝缘垫,并要安装漏电保护装置。各类电气开关和设备的金属外壳,均要设接地或接零保护。

(5) 洗井时,送风管路接头处除应用卡子卡紧外,还应用铁丝拧紧,以防胶管脱出伤人。上提或下放风管、水管时,不得猛墩猛放,以防管子脱节或损坏井管。

(6) 降水维护过程中,应经常观测动水位的变化,适时调整水泵的下入深度,必要时更换适当流量的水泵。水泵不得露出水面,也不得陷入淤泥中运转。

2) 技术安全措施

(1) 开工前应现场踏勘。查清场地及附近地上、地下管网,必要时进行管线探测,确保地下管线的安全。

(2) 凿井前应认真研究地质勘察报告,当上部为松散填土时,应进行必要的土层加固,以保证钻机稳固,并防止塌孔。

(3) 提拔钻具应尽量平稳,避免钻具刮蹭孔壁造成塌孔。

(4) 泵吸反循环钻进到粉细砂地层时,宜慢速钻进,以减小对地层的搅动,同时应适当加快给进速度,以快速通过粉细砂地层,避免在这个部位孔径扩大。在砾卵石层中钻进时,钻速和给进速度都不可太快,以免排渣速度跟不上,发生堵泵甚至埋钻事故。

(5) 用活环钢丝绳连接冲击钻具,必须用钢丝绳导槽,钢丝绳卡子不得少于 3 个,相邻卡子应对卡。

3) 环保措施

(1) 对于钻井形成的泥浆,要及时清运,严禁直接排入市政雨污水管线,清运时应杜绝泥浆遗洒。降水井抽出的水,含砂量达到规范要求,水清砂净的才可排入市政雨水管线。对于基槽明排的浑水,排水口处应设沉淀池,以防泥砂堵塞市政管线,影响城市环境。

(2) 施工场地邻近居民区时,钻机成孔或空压机洗井应避免在夜间进行。

(3) 加强降水动态监测,根据水位变化情况调整开泵地段和开泵数量,控制地下水抽取量,减少地下水资源无谓排放,工程场地邻近地表水体时,应给河湖补水。

(4) 做好周边建(构)筑物的调查工作,并加强对建(构)筑物的变形监测,发现问题及时处理。

11.1.4　管井降水维护管理

降水工程施工结束后,便进入较长时间的维持降排水阶段,一般延续降排水要到二衬施工结束,降排水维护与动态观测是该阶段的工作重点。

(1) 定时巡视降排水系统的运行情况,及时发现和处理系统运行的故障和隐患,如水泵抽水出水情况,是否需要检修;供电线路是否正常;排放水的含砂情况及排水联络管道是否畅通。

(2) 在更换水泵前应量测井深,确定水泵下入的安全深度,以防埋泵,必要时重新洗井。

(3) 检查井口的防护情况,防止杂物、行人掉入井内。

(4) 当发生停电时,应及时接通备用电源,尽量缩短因断电而停抽的时间,备用发电机应保持良好,随时处于准备发动状态。

(5) 进行地下水动态监测,对监测记录应及时整理,绘制 $s-t$ 过程曲线,分析水位下降趋势,预测地铁隧道掘进掌子面的地下水位。

11.1.5　工程实例

1. 工程概况

北京地铁 5 号线 05 标崇文门站位于崇文门外大街与前门东大街的交叉路口,车站长约为 208 m,宽约为 24 m,附属结构主要有东南风井风道和西北风井风道。车站从既有环线地铁和盖板河下方穿过,周边高大建筑物有崇文门饭店、新桥饭店、哈德门饭店和同仁医院。车站基底大部开挖深度约为 24.7 m,两端开挖深度约为 27 m,是地铁 5 号线土建结构施工和降水施工难度最大的车站之一,地铁结构与地层、地下水的关系见图 11-2。

2. 地质及水文地质条件

1) 地层

按照地层的形成年代、成因类型及岩性,自上而下依次如下。

(1) 人工填土层(Q^{ml})。

杂填土①$_1$层:杂色,松散~稍密,湿~饱和,表层为沥青水泥路面及混凝土路面,其下以房渣土为主,含砖渣、灰块和少量炉灰,局部地段为卵石回填土、炉灰渣等。粉土填土①层:褐黄~黄褐色,稍密,湿~饱和,含少量砖渣、白灰渣。

(2) 第四纪全新世冲洪积层(Q_4^{al+pl})。

粉土③层:褐黄~黄褐色,湿~很湿,中密~密实。粉质黏土③$_1$层:灰黄~褐黄色,可塑~硬塑。黏土③$_2$层:棕黄色,可塑,呈透镜体分布;粉细砂③$_3$层:褐黄色,饱和,中密。

粉质黏土④层:褐黄色,可塑 - 硬塑,呈透镜体分布。粉土④$_2$层:褐黄色,湿,密实,呈透镜体分布。粉细砂④$_3$层:褐黄色,饱和,中密~密实。中粗砂④$_4$层:褐黄色,饱和,密实。

(3) 第四纪晚更新世冲洪积层(Q_3^{al+pl})。

圆砾卵石⑤层:杂色,饱和,密实,亚圆形,最大粒径为120 mm,一般粒径为5~40 mm,粒

图11-2　北京地铁 5 号线崇文门站纵断面图

径大于 20 mm 颗粒的质量约占总质量的 55%～65%,砾石成分以辉绿岩、砂岩和玄武岩为主,褐黄色中粗砂充填,局部夹粉质黏土薄层和粉土薄层。中粗砂⑤$_1$层:褐黄色,饱和,密实,呈透镜体分布。粉细砂⑤$_2$层:褐黄色,饱和,密实。

粉质黏土⑥层:褐黄～黄褐色,硬塑,呈带状分布,局部尖灭。黏土⑥$_1$层:棕黄色,硬塑,呈透镜体出现。粉土⑥$_2$层:褐黄色,湿,密实,局部尖灭。细中砂⑥$_3$层:褐黄色,饱和,密实,含少量云母,呈透镜体局部出现。

卵石圆砾⑦层:杂色,饱和,密实,亚圆形,最大粒径为 140 mm,一般粒径为 15～40 mm,砾、卵石含量约占全重的 55%,中粗砂充填,砾、卵石成分以辉绿岩、砂岩为主,级配良好。中粗砂⑦$_1$层:褐黄色,饱和,密实。细中砂⑦$_2$层:褐黄色,饱和,密实,呈透镜体分布。粉土⑦$_3$层:褐黄色,湿,密实,呈透镜体局部分布。粉质黏土⑦$_4$层:褐黄色,密实,呈透镜体局部分布。

粉质黏土⑧层:褐黄色,硬塑,局部尖灭。黏土⑧$_1$层:褐黄色,呈透镜体局部分布。粉土⑧$_2$层:褐黄色,湿,密实。细中砂⑧$_3$层:褐黄色,饱和,密实。

卵石圆砾⑨层:杂色,饱和,密实,亚圆形,最大粒径为 120 mm,一般粒径为 10～65 mm,砾、卵石含量约占全重的 65%,中粗砂充填,砾、卵石成分以辉绿岩、砂岩为主,级配良好。中粗砂⑨$_1$层:褐黄色,饱和,密实。粉细砂⑨$_2$层:褐黄色,饱和,密实。

粉质黏土⑩层:褐黄色,硬塑。

2) 地下水

(1) 上层滞水。

仅局部赋存于粉土填土①层、粉土③层的孔隙中,实测水位标高为 35.09～38.06 m(水位埋深为 4.41～8.00 m),主要补给来源为管线渗漏与大气降水,排泄方式为蒸发和垂直向下越流补给下层潜水。

(2) 潜水。

潜水赋存于圆砾卵石⑤层,粉细砂④$_3$层、中粗砂④$_4$层、中粗砂⑤$_1$层、粉细砂⑤$_2$层,含水层厚度为 6.0～7.0 m,渗透系数为 50 m/d。水位标高为 30.15～31.29 m,埋深为 12.10～13.63 m,底板埋深为 18.0～20.0 m,局部埋深达 21.0 m。其下隔水层为粉质黏土⑥层和黏土⑥$_1$层,厚度约为 3 m。

(3) 承压水。

承压水赋存于中粗砂⑦$_1$层、粉细砂⑦$_2$层及卵石圆砾⑦层,含水层厚度为 7.3 m,渗透系数为 75 m/d。水头标高为 21.33～25.54 m,埋深为 18.33～22.30 m,水头高出承压含水层顶板 2 m 左右。在车站南部,卵石圆砾⑨层与⑦层串通,含水层厚度加大。

3. 降水方案

1) 降水要求

崇文门站结构底板处于承压含水层中,不同部位水位降低要求见表 11-2。

表 11-2 崇文门站不同部位降水条件及要求

降水部位	结构底板标高/埋深/m	水位标高/埋深/m			降深要求/m		
		上层滞水	潜水	承压水	上层滞水	潜水	承压水
站体	19.3~17.0/24.7~27	38.80/4.41	30.55/12.85	23.38/20.03	疏干	7(疏干)	5
东南竖井	18.62/25.06		31.05/12.53	23.29/19.8		6(疏干)	6
西北竖井	19.18/24.76		30.28/13.53	25.54/18.33		6(疏干)	7

2）降水方案

工程场地处于交通要地，有辐射井和管井两套降水方案可供选择，辐射井方案可减小施工对道路交通的影响，但辐射井竖井口径较大，部分辐射井竖井受地下管线影响无法落实井位，因而最终采用了以管井抽渗结合为主的降水方案，车站东北角因场地具备条件，布设了一口辐射井（见图 11-3）。管井设计井深为 31.5 m，井径为 655 mm，井间距为 5~6 m，抽水井与自渗井相间布置，过环线地铁一段为向两侧延长布井。

4.降水施工情况

降水井施工时间为 2003 年 3 月—10 月，共施工降水井 175 眼，其中抽水井为 110 眼，自渗井为 65 眼。全部采用泵吸反循环钻机成井，钻机效率很高，单井钻进时间仅 3~4 h，采用空压机洗井。抽水泵以 175QJ20-40、175QJ32-39 型潜水泵为主，下泵深度为 29.5 m。降水初期高峰开泵数为 80 台，降水维持期减少到 30~40 台，主站体降水于 2005 年 4 月结束。

5.降水效果

在降水初期，该站东南风井风道和西北风井风道开挖表明，承压水头较快达到了设计深度，但潜水底板以上还有 0.2~0.5 m 残留水。为此，采取了洞内打 $\phi200$ mm 小口径砂砾自渗井，引渗潜水残留水到下部承压含水层的补救措施。待站体开挖时潜水彻底疏干，说明潜水疏干需要较长时间和形成较大范围降水。降水的成功实施，为该站暗挖穿过环线地铁和盖板河创造了先决条件。

地铁崇文门站施工期间，由于降水层颗粒较粗，尽管降深较大，降水时间较长，降水对周边的高大建筑物及环线地铁的影响极小。

11.2 辐射井降水

中国水利水电科学研究院自 20 世纪 70 年代末开始辐射井技术的科学研究，取得了丰硕成果。特别是在粉细砂、粉土等弱透水含水层中成井工艺的研究成功及水平井管用柔性 PVC 波纹管代替原来的钢管的开发成功，大大降低了辐射井造价，把辐射井的研究和应用向前推进了一大步。2003 年北京市轨道交通建设管理有限公司和北京地矿奥通建设工程有限公司在北京地铁 5 号线 03 标段的蒲黄榆站至天坛东门站暗挖区间，进行了辐射井降水技术在地铁工程中的应用与研究工作，有效地解决了地铁隧道下穿南二环路、玉蜓桥、京山铁路及南护城河的技术难题。

图11-3　北京地铁5号线崇文门站降水平面布置图

11.2.1　辐射井降水原理及特点

辐射井是由一口大直径的集水竖井和自竖井向周围含水层一定方向、一定高程打进的水平井所组成,由于水平井是以竖井为中心向外呈辐射状,故称为辐射井。水平井的设置缩短了地下水渗流途径,十分有利于截取、疏导和采集地下水。通过水平井截取从外围流入基坑和隧道的地下水,并汇集到竖井中,从而达到降水的目的。根据目前水平井施工的技术水平,辐射井主要适用于针对粉土～园砾粒级含水层的工程降水。

辐射井降水的主要特点是:①水平井伸展范围广,控制降水面积大,一般一口辐射井单线单排控制长度可达到 100 m,即向两侧施打的水平井长各 50 m;②辐射井竖井占地面积少,适合于在城市复杂地带布设,能较好地解决降水施工与地面交通、占地的矛盾,尤其是地铁穿越建筑物、铁路、繁华道路等情况,采用常规降水技术根本无法实施,而辐射井降水是较好的解决方案;③对于挖透多个含水层的深基坑,沿含水层底板打设水平井后,疏干含水层的效果比其他降水方法显著。

11.2.2　辐射井设计

1. 集水竖井

(1) 集水竖井布置应综合考虑场地条件、地铁线路走向而定,以不侵犯隧道结构且距隧道结构外不小于 3 m 为宜。辐射井之间的距离以它们的水平井辐射范围能够相互影响到一定程度为准,其间距一般小于水平钻机进尺能力的两倍。确定集水竖井位置前,对现场要充分踏勘,确保集水竖井井位不与地下管线冲突。必要时,地铁临时施工竖井也可以作为集水竖井。

(2) 集水竖井形状一般采用圆形,这样便于提供水平钻机钻进和拔管的反力,并方便水平井施工定位,竖井内径应满足水平钻机对施工作业面的要求,一般不小于 2.6 m。

(3) 集水竖井深度根据含水层位置及基坑深度综合确定,一般有以下几种情况:

① 降水目的层底板位于基底以下时,竖井应比最下一层水平井孔口位置深不小于 2.0 m;

② 降水目的层底板位于基底附近时,竖井应达到基础底以下不小于 2.0 m;

③ 当降水目的层底高于基底时,竖井深度可按降水目的层底界下 2.0 m 考虑。

(4) 集水竖井成井方式

常用的辐射井集水竖井成井方式有 3 种,即沉井、人工挖井和钻井。实际施工中可针对不同的施工场地条件和地质条件,采用不同的方式成井。

2. 水平井

(1) 平面上,一般情况下水平井应在地铁结构外侧呈扇形布置,水平井之间的入射角为 10°～15°。当降水目的层为弱透水层时,这时降水往往以疏干弱透水层的饱和水为主,由于这类地层渗透性较差,预降水时间较长,为加快降水速度,水平井也可以穿插到结构内弱含水层中,结构初衬施工时做封堵处理即可。

(2) 垂向上,水平井布设一般应低于基坑或隧道开挖底板下 1 m,如降水要求疏干含水层,即含水层底板位于基础底板以上时,含水层底板界面必须布设一层水平井。含水层厚度较大时,可设置多层水平井。

(3) 水平井的长度要充分考虑钻进地层岩性情况和水平钻机的能力,两者应兼顾,以确定适宜的水平井长度。目前水平钻机在细颗粒地层中钻进长度可达 60～70 m,但下管成井长度一般在 50 m 左右。

(4) 水平井管材质

常用的水平井井管有 3 种:波谷处缠丙纶丝的 $\phi60$ PVC波纹管、外缠 80 目纱网 $\phi50$ 打眼钢管和 $\phi58$ 钢丝骨架缠土工织布管。设计采用何种井管,要综合考虑场地地质情况和出水情况。

打眼缠网钢管孔隙率较大,出水量大,且便于在孔内安装,适用于强透水地层,如中、粗砂、砂砾石地层;波谷缠丙纶丝的 PVC 波纹管和钢丝骨架缠土工织布管适用于细砂、粉细砂、粉砂、粉土等弱含水层。

(5) 水平井数量

水平井数量根据水位降深、含水层厚度和透水性综合确定。单个水平井出水量可按式(11-3)估算。计算简图见图 11-4。

图 11-4　辐射井计算简图

$$q = \alpha\xi 1.36K \frac{m^2 - h^2}{\lg \dfrac{R}{0.75l}}。 \tag{11-3}$$

式中:q——为水平井单井出水量,m^3/d;

　　　α——水平井干扰系数;

　　　R——影响半径,m,一般取 $R = l + 10$;

　　　l——水平井长度,m;

　　　m——含水层厚度,m;

　　　h——动水位以下含水层厚度,m;

　　　ξ——折减系数,根据含水层底板起伏情况确定,当水平井位于含水层底部时,含水层底板起伏变化很小,取 $0.8～0.9$;含水层底板起伏变化较小,取 $0.6～0.8$;含水层底板起伏变化较大,取 0.4~0.7;含水层底板起伏变化很大,取 0.2~0.4;当水平井位于含水层中部时,取 1.0。

式(11-3)适用于远离补给源的潜水、竖井底部不进水的情况,也可用式(11-3)估算辐射井总出水量。

11.2.3　辐射井施工

1. 施工设备

(1) 集水竖井成井设备:钻机法成井时采用反循环钻机钻孔,钻机就位及下管采用汽车吊。沉井法或人工挖孔成井时采用龙门吊提土。

(2) 水平井成井可以采用 PD-50A 型水平钻机和 MGY-100 改进型全液压钻机。钻具配备有 $\phi89$ 正循环钻杆和帽式钻头、$\phi114$ 双壁反循环钻杆和双通道钻头。

(3) 抽水设备应根据辐射井出水量大小、水位埋深及水位降深选择不同型号的潜水泵。如出水量很大,集水竖井中可下入多台潜水泵。

2. 材料和质量要求

1) 竖井井管

(1) 钻机法成井下入的预制钢筋混凝土管:井管外径为 3 000 mm,内径为 2 700 mm,长为 1 m,壁厚为 150 mm,底节管座的底板厚为 200 mm,混凝土强度等级为 C20。要求井管内外壁光滑平整,不露钢筋,井管迭上后接缝严实。井管预制必须在集水竖井开凿前完成,检验合格后运到现场,堆放有序。

(2) 沉井法成井下入的预制钢筋混凝土管:底节为刃脚节,整节高为 2 000 mm,内径为 3 000 mm,混凝土强度等级为 C25,含筋率不小于 2%。刃脚踏面宽度为 60 mm,采用钢筋加固并包以角钢,内斜坡角为 45°,刃脚内壁为 500 mm 处有凹槽,为封底用密封槽。刃脚外径为 3 500 mm,高为 1 000 mm,应采用钢模板制作沉井刃脚。底节以上为标准管节,内径不变,外径缩为 3 400 mm,管节顶部沿井壁留有环状梯形凹槽,为上下节对接用密封槽。刃脚节和标准节均对称设置 4 个注浆孔和 4 个吊装插孔。

上述竖井井管的内、外径可根据水平钻机对操作空间的要求稍作调整。

2) 水平井井管

(1) $\phi50$ 钢滤水管:适用于强透水地层,如中、粗砂、砂砾石、卵砾石地层,用钢管加工而成,孔隙率不小于 10%,外缠 80 目尼龙网。

(2) $\phi60$ PVC 波纹管:适用于细砂、粉细砂、粉砂、粉土、粉质黏土等弱含水层,在管的波谷处打眼,孔隙率不小于 3%,缠丙纶丝,丙纶丝要全部覆盖波谷处的孔眼。

(3) $\phi58$ 钢丝骨架缠土工织布管:适用于粉砂、粉土、粉质黏土等弱含水层,要求弹性好。

一般情况下 $\phi60$ PVC 波纹管较为经济实用。

3) 造浆材料

钻井法施工集水竖井需造浆护壁,沉井法施工集水竖井需采用触变泥浆减小管壁与土层的摩阻力,泥浆采用膨润土、羧甲基纤维素钠(CMC)增黏剂、纯碱(Na_2CO_3)分散剂配制。

3. 施工方法的选择

1) 集水竖井施工方法的选择

常用的辐射井集水竖井施工方法有沉井、人工挖井和钻井 3 种。实际施工中可针对不同的施工场地条件和地质条件,采用不同的或相组合的施工方法。

(1) 沉井法适用于地层比较均匀,无影响沉井下沉的大块石或障碍物,如地层以饱和黏性土为主,可采用明排水措施开挖下沉;若在砂砾石含水层中沉井,则要采取辅助降水措施。沉井法施工的主要优点是适用于狭小场地;缺点是沉井容易倾斜、突沉、超沉,施工效率较低,对土体扰动较大,需辅助降水。

(2) 人工挖井法是靠人工开挖支护成井,优点是适用于各种地层,可用于狭小场地。缺点是施工效率低,成井深度有限,需辅助降水,遇局部渗漏水时,对地层扰动较大,一般上部回填土层采用人工挖井法施工比较稳妥,而后可采用钻井法或其他方法接力成井。

(3) 钻井法采用机械钻进成井,优点是适用于粒径不大于 150 mm 的各种第四系松散沉积地层,对土体扰动小,施工效率高,安全可靠。缺点是围泥浆池需要较大场地,排除泥浆量比较大。

2) 水平井施工方法的选择

(1) 水力正循环钻进方法。

水力正循环钻进方法是在钻具旋转并液压顶进钻杆的同时,配合高压水冲钻进,高压水通过中空钻杆直抵钻头喷射地层,岩屑从钻杆与孔壁的间隙排出。钻至设计深度后,从钻杆中插入滤水管装备成井。其优点是钻杆较轻,操作方便;在黏质粉土~粉细砂地层中钻进效率较高。缺点是对于砂土地层,有水土流失。

(2) 水力双壁钻杆反循环钻进方法是采用双通道水龙头、双壁钻杆和孔底双壁钻头,钻进时冲洗液经水泵、高压胶管、双通道水龙头、双壁钻杆到达孔底,与钻头破碎下来的岩屑混合,经孔底喷射钻头进入钻杆中心通道,并排出孔口之外。其优点是:①冲洗液不经过孔壁返出,对孔壁没有冲刷作用,孔径不扩大,不会造成空洞;②适应地层较广,尤其适用于中粗砂层、砾石层,对于粒径小于 60 mm 的小卵石层也适用,能保证成井质量。缺点是钻杆较笨重,在粒径较大的卵石层中钻进容易堵管,水平井管下入难度较大。

4. 工艺流程

集水竖井井位施放→人工挖探井→集水竖井施工→下入工作平台→水平井定位→水平井施工→下泵抽水。

5. 操作方法

1) 钻井法施工集水竖井

施工工艺流程:上部回填土部分竖井分段开挖、钢筋砼护壁→围(挖)泥浆池及泥浆循环槽→钻机安装、就位→泥浆制备→钻孔→"漂浮法"下入井管→充填固井。

(1) 上部回填土部分竖井分段开挖、钢筋砼护壁。

由于上部杂填土多为房渣土,土质疏松,直接采用钻机钻井将会漏失泥浆,严重时甚至造成塌孔;因而杂填土深度内需采用人工挖井法施工。做法是:开孔直径 3.7～4.0 m,每下挖 1 m绑筋,支模现浇或喷射砼护壁,厚为 150 mm。肋筋为 $\phi12@300$,箍筋为 $\phi8@300$,人工开挖护壁深度以见原状土为准。在井口处做钢筋混凝土井字地梁,作为稳固钻机的基础。地梁中预埋钢管,以备"漂浮法"下管时穿钢丝绳,用于扶正井管。

(2) 围(挖)泥浆池及泥浆循环槽。

泥浆池的做法可挖可围,但对城市的硬化地面应采用围泥浆池的办法,这样可避免成井后修补路(地)面,有利于保护环境。泥浆池尽量远离孔口,以便于钻机操作,并减小泥浆池对井壁的侧压力,防止泥浆回渗造成塌孔。泥浆池容积最好略大于计算出渣量,否则容积过小就要边钻进边清渣,影响施工连续性。泥浆循环槽宽不小于 1 m,高为 0.5 m,连接竖井和泥浆池。

(3) 钻机安装、就位。

先将钻头悬吊于孔口,然后安装钻机,转盘中心要采用十字标线铅锤对中,严格对准钻孔中心,以防钻头刮蹭和破坏上部人工开挖做好的孔壁。

(4) 泥浆制备。

开钻前一般要制备不少于100 m³ 泥浆,泥浆密度为 $1.05～1.15×10^3\,kg/m^3$,黏度为20～28 s。水位越低,含水层粒径越大,则泥浆密度和黏度应大一些。制备方法:在泥浆循环槽内逐袋倒入黏土粉,并向泥浆池中注水,开动钻机用钻头在孔内搅拌,通过泥浆循环槽和泥浆池循环造浆。如果钻进地层以黏性土为主,含水层粒径小,水位又比较高,可降低对钻井泥浆的要求,甚至可清水钻进,靠钻进地层自然造浆。

(5) 钻井。

钻进过程中,要随时观察泥浆液流损变化,若泥浆损耗大,则应边向孔内加黏土粉边加注清水,严禁只加清水,否则容易破坏孔壁泥皮,造成塌孔事故。在钻进过程中遇到卵石地层时要适量加大泥浆密度和黏度。在钻进黏土地层时泥浆不宜过稠,否则钻进效率将大大降低,这时要排走一部分稠浆,补充清水,调整泥浆密度到适宜状态。钻进过程中应始终保持泥浆液面不低于地面下 1 m。

钻机转速一般应保持在10～20 r/min,钻进进尺每小时不大于0.5 m。应在水平井设置标高的 3 m 范围内,每进尺 0.5 m 在砂石泵的排渣管口捞砂样鉴别七层岩性。

(6) "漂浮法"下管。

将钻机吊离孔位,吊开钻头,在 4 个方向上打入钢管地锚,并将钢丝绳缠绕在地锚和预埋在井字地梁内的钢管上。将底节井座(带底板的井管)吊入并漂浮于井孔中,在井座入水前,在 4 个方向上用钢丝绳固定底节井座,绷紧钢丝绳。然后吊车起吊下一节井管,与井座对接。此时,4 个方向上的钢丝绳应紧紧绷住,以防井管倾斜。

接管时,先在井座上口抹一层厚约为 5 cm 的水泥砂浆,再吊上一节井管对接,外缝用掺水玻璃的素水泥浆勾抹严实;然后在接口部位上下 15 cm 范围用改性沥青防水卷材包裹并用喷灯烤粘 3 层,以防接口处漏水涌砂。

井管对接完后,均匀放松钢丝绳,并向井管内注水,使井管缓慢下沉到有利于下一节井管对接的位置,然后重复上述操作到下完最后一根管。下管过程中要保持井管下沉力和浮力的平衡,钢丝绳的放松和收紧应协调一致,否则会出现井管歪斜现象,造成井管不能正常下沉。下管过程必须保证连续作业,严禁无故中断,下管速度要均匀、平稳。

(7) 充填固井。

由于井座底部为沉淀的泥浆和少量钻渣,当全部井管下完后,应向井管内注满水,使井管充分下沉(不小于 24 h)。然后将井管外围与地层间的空隙用 $\phi 3 \sim \phi 10$ 石屑充填密实,目的是使井壁与地层连为一体,防止井管上浮,并且上部地层的水可通过砾料下渗,从水平井中流出,使集水井本身也起一定降水作用,因而出于降水目的的辐射井一般不宜采用水泥浆固井。

2) 沉井法施工集水竖井

施工工艺流程:井口护筒埋设→沉井下沉→上下管节连接→封底。

(1) 井口护筒埋设。

上部回填土埋设钢护筒,钢护筒口径为 3 800 mm,用 $4 \sim 8$ mm 厚钢板制作,埋设深度根据地表回填土厚度确定,护筒顶部高出地面 0.3 m。护筒周边场地用混凝土硬化。

(2) 沉井下沉。

将刃脚节吊置于护筒内,从井中取土使管节下沉,当底节沉入土中剩余 $0.3 \sim 0.5$ m 时,将上部管节凸牙朝下吊起并和底节凹槽对接,预埋钢板对齐并做防水,然后将上、下预埋对接件里外焊牢后继续取土沉井。

当刃脚节沉入土中上接管节后,必须在井中安装安全罩,安全罩位于沉井第二节和第三节焊接钢板处。先在管节预埋钢板上焊接牛腿,再把安全罩钢骨架安装在牛腿上,钢骨架上置钢筋罩。安全罩外径为 2 900 mm,中间开直径为 1 000 mm 的圆孔作为施工通道。

为减小管壁与土层的摩阻力,沉井施工应采用触变泥浆减小摩阻力,即在沉井外壁设置10 cm 厚泥浆槽。泥浆用膨润土、羧甲基纤维素钠(CMC)配制,一般地层保持密度为 $1.05 \sim 1.15 \times 10^3$ kg/m³,卵石层则加大泥浆密度和黏度。用泥浆泵通过预设在井管上的压浆孔和设置在井管内壁上的压浆管压浆,根据需要可在刃脚节或标准节管路上压浆,射口处设一短角钢防护,沉井到射口以下 1.5 m 处即可启动压浆。随着井管下沉而不断补浆,使泥浆面保持在钢护筒底面之上 0.5 m 处。为防止漏浆,可在刃角台阶上钉一层 2 mm 厚的橡胶皮,同时在挖土时注意不使刃角底部脱空,当泥浆泄漏时,要及时补充。当沉井下沉到设计深度时,泥浆槽内泥浆需及时处理,一般可采用水泥浆或水泥砂浆通过泥浆泵压入泥浆槽内置换出泥浆。

(3) 下沉辅助措施。

纠偏:入土不深的沉井,可在刃脚高的一侧除土,使高的一侧逐渐下沉,即偏除土纠偏。也可在井顶强加水平牵引纠偏,同时在井内配合除土纠偏,即加压纠偏。也可在沉井偏斜的一侧刃脚底挖坑,将千斤顶置于刃脚底部,将管节顶正纠偏,然后在另一侧除土,逐步恢复正常取土,即千斤顶纠偏。

压重下沉:当沉井不能靠自重下沉或下沉速度很慢时,可用铁块、钢梁或用袋装砂土及沉井管接高增加荷载等方法加压配重,特别要注意均匀对称加重,使沉井均匀下沉。

(4) 封底。

沉井到预定标高后,应进行封底,特别是当开挖底板有突涌可能时,应及时进行封底处理,即沉井到底后安装底板格栅,浇筑或喷射混凝土封底。

设计不要求封底时,则在沉井达到设计标高后,应清干净沉井底部。为防止井底涌砂,井底应铺垫 20～30 cm 厚的粒径为 2～4 mm 的滤料,并预埋几节滤水管,作为安放水泵位置,滤水管外围回填滤料。

3) 人工挖井法施工集水竖井

施工工艺流程:土方开挖→安装格栅及钢筋网片→喷射或浇筑混凝土→封底。

(1) 土方开挖。

采用跳跃式开挖土方,开挖范围依据水平格栅的尺寸进行,开挖步距依据水平格栅的竖向间距确定,一般为 0.5～0.75 m。土方严禁竖向超挖,水平方向超挖不大于 50 mm,利用吊线坠和尺量控制开挖标高。

(2) 安装格栅及钢筋网片。

安装格栅时,应将格栅下虚土及杂物清理干净。施工时要通过在井壁设置的吊线坠控制格栅的平整度,通过测量控制线控制水平偏差。格栅节点借连接板用螺栓连接或满焊。格栅竖向之间采用纵向连接筋和钢筋网片连接,连接顺序为:先在格栅近土侧放置钢筋网片,再将格栅与纵向连接筋焊接,每个交叉点满焊,同时将近土侧钢筋网片与格栅绑扎牢固,最后安装另一侧钢筋网片,并与格栅绑扎牢固。竖向连接筋及网片的搭接长度应符合规范要求,钢筋网片搭接长度不小于一个网格长度。

(3) 喷射或浇筑混凝土。

喷射作业应分段分片依次进行,喷射顺序应自下而上。喷混凝土一次喷射厚度为 30～50 mm。分层喷射时,后一层喷射应在前一层混凝土终凝后进行,若终凝 1 h 后再进行喷射时,应先用水清洗喷层表面。混凝土终凝到下一循环开挖时间不应小于 3 h。

如土层有渗水,则在喷射混凝土前应适当处理。渗水呈线状时,应插入导水钢花管将渗水集中排出。渗水呈面状缓慢渗出时,应挂钢丝网,施喷 30 mm 厚的混凝土,将土层护住。

对于稳定性较好且无水的地层,也可采用支模、分层浇筑混凝土的方法护壁。竖井落底封闭后,按上节要求及做法封底。

4) 水平井施工

施工工艺流程:下入工作平台→水平井定位→用合金钻头开孔→钻进至设计深度→安装滤水管→封堵井口。

(1) 将工作平台吊放至集水井内设计水平井标高下 0.5 m 处并固定。工作平台下放到位后,在竖井口用 4 根钢丝固定,再用预留钢丝绳与锚具固定在井壁管或锁口上,最后将平台与管壁的间隙用 4 个木楔固定,防止平台左右晃动。

(2) 将水平钻机吊放至工作平台上,按设计方位角对准孔位,并固定试机。

(3) 在水平钻机上安装合金钻头,在竖井井管壁上开孔。

(4) 开孔完成后,迅速卸掉开孔钻头,换上双壁钻杆及钻头钻进,此间速度一定要快,否则容易流砂,酿成事故。开孔钻进应采用小水量、低转速、轻压慢进,注意孔口返渣情况,观察形成反循环的情况。如果孔口坍塌得厉害,还需要下入口径大一级的钢套管来保护孔口。

(5) 打开高压水,开动钻机和高压水泵,将第一根钻杆钻进含水层,再接上下一根钻杆,如此循环操作,直至达到设计孔深。

典型地层的钻进工艺:在黏土层中钻进时要注意糊钻、堵塞水眼等,为此要断续给进,一般以 5~20 cm 串动一次钻具为宜,水量水压大一些,待柱状黏土芯排出后再进尺,转速为中高速即可,切不可贪图进尺,造成糊钻堵塞。在砂层中钻进时要注意抱钻,此时水量水压中等,断续给进,视返水含砂量适当调整。在卵砾石层中钻进时,水量水压大一些,转速为中速,及时注意孔口返渣情况和倾听卵砾石对钻具的撞击声,断续给进,确认钻机内卵砾排净再给进。如遇较大卵石,可采用反复串动钻具,使其松动靠边。钻进过程中,应特别注意孔口返渣情况。

(6) 水平孔钻进到预定深度,可以超打一根钻杆后停止钻进,这时水泵应继续送水,直到孔口返水清洁,表明内管已清洗干净,退回卸下一根钻杆后可下入滤水管。将滤水管从钻杆中插入,直至钻头部位,滤水管接口部位要连接平整牢固,避免刮蹭钻杆。

(7) 从滤水管中间插入顶杆,将滤水管顶住,以防拔钻杆时将滤水管带出。如采用水力正循环钻杆钻进,则用顶杆顶掉帽式钻头。

(8) 启动油缸逐段拔出钻杆,将滤水管留在含水层中。

(9) 钻杆拔出后,迅速用蛇皮袋、棕树皮等材料封住滤管外的空隙,并在孔口安装封堵器,让水从滤水管中自动流出,防止砂子从未封严的孔壁流出。

每个水平井钻进必须连续施工,如发生故障需停钻时,则把钻杆全部拔出,以免埋钻。

6. 下泵抽水

辐射井施工结束后,在集水竖井中下入潜水泵进行抽水,下入的潜水泵数量和泵量根据水平井出水情况确定。

7. 应注意的质量问题

(1) 沉井下沉过程中,发现沉井倾斜或偏移,应及时采取相应纠偏措施,控制竖井垂直度偏差在允许范围内。

(2) 人工开挖现浇或喷射混凝土成井,遇松散土层时,应采取注浆等加固辅助措施,以防井壁坍塌。

(3) 钻井法成井时,泥浆池尽量远离孔口,以减小泥浆池对井壁的侧压力,防止泥浆大量回渗造成塌孔,泥浆池与孔口的距离不得小于 5 m。钻机开钻前要备有足够的施工供水水源、黏土或黏土粉。当钻进到原始水位较低的砂卵石层时,要加强对孔内泥浆液面的观察,一旦孔内液面下降,泥浆严重漏失,应立即注水,并加大泥浆密度,保持液面高度不低于孔口下 1 m。

(4) 水平井施工应避免在涌砂严重的含水层中开孔,实际施工中可在该含水层底部一定范围的黏土层中开孔,钻孔时调整钻机上仰 1°~3°。由于含水层通常都是凹凸不平的,水平井钻孔标高的略微调整,一般不会影响降水效果,反而是保障施工质量和安全的技术措施。

（5）采用水力正循环工艺施工水平井时,如钻进地层为干砂层或粉土层,且钻机给进和高压水力控制不当,则很可能形成空洞。当通过钻井时大量排砂等迹象反映出来时,应及时注浆充填处理。

8．成品保护

1）非承重井盖保护

非承重井盖保护主要用于位于绿地内的辐射井,做法如下。

（1）用 MU7.5 黏土砖将竖井口与地面找平,并略高出地面 5 cm,以防雨水流入辐射井。

（2）用角钢做成略大于井口直径 1 m 的圆,作为井盖的外边。然后用 $\phi16$ 的钢筋焊接成骨架,钢筋间距为 15 cm,在钢筋骨架上焊接扁铁,然后铺上 2.5 mm 厚铁板,并用铆钉连接在扁铁上。

（3）在井盖上开一个 30×30 cm 的方孔,并加盖保护,以便更换水泵和日常检查维护。

2）承重井盖保护

承重井盖用于水泥路面、沥青路面的地面恢复,地面恢复后可以承受重车碾压,做法如下。

（1）竖井口架设 I 25a 工字钢,间距为 50 cm,并在两根工字钢之间砌砖防止工字钢侧移。

（2）在工字钢上面铺 8 mm 厚钢板,钢板之间的连接为焊接,钢板铺上后与地面平齐,在盖板上开一个 30×30 cm 的方孔,以便日常检查维护,方孔盖用防盗铁链与工字钢连接。

（3）在井口与周围路面的接缝处用水泥砂浆找平,如果接缝太大应用细石混凝土充填。

9．安全措施

1）安全操作要求

（1）挖井人员要戴好安全帽,挖土时要从上而下环状逐层开挖。作业时出现坍塌、涌水事故,立即封闭开挖面后,井下人员撤离到安全地方。

（2）挖井时井上井下人员要互相配合,禁止往井下扔工具或其他物品。挖出的土石应堆离孔口边 1.5 m 以外,并及时运走。

（3）人员乘罐笼上下井时,罐笼要安装牢固,安设定绳并系好安全带。罐笼提升人员到井口时,人员必须在罐笼停稳后进出罐笼,禁止装有物料的罐笼乘人。罐笼允许搭乘人数和最大载重量,应在井口挂牌明示,严禁超载。

（4）井内施工时井口应有专人监护,如井内出现异常情况应及时将作业人员提升到地面,排除险情后再施工。

（5）提升机升降时,井底、井口和提升机房应设有电铃,进行联系。没有取得联系或联络信号不清时,一律禁止升降。提升机应由专人操作,其他人员不得擅自操作提升机。

（6）提升容器装土不得过满,禁止工具与土方混装提升,桶、筐悬吊在井筒中时,禁止装卸物件,以防坠落伤人。

（7）由于集水竖井中工作平台很小,工具、钻具不能随意乱放,应设置工具架,随用随取,用完放回,钻具一律放在井口固定位置,用时吊下,吊放位置为固定位置。

2) 技术安全措施

(1) 竖井井口应设置护栏及警示牌,停止作业确认井下无人时,应将井口盖好。

(2) 竖井井内应设爬梯供人员上下,爬梯必须牢固、防滑,并经常检查、接长。

(3) 从井内挖出的土方应装在专用出渣桶内,用电动葫芦提升,提升用的吊钩应有自锁装置,升放出渣桶时,井底人员应站在安全地方,提升大石块时井内人员应先上到地面。

(4) 压注触变泥浆时应控制好注浆压力,以免从井孔中喷出伤人。

(5) "漂浮法"下井管前,应根据集水竖井的深度、土质、环境条件等,确定吊车距井边的距离和井管排放位置。下井管时,起吊井管的吊索应准确置于吊点,吊具应安装牢固,井管起吊应平稳,吊速应均匀,回转应平稳,下落应低速轻放,不得突然制动。

(6) 水平井施工时,竖井口设置钢筋焊制的安全罩,并加强井内通风换气,井下照明应采用低压照明电路。施工人员必须穿防水绝缘鞋和防水工作服,佩戴安全帽。

11.2.4 工程实例

1. 工程概况

北京地铁 5 号线 03 标段的蒲黄榆站至天坛东门站区间全长为 1 705 m,采用浅埋暗挖法施工,在 K3+480~K3+900 段,地铁隧道需下穿南二环路、玉蜓桥、京山铁路及南护城河,而且在南护城河底,区间左线需进行桥桩托换,对降水效果要求很高。为把对城市环境、交通等影响降低到最低限度,采用常规的降水或堵水方法几乎无法实现,经认真分析比选,采用了辐射井方法降水。

2. 地质及水文地质概况

1) 地层

按照地层的形成年代、成因类型及岩性,自上而下依次如下(见图 11-5)。

(1) 人工填土层(Q_4^{ml})。

粉土填土①层:黄褐色,稍湿,松散~稍密,湿,含少量砖渣、灰渣。杂填土①$_1$层:杂色,稍湿,松散~稍密,表层为沥青、水泥路面,以房渣土为主,含砖渣、灰块和少量炉灰。圆砾填土①$_3$层:杂色,稍湿,稍密。

(2) 第四纪全新世冲洪积层(Q_4^{al+pl})。

粉土③层:褐黄色,湿,硬塑为主局部软塑,中密~密实。粉质黏土③$_1$层:褐黄色,硬塑为主局部软塑。黏土③$_2$层:褐黄色,软塑。粉细砂③$_3$层:褐黄色,湿,局部饱和,中密。本层中各亚层分布层不连续,厚度变化大。

粉细砂④$_3$层:褐黄色,湿~饱和,中密,厚度 0.5~5.7 m。中粗砂④$_4$层:褐黄色,湿~饱和,中密。

(3) 第四纪晚更新世(Q_3^{al+pl})。

粉质黏土⑥层:褐黄色~棕黄色,硬塑为主局部软塑。黏土⑥$_1$层:棕黄~棕红色,硬塑。粉土⑥$_2$层:褐黄色,很湿,密实。粉质黏土⑥层和粉土⑥$_2$层交互分布,黏土⑥$_1$层呈透镜体状

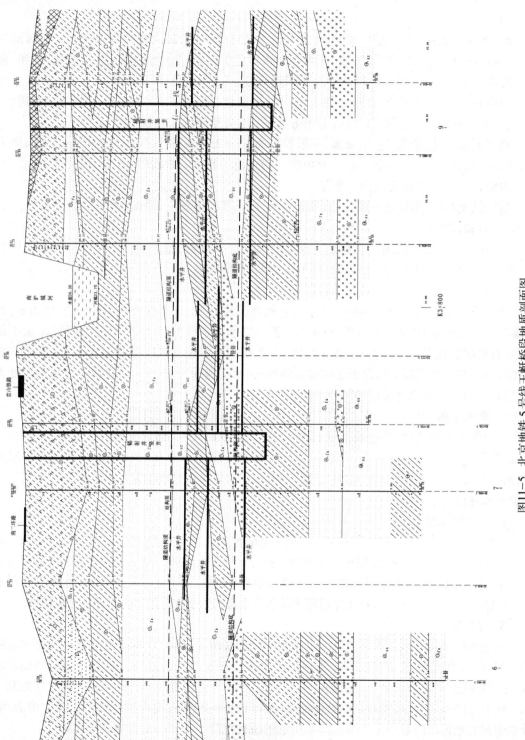

图11-5 北京地铁 5 号线王府井桥段地质剖面图

局部分布。

卵石圆砾⑦层:杂色,饱和,密实,一般粒径为 15～25 mm,最大粒径为 130 mm,亚圆形为主,卵砾石成分主要为辉绿岩、砂岩,充填物为褐黄色中粗砂。中粗砂⑦$_1$层:褐黄色,饱和,密实。粉细砂⑦$_2$层:褐黄色,饱和,密实。粉质黏土⑦$_4$层:褐黄色,硬塑。

粉质黏土⑧层:褐黄色,硬塑。黏土⑧$_1$层:褐黄色,硬塑局部软塑。粉土⑧$_2$层:褐黄色,很湿,密实。粉质黏土⑧层、黏土⑧$_1$层和粉土⑧$_2$层交互分布。

卵石圆砾⑨层:杂色,饱和,密实,一般粒径为 15～25 mm,最大粒径为 130 mm,亚圆形为主,卵砾石成分主要为辉绿岩、砂岩,充填物为褐黄色中粗砂。中粗砂⑨$_1$层:褐黄色,饱和,密实。粉细砂⑨$_2$层:褐黄色,饱和,密实。

粉质黏土⑩层:褐黄色～棕黄色,硬塑。粉土⑩$_2$层,褐黄色,很湿,密实。细中砂⑩$_3$层:褐黄色,饱和,密实。

卵石圆砾⑪层:杂色,饱和,密实,一般粒径为 15～30 mm,最大粒径为 130 mm,亚圆形为主,卵砾石成分主要为辉绿岩、砂岩,充填物为褐黄色中粗砂。

2) 地下水

潜水赋存于④$_4$层中粗砂层中,含水层底板埋深约为 18 m,水位埋深为 14.0～15.0 m,含水层厚度为 3 m 左右,渗透系数为 20 m/d。第一层承压水赋存于⑦层卵石圆砾和⑦$_1$层中粗砂中,含水层底板埋深约为 23 m,水头埋深为 17.0～18.4 m,含水层厚度为 2～3 m,渗透系数为 70 m/d。第二层承压水赋存于⑨层卵石圆砾中,水头埋深为 27.5 m。地铁隧道开挖深度为 22～24 m,须疏干潜水含水层和第一承压含水层。

3. 降水方案

针对施工现场条件,共布设了 9 口辐射井(见图 11－6)。辐射井竖井设计井深为 26～28 m,井径为 3 000 mm;水平井设置两层,分别设置于潜水含水层底板和第一承压含水层底板,水平井设计长度为 20～50 m,井径为 114 mm。水平井在平面布置上完全截取并控制了从外围流入隧道的地下水。

4. 降水施工情况

辐射井施工时间为 2003 年 3—11 月,竖井上部 6～7 m 回填土段采用人工挖井法施工,下部采用钻井法施工,施工钻机为 GPS－20 泵吸反循环钻机,"漂浮法"下管。水平井施工采用了为适应本工程钻进地层要求而专门研制的 PD－50A 型水平钻机,对于穿过砂卵石层的水平井采用水力双壁钻杆反循环方法钻进,对于穿过粉土等弱含水层的水平井采用水力正循环方法钻进。

5. 降水效果

实际开挖证实潜水含水层和第一承压含水层彻底疏干,辐射井单井涌水量由成井初期的 50～60 m³/h 衰减为 10 m³/h 左右,体现出了含水层逐步疏干的过程。辐射井降水的成功实施,为暗挖隧道通过城市复杂地区创造了无水施工条件,使得隧道掘进及桥桩托换进展顺利。

辐射井降水过程中,经对京山铁路路基、玉蜓桥桥桩和邻近高大建筑物的沉降监测表明,降水引起的地面沉降量小于 7 mm,降水引起的桥桩沉降小于 4 mm,并属均匀沉降。

图11-6　北京地铁5号线下穿玉蜓桥段辐射井降水平面图

11.3 轻型井点降水

11.3.1 轻型井点降水原理及适用条件

轻型井点主要由井点管、连接管、集水总管和抽水装置组成。其抽水原理是:启动抽水装置后,井点管、集水总管内空气被吸走,形成一定的真空度。由于管路系统外部地下水承受大气压力,为了保持平衡状态,地下水流向负压区,地下水被吸至井点管内,经总管至储水箱排走,从而达到降水目的。抽水装置产生的真空度一般达不到绝对真空,轻型井点吸水深度的计算公式为

$$H = \frac{H_v}{0.1\text{MPa}} \times 10.3 - \Delta h \text{。} \qquad (11-4)$$

式中:H_v——抽水装置所产生的真空度,MPa;

Δh——管路水头损失(取 0.3 m~0.5 m);

0.1 MPa——为绝对真空度,相当于一个大气压(换算水柱高为 10.3 m)。

吸水深度是表示井点管内吸水高度,并不代表基坑水位降低深度。为充分发挥吸水能力,达到最大的降水深度,应尽量把井点抽水系统向下放置。

轻型井点主要适用于地下水位较高的弱透水层的降水,一级井点降水深度为 5~6 m,二级井点降水深度为 6~9 m,多级可到 12 m。此外,中铁隧道集团在隧道内实施轻型井点降水方面也有很多成功的经验。

11.3.2 轻型井点种类及特点

根据抽水装置的不同,轻型井点分为干式真空泵、射流泵和隔膜泵轻型井点。

1. 干式真空泵轻型井点

干式真空泵轻型井点的抽水设备是由一台干式真空泵、一台离心式水泵和气水分离箱组成。干式真空泵抽水的优点是:安装方便,抽气能力较大,带动井点数较多,排水能力强,形成真空度较稳定。缺点是:设备多,耗电量大,机械磨损发热量高,维修困难。干式真空泵轻型井点设备技术性能参见表 11-3。

表 11-3 W 型抽水设备主机性能

名　称	规格型号	数量/台	性　能	用　途	备　注
真空泵	W4	1	真空度为 99.992 kPa,抽气速率为 379 m³/h,功率为 10 kW	真空抽水	

续表

名 称	规 格 型 号	数量/台	性 能	用 途	备 注
离心泵	3BL－9 或 3BA－9	2	流量为 45 m³/h,扬程为 326 m,功率为 7.5 kW	排送主水气分离器中的水	备用一台
	1－BL－6	1	流量为 11 m³/h,扬程为 17.4 m	供真空泵冷却水	
电动机	J0316 OS－6L	1	额定输出功率为 11 kw, 转速为 970 r/min	带动真空泵	
	J02－42－2	2	功率为 75 kW,转速为 2 900 r/min	带动离心泵 3BL－9	其中一台备用
	J03－902	1	功率为 2.2 kW,转速为 2 880 r/min	带动离心泵	

2. 射流泵轻型井点

射流泵由射流器、离心泵和循环水箱组成,系利用射流技术在管路中产生真空。其工作原理是:启动离心泵驱动工作水运转,水流经喷嘴进入混合室时,由于流速突然增大,在周围产生负压(真空),把地下水吸出。射流泵的关键设备是射流器,射流器主要由喷嘴和混合室组成。射流泵能产生较高真空度,可高达 80～92.5 kPa,一般真空度不低于 52.6 kPa。射流泵与干式真空泵相比,具有结构简单、加工容易、造价低廉、耗电量少、体积小、重量轻、使用方便等优点。但射流泵排气量小,稍有漏气则真空度就会下降,因而带动的井点根数较少,一般能带动 10 m 长的井点 25 根左右。由于射流泵的喷嘴易磨损,故工作时要求水质洁净。常见射流泵技术性能见表 11－4。

表 11－4 常用射流泵的技术性能

项 目	射流泵型号			
	QJD4－5	QJD－60	QJD－90	JS－45
抽吸深度/m	9.6	9.6	9.6	10.26
排水量/m³·h	45	60	90	45
工作水压力/MPa	≥0.25	≥0.25	≥02.5	>0.25
电机功率/kW	7.5	7.5	7.5	7.5
外形尺寸/mm (长×宽×高)	1500×1010×850	2227×600×850	1900×1680×1030	1450×960×760

3. 隔膜泵轻型井点

隔膜泵是借助隔膜在活塞中作往返运动获得的真空或压力而工作的,隔膜泵的结构特性:板式进口阀及球形出口阀,阀体均依靠水封保证气密与真空,可以获得较高的真空度,由于出口阀采用球阀,也可以获得压力。隔膜泵井点采用双缸隔膜泵,为两套工作泵体,用轴杆、齿轮传动泵体内隔膜上下运动,一只向上,另一只向下,当胶质皮碗向上时,泵腔内产生真空,出水口阀口关闭,进水口阀口打开,地下水被吸入腔内;当皮碗向下运动时,进水口阀口关闭,出水口阀口打开,地下水被压出泵体流走,两者交替、反复循环地进行,达到连续抽水的目的。如400 型隔膜泵,是真空度可达 92.2 kPa 的泵,可带动井点 40 根左右,真空度保持在 52.6 kPa 以上,功率为 3 kW,吸取地下水流量为 10 m³/h 左右。隔膜泵构造简单,加工容易,耗电少,功效高,是单根井点平均消耗功率最少的井点。但隔膜泵的安装质量要求严格,其底座安装应平稳牢固,泵出水口的排水管亦应平接,否则将影响泵功能。隔膜泵内皮碗容易磨损,修理频繁,其安装质量直接影响水泵的运行质量。

11.3.3　轻型井点布置

　　轻型井点的平面布置主要取决于基坑的平面形状和地下水降深要求,一般把井点布置成封闭状进行降水。对于长条形基坑可按线状布置井点,如基坑宽度小于 6 m,其降水深度不超过 5 m 时,可采用单排井点线形布置在基坑一侧。井点沿基坑外缘 0.5~1.0 m 布置,井间距1.0~2.5 m。井点管长 7~10 m,滤水管长 1.0~1.7 m,沉淀管长 0.3~0.5 m。不能封闭降水时,在基坑两端井点应适当外延,外延长度为坑宽的 2 倍。如降水基坑面积很大,降水浸润曲线在基坑中心不能满足降深要求时,可在基坑中部布置一排或数排井点。当降水深度较大,超过单层井点降水深度要求,应采用双层或多层井点,构成阶梯状井点接力降水,每层井点降深以 4~5 m 为宜。

　　由于轻型井点降水的计算受很多不确定因素的影响,设备的排水量往往远大于地层出水能力,理论计算不够准确,一般不必进行计算,而根据当地经验布置实施。

11.3.4　轻型井点施工

1. 施工设备

1) 成孔设备

(1) 钻孔法成孔时,采用长螺旋钻机或小型正循环钻机。

(2) 冲孔法成孔时,使用吊车和水冲机具。

吊车:用于起吊冲水机具,起吊高度不小于 10 m,额定起重量不小于 3 t。

冲管:用于水冲土层成孔,为直径 50~70 mm、长度 7~10 m 的钢管,底部安装喷嘴。

高压胶管:用于连接高压水泵和冲管,长度为 15~20 m,直径与冲管和高压水泵相匹配。

高压水泵:额定压力不小于 1.5 MPa。

2) 洗井设备

采用小型空压机,工作压力为 0.5 MPa,排风量为 2~3 m³/min。

3) 降水设备

(1) 井点管:上部为钢管,下部为滤水管,底部为沉淀管。分节组装的井点管直径应一致,钢管直径一般为 38~55 mm。滤水管与钢管用螺纹套头连接,滤水管上滤孔呈梅花形分布,直径为 10 mm,滤管长度为 1.5 m,孔隙率不小于 15%,外壁垫筋缠镀锌铅丝后包尼龙网或土工布滤网,用铅丝捆扎牢固。沉淀管长度一般为 0.5 m,底部封死。

（2）连接管:为加筋胶皮管或加筋透明塑料管,直径为 38～55 mm,直径与井点管和集水总管连接接头相匹配,长度为 1～2 m。

（3）集水总管:根据出水量大小选用直径为 75～150 mm 的钢管,在管壁一侧每隔 1.2～2.0 m 设一个与井点管连接的接头,两根管之间用法兰连接。

（4）抽水机组:可选用射流泵、干式真空泵或隔膜泵机组。

2．施工方法的选择

（1）当工程场地地层以黏性土、粉土为主,地层不易塌孔、缩孔时,可优先选用长螺旋钻机沉设井点管,这种工艺施工效率较高,日沉设井点管可达 40 根,而且不存在泥浆排放问题。与其他成孔方法相比,施工成本较低,且便于管理。

（2）采用冲孔法成井时泥浆排放量较大,需解决泥浆排放问题。

（3）当工程场地地层以砂层为主时,可选用小型正循环钻机和小型冲击钻机沉设井点管,日沉设井点管 12 根左右。

3．工艺流程

测设井位→钻机就位→钻冲井孔→沉设井点管→回填滤料→洗井→封填孔口→连接集水总管→安装抽水机组→安装排水管或开挖排水沟→试抽、验收→降水维护→井点系统拆除。

4．操作方法

1）测设井位

根据降水设计井位图及地下管线分布图,参照车站或区间中线控制点施放井位。

2）钻机就位

当采用长螺旋钻机成孔时,应使钻杆轴线垂直对准钻孔中心位置,孔位误差不得大于 150 mm,并使用双侧吊线坠校正钻杆垂直度,钻杆倾斜度不大于 1%。当采用冲孔法成孔时,起重机应安装在测设的孔位旁,用高压胶管连接冲管与高压水泵,起吊冲管对准钻孔中心,冲管倾斜度不大于 1%。

3）钻(冲)井孔

（1）长螺旋钻机成孔。螺旋钻进应根据地层情况选择和调整钻进参数,并通过电流表控制进尺速度,电流值增大时,说明孔内阻力增大,应降低钻速。开始钻进及穿过软硬土层交界处时,应保持钻杆垂直,控制钻速,缓慢进尺。钻进到含有砖头、瓦块、卵石的土层时,应控制钻杆跳动与机架摇晃,以免孔径扩大并增加孔底落土。钻进中如遇到卡钻、不进尺或钻进缓慢情况时,应停机检查原因,及时处理。遇孔内渗水、塌孔、缩径等异常情况时,可采取调整钻进参数、投入适量黏土、上下串动钻具等措施。钻到预定的深度后,应原地空转清土,然后起拔钻杆。

（2）冲孔法成孔。用吊车将冲管吊起对准井点位置,开启高压水泵,并将冲管上下左右摆动,边冲边沉。冲水压力根据土层的坚实程度确定:砂土层水压为 0.5～1.25 MPa;黏性土水压为 0.25~1.50 MPa。冲孔深度应低于井点管底 0.5 m,以弥补沉淀后孔深不足。冲孔达到预定深度后降低水压,拔出冲管,下入井点管,回填滤料,以防止孔壁坍塌。

4)沉设井点管

沉设井点管应缓慢并保持井点管位于井孔正中位置,禁止刮蹭井壁和插入井底,出现上述现象时应提出井点管,检查滤水管及滤网有无损坏,合格后重新沉设。井点管应高于地面200~300 mm。管口应用尼龙网扎好,以免杂物落入井管。

5)回填滤料

回填滤料应均匀地从四面围填,保持井点管居中,并随时探测滤料深度,以免堵塞架空。滤料回填至地面下 1 m 为止。

6)洗井

回填滤料后应及时洗井,洗井可用清水反冲法和空压机法。应注意采取措施防止洗出的浑水回流入孔内。洗井后如果滤料下沉应补填滤料。

(1)清水反冲法洗井:将供水胶管插入距井底 1 m 处,打开水龙头或水泵,将清水注入井点管,浑水从滤料层返出,水清后停止。

(2)空压机洗井:采用直径 20~25 mm 的风管将压缩空气送入井点管底部滤水管位置,将滤料层中的泥浆洗出,应视地层出水能力间隔送风洗井,必要时也可注入一定量清水再洗。

7)封填孔口

洗井后应用黏性土将孔口填实封平,防止地表水、雨水顺滤料流入孔内。

8)连接集水总管

井点管施工完成后应使用加筋软管与集水总管连接,接口必须密封严实。各集水总管宜稍向管道水流下游方向倾斜。为减少管内负压损失,集水总管的放置标高应尽量降低。

9)安装抽水机组

抽水机组应稳固地设置在平整、坚实、无积水的地基上,水箱吸水口与集水总管处于同一标高。机组宜设置在集水总管中部,接口必须密封严实。

10)安装排水管

排水管可在地面或地下敷设,应连接严密。也可以开挖排水沟将抽出的水排出场地之外,排水沟应做好防渗处理,以防抽出的水回渗到基坑。

11)试抽、验收

每组井点系统安装完后,应及时进行试抽水,检验水位降深、出水量、管路连接质量、井点出水和泵组工作水压力、真空度及运转情况等。试抽后应组织现场验收,当发现出水浑浊时,应查明原因,及时处理,严禁长时间抽吸浑水。

5. 季节性施工

1)雨期施工

(1)雨期降水时,集水总管平台地面应硬化处理,并平整好场地地面,确保雨期场地内无积水。抽水机组应架设防雨设施。

（2）应采取措施防止地表水渗入或流入基坑,遇大雨或暴雨必须及时排除基坑内积水。

（3）避免将进入现场的设备和材料堆放在低洼处,露天存放的要垫高加苫布盖好。

2）冬期施工

（1）冬期降水时,应对硬化的集水总管平台地面做防滑处理,并及时排除井孔周围的积水,防止结冰。

（2）抽水机组应有避风、防冻的保温措施。

（3）停泵时应及时放掉集水管和水泵内的存水。

6. 应注意的质量问题

（1）真空度是判断井点系统好坏的尺度,一般真空度不应低于 $55\sim66$ kPa,如真空度不够,通常是由于管路漏气,可通过听、摸、看等方法检查。

听——有上水声音的是好井点,无声的可能是井点已被淤塞,可用高压水反冲洗通。

摸——手摸连接软管有震动,冬热夏凉的为好井点。

看——夏天湿、冬天干的井点为好井点。

（2）在同一组泵带动的井点系统中,沉设后井点管口应在同一高程上。

（3）应采用双路供电或备用发电机,以备停电时也能保证正常降水。

（4）井点抽水时应保持要求的真空度,除降水系统做好密封外,还应采取保护坡面的措施,以避免随着开挖的进行使坡面因暴露造成漏气。

7. 成品保护

（1）降水期间应对抽水设备的运行状况进行维护检查,并做好记录。发现有地下管线漏水、地表水入渗时,应及时采取断水、堵漏等措施进行治理。

（2）检查抽水设备时,除观察仪器仪表外,还应采用听、摸、看等方法检查并结合经验对井点出水情况逐个进行判断。

（3）当发现井点管不出水时,应判别井点管是否淤塞。发现井点失效,影响降水效果时,应及时处理。

（4）应注意对井点系统的保护,施工机械、车辆不得刮蹭井点系统。当采用锚杆或土钉进行边坡支护时,应在井位处做明显标记并引到基坑上口开挖线,以防锚杆或土钉施工破坏井点。

8. 安全措施

（1）钻（冲）井孔时,应及时排除泥浆,清除弃土,保持地面平整坚硬,防止人员跌伤。

（2）长螺旋钻机成孔作业中,电缆应有专人负责收放,钻机行走时应专人提电缆同行。如遇停电,应将控制器置于零位,切断电源,将钻头接触地面。

（3）吊装或起拔井点管时,应遵守起重设备操作规程,注意避开电缆或照明电线,防止触电。

（4）集水管和抽水设备的安装必须平稳、牢固,保证降水期间设备的正常运行。

11.3.5　轻型井点降水维护管理

(1) 正式抽水后应对井点系统运转状况进行定时巡视,不能时抽时停,否则容易抽出浑水,造成地层颗粒流失,孔底沉淀加厚,淤死井点滤水管。

(2) 降水期间应按规定观测和记录地下水的水位、流量、降水设备的运转情况及天气状况。对水位、水量监测记录应及时整理,绘制水位降深值 s 与时间 t 的过程曲线图,分析水位下降趋势并查明降水过程中的不正常状况及其产生的原因,及时采取调整补救措施,确保降水顺利进行。

(3) 当基坑中的基础结构高出降水前静止水位高度时,降水可以停止,停止降水前,必须验算基础结构的抗浮稳定性,当不能满足要求时不得停泵。

(4) 多层井点系统拆除应从低层开始,逐层向上进行,在下层井点拆除时,上层井点应继续抽水。可使用倒链或撬杠拔出井点管,井点管拔除后,应及时用砂子将井孔回填密实。

11.4　喷射井点降水

11.4.1　喷射井点降水原理及适用条件

喷射井点系统由高压水泵、进水总管、井点管、喷射器、测真空管、排水总管及循环水箱所组成,如图 11－7 所示。

图 11－7　喷射井点降水系统

1—井点管;2—供水总管;3—排水总管;4—高压水泵;5—循环水箱;6—调压水管;7—压力表;8—喷嘴;9—混合室

　　喷射井点是采用高压水泵将高压工作水经供水管通过喷射器两边的侧孔流向喷嘴,压入井点与供水管之间环形空间。由于喷嘴截面的突然变小,喷射水流加快(一般流速达30 m/s以上),这股高速水流喷射之后,在喷嘴喷射出水柱的周围形成负压,从而将地下水和土中空气吸入并带至混合室。这时地下水流速度得以加快,而工作水流速逐渐变缓,二者流速在混合室末端基本上混合均匀。混合均匀的水流射向扩散管,扩散管截面是逐渐扩大的,目的是减少摩擦损失。当喷嘴不断喷射水流时,就推动着水沿内管不断上升,混合水流由井点进入回水总管,再进入循环水箱。部分作为循环用水,多余的水溢流排出,从而达到降水目的。

　　喷射井点主要适用于粉土、粉细砂等渗透系数较小的含水层,对于渗透系数大的含水层,采用管井降水会更为经济一些。喷射井点降水深度为 8~20 m,降深大体上能满足地铁工程需要。缺点是井点管构造较复杂,且井点系统分别有进水总管和排水总管与各井点管相连,地面管网敷设复杂,对地面交通影响大。

　　不同型号喷射井点的工作特性及适用于不同渗透性地层情况见表 11-5。喷射井点布置形式与轻型井点基本相同。

表 11-5　不同型号喷射井点的工作特性与渗透系数的关系

型　　号	外管直径 /mm	喷 射 器		工作水压力 /MPa	工作水流量 /m³/h	吸入水流量 /m³/h	渗透系数 /m/d
		喷嘴/mm	混合室直径/mm				
1.5 型(并列式)	38	7	14	0.6~0.8	4.7~6.8	4.22~5.76	0.1~5
2.5 型(同心式)	68	7	14	0.6~0.8	4.6~6.2	4.30~5.76	0.1~5
4.0 型(同心式)	100	10	20	0.6~0.8	9.6	10.80~16.20	8~10
6.0 型(同心式)	162	19	40	0.6~0.8	30	25.0~30.0	20~50

11.4.2　喷射井点施工

1. 施工设备

1)成井设备

钻井法成孔时,一般采用正循环、反循环或长螺旋钻机,冲孔法成孔时,使用吊车和水冲机具。

2)降水设备:主要有井点管、喷射器、高压水泵、进水总管、排水总管、循环水箱等。

　　(1)井点管:常采用同心式井点管。同心式井点管由内管和外管组成,其内管一般为直径 50~73 mm 的钢管,其外管一般为直径 68~127 mm 的钢管。

　　(2)喷射器:由喷嘴、混合室、扩散室组成。

　　(3)高压水泵:为井点系统提供工作水,常采用流量 5~30 m³/h 的多级高压水泵,水压宜大于 0.75 MPa,每泵组约能带动 20~30 根井管。

　　(4)进水总管与排水总管:一般采用直径 75~100 mm、每根长度 6 m 的钢管,在管壁一侧每隔 1.5~3.0 m 设一个与井点管连接的接头,两根管之间用法兰连接。

　　(5)连接管:为加筋胶皮管或加筋透明塑料管,直径为 38~55 mm,直径与井点管和排水总管连接接头相匹配,长度为 1~2 m。

(6) 高压胶管:用于连接进水总管和井点管,长度为 $1\sim2$ m,直径与井点管进水接头和进水总管连接接头相匹配。

(7) 循环水箱:与排水总管和进水总管相连接,为井点系统运行提供循环水,抽出地下水经溢流口排出。

2. 施工方法的选择

一般采用正循环、反循环钻机成孔,由于反循环钻井工艺效率高,成井质量好,应优先选用泵吸反循环钻机施工。对于不易产生塌孔、缩孔的地层,可采用长螺旋钻机成孔。对于以较为软弱的黏性土为主的地层也可采用冲孔法成孔。

3. 工艺流程

测设井位→安装抽水设备→钻机就位→钻冲井孔→沉设井点管→填滤料→封填孔口→井点管与进水、排水总管连接→洗井→连接循环水箱→试抽、验收→降水维护→井点系统拆除。

4. 操作方法

1) 测设井位

根据设计要求标高平整场地,实地测放井位和进、排水总管排放位置。

2) 安装抽水设备

抽水设备包括进排水管路、高压水泵和循环水箱。先敷设进水、排水总管的目的是利用其提供施工和洗井水源。进排水总管的接头位置与井点的布置应相互适应。抽水设备应稳固地设置在平整、坚实、无积水的地面上。高压水泵出水管必须安装压力表和调压回水管路。水箱吸水口应与进水、排水总管和井点管口标高一致,各接口须严格密封。

3) 钻机就位

当采用正循环或反循环钻机成孔时,钻机就位需采用水平仪找平,做到稳固、周正、水平,钻机对位偏差应小于 20 mm,钻塔垂直度偏差不得大于 1%。当采用长螺旋钻机成孔时,应使钻杆轴线垂直对准钻孔中心位置,孔位误差不得大于 150 mm,并使用双侧吊线坠校正调整钻杆垂直度,钻杆倾斜度不得大于 1%。当采用冲孔法成孔时,起重机应安装在测设的孔位旁,用高压胶管连接冲管与高压水泵,起吊冲管对准钻孔中心,冲管倾斜度不得大于 1%。

4) 钻冲井孔

参见 11.3.4 节中的内容。

5) 沉设井点管

沉设井点管应缓慢,保持井点管位于井孔正中位置,禁止刮蹭井壁和插入井底,发现有上述现象发生时应提出井点管,对过滤器进行检查,合格后重新沉设。

6) 回填滤料

回填滤料应均匀地从四面围填,保持井点管居中,并随时探测滤料深度,以免堵塞架空填料,至距地面 1 m 时停止。滤料填好后应用黏性土将孔口填实,以防止地表水流入孔内。

7) 井点管与进水、排水总管连接

井点管与进水、排水总管连接的所有接头应严密。各井点管的连接管及进水高压胶管应分别安装阀门,以便井点检修。

8)洗井

喷射井点安装完成后,应及时开泵对井点管逐根清洗,泵压控制开始要小一些(不大于0.3 MPa),而后逐步开足,如发现井点管周围有翻砂冒水现象,应立即关闭该井点管并进行检修。洗井水浑浊时,不能进入循环水箱,应做好洗井水的排放。

9)试抽、验收

各组井点系统安装完后,应及时进行试抽水,当发现出水浑浊时,应查明原因,及时处理,直至水清砂净后方能将排水总管与循环水箱连接。此前应用清水持续补充入循环水箱作为工作用水。试抽后对降水系统应组织现场验收,全面检查水位降深、抽水量、管路连接质量、井点出水情况和泵组工作水压力、真空度及井点系统运转情况,一切正常后方可验收合格。

10)井点系统拆除

降水结束后,一般使用吊车拔出井点管,井点管拔除后,应及时用中粗砂将井孔回填密实。

5．应注意的质量问题

(1)抽水过程中,应视工作水浑浊程度定期更换清水,并清理循环水箱中沉淀的泥砂,以减轻对喷射器喷嘴和水泵叶轮的磨损。

(2)应确保喷射器的加工质量,如果喷嘴直径加工尺寸偏大,则工作水流量需增大,否则真空度降低,将影响降水效果。如果喷嘴、混合室、扩散室的轴线不重合,则会降低真空度,而且由于水力冲刷,喷射器磨损较快。为防止工作水反灌入地层,应在滤水管下端设置逆止球阀。

(3)井点管和总管在安装前必须清除铁屑、泥砂和焊渣等杂物,如安装后出现喷嘴堵塞或芯管、过滤器淤积,可通过内管或出水管(并列式)施加高压水反冲疏通。

(4)为避免井点管淤积堵塞,在沉设井点管、回填滤料、接通进水总管后,应及时针对单井进行试抽。

11.5　真空管井降水

11.5.1　真空管井降水系统的工作原理及适用条件

一般情况下,管井降水对各类透水性强的砂、砾、卵石含水层十分有效,对于黏质粉土、粉土、粉砂等弱透水层效果较差,其主要原因是弱透水层的毛细作用较强,仅靠重力作用地下水难以形成井流。真空管井降水是在管井基础上,对井管抽真空,在以井管为中心的一定范围的含水层中施加负压,迫使弱透水层中地下水流入井中,再通过潜水泵抽水的一种降水方法。这种真空管井复合降水技术能够较好地解决弱透水层的疏干问题,降水深度可达 30 m 以上。

真空管井相较单一管井来说,多了一套抽真空系统,相当于加大了地下水流向井的水力梯度;因而真空管井降水能缩短针对弱透水层的预降水时间,并提高降水效果。本节只表述与管井降水的不同之处。

11.5.2　真空管井降水设计

1. 井管

真空管井的井管可以采用 HDPE 双壁波纹管、水泥管和钢管,在需要密封的井段下入井壁管,对应需要降水的含水层部位下入滤水管。HDPE 双壁波纹管和钢管的接头少,密封性比较好;水泥管 1 m 一节,排管灵活,非常经济,但每节管间接头的密封处理较复杂。

2. 真空管井的密封

真空管井的密封处理是真空管井降水的关键,包括井口密封和井段密封。

1) 井口密封

井管口一般可采用法兰密封。法兰密封套件由套桶、上法兰盲板、下法兰、密封橡皮圈和固定螺丝等组成。可根据井管管径和材质的不同,确定法兰密封套件的尺寸,下法兰与套桶之间为焊接,在上法兰盲板应设置电缆线孔、水位观测孔、泵管排水孔、抽真空孔和真空表孔,组装时这些孔洞同样要做好密封。对于丝扣连接件在连接处用生胶带进行密封,对于电缆和出水管孔的密封在穿电缆线和排水管后用防水密封胶密封。

2) 井段密封

井段密封主要针对不需降水的含水层和地表下与大气的隔离段,大气隔离段一般不小于 5 m,可采用预制风干黏土球密封。

3. 真空泵选取

真空泵的选择需根据管井真空系统的真空度要求来确定。

当泵所需的真空度或气体压力不高时,可优先在单级泵中选取。如果真空度或排气压力较高,单级泵往往不能满足,或者要求泵在较高真空度情况下仍有较大气量,即要求性能曲线在较高真空度时较平坦,可选用两级泵。如果只作真空泵用,则选用单作用泵比较好。因为单作用泵的构造简单,便于维护,且在高真空情况下抗汽蚀性好。初步选定了泵的类型之后,对于真空泵,还要根据抽真空系统所需的抽气量来选择泵的具体型号。

一般来说,水环式真空泵可作为真空管井降水的首选泵。其优点是:结构紧凑,操作方便,泵体与电动机直联,转速较高,用较小的结构尺寸可以获得较大的排气量,泵腔内没有金属摩擦表面,无须对泵内进行润滑。如 SK-3 水环式真空泵抽气速率为 3 m^3/min,极限真空度为 -0.093 MPa,电机功率为 5.5 kW,根据管井内真空度要求,一台可带 1~3 口降水管井。

11.5.3　施工工艺

1. 工艺流程

定井位→挖(围)泥浆池→钻机就位→钻井→换浆→<u>下入滤水管</u>→<u>下入井壁管(井壁管接头密封)</u>→下部回填滤料→<u>上部井段黏土球密封</u>→洗井→<u>井口密封</u>→<u>潜水泵、真空系统安装</u>→铺设排水管线→试抽→验收→降水维护管理(下划线部分是真空复合增加的流程,其余与管井降水流程一致)。

2．操作方法

1）井壁管接头密封

在接头周圈均匀涂抹一层厚约 1 cm 的掺速凝剂素水泥浆,对接后将接口外缝用素水泥浆勾抹严实,然后在接口部位的 30 cm 范围裹缠改性沥青防水卷材,并用汽油喷灯烘烤后粘贴压实。如为钢管,则两节管间进行焊接。

2）上部井段密封

在填滤料过程中,随时测量滤料回填深度,当滤料填至设计封井位置时,沿井管四周均匀填入直径为 20～30 mm 的黏土球,并应在黏土球处于半风干状态下缓慢填入,直至距地面 1 m 时停止。

3）井口密封

以降水井为中心将井室范围内的土体挖除。将高出的井管切除并保持其高出井室底约 10 cm。适当补充或挖除井管外充填的黏土,形成一定宽度的环状间隙,底部低于井管上口 40 cm,然后灌入 M 10 的水泥砂浆 30 cm 高,再将已加工好的带下法兰的钢套桶套在井管外,并插入到水泥砂浆中,之后将钢套桶外侧间隙浇筑水泥砂浆与井室底取平。

4）真空系统安装

应根据真空泵的抽速和管井容积确定一台真空泵带一口或若干口管井。安装真空管路前应对管路进行清洁处理,以免碎片、碎屑焊渣被吸入泵内,造成损坏;进气管路管径应不小于泵进气口直径,管道宜短,接头宜少,否则影响井管真空度。排气管路管径不应小于真空泵体排气口直径,排气管口应朝下,以避免雨水及杂物进入泵内。

5）抽真空系统调试及运行

（1）试车前检查各接口处的紧固情况,检查好电气线路,检查冷却水管路是否畅通。

（2）用手缓慢转动皮带轮,检视传动部分是否正常,不可直接开动电机,以防造成损坏。

（3）打开进气管上的放空阀。

（4）启动电机,注意转动方向应与泵转动方向一致。

（5）开泵 5 分钟后缓慢打开进气阀,注意真空表是否指向正确工作压力。如管井较深,井管容积较大,则进气阀开小一点,使其真空保持在 -0.05 MPa 左右,待抽真空系统都在 -0.05 MPa 以上时开足进气管道总阀。

（6）真空系统运行中,应定期检查真空泵的运行情况,关停真空泵之前应先关闭真空系统的进气阀,然后关闭电动机,并打开放空阀让空气进入泵内。

11.5.4　抽水系统的自动控制

由于真空管井复合降水系统主要用于弱透水层中,很难配备合适流量的潜水泵,地层出水与抽水不易达成平衡;故还应配备高低水位感应自动控制装置,以控制潜水泵间歇启动,即当水位上升接触到高水位感应探头(一般设置在开挖底板以下 1 m)时,潜水泵启动,当抽水到低水位感应探头(一般设置在潜水泵吸水口以上 1 m)时,潜水泵停止工作。这样既可避免潜水泵无效运转而浪费能源,也可延长水泵使用寿命。

11.5.5 工程实例

1. 工程概况

北京地铁 10 号线 18 标段劲松站—折返点区间隧道断面变化大,断面最宽约为 15 m,最高约为 11 m,开挖底板深度约为 26 m,隧道东侧距多层住宅楼仅为 7 m 左右,暗挖施工难度较大。从北侧劲松站已实施的管井降水施工情况看,对于砂层效果良好,而对于粉土等弱透水层则效果较差,该站全面降水半年后,开挖粉土层断面时仍有水渗出,给暗挖施工造成了一定困难;因而决定在劲松站南侧折返线进行真空管井降水试验。

2. 地质及水文地质概况

1) 地层(见图 11-8)

图 11-8 北京地铁 10 号线劲松—终点折返线地质剖面图

按照地层的形成年代、成因类型及岩性,自上而下依次如下。

(1) 人工堆土层(Q^{ml})。

杂填土①$_1$层:稍湿～湿,以碎石填土的路基为主,含砖块、混凝土块等。粉土填土①层:稍湿～湿,含砖渣、灰渣。

(2) 第四纪全新世冲洪积层(Q_4^{al+pl})。

粉土③层:湿～很湿,含多量云母、少量氧化铁。粉质黏土③$_1$层:可塑,含少量云母、多量姜石。粉细砂③$_3$层:饱和,含多量云母、少量氧化铁。

粉质黏土④层:可塑,含少量云母、氧化铁。黏土④$_1$层:可塑,含少量云母、氧化铁。粉细砂④$_3$层:饱和,含多量云母、少量氧化铁。中粗砂④$_4$层:饱和,含多量云母、少量氧化铁。

(3) 第四纪晚更新世冲洪积层(Q_3^{al+pl})。

圆砾⑤层:饱和,最大粒径为 70 mm,一般粒径为 10～20 mm,粒径大于 2 mm 的颗粒约占总质量的 60%,中粗砂填充,砾石成分以砂岩、辉绿岩为主。中粗砂⑤$_1$层:饱和,含多量云母、少量氧化铁、个别砾石。

粉质黏土⑥层:可塑,局部硬塑,含少量云母、多量氧化铁。黏土⑥$_1$层:可塑,含少量云母、多量氧化铁。粉土⑥$_2$层:饱和,含少量云母、多量氧化铁。细中砂⑥$_3$层:饱和,含多量云母、少量氧化铁。

粉质黏土⑧层:可塑,含多量姜石、少量氧化铁。黏土⑧$_1$层:硬塑,含多量姜石、少量氧化铁。粉土⑧$_2$层:很湿,含多量云母、少量氧化铁。细中砂⑧$_3$层:很湿,含多量云母、少量氧化铁。

中粗砂⑨$_1$层:饱和,含多量云母、少量氧化铁。粉细砂⑨$_2$层:饱和,含多量云母、少量氧化铁。

粉质黏土⑩层:硬塑,含氧化铁。粉土⑩$_2$层:很湿,含云母。

粉细砂⑪$_2$层:饱和,含云母。

2) 地下水

(1) 上层滞水

水位标高为 32.33 m,埋深为 5 m 左右,赋存于粉土③层中,其主要接受管沟渗漏及大气降水补给,以蒸发和向下补给潜水的方式排泄。

(2) 潜水

水位标高为 25.24～25.35 m,埋深为 12 m 左右,赋存于中粗砂④$_4$层和中粗砂⑤$_1$层,主要接受大气降水和侧向径流补给为主,以侧向径流、向下越流补给承压水及人工排水的方式排泄。

(3) 层间潜水

水位标高为 17.58～17.85 m,埋深为 20 m 左右,赋存于粉土⑥$_2$层和细中砂⑥$_3$层,主要接受上层潜水越流补给,以向下越流补给承压水的方式排泄。

(4) 承压水

水位标高为 6.91 m,埋深为 30 m 左右,赋存于中粗砂⑨$_1$层和粉细砂⑨$_2$层。

地下水流向总体方向为自北向南。根据地铁隧道开挖要求,降水需疏干上层滞水、潜水和层间水。

3. 降水方案

试验段共布真空管井 22 口(见图 11 - 9),其中无砂水泥管井 12 口,井深为 39 m,结构大样见图 11 - 10;钢管井 10 口,井深为 38 m。抽水采用扬程 45 m 的 Q3 - 45/3 - 1.1 型潜水泵。由于地面交通条件限制,真空系统必须暗埋于地下井室,因而选择了体积较小的 2X - 15 旋片式真空泵,其抽气速率为 0.9 m^3/min,极限真空度为 - 0.06 MPa,电机功率为 1.5 kW,可安装于管井的地下检查井室中,适于一台带 1 眼降水井。由于抽水泵量与地层出水量不能匹配,而设置了自控装置控制潜水泵间歇启动。

图 11 - 9 北京地铁 10 号线劲松—终点折返线降水平面图

图 11-10　真空管井结构大样图

4．降水效果

2005 年 8—9 月完成真空管井降水施工,10 月全面启动降水。由于真空泵抽吸量较小,井管内真空度一般只达到 0.015 MPa。尽管如此,真空管井降水系统运行后,从隧道开挖情况来看,真空管井降水试验段部位的粉土层开挖断面无水渗出,而在试验段南侧的普通管井降水段,开挖粉土层时不断有水渗出。

通过对土层含水量的测定表明,真空管井降水段开挖出的粉土⑥$_2$ 层的含水量比管井降水段粉土⑥$_2$ 层含水量平均小 12.4%,比黏土⑥$_1$ 层含水量平均小 27.45%(见表 11-6),说明了真空管井降水除了疏干重力水外,对岩土中的毛细水和弱结合水的析出也起了作用,从而有效降低了弱透水层的含水量。

通过对受真空管井降水影响的地层中真空度的测定表明:粉土⑥$_2$ 层真空影响范围在水平方向上可达到 13 m,有效影响距离为 6 m;垂直方向的真空影响与地层岩性有关,在黏性土和粉土等透水性较差的地层中形成的真空度明显比在砂层中形成的真空度高。

通过对真空管井与普通管井出水流量的测定,真空管井的出水量也明显大于普通管井。

表 11-6　真空管井降水与普通管井降水后开挖土层含水量对比

降水方法	土样号／含水量／% 黏土⑥$_1$ 层			黏土⑥$_2$ 层		
	1#	2#	3#	1#	2#	3#
真空管井降水(左线)	18.9	19.9	19.6	21.7	25.0	23.3
普通管井降水(右线)	25.8	27.6	27.1	25.7	28.3	25.8

11.6　明排降水

11.6.1　明排降水的特点及适用条件

基坑明排降水是指基坑开挖过程中,在基坑周边或中部开挖排水沟并设置一定数量集水井,然后从集水井中抽出地下水,从而达到降水目的。这种降水方法设施简单,成本低,管理方便;但使用的限制条件较多。

明排降水适用条件如下。

(1) 地下水类型一般为上层滞水或薄层潜水,含水层渗透性能较差。对于渗透性较强的含水层,通常不能采用明排降水方法。

(2) 一般适用于浅基坑降水或隧道内排除残留水,降水深度不宜大于 2 m,降水时间不宜太长。

(3) 含水层上质密实,坑壁稳定,不会产生流砂、管涌等渗透破坏。

11.6.2　明排降水施工

一般采用人工开挖排水沟和集水井。排水沟底比基坑深 $0.3 \sim 0.5$ m,沟底宽大于 0.3 m,坡度为 $1/1\,000 \sim 1/500$;在基坑四角或每隔 $30 \sim 40$ m 间距设一口直径为 $0.6 \sim 0.8$ m 的集水井,集水井底比排水沟深 1 m 左右,下入水泥砾石滤水管或钢护筒,四周及井底部 0.3 m 填入砂砾石形成反滤层。

当基坑及隧道内排水沟不便裸露时,可将排水明沟做成盲沟或盲管。盲沟即在排水沟内填入级配砂石,表层铺一层粗砂,以防施工时被黏土堵塞,影响盲沟滤料的渗透能力,盲管是在排水沟内埋入滤水管,再填入级配砂石,滤水管的选择与管井中的滤水管相同,材质多为水泥管、塑料管和钢管,管外包缠滤网。排水沟(盲沟)完成降水后,可直接采用级配砂石回填密实。

明排降水方法局限性较强,但由于地质条件千变万化,地下工程降水在个别地段难免会用到明排降水,有时明排降水也会作为补救措施不得已而为之。因此,对明排降水要有正确的认识:对于明排降水,地下水是沿基槽坡面、坡脚或隧道掌子面渗出,容易造成基底土质软化,降低表层地基土的强度,若降水地段夹有粉细砂薄层,还易造成地下水潜蚀,造成隧道拱脚土颗粒流失。因而,明排降水地段应加强对拱脚的注浆加固处理。

11.7　降水监测与管理

11.7.1　水位观测

地下水水位观测是检验降水施工是否达到目的的主要手段,特别是采用管井方法降水时,水位观测尤为重要。一般来说,水位只需降到坑底之下 0.5 m,而往往在很多情况下,地下水补给与抽排水能力不能达成平衡,或者说它们之间的平衡是动态平衡,需要通过对地下水位的实时观测,调整降水管井的开启与关停,使降水深度或降压深度维持在满足土建安全施工要求的一定水平。由于地铁工程施工周期较长,降水维护要经过一两个地下水丰、枯水期的水位自然升降,抽水井或水泵的调整是必然的。

降水范围内的观测井应均匀布置,观测井距离不宜大于 20 m。除降水设计布置的专门水位观测井外,水文地质勘察孔、试验孔及降水井(特别是自渗井)都可以作为观测井。一般应选定降水管井总数的 20% 作为观测井,其位置均匀分布于降水区域内。当在设置了止水帷幕的基坑内降水时,应在基坑外围布置一定量的观测井,观测基坑外围地下水位,如发现水位下降幅度较大,应及时采取措施,以防周边建、构筑物安全受到影响。

通常采用电测水位计观测地下水位。水位观测周期:降水开始后,水位未达到设计降深之前,每天观测 1 次;水位达到设计降深后,每 5 天观测 1 次。应及时整理水位观测资料,绘制降深与时间的水位变化过程曲线,分析水位下降趋势,预测掘进掌子面的地下水位,并根据水位变化情况调整开泵地段和开泵数量,在保证地铁隧道无水掘进的同时,减小地下水资源浪费。

　　降水过程中观测静水位是必要的,对抽水井动水位的观测同样重要。动水位太深或水位已到潜水泵的吸水口时,水泵抽水通常是一股股出水,这种情况说明井损较大,或含水层出水能力比预计要小,应及时更换流量小一级的水泵,以节约电能并避免水泵损坏。真空方法降水时,抽水能力在多数情况下大于地层出水能力;但更换井点管和抽水系统难度太大,一般都维持持续抽水。

11.7.2　水量观测

　　对于降水工程,一般对抽排水量进行粗略观测即可,目的是核实降水设计计算与实际情况的差异。如差异很大,则很有可能是水文地质参数确定有误,应及时调整降水方案。通常采用堰测法测量比较简单实用,堰板可以使三角堰、梯形堰或矩形堰,堰板设置见图 11-11,流量的计算式分别见式(11-5)~式(11-7)。观测频率和观测时间可根据具体情况确定。

三角堰:
$$Q = 0.01343H^{2.47}。 \qquad (11-5)$$

梯形堰:
$$Q = 0.0186BH^{\frac{3}{2}}。 \qquad (11-6)$$

矩形堰:
$$Q = 0.01838(b-0.2H)H^{\frac{3}{2}}。 \qquad (11-7)$$

式中:Q——流量,L/s;

　　　H——堰口零点以上水位高,cm;

　　　B——梯形堰的堰口底边宽,cm;

　　　b——矩形堰的堰口宽,cm。

　　　　(a) 三角堰　　　　　　　　(b) 梯形堰　　　　　　　　(c) 矩形堰

图 11-11　堰测法测定流量时堰板设置示意图

11.7.3　出水含砂量监测

　　降水管井出水含砂量的大小直接关系到管井的正常运行和使用寿命,影响含砂量大小的主要因素是滤料、滤网规格和管井施工质量。正常情况下在抽水开始初期含砂量会出现峰值,而后逐步下降,并随着水位的稳定而稳定下来。因而对于降水管井只需在抽水稳定后测定一次即可。降水施工的抽排水含砂量(砂水体积比)应达到《建筑与市政降水工程技术规范》(JGJ/T 111—98)中的有关要求,即粗砂含量应小于1/50 000,中砂含量应小于1/20 000,细砂含量应小于 1/10 000。对于出水含砂量过大的降水井应妥善处理,使其达到规范要求,或将其改变为渗水井或观测井。当然在降水设计和施工过程中,也不必刻意把含砂量控制得很小,否则会影响井的出水能力。通常采用过滤法测量出水含砂量比较准确。

11.7.4 建、构筑物及地面沉降监测

1. 基准点、监测点布置与设置方法

针对一条地铁线路的降水工程,至少应设置 2~3 个深埋水准基点和多个工作基点,使其形成高程控制网,并定期联测,以检验其稳定性。

为避免降水影响,水准基点埋深一般应略深于降水井,或深入到密实地层(或基岩),距降水区域的距离不小于 100 m。宜采取钻孔埋设钢管水准基点方法设置,水准基点由标杆、保护管、扶正器、标头和标底 5 部分组成。

工作基点标石,可选择浅埋钢管水准标石或混凝土普通水准标石。设置数量和位置以便于一测站施测监测点为好,但应避开交通干道,而设置在稳定、安全不易遭损坏且便于观测的地点。

2. 沉降观测点布置与设置方法

1) 建、构筑物沉降观测点

建、构筑物沉降观测点的布置应根据建、构筑物的体型与结构形式、工程地质条件、降水和土建施工引起的沉降规律等因素综合考虑,要求布置在便于观测且不易遭到损坏处。沉降观测点一般可布设在建、构筑物的角点和周边中点上,如果是立交桥桩,应把测点设置在桥桩或承台之上。测点布设前先与各建构筑物的产权单位进行协调,布设时采用冲击电锤在建构筑物墙体上钻孔,孔径为 28 mm,孔深为 20 cm,离地面约为 30 cm。然后将直径为 22 mm 的"L"型测点插入孔内,再用水泥砂浆填实。

2) 地面沉降观测点

地面沉降观测点的布置可顺地铁走向布置,观测点位置及间距以能直观上反映地铁工程降水引起的沉降范围为宜。一般做法是:在地铁沿线地面每隔 100 m 布设一个观测点,每隔 200~300 m 布设一排横向地面观测点,每排布设 5 个点,横向观测点应分别与地铁结构对称或与降水井排的中心线对称,间距宜为 20~30 m。测点应深入到地表硬壳层,一般不小于 80 cm。

3. 观测方法

各观测点的沉降量是以两次测得各观测点的高程值之差计算得出,各沉降观测点的高程以起算水准基点和各工作基点与沉降观测点组成的闭合水准路线来测定。

1) 基点联测

降水工程开始前水准基点与各工作基点应进行两次联测,确定工作基点的起始数值。之后,基点联测应每 3 个月进行一次,以检查工作基点的稳定性。基点联测按一等水准精度要求执行。

2）监测点测量

降水工程开始前,利用已联测过的工作基点(或水准基点)对建、构筑物及地面的监测点连续进行两次测量,取得监测点的首次高程。在降水工程开始初期,每周测量一次,如果日沉降量≤±0.04 mm,则改为每两周测量一次。如发现沉降速率突然加大,应加密监测频次。降水工程结束时,沉降观测应推后 2 个月结束,以观察水位恢复对已发生沉降的影响。监测等级按二等水准精度要求执行。

4．监控测量预警预报

在降水工程及地铁隧道掘进开始前,应根据建、构筑物的基础形式、结构形式、建设年代和地基条件确定不同建、构筑物绝对沉降和差异沉降的预警值和报警值,当累计沉降量达到预警值时,应提请业主、监理及建、构筑物产权单位等商讨针对沉降可能产生后果的对策,并制定处理措施。当累计沉降量达到报警值时,应及时采取处理措施。

第12章 地下工程施工降水引起的环境问题及对策

地铁工程降水对环境的影响主要体现在如下两个方面:

(1) 降水影响范围内会引发一定量的地面沉降,对周围建、构筑物的正常使用构成威胁;

(2) 地铁工程降水历时较长,抽水强度较大,会影响地下水环境,特别对一定时期的地下水均衡有影响。

这是地铁工程降水必须面对并要解决的问题。相应对策如下:

(1) 对地铁沿线重要建、构筑物进行安全评估,必要时预先进行加固处理;

(2) 在邻近建、构筑物一侧施做止水帷幕或采取回灌措施,以控制建、构筑物地基土的地下水位不受降水影响;

(3) 对抽排的地下水采取回灌措施或加以利用,以减少地下水资源浪费;

(4) 制定合理的降水方案和土建施工方案,尽可能缩短降水时间。

12.1 施工降水引发的地面沉降

12.1.1 地面沉降的发生机制

由于地下水位下降而引发地面沉降的机制研究已较为深入,对其认识也逐渐清楚。最初对其进行研究源于大规模开采地下水作为供水水源而引发的地面沉降。地铁工程降水主要针对浅层地下水,与供水水源地的长期开采相对而言,地铁施工降水总体来说还是局部的、短暂的,引发的地面沉降具有范围小、持续时间短、恢复快等特点,它不同于农业灌溉、城市供水需要常年大量、大范围开采地下水,造成地下水位持续下降,引发持久的地面沉降,并造成一系列灾害现象。

地下水位下降造成地面沉降发生的根本原因是土中的应力变化,研究土中应力的目的是为了研究土体受力后的变形和强度问题;但是土的体积变化和强度大小并不是直接决定于土体所受的总应力,这是因为土是一种由三相物质构成的松散材料,受力后存在下列问题:

(1) 外力如何由3种成分来分担?

(2) 它们是如何传递与相互转化的?

(3) 它们和材料的变形与强度有什么关系?

含水层是由固体颗粒构成的骨架和充满其间的水组成的两相体,当外力作用于土体后,一部分由土骨架承担,并通过颗粒之间的接触进行应力的传递,称为粒间应力(有效应力);另一部分则由孔隙中的水来承担,水虽然不能承担剪应力,但却能承受法向应力,并且可以通过连通的孔隙中的水传递,这部分水压力称为孔隙水压力。

图12-1表示饱和土体中某一放大了的横截面 a-a,面积为 A,假设土颗粒较小,a-a 面都通过了土颗粒的接触点。由于颗粒接触点所占面积 A_s 很小,故面积 A 中绝大部分都是孔隙水压力所占据的面积 $A_w = A - A_s$。若在该截面每单位面积上作用有垂直总应力 σ,则在 a-a 面上的孔隙水处将作用有孔隙水压力 u,在颗粒接触处将存在粒间作用力 P_s。P_s 的大小和方向都是随机的,现将其分解为竖直向和水平向两个分力,竖直向分力为 P_{sv}。考虑 a-a 面的竖向力平衡可知

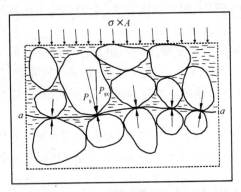

图 12-1   有效应力的概念模型示意图

$$\sigma A = \sum P_{sv} + u A_w, \tag{12-1}$$

两边均除以面积 A,则

$$\sigma = \frac{\sum P_{sv}}{A} + u\frac{A_w}{A}。 \tag{12-2}$$

式(12-2)中,右端第一项 $\sum P_{sv}/A$ 为全部竖直向粒间作用力之和除以横断面面积 A,它代表全面积 A 上的平均竖直向粒间应力,并定义为有效应力,习惯上用 σ' 表示。右端第二项中的 A_w/A,由于颗粒接触点面积 A_s 很小,据有关研究不超过 $0.03A$,故 $A_w/A \approx 1$。由此,式(12-2)可简化为

$$\sigma = \sigma' + u。 \tag{12-3}$$

式中:σ——作用在土中任意面上的总应力(自重应力与附加应力);

σ'——有效应力,作用于同一平面的土骨架上,也称粒间应力;

u——孔隙水压力,作用于同一平面的孔隙水上。

式(12-3)即为饱和土有效应力原理的表达式。这意味着引起土的体积压缩和抗剪强度发生变化的原因,并不是作用在土体上的总应力,而是总应力与孔隙水压力之间的差值——有效应力 σ'。孔隙水压力本身并不能使土发生变形和强度的变化,这是因为水压力各方向相

等,均衡地作用于每个土颗粒周围,因而不会使土颗粒移动,导致孔隙体积变化。它除了使土颗粒受到浮力外,只能使土颗粒本身受到静水压力,而固体颗粒的压缩模量 E 很大,本身的压缩可以忽略不计。另外,水不能承受剪应力,因此孔隙水压力自身的变化也不会引起土的抗剪强度的变化,正因为如此,孔隙水压力也被称为中性应力。但是应当注意,当总应力 σ 保持常数时,孔隙水压力 u 发生变化将直接引起有效应力 σ' 发生变化,从而使土体的体积和强度发生变化。

由抽取地下水而引起土层压缩的力学效应符合太沙基的有效应力原理。当承压水头降低时,向上作用的水头压力也随之减少,使原土层中的压力平衡受到破坏,在含水层与黏土层之间产生水力梯度,造成易压缩的黏土层中的孔隙水外流,在孔隙水压力减少情况下,要保持总应力不变,必然增大有效应力,相当于地层颗粒之间增加一个外压力,从而使土层进一步固结和压缩。对砂、砾、卵石类含水层而言,随着水位下降,水的浮托力减小,使其压密,由于这类岩土压缩模量很大,压缩变形一般很小,而且砂砾卵石层压密属弹性变形,待孔隙水压力恢复后,此类岩土大体上仍能恢复原状。对于弱透水层来说,由于是塑性变形,黏性土释水压密时结构发生了不可逆转的变化,即使孔隙水压力恢复,黏性土基本上仍保持压密状态。

由于砂层和黏性土层透水性能的显著差异,上述讨论的孔隙水压力减小,有效应力相应增大的过程,在砂层和黏性土层中的表现是截然不同的。在砂层中,这一过程可以认为是“瞬时”完成,因而砂层压密也是“瞬时”完成的。然而在黏性土中它却进行得十分缓慢,所需时间往往需要几个月甚至几年,时间长短主要取决于黏土层的厚度和透水性。也就是说,黏性土层固结压缩的开始时间与抽水所引起的水位下降同步,但沉降过程的结束则要滞后于地下水位下降期。

12.1.2　地质环境模式与地面沉降

目前已认识到,并非所有位于第四纪松散沉积层之上的城市都因抽取地下水而引起显著的地面沉降。北京是大量开采地下水作为生活及工农业用水的城市,城区潜水位多年累计下降了十余米,承压水位甚至下降了二十余米。从 20 世纪 60 年代修建地铁一号线开始,到近年来修建地铁五、四、十号线,也都采用了降水措施,而没有发现北京城区,特别是东二环路以西出现较明显的地面沉降。工程监测表明北京地铁复八线降水沉降最大不足 6 mm。这是由于北京城区坐落在冲洪积扇中上部,含水层密实,隔水层固结程度高的缘故。然而,在冲洪积扇下部或扇间地带,如在北京市东四环外,由于工业生产大量、长期地开采地下水,形成了以东郊化工和棉纺织工业区为沉降中心的地面沉降区,多年累计沉降超过了 500 mm。

大量实例证明,较大幅度地面沉降一般产生于岩土层未完全固结、具有多层粗细交错沉积结构模式的环境中。这就反映了较大幅度地面沉降的产生对地质环境有选择性,尤其是选择未完全固结的土层。明确这一点,也就明确了一座城市地下工程降水方案的选取,能否在采取降水措施后进行明、暗挖施工,或是需在帷幕止水后,再降帷幕内的水,还是降水与回灌同时实施,然后进行开挖。

能够出现较大范围未完全固结状态土层的环境主要有现代冲积平原模式、三角洲平原模式和断陷盆地模式。

1. 冲积平原模式

包括未固结的所有冲积平原地区。这种地质环境范围比较大,新近沉积、富水而固结程度不高的土层占有一定比例。

2. 三角洲平原模式

这种模式内,尤其是现代冲积三角洲平原地区,坐落其上的城市区域往往是地面沉降灾害广泛发育的地区。如我国长江三角洲主体部分属于建设性三角洲,该三角洲自 6 000 年前的最近一次冰期后开始向海面方向推进。至公元 8 世纪时,包括上海、南通等的三角洲平原已初步形成。14 世纪时,其海岸线已大致和现代相似。三角洲平原的形成过程与漫长的地质历史过程相比,只是匆匆一瞬,浅部沉积层的固结程度都还处于很低的水平。至目前为止,长江三角洲的主体部分还继续向外淤积扩充,并形成以南汇为代表的耳状建设性三角洲。常州靠近三角洲的上部,无锡、苏州位于三角洲以南的太湖河网冲积湖沼平原,上海位于三角洲前缘,而嘉兴、肖山、宁波位于滨海平原。认清城市所处地质环境,对城市的地面沉降研究和预测是极有意义的。

3. 断陷盆地模式

它可分为近海式和内陆式两类,近海式主要是滨海平原,而内陆式则为河湖冲积相。

12.1.3　地层的固结特性与地面沉降

岩土物质经过搬运、沉积后,在各种因素的作用下,地层将逐渐排水、固结,压密。地层在地质历史上所承受的最大垂直有效应力称为地层前期固结压力 P_c。根据 P_c 与 P_0(自重应力)的相对大小,可将地层分为欠固结,正常固结及超固结 3 种固结状态。

(1) 欠固结地层 $P_c/P_0 =$ OCR<1(见图 12-2(a))。这类地层在地质历史中,在自重应力作用下,固结尚未完成,仍将继续排水固结,产生压密变形。这种地层最容易产生地面沉降,即使不抽水,仍会产生一定量的地面沉降。

(2) 正常固结地层 $P_c/P_0 =$ OCR$=1$(见图 12-2(b))。这类地层中,如果不抽水,地层内应力处于平衡状态,不会产生地面沉降。但如果抽水,引起水位下降,则破坏了地层内的原有应力状态,使地层内孔隙水压力降低,有效应力增加,将出现一定量的压缩变形。

(3) 超固结地层 $P_c/P_0 =$ OCR>1(见图 12-2(c))。这类地层的前期固结压力 P_c 要大于现有地层自重压力。对于超固结地层,当抽水引起水位下降,水位下降值在地层内引起的附加荷载,只要不超过图 12-2(c)中的 A_2 点,就不会出现明显压缩变形。

可以看出,3 种类型固结状态土层与地面沉降的关系是不同的,在同样的地下水开采条件下,欠固结土层最容易发生地面沉降,正常固结土层次之,超固结土层沉降的可能性最小。

图 12-2　地层固结状态曲线

12.1.4　地面沉降预测计算

关于地面沉降的计算方法较多,归纳起来大致有理论计算方法、半理论半经验方法和经验方法。由于地质条件和各种边界条件的复杂性,经实践证明,采用半理论半经验方法是较简单实用的计算方法。此外,运用灰色系统理论、模糊数学和数值分析等方法进行地面沉降计算的方法近年来也得到较多的应用。

这里介绍几种常用的地面沉降计算方法。

1. 分层总和法

地下水位下降引起地面沉降的预测计算包括含水层变形计算和黏性土层的变形计算。

(1) 含水层变形采用弹性公式计算,即

$$S_\infty = \frac{\Delta P \cdot H}{E}。$$
(12-4)

(2) 黏性土或粉土按式(12-5)计算,即

$$S_\infty = \frac{a_v}{1 + e_0} \Delta P \cdot H。$$
(12-5)

式中:S_∞——最终沉降量,cm;

a_v——黏性土或粉土的压缩系数或回弹系数,MPa^{-1};

H——计算土层厚度,cm;

E——含水层的变形模量,MPa;

ΔP——水位变化施加于土层上的平均荷载,MPa。

总沉降量等于各土层沉降量的总和,即

$$S = \sum_{i=1}^{n} S_i。$$
(12-6)

2. 单位变形量法

单位变形量法也称比拟法。以已有的地面沉降实测资料为根据,计算在某一特定时段(水位上升或下降)内,含水层水头每变化 1 m 的相应的变形量,称单位变形量,可按公式(12-7)

和式(12-8)计算,即

$$I_s = \frac{\Delta S_s}{\Delta h_s}, \tag{12-7}$$

$$I_c = \frac{\Delta S_c}{\Delta h_c}。 \tag{12-8}$$

式中:I_s、I_c——水位升、降期的单位变形量,mm/m;

Δh_s、Δh_c——同时期水位升、降幅度,m;

ΔS_s、ΔS_c——相应于该水位变幅下的土层变形量,mm。

为反映地质条件和土层厚度与 I_s、I_c 参数的关系,将上述单位变形量除以土层的厚度 H(单位为 mm),称为该土层的比单位变形量,按式(12-9)和式(12-10)计算,即

$$I'_s = \frac{I_s}{H} = \frac{\Delta S_s}{\Delta h_s \cdot H}, \tag{12-9}$$

$$I'_c = \frac{I_c}{H} = \frac{\Delta S_c}{\Delta h_c \cdot H}。 \tag{12-10}$$

式中:I'_s、I'_c——水位升、降期的比单位变形量,L/m。

在已知水位升降幅度和土层厚度的情况下,土层预测回弹量或沉降量按式(12-11)和式(12-12)计算,即

$$S_s = I_s \cdot \Delta h = I'_s \cdot \Delta h \cdot H, \tag{12-11}$$

$$S_c = I_c \cdot \Delta h = I'_c \cdot \Delta h \cdot H。 \tag{12-12}$$

式中:S_s、S_c——水位上升或下降 Δh(单位为 m)时,厚度为 H(单位为 mm)的土层预测沉降量,mm。

3. 黏性土固结过程计算

为预测地面沉降的发展趋势,在水位升降已经稳定的情况下,土层变形量与时间变化关系可按式(12-13)~式(12-14)计算,即

$$S_t = S_\infty \cdot U, \tag{12-13}$$

$$U = 1 - \frac{8}{\pi^2}\left(e^{-N} + \frac{1}{9}e^{-9N} + \frac{1}{25}e^{-25N} + \cdots\right) \approx 1 - 0.8e^{-N}, \tag{12-14}$$

$$N = \frac{\pi^2 C_v}{4H^2}。 \tag{12-15}$$

式中:S_t——预测 t 月以后的土层变形量,mm;

S_∞——最终沉降量,mm;

U——固结度,%;

t——时间,月;

N——时间因素;

C_v——固结系数,压缩时为 C_{vc},回弹时为 C_{vs},mm²/月;

　　H——土层计算厚度,两面排水时取实际厚度的一半,单面排水时取全部厚度,mm。

12.1.5　降水引发地面沉降的一般规律

　　根据预测计算和实测结果分析,降水引发的地面沉降具有一定的规律性。

　　(1)与降水漏斗形状相吻合,降水中心区沉降值最大,但差异沉降最小。处于降水漏斗坡线位置的沉降值自内向外逐渐减小,且降水中心区与降水漏斗坡线的过渡带部位的差异沉降最大。所以,有时为了减小建、构筑物的差异沉降,可以把降水范围扩大一些,把对差异沉降明感的建、构筑物整体置于降水范围之内,北京地铁 10 号线东三环段的各个立交桥区基本都采用了这一做法。

　　(2)对于多层或厚度较大的细颗粒含水层,经降水疏干后,降水影响范围较小,总沉降量偏大,易形成较为明显的差异沉降。针对此类含水层降水,应同时制定预防地面沉降的配套措施,如施做止水帷幕或降水与回灌结合应用等。

　　(3)对于粗颗粒含水层,经降水疏干或减压后,降水影响范围较大,但总沉降量较小,差异沉降不明显,沉降量一般都在建、构筑物允许沉降的范围内,不会引起灾害性后果。

　　(4)根据对北京地铁复八线、五号线及正在施工的十号线、机场线等的降水沉降实测资料判断,北京地铁降水沉降的一般规律如下。

　　① 中砂以上的粗颗粒含水层,多为中上密~密实状态,颗粒间接触紧密,水位下降后的地层压密属弹性变形,降水中心区的总沉降量一般<5 mm。

　　② 北京城区东南部和东北部,饱和粉土层多为中密~密实状态,降水疏干后引起的沉降较明显,降水中心区的总沉降量一般为 10~15 mm。

　　③ 北京城区的原状黏性土,早已完成自重固结,基本都达到硬塑状态。在降水施工的持续时间段内,黏性土层的释水固结不明显,因而在降水沉降预测计算中,一般可不考虑硬塑以上黏性土层的释水固结问题,否则会严重失实。

12.2　地下水回灌

　　地铁降水工程采取回灌措施的目的和意义在于:① 控制由于降水引发的地面沉降,在最大程度上减少对邻近建、构筑物的影响,这类回灌一般为浅层回灌;② 为减少地下水资源浪费而把抽排出的地下水回补到下部含水层或工程场地外围的含水层中。

12.2.1　回灌井的布设

1. 控制降水引发地面沉降的回灌井布设

　　为控制降水引发地面沉降的回灌井应布置在需要保护的建、构筑物一侧,以使建、构筑物所处位置地下水位不致因降水而降低。回灌井与降水井的间距不小于 5 m(见图 12-3),回灌井深度可与降水井深度一致。回灌井的结构可以采用管井结构,也可以采用与降水井点(轻型井点或喷射井点)一致的井点结构,这种类型的回灌井一般靠设置高位水箱来提高回灌水头。回灌井布设数量应根据水文地质条件和建、构筑物的地基条件而定,回灌井之间的距离一般为10~15 m。

图 12-3 地下水回灌控制建筑物沉降示意图

2．回补地下水资源的回灌井布设

回补地下水资源的回灌井一般都比较深,宜采用管井结构。回灌井结构和抽水管井大同小异,不同之处在于回灌井要将上部非回灌层用黏土封住。回灌井的布置应考虑尽量减少回灌水对降水目的层的影响,即把回灌井布置在降水场地的下游或邻近工农业用水的集中开采区。为减小回灌井之间的回灌干扰,回灌井之间的距离宜大于 30 m。

12.2.2 回灌水质要求

地铁工程降水一般只涉及 40 m 以上的浅层地下水,对很多城市来说,浅层地下水都受到了不同程度的污染;因而抽出的水能否作为回灌水源,应作检测并视回灌目的而定。一般情况下,控制降水引发地面沉降的回灌井的回灌层位就是降水目的层;因而抽出的水可直接作为回灌水源,其回灌水质应着重从回灌效果方面考虑,应注意浑浊度、总铁、溶解氧和耗氧量等物理-化学指标,如这些指标过高将严重影响回灌效果。对于浅层回灌,一般要求回灌水质指标不低于浅层水水质现况。

降水工程抽出的水能否作为深部含水层的回灌水源,应通过检测确定。在向可作供水的含水层中回灌时,回灌水质必须达到回灌水水质标准。如果水质不良的水灌入地下,就会使地下水遭受污染和水质变坏,还可能堵塞含水层和滤水管。一般可按下述原则确定回灌水源:

(1) 回灌水的水质最好能达到生活饮用水标准,但考虑到水在岩土中的自净作用,因而可稍低于饮用水水质标准;

(2) 回灌后不会引起地下水的水质变坏和受到污染;

（3）回灌水不会堵塞回灌井和地下含水层；

（4）回灌水不含有能腐蚀滤水管的特殊离子和气体。

1. 回灌水的物理性质指标

（1）臭味。回灌水不得有异臭异味，通常受人畜粪便污染或混入工业废水后容易产生异臭异味。

（2）色度。回灌水应为无色，色度不超过 20 度。

（3）浑浊度。浑浊度是评价回灌水质的重要指标，水中因含有悬浮物和胶体而产生浑浊现象。浑浊度大的水往往会使滤水管和含水层产生堵塞，降低回灌效能，因而要求回灌水的浑浊度不超过 10 度。

2. 回灌水的化学性质指标

一般降水回灌常需考虑的化学性质指标有 pH 值、氯化物、溶解氧、耗氧量和铁。

（1）pH 值。回灌水的 pH 值以 6.5~7.5 为宜。水的 pH 值过低会加强水对铁和铅的溶解，腐蚀回灌井的井壁管和滤水管，过高又会析出溶解性盐类。

（2）氯化物。回灌水的氯离子含量不宜超过 250 mg/l，含量过高对铁质井管的腐蚀性较强。

（3）溶解氧。溶解氧也是评价回灌水质的重要指标，回灌水的溶解氧含量不宜超过 7 mg/l，含量过高会与地下水中的亚铁离子作用产生高价铁的沉淀物而堵塞含水层。

（4）耗氧量。回灌水的耗氧量不宜超过 5 mg/l，水的耗氧量大一般也反映了水中腐殖质、微生物和有机物含量大，耗氧量增加时会有异臭异味产生。

（5）总铁。回灌水的总铁离子含量不宜超过 0.5 mg/l，最好在 0.3 mg/l 以下。铁离子含量过大，有利于铁细菌繁殖。

12.2.3　管井回灌技术

目前，我国应用较多的管井回灌方法有自流（无压）、真空（负压）、加压（正压）3 种，可根据回灌层条件、井的结构和设备条件进行选择。

1. 自流回灌

自流回灌是将水直接灌入回灌井中，又称无压回灌，适用于地下水位较低，透水性强，含水层厚度大的情况。这种回灌方式的管路无需密封，设备装置比较简单，为避免回灌时将大量空气带进含水层，造成气相堵塞，进水口要安置在井管中水位之下。

2. 真空回灌

1）真空回灌的适用条件

真空回灌又称负压回灌，回灌水位与回灌层的水头差在地面之下，适用于地下水位埋藏较深，回灌层静水位埋深大于 10 m，透水性强的地段，滤水管、滤网强度较低的降水井改为回灌井时，也可以采取这种回灌方式。

2) 真空回灌原理

在具有密封装置的回灌井中开泵扬水时，泵管和管路内充满了水。停泵并立即关闭控制阀门和出水阀门，此刻由于重力作用，泵管内的水体迅速向下跌落，在泵管内的水面与控制阀门之间造成真空。由于大气压作用在地下水面上，为保持泵管内外的压力平衡，泵管内的水柱只能下跌至静水位以上 10 m 的高度。在这种真空状况下，开启进水阀门和控制阀门，因真空虹吸作用，回灌水就能迅速进入泵管，流入回灌井中，形成真空回灌。其实质是利用大气压力抬高井内水头，与井周围的地下水位产生水头差，使回灌水克服渗流阻力向含水层中渗透。

3) 真空回灌的管路

回灌管路由输水管路、进水管路和排水管路组成。

输水管路一端连接泵管，另一端连接进水管路和排水管路，输水管路上应安装控制阀门、出水水表和真空表，控制阀门用于拉真空并调节回灌量。进水管路一端连接输水管路，另一端连接回灌水源管，管路上应安装进水水表和进水阀门，进水水表用于计量回灌量。排水管路主要用于回扬，一端连接输水管路，另一端连接至排水管道，管路上应安装出水阀门。

密封好坏是真空回灌成败的关键。密封不好就不能形成真空，就无法利用虹吸原理产生水头差进行回灌，甚至会将空气吸入含水层中造成气相堵塞。对于用潜水泵回扬来说，真空回灌需密封的部位主要有输水管与泵管的接头、管路接头和控制阀。

3. 压力回灌

1) 压力回灌的适用条件

压力回灌又称正压回灌，是在真空回灌装置的基础上，把井管也密封起来，使回灌水不能从井口溢出，并用水泵加压产生高出地面的回灌水头差，机械加压的大小可根据井的结构强度和回灌量而定，因而压力回灌适用范围较广，特别是地下水位较高，回灌层透水性差，回灌量要求大的地段，采用压力回灌效果较好。

2) 压力回灌的管路

压力回灌的管路与真空回灌大体相同，不同点如下。

(1) 真空回灌只能从泵管内进水，而压力回灌不仅可以从泵管内进水，还可以从井管里进水。因而在进水管路中还要设置回流管路装置，回流管路一端与输水连接，另一端与井管连接中间用阀门控制。

(2) 压力回灌需要放气。由于开泵回扬时井内水位下降，空气也随之进入井内，停止回扬后地下水位回升，井内空气被排出，因而需要在井口基座上安装放气阀。

3) 压力回灌的密封

压力回灌的密封是在真空回灌密封的基础上，在井口把井管与泵管之间的间隙也进行了密封，由于潜水泵的电机和泵体都在水下，因而密封做法相对深井泵来说较为简单。井口密封一般采用井管座(见图 12-4)，进水法兰与泵管的接头可采用橡皮垫圈密封，潜水泵下入的电缆可采用法兰密封。

图 12-4 压力回灌井潜水泵井管座密封示意图

12.2.4 回灌过程中经常出现的问题及处理方法

1. 回灌井的堵塞

在回灌过程中,若回灌水位突然上升或持续上升,回扬时的动水位突然下降或持续下降,说明回灌井已发生堵塞。产生堵塞的主要原因是回灌水中的混浊物质堵塞滤水管或堵塞含水层。按发生堵塞的性质可分为物理堵塞、化学堵塞和生物化学堵塞。

1) 物理堵塞

物理堵塞主要有气相堵塞和悬浮物质堵塞。

(1) 气相堵塞。如回灌水中溶解有较多气体,特别是回灌水温度较低时,回灌水进入含水层后,随着温度升高,溶解于水中的一部分气体逸出,在含水层中产生气泡或由于回灌装置不严密大量空气被带入井内,形成水气混合体,在回灌水流速度大于气泡上升速度时,气泡与水便一起被带入含水层,充填于孔隙内,造成水路堵塞。这种把气体带入含水层引起的堵塞称气相堵塞。

(2) 悬浮物质堵塞。由于回灌水浑浊,水中带有胶结物和有机物等物质,这些悬浮物被带入管井后,常聚积在滤水管及其周圈含水层中,形成不透水膜,堵塞回灌水通道。

2) 化学堵塞

降水工程采取的回灌措施一般都要涉及不同含水层中的地下水混合,由于不同含水层中地下水水质的差异,可能发生化学作用而产生沉淀,从而堵塞含水层和滤水管。比较常见的是氢氧化铁和碳酸钙沉淀引起的堵塞。

(1) 氢氧化铁沉淀堵塞。若回灌水中含有较多的溶解氧或混入空气,它与地下水中的二价铁发生化学作用生成不溶解于水的氢氧化铁,沉淀在滤水管或含水层的孔隙里,产生化学沉淀堵塞。用漂白粉进行消毒过的地表水作回灌水源时,由于次氯化钙的氧化作用也能产生氢氧化铁沉淀。

(2) 碳酸钙沉淀堵塞。由于人工补给使地下水的温度和压力发生变化,水中的碳酸平衡遭到破坏。如果有二氧化碳从水中逸出,就会产生碳酸钙沉淀,并聚积在滤水管缝隙、填料层和含水层的孔隙里,产生化学沉淀堵塞。

3) 生物化学堵塞

生物化学堵塞与微生物活动有关,如回灌水中含有微生物或能助长含水层内微生物繁殖的物质,当微生物死亡后它的残骸会堵塞含水层的有效空隙。

2. 回灌井堵塞的处理

处理回灌井堵塞的方法,主要是进行回扬和化学处理。在回灌初期,一般以物理堵塞为主,常出现气相堵塞和悬浮物质堵塞。中期则逐渐转化为以化学堵塞为主,因为气体在含水层中的增加,气体中的氧大部分溶解于水中,促使水的化学成分发生变化。后期化学堵塞不断发展,含水层周围氢氧化铁等铁质盐类的大量沉淀,为铁细菌的繁殖提供了良好条件,造成生物化学的铁细菌堵塞。为了防止各种堵塞现象发生,在回灌过程中应经常检查回灌装置的密封效果,发现漏气要及时处理。

1) 回扬处理

由于回灌方法的不同,回扬方式也不相同。真空回灌的回扬方法较简单,只要关闭进水阀门,开启出水阀门及控制阀门,即可开泵扬水。

压力回灌的回扬方法较复杂,随回扬方法的强度不同,所适用的井结构强度和用以处理的问题也有所不同。

(1) 真空回扬。加压回灌时,因井内充满水体,当开泵回扬时,若不打开放气阀门,则井内水位下降,在水面以上的井管内就处于真空状态,真空度可达 $600 \sim 700$ mmHg。这种回扬对地层的吸力大,消除井内砂层里的沉淀物能力也大,因此适用于堵塞严重的回灌井,也可用于井管结构强度较大的回灌井。

(2) 吸气回扬。开泵回扬时,同时打开放气阀门,当井内水位下降时,空气就从放气阀门进入井管内。此种回扬对地层的吸力中等,适用于一般回灌井。当停泵回灌时,应先从泵管内进水,待水位恢复后进行放气,放气阀门溢水时,才能关紧放气阀门,再开回流阀门,从井管内进水。

(3) 回流回扬。开泵回扬时,同时打开回流阀门,并调节回流阀到许可值,使回扬水部分地回流到井管内,以减少单位降深出水量。此种回扬,切勿打开放气阀门,否则空气会随回流水被带入井内,造成堵塞。回流回扬对地层的吸力较小,回扬时间要长,才能清除浑浊水,适用于出砂的回灌井或老井。

若回灌井堵塞较轻,滤网强度较小时,采用回流回扬效果较好;若堵塞较重,滤网强度又比较大时,可用真空回扬及间隙反冲的方法进行处理。所谓间隙反冲,是指开泵 $3 \sim 5$ min 后,再停泵 3~5 min;反复数次,视井的堵塞程度而定,但反冲必须在回扬水清后进行,否则,堵塞物被冲入含水层反而加重堵塞。

回扬时出现回扬水混浊并夹带杂质和泥,或呈乳白色,夹有大量微小气泡,就是物理堵塞的表现。回扬水呈黄褐色,含有铁锈色的氢氧化铁絮状物,就是化学堵塞的表现。若是生物化学堵塞,回扬时可见水中含有大量棕红色胶体状黏着物,并带有臭味。

2) 化学处理

如果井下沉淀的碳酸钙和铁的氢氧化物在滤管上形成坚硬水垢时,用回扬方法是无法处理的。一般可采用盐酸处理。在用酸处理之前,必须掌握井的结构、井的材料和井内静、动水位等。为了避免盐酸对井管产生腐蚀作用,可采用浓度为 10% 的低浓度盐酸,并加入 2% 酸洗抗蚀剂。

3. 回灌井出砂

在回扬抽水时,有时会发现出砂现象,出砂常有以下几种情况:

(1) 少量出砂。在回灌初期,回扬时出少量粉细砂是较为常见现象,一般经过一段时间后,即可恢复正常,但要加强观测,控制好回灌压力和回灌量。

(2) 大量出砂。如出大量粉细砂并夹有中粗砂,这种现象可能是回灌压力过大,使水流速加快,部分滤料随同回灌水被带到含水层,在滤网附近形成空洞,引起填砾高度不断降低,当高度降至滤水管顶端以下时,回扬时就会涌砂。这时必须暂停回灌,及时补填滤料。

12.3　施工降水与水资源的再利用

任何工程降水,都不同程度地改变了自然状态下地下水的均衡状态,通过回灌来保护地下水资源固然十分重要;但不是所有排放的地下水都能回灌,而且回灌的成本较高,回灌量有限。把宝贵的地下水资源白白地浪费掉十分可惜,如能加以利用,对本来就缺水的城市开发和建设将起到不可估量的作用。一般可以从以下两方面考虑降水工程的水资源再利用问题。

(1) 制定降水方案前即与农林部门、水务管理部门进行探讨,研究抽出的地下水用于农林灌溉并向灌渠、河湖景观水体补水的可行性,争取把降水工程排出的地下水利用起来。

(2) 在降水工程的维护运行过程中,其他土建工程也在进行,土建施工也需要用水,如施工现场混凝土养护、施工现场降尘、现场搅拌混凝土和清洁卫生用水等,在水质符合要求的情况下,工程降水排出的地下水可用做这些用途。

第4篇

地下工程施工

第13章 地下工程施工方法

地下工程的施工方法很多,主要有明挖法、暗挖法(主要指新奥法)、盾构法、顶管法和沉管法等,在选择施工方法时,要综合考虑场地条件、工程地质和水文地质条件、地面交通状况、工期要求,并做一定的技术经济比较,从而确定最为经济合理的施工方法。限于篇幅,本章主要介绍地下工程的明挖法施工、山岭隧道的新奥法施工、城市地下工程的浅埋暗挖法施工及盾构法施工。以期使读者对地下工程的主要施工方法有一个总体认识,通过本章的学习,能够建立起地下工程施工的基本概念,了解地下工程主要施工方法、施工方案及工艺,为今后从事地下工程设计与施工打下良好的基础。

13.1 地下工程明挖法施工

明挖法是构建地下工程常用施工方法,具有施工作业面多,速度快,工期短,易保证工程质量,工程造价低等优点;因此在地面交通和环境条件允许的前提下,应该尽可能采用。按地下工程主体结构的施工顺序,明挖法又可分为明挖顺作法、盖挖顺作法、盖挖逆作法、盖挖半逆作法等,后3种施工方法又统称为明挖覆盖施工法。

对于明挖法施工地下工程来说,其边坡稳定的计算和围护结构的设计及基坑稳定性计算是明挖法地下工程设计的重点。

明挖法施工的一般程序是:从地表向下开挖基坑至设计标高,然后自下向上构筑防水设施和主体结构,最后回填恢复路面。图13-1为某地铁车站(两层三跨结构)明挖法施工步骤图。

根据基坑是否设置围护结构,将明挖法基坑分为放坡开挖基坑和有围护结构基坑两类。

这种分类并不是绝对的,有些放坡开挖的基坑,由于受场地条件和其他因素的限制,不能完全放坡,在这种情况下,为了确保基坑的稳定,对坡面采取一定的防护措施,例如,在坡面上设置土钉。

13.1.1 放坡开挖基坑的设计与施工

放坡基坑是指不采用支撑形式,而采用放坡施工方法进行开挖的基坑工程,有些学者也称之为大开挖基坑,一般认为对于基坑开挖深度较浅,施工场地空旷,周围建筑物和地下管线及其他市政设施距离基坑较远的情况,可以采用大开挖方式。当基坑开挖深度较大时,如果考虑采用放坡开挖,一般在坡面上要设置土锚或土钉等临时挡土结构。

第1步　施作钻孔灌注桩及冠梁

第2步　开挖基坑,随开挖依次施作第一、第二、
第三道钢支撑,开挖至设计基坑底标高处

第3步　施作垫层、底板防水层,底纵梁和底板

第4步　拆除第三道钢支撑,施作结构侧墙,中楼
板及板纵梁

第5步　拆除第二道钢支撑,施作结构侧墙,顶板及顶板纵梁

第6步　拆除第一道钢支撑,回填基坑,恢复路面

图 13-1　地下工程明挖法施工步骤

大开挖基坑工程可以为地下结构的施工创造最大限度的工作面,方便施工布置;因此在场地允许的条件下,应优先选择大开挖法进行基坑施工。

采用放坡进行基坑开挖,必须保证基坑开挖与主体结构施作过程中的基坑安全与稳定。

1. 影响边坡稳定性的因素

影响边坡稳定性的因素很多,就其性质来说,影响因素可以分为两大类,第一类为地质因素,第二类属于工程活动的人为因素。

1) 地质因素

(1) 岩土性质:岩土成因、矿物组分、原生构造、物理力学性质、抗剪强度,其中抗剪强度是控制边坡稳定的主要性质。

(2) 岩土结构。

(3) 地下水状况。

2) 工程活动的人为因素

(1) 坡度或坡高比。

(2) 基坑边坡坡顶堆放材料、土方及大型机械设备等附加荷载。

(3) 基坑施工是否跨越雨季。因为降雨的入渗不但使土的重度增大,强度参数降低,而且降雨容易沿着土体中的裂缝流动,产生渗流力。

(4) 基坑开挖后暴露时间。

(5) 基坑土方开挖顺序。

关于第(4)条和第(5)条在上海、杭州、宁波等一些软土地区表现得更为明显,刘建航院士在总结上海地区软土基坑施工经验后,提出了著名的"基坑开挖的时空效应理论",其基本要领是:在基坑开挖过程中,要严格遵守"分层、分块、对称、平衡、限时"的原则。这一原则已经成为指导软土基坑施工的重要原则,有兴趣者可参阅刘建航和侯学渊主编的《基坑工程手册》。

2. 边坡稳定性分析方法

边坡稳定性的主要分析方法有极限平衡法、图解法和工程类比法等。

1) 极限平衡法

假定边坡沿某个滑动面滑动,通过对滑动体内力进行假定,建立极限平衡方程,解方程组求出安全系数,一般将安全系数定义为抗滑力与滑动力之比。当需要对滑坡体内力进行假定时,需要对滑坡体划分条块,因此极限平衡法又称为条分法。如果边坡没有已知滑动面,需要搜寻安全系数最小的滑动面。

属于极限平衡法的分析方法主要有瑞典条分法和毕肖普法(Bishop 法),关于这部分内容在土力学等课程中已经涉及,本章不再单独介绍。

2) 图解法

尽管目前计算机程序在边坡稳定分析中得到广泛的应用,但对现场工程师来说,也可以利用一些成熟的图表对边坡稳定性进行粗略估算。目前,应用比较广泛的是泰勒提出的基坑边坡图解曲线(图 13 - 2)。泰勒图表法适用于基坑边坡坡度为直线,坡顶为一平面,土质均匀。

图 13-2 中横坐标为边坡坡角 β,纵坐标表示稳定系数 N_s,$N_s = \dfrac{rH_c}{C}$。

图 13-2　基坑边坡稳定系数与坡角关系的图解曲线

假定土的内聚力不随深度变化,对于一个给定的土的内摩角 φ 值,则边坡的临界高度及稳定安全高度为

$$\left.\begin{array}{l} H_c = N_s\dfrac{C}{r}, \\[2mm] H = N_s\dfrac{C}{Kr}。\end{array}\right\} \qquad (13-1)$$

式中:H_c——边坡的临界高度;

　　　H——边坡的稳定性安全高度;

　　　N_s——稳定系数,由图 13-2 查出;

　　　K——边坡的稳定性安全系数,根据工程性质和重要程度,一般取 1.1~1.5;

　　　C——土的黏聚力,kN/m^2;

　　　r——土体重度,kN/m^3。

3) 工程类比法

基坑放坡大开挖必须通过边坡稳定分析来设计边坡高度和坡度,但是对于边坡坡高较小的简单边坡,可以根据当地经验,参照同类土体的稳定坡高和坡度值加以确定。

3. 基坑边坡稳定性安全系数的取值

基坑边坡稳定性安全系数的取值与所采用的方法相联系,对于同一基坑边坡,不同的计算方法所得到的稳定性安全系数一般是不同的;因此不同的计算方法所对应的安全系数取值标准也不一样,表 13-1 是目前国内外规范关于边坡稳定性安全系数的规定。

表 13-1　国内外规范关于边坡稳定性安全系数的规定

国　家	规范名称和出版时间	试验方法	计算方法	容许最小安全系数
中国	《建筑地基基础设计规范》(GBJ 7—89)	除Ⅰ级建筑物外,可用直剪仪试验所得指标乘以变异系数。系数小于 0.75 时,须分析原因并增加试样	圆弧滑动法	1.2
中国	《港口工程技术规范》第五篇地基,1980 年	固结快剪,取峰值	瑞典条分法或简化毕肖普法	1.1~1.3
中国	《碾压式土石坝设计规范》(SDJ 218—84),1985 年	三轴仪或直剪仪固结快剪试验,取小值或平均值	瑞典条分法或简化毕肖普法	Ⅲ级　1.05~1.20 Ⅳ级　1.06~1.15
中国	《上海市地基基础设计规范》(DBJ 08—11—89),1989 年	固结快剪峰值乘以 0.7	瑞典条分法	1.0~1.2(如取峰值则相应为 1.43~1.71)
德国	挡土结构物稳定计算斜坡稳定计算(DIN4084)		瑞典条分法	1.3

续表

国　家	规范名称和出版时间	试 验 方 法	计 算 方 法	容许最小安全系数
日本	渔港构筑物标准设计法	按土分类给定抗剪强度指标值	瑞典条分法	1.3
前苏联	《水工建筑物地基设计规范》(CHN17—63—62)，1962年		圆弧法	1.1～1.3
加拿大	《基础工程手册》，1985年(岩土力学学会)	剪切破坏		1.3～1.5
加拿大	《边坡工程手册》(1972—1977)(矿物和能源技术中心)	抗剪强度参数峰值		1.5
美国	《工程师设计手册》，土坝与堆石坝稳定分析(美国工程兵团总工程师室)，1970年	三轴固结不排水剪或固结快剪	瑞典条分法	完工期1.3 稳定期1.6

4．基坑边坡失稳的防治措施

1）边坡修坡

改变边坡外形，主要措施有坡顶卸土、坡度减小和在边坡上设置台阶，如图13-3所示。

　(a) 坡顶卸土　　　　　　　　　(b) 坡顶减小　　　　　　　(c) 在边坡上设置台阶

图 13-3　边坡修坡

2）设置边坡护面

设置基坑边坡混凝土护面的目的是为了控制地表排水经裂缝渗入边坡内部，从而减少因为水入渗的因素导致土的工程性质变化。护面一般用 C15 素混凝土，厚度为 10～15 cm，为了增强护坡效果，可以在坡面上铺设一层钢筋网，钢筋网一般用一目多属网，再喷射混凝土护坡，如图13-4所示。

图 13-4　基坑边坡设置混凝土护面

3）边坡抗滑加固

当基坑开挖深度大，而边坡又因场地限制不能继续放缓时，应对边坡潜在滑坡面内的土层进行加固，主要加固手段是在坡角或边坡中部的台阶上设置抗滑桩，抗滑桩可以是搅拌桩或旋喷桩，如图13-5所示。

4）坡面采用土钉支护

当基坑开挖深度较大，而边坡受场地限制不能完全放坡的时候，可以考虑在坡面上打入土钉加固边坡，并且将土钉与坡面铺设的钢筋网连接起来。图13-6为南京地铁一号线奥体中心站—元通站区间隧道基坑边坡加固图。

图 13-5　基坑边坡坡角抗滑加固

图 13-6　某地铁区间隧道基坑边坡加固图

13.1.2　有围护结构的基坑设计与施工

当基坑开挖深度比较大,基坑周边有重要构筑物或地下管线时,就不能采用放坡开挖,要设置围护结构。一般认为基坑开挖深度超过 7 m 时,就需要考虑设置围护结构。对于有围护结构的基坑,其设计内容主要包括围护结构的选型、入土深度、支撑系统、挖土方案、换撑措施、降水方案和基坑坑底的加固等。上述各项设计内容是相互联系的,在进行某一具体基坑工程设计时必须综合考虑。基坑围护结构设计应遵循"安全、经济、施工简便"的原则。

对于选定的围护结构形式,最重要的设计内容主要是围护结构的入土深度和支撑系统的布置。围护结构的入土深度直接关系到围护结构的整体稳定性。

1. 主要围护结构的形式

按制作方式分类如图 13-7 所示。

图 13-7　围护结构分类

图 13-7 中各类围护结构的特点如表 13-2 所示。

表 13-2　各类围护结构的特点

类　型	特　点
桩板式墙	(1) H 钢的间距为 1.2～1.5 m; (2) 造价低,施工简单,有障碍物时可改变间距 (3) 止水性差,地下水位高的地方不适用,坑壁不稳的地方不适用
钢板桩墙	(1) 成品制作,可反复使用 (2) 施工简便,但施工有噪声 (3) 刚度小,变形大,与多道支撑结合,在软弱土层中也可采用
钢管桩	(1) 截面刚度大于钢板桩,在软弱土层中开挖深度可大 (2) 需有止水堵水措施相配合
预制混凝土板桩	(1) 施工简便,但施工有噪声 (2) 需辅以止水措施 (3) 自重大,受起吊设备限制,不适合大深度基坑
灌注桩(钻孔桩、挖孔桩)	(1) 刚度大,可用在深大基坑 (2) 施工对周边地层、环境影响小 (3) 需和止水措施配合使用,如搅拌桩、旋喷桩等
地下连续墙	(1) 刚度大,开挖深度大,可适用于所有地层 (2) 强度大,变位小,隔水性好,同时可兼作主体结构的一部分 (3) 可临近建筑物、构筑物使用,环境影响小 (4) 造价高

类　　型	特　　点
SMW工法	(1) 强度大,止水性好 (2) 内插的型钢可拔出反复使用,经济性好 (3) 南京、上海等地均有使用,具有较好发展前景
水泥土搅拌桩挡墙	(1) 墙体止水性好,造价低 (2) 墙体变位大

2. 围护结构的设计理论与计算方法

关于围护结构的计算理论和方法,除了有一些地方性法规以外,至今还未制定出全国统一的设计计算技术规范或规程。通过研究不少学者也提出了许多有用的计算理论和方法,计算理论的多样化也从一个侧面说明了各种方法有各自的局限性。按设计理论推出的时间划分,可以分为经典方法和现代计算方法,按解题手段可以分为解析解和数值解。目前,一般认为围护结构的计算理论和方法主要有如下几种。

1) 荷载－结构法

所谓荷载－结构法,即假定作用于围护结构上的水、土压力均已知,且围护结构和支撑的变形不会引起围护结构上水、土压力的变化。在计算过程中,首先采用土压力计算的经典理论(如朗金理论),确定作用于围护结构上的水、土压力的大小和分布,然后用结构力学的方法,计算围护结构和内支撑的内力。荷载－结构法对荷载的计算和边界约束条件的确定有一定的随意性,因而与结构的实际受力情况可能有较大的差别。

属于此类的计算方法主要有假想梁法、1/2 分割法、太沙基法等,这类古典方法的计算特点是土水压力已知,不考虑围护结构变形和支撑变形。这类方法的计算图式简单明了,能用解析法直接算出结果;所以在工程中仍然被广泛采用。

(1) 假想梁法

假想梁法又称等值梁法,假定:当墙在基底以下有一假想铰,假想铰把挡墙划分为二段假想梁,上部为简支梁(如单支撑结构),下部为一次超静定结构,这样就可以求得挡墙的内力。

采用假想梁法可以求解多支撑(锚杆)挡墙的内力(见图 13－8),其关键问题在于假想铰位置的确定。假想铰位置的确定有如下 3 种方法:

① 假定为被动土压力的合力点;

② 假定主、被动土压力相等的那点;

③ 采用日本"国铁"的建议值。见表 13－3。

表 13－3　假想铰位置确定方法

砂 性 土	黏 性 土	假想铰位置	砂 性 土	黏 性 土	假想铰位置
	$N<2$	$Q=0.4h$	$15\leqslant N<30$	$10\leqslant N<20$	$Q=0.2h$
$N<15$	$2\leqslant N<10$	$Q=0.3h$	$30\leqslant N$	$20\leqslant N$	$Q=0.1h$

说明:h——最下道支撑至基底面的距离。

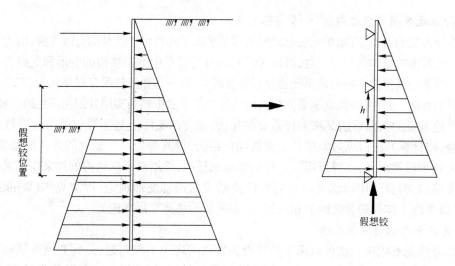

图 13 - 8　假想梁法示意图

（2）1/2 分割法

假定每道支撑承受跨中到跨中那部分的水、土压力，则每道支撑的轴力就等于所分担的水、土压力图面积（见图 13 - 9）。在支撑轴力已知后，不难求得墙体的弯矩。

（3）太沙基法

太沙基假定挡墙受力后，在每道横撑（第一道横撑除外）支点及基底处形成塑性铰。由此挡墙成为静定的连续梁，如图 13 - 10 所示。

由于上述计算方法不能有效地考虑基坑开挖时围护结构与支撑轴力的变化过程，用这些计算方法对多道支撑深基坑进行内力和变形分析时，其结果与实际情况相差较大。

图 13 - 9　1/2 分割法示意图

图 13 - 10　太沙基法计算简图

2) 弹性地基梁的数值解法(杆系有限元法)

随着计算机的普及,有限单元法已经成为深基坑围护结构设计计算的有效方法,因为在使用有限单元法对围护结构进行分析时,可以考虑基坑开挖过程中围护结构的变形和支撑体系的变形等多种因素。围护结构的有限单元法可以分为两大类:一是弹性杆系有限单元法,二是连续介质的有限单元法。其中,弹性地基梁的数值解法是此类方法中相当实用且使用广泛的一种方法。

弹性地基梁的数值解法又称为杆系有限元法,该方法实际上是矩阵位移法与弹性地基梁法的结合,该计算方法沿纵向取单位宽度的围护结构,将其视为一个竖放的弹性地基梁,并将其划分为若干段梁单元,支撑可用二力杆桁架单元模拟,地层对围护结构的约束作用采用一系列弹簧来模拟,弹簧的作用既可以采用弹性地基梁的局部变形理论[即文克尔(Winkler)]假定,也可以考虑土体和弹簧之间的相互影响(即所谓的整体变形理论)。

3) 连续介质的有限单元法

连续介质的有限单元法可以用于处理很多复杂的岩土工程问题,是研究地下结构和周围介质之间相互作用问题的有力工具。用于分析围护结构时,可以考虑各种边界条件、初始状态、多种岩土介质等复杂因素,可以考虑岩土介质的各向异性、弹塑性、黏滞性等多种性态。三维问题的有限元法还可以考虑基坑分区分段开挖的空间效应。

连续介质有限元法已经跳出了荷载－结构法的束缚,不再机械地将支护体系和地层介质割裂成结构和荷载两部分,而是将结构和地层看做是有机联系的整体,围护结构受力的大小与周围地层介质的特性、基坑的的几何尺寸、土方开挖顺序及围护结构本身的刚度有着十分密切的联系。

3. 围护结构入土深度的确定

为了保证施工阶段(土方开挖与主体结构浇注)基坑的稳定性,必须将围护结构深入到基底以下一定深度,为节省工程造价,尽量缩短入土深度。

1) 根据基坑整体抗滑动失稳的稳定条件确定入土深度

介绍绕某点的基坑整体失稳验算方法。在整体失稳时,坑底被动侧达到被动土压力(假定滑裂面通过墙底),如图 13－11 所示。安全系数为

图 13－11　绕某点的基坑整体失稳验算图

$$F = \frac{P_{\mathrm{p}} L_{\mathrm{p}}}{P_{\mathrm{a}} L_{\mathrm{a}}} \geqslant (1.05 \sim 1.2) 。 \tag{13-2}$$

在求 P_{a} 时，不计上部土压力。

2）根据基坑抗隆起的稳定条件确定入土深度

基坑开挖后，会不会产生隆起失稳，取决于地质条件、入土深度及基坑尺寸和形状等。

（1）计及墙体极限弯矩的抗隆起法

此法认为开挖面以下的墙体能起到帮助抵抗基底土体隆起的作用，并假定沿墙体底面滑动，认为墙体底面以下的滑动面为一圆弧，如图 13-12 所示。产生滑动的力为土体重量 γH 及地面超载 q。抵抗滑动力则为滑动面上的土体抗剪强度，对于非理想黏性土来说，其内摩擦角 $\varphi \neq 0$。因此，在计算滑动面上的抗剪强度时，应采用 $\tau = \sigma \tan \phi + c$ 的公式，不能只单纯考虑 $\tau = c$（c 为黏聚力）。

图 13-12　滑动面形状假定

图 13-12 中滑动面上土体抗剪强度 τ 中 σ 值如何选用，作如下处理：在 AB 面上的 σ 应该是水平侧压力，实际上此面上的水平侧压力值是介于主动土压力与静止侧压力之间；因此近似地取为 $\sigma = \gamma Z \tan^2 \left(45° - \dfrac{\varphi}{2} \right)$，而没有减去 $2 \cot \left(45° - \dfrac{\varphi}{2} \right)$，这是为了近似地反映实际土压力。而且，在开挖深度较大的情况下，后者比前者要小得多。BC 滑动面上的法向应力 σ_{n} 则由两部分组成，即为土体自重在滑动面法向上的分力加上该处水平侧压力在滑动面法向上的分力，水平侧压力的计算公式与 AB 相同。对于 CE 面亦如此。图 13-12 中的滑动面上 AB、BC、CE 各段的抗剪强度分别为

$$\tau'_Z = (\gamma Z + q) K_{\mathrm{a}} \tan \varphi + c ,$$

$$\tau''_Z = (q_{\mathrm{f}} + \gamma D \sin \alpha) \sin^2 \alpha \tan \varphi + (q_{\mathrm{f}} + \gamma D \sin \alpha) \sin \alpha \cos \alpha K_{\mathrm{a}} \tan \varphi + c ,$$

$$\tau_Z''' = \gamma D \sin^3 \alpha \tan\varphi + \gamma D \sin^2\alpha \cos\alpha K_a \tan\varphi + c。$$

将滑动力与抗滑动力分别对圆心 O 取力矩,得滑动力矩

$$M_s = \frac{1}{2}(\gamma H + q)D^2, \tag{13-3}$$

抗滑动力矩
$$M_r = \int_0^H \tau_Z' dZ \cdot D + \int_0^{s_1} \tau_Z'' ds \cdot D + \int_0^{s_2} \tau_Z''' ds \cdot D + M_h。 \tag{13-4}$$

对式(13-4)积分并整理得

$$M_r = K_a \tan\varphi \left[\left(\frac{\lambda H^2}{2} + qH \right)D + \frac{1}{2}q_f D^2 + \frac{2}{3}\gamma D^2 \right] + \tan\varphi \left[\frac{\pi}{4}q_f D^2 + \frac{4}{3}\gamma D^3 \right] + c(HD + \pi D^2) + M_h。$$

$$\tag{13-5}$$

式中:D——入土深度,m;

H——基坑开挖深度,m;

q——地面超载,kN/m²;

γ——土体重量,kN/m³;

c——黏聚力,kN/m²;

φ——内摩擦角,°;

M_h——基坑底面处墙体的极限抵抗弯矩,可采用该处的墙体设计弯矩,kN·m/m;

$$q_f = \gamma H + q;$$

$$K_a = \tan^2 \left(45° - \frac{\varphi}{2} \right);$$

$$s_1 = \overparen{BC};$$

$$s_2 = \overparen{EC}。$$

因此抗隆起安全系数公式为

$$K_s = \frac{M_r}{M_s}。 \tag{13-6}$$

计算时可采用试算法选定入土深度 D,即取数个 D 值,按式(13-3)~式(13-6)验算抗隆起安全系数,求得安全系数 K_s 为最小时的入土深度即为所求的入土深度。为达到稳定要求,必须满足 $K_s \geqslant (1.7 \sim 2.5)$。

实践证明,上法较适用于中等强度和较软弱的黏性土层中的地下墙工程。但由于假定滑动面通过墙底,故在 D 过小时这样的假定显然是不合理的,与实际情况不符。因此当 $\frac{D}{H} < 0.3 \sim 0.4$ 在及 $H < 5\,m$ 时,宜采用下面方法。

(2) 同时考虑 c、φ 的抗隆起法

在许多验算抗隆起安全系数的公式中,验算抗隆起安全系数时,仅仅给出了纯黏性土($\varphi = 0$)或纯砂性土($c = 0$)的公式,很少同时考虑 c、φ。显然对于一般的黏性土,在土体抗剪

强度中应包括 c 和 φ 的因素。因此,参照 Prandtl 和 Terzaghi 的地基承载力公式,并将墙底面的平面作为极限承载力的基准面,其滑动线形状如图 13-13 所示。

图 13-13　滑动线形状

建议采用式(13-7)进行抗隆起安全系数的验算,以求得入土深度,即

$$K_{s} = \frac{\gamma_{2}DN_{q} + cN_{c}}{\gamma_{1}(H + D) + q} \circ \qquad (13-7)$$

式中:D——墙体入土深度,m;

　　　H——基坑开挖深度,m;

　　　γ_{1}——坑外地表至围护墙底,各土层天然重度的加权平均值,kN/m³;

　　　γ_{2}——坑底以下至围护墙底,各土层天然重度的加权平均值,kN/m³;

　　　c——坑底土体的黏聚力,kN/m²;

　　　q——地面超载,kN/m²;

　　　N_{q}、N_{c}——地基承载力的系数。

用 Prandtl 公式,N_{q}、N_{c} 分别为

$$\left.\begin{array}{l} N_{qp} = \tan^{2}\left(45° + \dfrac{\varphi}{2}\right)e^{\pi\tan\varphi}, \\[2mm] N_{cp} = (N_{qp} - 1)\dfrac{1}{\tan\varphi} \circ \end{array}\right\} \qquad (13-8)$$

用 Terzaghi 公式,N_{q}、N_{c} 分别为

$$N_{qT} = \frac{1}{2} \left[\frac{e^{\left(\frac{3}{4}\pi - \frac{\varphi}{2}\right)\tan\varphi}}{\cos\left(45° + \frac{\varphi}{2}\right)} \right]^2 , \left.\begin{array}{l}\\\\\\\\\end{array}\right\}$$

$$N_{cT} = (N_{qT} - 1)\frac{1}{\tan\varphi} 。 \qquad (13-9)$$

要求 $K_s \geqslant (1.7 \sim 2.5)$。

实践证明,本法基本上可适用于各类土质条件。

虽然本验算方法将墙底面作为求极限承载力的基准面,带有一定的近似性,但地下连续墙在基坑开挖时作为临时挡土结构来说是安全可靠的。当地下结构物的底板、顶板等结构建成后,就不必考虑隆起问题了。

(3) 模拟试验研究经验公式

施工实践表明:实际基底地层处于弹性受力状态,基底亦有一定数量的向上位移。事实上对地基极限承载力取某安全度的状态,亦是存在一定量的位移值。也就是说,地基在极限失稳前已产生了相当数量的位移,基坑底有一定量的向上位移并不表示基坑已失稳。

同济大学通过模拟试验建立了基底向上位移 δ 与荷载 q 及地层的 c、φ、γ 和地下墙的入土深度 D 与开挖深度 H 的关系式,即

$$\frac{D}{H} = \frac{1}{[0.08[\delta] + 2.33 + 0.00134\gamma H' - 0.051\gamma c^{-0.04}(\tan\varphi)^{-0.54}]^2} 。 \quad (13-10)$$

式中:D——入土深度,m;

　　　　$[\delta]$——基底(允许)向上位移量,cm;

　　　　$H' = \left(H + \dfrac{P}{\gamma}\right)$——等代高度,m,其中 P 为超载,kN/m²;

　　　　H——开挖深度,m。

关于基底(允许)向上位移量 $[\delta]$ 的选取,可采用表 13-4 中的数值。

表 13-4　基底(允许)向上位移量 $[\delta]$

地表沉降控制要求	$[\delta]$	地表沉降控制要求	$[\delta]$	地表沉降控制要求	$[\delta]$
一般	$(0.01)H$	较高	$(0.004 \sim 0.005)H$	很高	$(0.002)H$

由于试验仅模拟了基坑一侧的墙体和土层,所测得的位移值 δ 亦只是一侧影响而产生;故经验公式较适用于宽基坑工程。而且试验只是针对一种厚度(60 cm)的墙体,对于厚度大于 60 cm 的墙体,仍可用此经验公式,所得结果是偏于安全的。

3) 根据抗管涌的稳定条件确定入土深度

当基坑面以下的土为疏松的砂土层时,而且又作用着向上的渗透水压,如果由此产生的动水坡度大于砂土层的极限动水坡度时,砂土颗粒就会处于冒出状态,基坑底面丧失稳定。这种现象称作管涌,如图 13-14 所示。如果入土深度增加,流线长度就能增加,从而使动水坡度降低;因而增加入土深度对防止管涌是有利的。这里介绍一种简便可行的计算方法。

图 13 - 14　管涌产生示意图

当符合下列条件时,基坑是稳定的,不会发生管涌现象,即

$$\left.\begin{array}{l} K_\mathrm{s} i < i_\mathrm{c}, \\ K_\mathrm{s} = 1.5 \sim 20. \end{array}\right\} \tag{13-11}$$

式(13 - 11)中,i 为动水坡度,可近似按式(13 - 12)求得,即

$$i = \frac{h_\mathrm{w}}{L}. \tag{13-12}$$

式中:h_w——墙体内外面的水头差,m;

　　　L——产生水头损失的最短流线长度,$L \approx h_\mathrm{w} + 2D$,m;

　　　i_c——极限动水坡度,且

$$i_\mathrm{c} = \frac{G_\mathrm{s} - 1}{1 + e}. \tag{13-13}$$

式中:G_s——土颗粒密度;

　　　e——土的孔隙比。

4) 抗底鼓稳定分析

如果在基底下有薄的不透水层,而且在不透水层下面有较大水压的含水层,当土重不足以抵挡下部的水压时,基底就会发生隆起,墙体就会失稳,如图 13 - 15 所示。所以,在围护设计、施工前,必须查明地层情况及含水层水头情况,在进行底鼓的稳定验算时,先考虑上覆土层重量与含水层水压的平衡,此时的安全系数取 1.05。当不满足此条件与滞水层水压的平衡,土与围护壁间的摩擦系数根据具体的工程条件由试验确定。土作用于围护壁上的正压力可采用主动土压力,这是偏于安全的,安全系数可取(1.1~1.2)。若不能满足稳定条件,则应采取一定的措施以防止基坑的失稳,常见措施有下面几种:

图 13－15　有压水产生的基底隆起

① 用隔水挡墙割断含水层；

② 人工降水降低承压水头；

③ 做有压顶的抗拔桩。

4．基坑支撑体系的布置

基坑支撑体系是用来支挡围护墙体,承受侧土压力的。表 13－5 是常见的支撑布置方式和特点。

表 13－5　常见的支撑布置方式和特点

布置方式	特点
斜角撑	平面尺寸不大且长短边长相差不多的基坑宜布置角撑。开挖土方的空间较大,但变形控制要求不能很高
直撑	钢支撑和钢筋混凝土支撑均可布置。支撑受力明确,安全稳定,有利于墙体的变形控制;但开挖土方较为困难
桁架	多采用钢筋混凝土支撑。中部形成大空间,有利于开挖土方和主体结构施工

续表

布 置 方 式	特 点
圆撑 	多采用钢筋混凝土支撑。支撑体系受力条件好,开挖空间大,便于施工
斜撑 	对开挖面积大、深度小的基坑宜采用。在软弱土层中,不易控制基坑的稳定和变形
斜拉锚 	便于土方开挖和主体结构施工,但仅适用于周边场地具有拉设锚杆的环境和地质条件
钢支撑 	对于长条形基坑,内支撑可采用钢支撑,内支撑一般为型钢或 $\phi600$、$\phi609$ 的钢管,当基坑宽度大于 21 m,一般在基坑中部增设临时立柱

1）支撑材料的选择

支撑的材料应根据周边的环境要求、基坑的变形要求、施工技术条件和施工设备的情况来确定,表 13-6 列举了不同支撑材料的主要优缺点。

表 13-6 不同支撑材料的优缺点

支 撑 材 料	优 点	缺 点
钢支撑	安装、拆除方便,且可施加预应力	刚度小,墙体变位大,安装偏离会产生弯矩
钢筋混凝土支撑	刚度大,变形小,平面布置灵活	混凝土撑达到强度需时间,拆除需要爆破,制作与拆除时间比钢支撑长,且不能预加轴力,自重大
钢与钢筋混凝土混合支撑	利用了钢材、混凝土各自的优点	宽大的基坑不适用
拉锚	施工面积大	软弱地层承载力小,锚多而密,且多数不能回收,成本高

　　2) 支撑的布置

　　(1) 支撑的平面布置

　　对于地层软弱、周边环境复杂、基坑变形要求高的深大基坑,应选择直撑(对撑)布置的形式,支撑的水平间距一般控制在 3~6 m。在平面不规则的基坑中,可根据实际情况选用桁架、圆撑、角撑等多种形式,以便土方开挖和主体工程的施工。

　　(2) 支撑的竖向布置

　　支撑的竖向布置主要满足围护结构的稳定与变形要求,同时还要考虑浇注主体结构各层楼板时的换撑措施。支撑的竖向间距一般控制在 3~4 m。为减小基坑在开挖后围护结构的变形,最下一道支撑应尽量落低,,但要高于底板面 60 cm 以上,以便于底板施工。

　　(3) 立柱的布置

　　在顺筑法中,支撑立柱应避开梁、柱、墙,尽量利用工程桩。立柱的材料和截面通常为 H 钢或角钢构成的格构柱,这便于穿过底板和楼板,便于防水处理。

　　5. 围护结构的施工

　　1) 工字钢桩围护结构

　　作为基坑围护结构主体的工字钢,一般采用 50#、55# 和 60# 大型工字钢。基坑开挖前,在地面用冲击式打桩机沿基坑设计边线打入地下,桩间距一般为 1.0~1.2 m。若地层为饱和淤泥等松软地层也可采用静力压桩机和振动打桩机进行沉桩。基坑开挖时,随挖土方随在桩间插入 5 cm 厚的水平木背板,以挡住桩间土体。基坑开挖至一定深度后,若悬臂工字钢的刚度和强度不够大,就需要设置腰梁和横撑或锚杆(索),腰梁多由大型槽钢、工字钢制成,横撑则可采用钢管或组合钢梁。

　　工字钢桩围护结构适用于黏性土、砂性土和粒径不大于 10 cm 的砂卵石地层,当地下水位较高时,必须配合人工降水措施。而且打桩时,施工噪声一般都在 100 dB 以上,大大超过环保法规定的限值;因此这种围护结构一般宜用于距居民点较远的郊区基坑施工中。

　　2) 钢板桩围护结构

　　钢板桩强度高,桩与桩之间的连接紧密,隔水效果好,可多次倒用。因此,沿海城市,如上海、天津等地,修建地下铁道时,在地下水位较高的基坑中有应用;北京地铁一期工程在木樨地过河段也曾采用过。

　　钢板桩常用断面形式多为 U 形或 Z 形。我国地下铁道施工中多用 U 形钢板桩,其沉放和拔除方法、使用的机械均与工字钢桩相同;但其构成方法则可分为单层钢板桩围堰、双层钢板桩围堰等。如图 13—16 所示。

　　3) 人工挖孔桩围护结构

　　挖孔灌注桩又称人工挖孔桩。因其具有应用灵活、无机械噪声和泥浆污染、易调整纠偏和控制精度、对施工场地和机具设备要求不高、造价便宜等优点,被广泛地用于基坑的围护结构和建筑物基础。在英国基础规范(BS 8004 1986)中定义为人工挖掘的沉井(Hang-dug caisson),在香港简称为 HDC,在美国又称为加利福尼亚井和芝加哥沉井。

图 13-16　钢板桩围护结构

挖孔桩通常是由工人用手持式工具(如风镐)挖掘土方成孔,并用手摇或电动绞车和吊桶出土。每挖一节桩身土方后,随即立模灌注混凝土护壁,逐节交替地由上到下直到设计标高,随着井身加深,及时安装通风、照明设备。挖孔桩最小直径为 800～1 200 mm,为了防止挖孔坍塌、保证施工安全,每节开挖深度一般在 1.0 m 左右,在困难地质条件下,每一节的开挖深度还应减少。混凝土护壁厚度为 15～20 cm,并配置一定数量的钢筋,混凝土标号为 C20,挖孔桩桩身混凝土的制备和灌注方法及技术要求与钻孔桩类似。

图 13-17 为某地铁车站挖孔桩布置图,挖孔桩直径为 1 200 mm,咬合 200 mm。

图 13-17　某地铁车站挖孔桩布置图

挖孔桩的使用有一定限制,首先地层必须有一定的自稳能力,地下涌水量不能太大,否则,就要在挖孔桩的外侧设置止水帷幕并进行降水后再进行挖孔桩的施工。挖孔桩的深度一般不超过 30 m。

近年来,挖孔桩在我国地铁车站的围护结构施工中得到广泛应用。南京地铁 1 号线鼓楼站和南京站都使用挖孔桩作为围护结构,地铁南京站的挖孔桩在平面上呈咬合布置,直径为1 200 mm, 咬合 15～20 cm。采用 C20 混凝土护壁,厚度为 20 cm,如图 13-18 所示。

图 13－18　地铁车站基坑采用人工挖孔桩做围护结构

4）钻孔灌注桩围护结构

钻孔灌注桩一般采用机械成孔。地下铁道明挖基坑中所用成孔机械多为螺旋钻机和冲击式钻机。正反循环钻机，由于采用泥浆护壁成孔；故成孔时噪声低，适于城区施工，在地下铁道基坑和高层建筑深基坑施工中得到广泛应用。

（1）施工机械

① 干作业成孔机械。这里主要介绍螺旋钻孔机，其工作机理是：利用螺旋钻头切削土壤，被切的土块随钻头旋转，并沿螺旋叶片上升而被排出孔外。钻机结构简单，使用可靠，进行钻孔灌注桩的成孔作业时，效率高，质量好。主要在黏性土层中应用。

② 湿作业成孔机械包括以下 3 种。

● 潜水电钻机。其特点是将电机、变速机构加以密封，并同底部钻头连接在一起，组成一个专用钻具，一般以正循环方式将泥浆送入孔中，钻削下的土块被循环的泥浆带出孔外。

● 大直径旋入全套筒护壁成孔桩机。成孔作业时,利用专门的液压旋转摆动顶升机构,将钢套管分节压入土层,然后以专用冲抓斗将套管内的土挖出,套管接高后继续往复扭转和压入挖土,如此往复,直到设计标高。清底后吊放钢筋笼,边浇注混凝土边拔出套管,逐节拆除,直至混凝土浇灌完毕。

● 大口径转盘回转钻机。目前在华东地区的钻孔灌注桩中用得比较多。该钻机由机械传动,通过转盘带动方形钻杆回转。成孔工艺既有正循环,也有采用反循环的,它适用于松散土层、黏土层、淤泥质土层等多种地质条件。

（2）成孔

成孔分正循环成孔和反循环成孔两种。

● 正循环成孔是从地面向钻孔内注入一定压力的护壁泥浆,泥浆压送至孔底后,与钻孔产生的泥渣搅拌混合,然后经由钻孔与孔壁之间的空腔上升并排出地面。泥浆循环系统由泥浆池、沉淀池、循环槽、泥浆泵等组成,并设有排水、清洗、排废等设施。

● 反循环成孔是将钻孔时孔底混有大量泥渣的泥浆通过钻管的内孔抽吸到地面,新鲜泥浆则由地面直接注入桩孔。它的泥浆循环系统应由泥浆池、沉淀池、循环槽、砂石泵、除渣设备等组成,并设有排水、排废浆等设施。

反循环成孔操作要点:开钻前先启动砂石泵,砂石泵启动并形成正常反循环后,才能开机钻进。开始钻进时先轻压慢钻,进入正常工作状态后,可逐渐增大转速,调整钻压。

(3) 清孔

分两次进行,第一次清孔在成孔后立即进行,第二次在下放钢筋笼和浇灌混凝土导管安装完毕后进行。

(4) 混凝土配置与灌注

配合比应按设计要求,尽量采用商品混凝土,应具有良好的和易性和流动性,坍落度应满足灌注要求。

混凝土灌注分干孔灌注和水下灌注两种。干孔灌注是直接由孔口将混凝土倒入,主要依靠混凝土自重压实;水下混凝土灌注是混凝土通过导管连续灌入桩内,在灌注过程中,导管要埋入混凝土内 2 m 左右,混凝土灌注应连续进行,在灌注混凝土的同时,应测量混凝土的上升高度,以便及时提升和拆卸导管。

桩身混凝土达到设计强度后方可进行土方开挖。

(5) 湿作业成孔钻孔灌注桩施工工艺流程

湿作业成孔钻孔灌注桩分为施工前的准备工作阶段和钻孔灌注成桩阶段。

(1) 施工前的准备工作阶段

施工前准备工作有如下 3 方面内容:

① 根据施工设计图进行桩位的放线、定位;

② 设置开挖护筒;

③ 施工钻机就位。

(2) 钻孔灌注成桩阶段

钻孔灌注成桩有如下 5 方面内容:

① 钻进至设计孔深;

② 清孔、换浆、清理孔底残渣;

③ 吊装钢筋笼;

④ 根据钻孔深度,下置灌注混凝土导管;

⑤ 灌注混凝土成桩。

5) 搅拌桩挡土结构

深层搅拌桩是用搅拌机械将水泥、石灰等和地基土相拌合,从而达到加固地基的目的。搅拌桩一般是连续搭接布置,作为挡土结构的搅拌桩一般布置成格栅形。深层搅拌桩也可以用来形成止水帷幕。

（1）施工机械

深层搅拌桩的施工方法分喷浆和喷粉 2 种，现有的搅拌机主要有 SJB-1 型、SJB-2 型、GZB-600 型、GPF-5 型等，SJB-2 型(双轴)是在 SJB-1 型(单轴)基础上发展起来的，带有 2 个搅拌头，一次可以形成 2 个搭接的搅拌桩体。上述施工机械中前 3 种喷浆，后一种喷粉。

（2）施工工艺

施工工艺流程如图 13-19 所示。

（a）搅拌机定位　　　（b）第一次搅拌下沉　　　（c）提升搅拌机，边搅拌，边喷浆

（d）第二次搅拌下沉　　（e）重新提升搅拌机，边搅拌，边喷浆　　（f）搅拌成桩

图 13-19　搅拌桩施工工艺流程

① 定位：用起重机(或塔吊)悬吊搅拌机到达指定桩位，对中。

② 预拌下沉：待深层搅拌机的冷却水循环正常后，启动搅拌机，放松起重机钢丝绳，使搅拌机沿导向架搅拌切土下沉。

③ 制备水泥浆：待深层搅拌机下沉到一定深度后，即开始按设计确定的配合比拌制水泥浆。

④ 提升喷浆搅拌：待深层搅拌机下沉到设计深度后，开启灰浆泵，将水泥浆压入地基，边喷浆，边搅拌，同时，按设计确定的提升速度提升搅拌机。

⑤ 重复上、下搅拌：为使土和水泥浆搅拌均匀，可再次将搅拌机边旋转边沉入土中，至设计深度后再边喷浆搅拌、边提升搅拌机直至地面。

⑥ 清洗:向已经排空的集料斗注入适量清水,开启灰浆泵,清洗全部管路中残存的水泥浆,并将粘附在搅拌头上的软土清洗干净。

⑦ 移至下一根桩:重复上述步骤,进行下一根桩的施工。

在实际成桩施工中,也把上述工艺称为"四搅两喷",即四次搅拌,两次喷浆。

6) 地下连续墙围护结构

(1) 概述

地下连续墙主要有预制钢筋混凝土连续墙和现浇钢筋混凝土连续墙两类,通常地下连续墙一般指后者。

所谓地下连续墙是指在地面上用专用的挖槽设备,沿着基坑的周边,按照事先划分好的幅段,开挖狭长的沟槽;在开挖过程中,为保证槽壁的稳定,在沟槽内采用特制的泥浆护壁;每个幅段的沟槽开挖结束后,在槽段内放置钢筋笼,并浇注水下混凝土,然后将若干个幅段连成一个整体,形成一个连续的地下墙体,即现浇钢筋混凝土壁式连续墙。壁式地下连续墙一般分幅施工,各幅墙体之间用锁口管或钢筋、钢板搭接,连接成整体。

支护基坑的连续墙,按其受力特性,可以分为以下几种型式:

① 仅用来挡土的临时围护结构;

② 既是临时围护结构又作为永久结构的边墙,即所谓单层墙;

③ 作为永久结构边墙一部分的重合墙和复合墙(叠合墙)。

由于地下连续墙的作用不同,所以它和主体结构的连接方式也不同,如图 13-20 所示。

图 13-20 地下连续墙与主体结构结合方式

（2）地下连续墙的施工简述

地下连续墙采用逐段施工的方法,施工过程复杂,施工工序多,其中,修筑导墙、泥浆的制备和处理、钢筋笼的制作和吊装、水下混凝土的灌注是控制地下连续墙质量的主要工序。

现浇壁式地下连续墙的施工程序如图 13-21 所示。

图 13-21　现浇壁式地下连续墙的施工程序

① 单元槽段划分。

现浇钢筋混凝土壁式地下连续墙是以单元槽段进行挖掘的。单元槽段的长度根据地质条件、混凝土和泥浆供应等条件确定,一般为 6～10 m,南京地铁新街口站的地下连续墙槽段长度为 8 m。

② 导墙施工。

导墙在地下连续墙施工前进行,其作用主要有如下 4 个方面。

● 控制地下连续墙施工精度:导墙与地下墙中心一致,规定了沟槽的位置走向,可作为量测挖槽标高、垂直度的基准。

● 挡土作用:由于地表土层受地面机械设备等的超载作用,容易坍塌,导墙起着挡土作用。

● 重物支承台:施工期间,承受钢筋笼,灌注混凝土用的导管,接头管及其他施工机械的静、动荷载。

●维持稳定液面的作用:导墙内存蓄泥浆,为了保证槽壁的稳定,要使泥浆液面始终保持高于地下水位一定的距离,一般只要使泥浆液面保持高于地下水位1.0 m,就能满足要求。

导墙结构有预制和现浇钢筋混凝土两种,一般都采用现浇钢筋混凝土,导墙形式多种多样,导墙采用何种形式主要取决于土质条件、地面荷载及地面邻近位置是否有重要建筑物等,常见的导墙形式如图13－22所示。

图 13－22　导墙形式图

③ 泥浆护壁。

在地下连续墙挖槽过程中,泥浆的作用是护壁、携渣、冷却机具和切土滑润。主要成分为膨润土、外加剂(增黏剂、堵漏剂、分散剂等)及水。

④ 挖槽。

施工中着重控制挖槽的垂直度,例如,我国地下铁道设计规范就规定:连续墙面倾斜度不宜大于1/500,局部突出不宜大于100 mm。

当挖至槽底后,应进行清槽,置换出槽底稠泥浆和清除槽底沉淀物,以保证墙体质量。

⑤ 钢筋笼制作与吊装。

根据槽段的长度加工钢筋笼,一般将钢筋笼做成一个整体,在制作钢筋笼时,要考虑到地下连续墙与主体结构的钢筋连接。

为保证钢筋笼具有一定的刚度,便于吊装,一般在钢筋笼内设置纵向桁架,并在主筋平面内设置水平和斜向拉条。

⑥ 混凝土灌注。

混凝土配置:混凝土强度等级一般不低于C20,要考虑导管法在泥浆中灌注混凝土的特点,如和易性要好、流动性要大及缓凝对混凝土强度的影响等。图13－23为导管法混凝土灌注示意图。

一般采用425或525标号普通硅酸盐或矿渣水泥,单位水泥用量一般大于400 kg/m^3,水灰比一般小于0.6。

混凝土灌注:采用导管法灌注,导管直径一般选用150～250 mm,导管间距根据导管直径确定,使用150 mm导管时,间距为2 m;使用200 mm导管时,间距为3 m。在混凝土浇注过程中,导管下口插入混凝土深度应控制在2～4 m,不宜过深或过浅。插入深度太深,容易使下部沉积过多的粗骨料,而混凝土面层聚集较多的砂浆,导管插入太浅,则泥浆容易混入混凝土,影响混凝土的强度。

混凝土应一次灌注完毕,不得中断,以保证混凝土的均匀性,导管提升速度要和混凝土上升面相适应,在灌注过程中要经常量测混凝土面标高。当混凝土灌注至顶面时,应清除顶部浮渣。

图 13-23 导管法混凝土灌注示意图

7) 土钉墙围护结构

(1) 概述

所谓土钉就是置于基坑边坡土体中,以较密间距排列的细长金属杆,如钢筋或钢管等,通常还外裹水泥砂浆或水泥净浆浆体(注浆钉),土钉的特点是沿通长与周围土体接触,以群体起作用,与周围土体形成一个组合体,在土体发生变形的条件下,通过与土体接触界面上的黏结力或摩擦力,使土体被动受拉,从而给土体以约束加固或使其稳定。土钉的设置方向与土体可能发生的主拉应变方向大体一致,通常接近水平并向下呈不大的倾角。

(2) 土钉的适用范围

一般认为土钉支护适用于土质条件比较好的地区;但近年来工程界对在软弱土层和高水位土层中的土钉应用也作了不少探索,并取得了一些成功的经验。如广州三元里祥港花园工程,基坑深 9 m,地下水位高,土质为软塑状土层,局部为流塑状,采用直立边坡土钉墙方案,基坑工程取得了成功;又如惠州华威大厦,基坑深 10 m,地质条件极差,为流塑状饱和淤泥,采用土钉墙,通过提高土钉支护参数,工程取得了成功。

常州嘉乐广场基坑深度为 10.5~11.3 m,局部挖深达 12.2 m,土质自上而下为杂填土,包括黏土、粉质黏土和粉砂,采用土钉加喷射混凝土面层加固边坡,在边坡中部设置一个台阶,边坡坡度为 1:0.3,在坡角设置矮墙,保证了基坑顺利开挖。

在南京地区,土钉墙有许多成功应用的先例。玄武湖隧道工程采用明挖法施工,土质为饱和砂性土,基坑深度为 9.2 m,先进行井点+管井降水,然后采用钻孔注浆土钉进行边坡支护,成功地保证了隧道主体结构的施工。

北京地区凡深度小于 15 m 的基坑也有一些使用土钉墙的实例。

(3) 土钉的典型做法

土钉的施工步骤必须遵循从上到下、分步修建,边开挖边支护的原则。具体步骤如下。

① 开挖一定的深度。

② 设置土钉、挂钢筋网、喷射混凝土面层。

土钉端部与钢筋网连接在一起,形成土钉墙围护结构。通过土钉、面层和原位土体三者的共同作用来支护边坡。

③ 继续向下开挖有限的深度,并重复上述步骤,直至所需要的深度。

对于注浆土钉,一般是先钻孔,然后插入钉体,再注浆。

土钉与锚杆有相似之处,但是作用机理不尽相同,一般认为:

① 土钉支护中的喷混凝土面层不属于主要受力构件;

② 土钉间距小而数量多,锚杆间距大而数量少。

工程的支护实践表明,土钉墙支护方法与其他支护方法比较,具有以下优点。

① 材料用量和整个工程量小,施工速度快。

② 施工设备轻便,操作简单,需要场地小,施工时对环境干扰小。

③ 随基坑开挖逐层分段作业,开挖与支护作业可以并行,不占或少占单独作业时间,施工效率高,总体施工速度快。

④ 安全可靠。土钉支护施工,土体受到的扰动很小,土钉的数量众多并作为群体起作用,个别土钉出现质量问题或失效对整体稳定性影响不大,万一出现不利情况,也能及时采取措施加固,避免出现大的事故。

⑤ 造价相对较低。

(4) 土钉支护实例

南京地铁 1 号线奥体中心站基坑开挖深度为 9.5 m,放坡开挖,坡度为 45°,采用钢管土钉支护基坑边坡。基坑开挖 1.5 m 以后,布置第一排土钉,以后每隔 1.1 m 的高度,布置一排土钉,共设置 8 排土钉,钢管土钉支护参数如表 13-7 所示。

表 13-7　钢管土钉支护参数

序　号	名　称	单　位	参　数　值
1	钢管土钉长度	m	12(每节 3 m,共分 4 节)
2	水平间距	m	1
3	竖向间距	m	1.1
4	倾角	度	15
5	土钉钢管直径	mm	48
6	土钉钻孔直径	mm	120
7	注浆材料(水泥浆)		0.45:1
8	注浆压力	MPa	0.5

续表

序　号	名　　称	单　位	参　数　值
9	喷射混凝土厚度	mm	150
	喷射混凝土强度	MPa	C20
	钢筋网直径	mm	8
	钢筋网规格	mm×mm	200×200

钢管土钉构造如图 13-24 所示。

图 13-24　钢管土钉构造

为增大土钉墙的支护效果,将钢管通过"井"字形短钢筋相互焊接到面层钢筋网上,具体做法是:在钢管外露部分,焊接 4 根 $\phi 20$ 的短钢筋(长度为 30 cm),并形成"井"字形,再将每根 $\phi 20$ 的钢筋与周边钢筋网焊接,如图 13-25 所示,最后形成的土钉墙面层结构如图 13-26 所示。

图 13-25　钢管土钉与面层钢筋连接示意图

图 13-26 土钉墙面层结构

13.2 地下工程逆作法施工

所谓逆作法,其施工顺序与顺作法相反,在地下结构施工时不架设临时支撑,而以结构本身既作为挡墙又作为支撑,从上向下依次开挖土方和修筑主体结构。其基坑围护结构多采用地下连续墙、钻孔灌注桩或人工挖孔桩。

1. 逆作法的优缺点

1) 逆作法的优点

(1) 由于结构本身用来支撑,所以它具有相当高的刚度,这样使挡墙的变形减少,减少了临时支撑的工程量,提高了工程施工的安全性。由于能在最短时间内恢复交通,也减少了对周边环境的影响。

(2) 由于最先修筑好顶板,这样地下、地上结构施工可以并行,缩短了整个工程的工期。

(3) 由于开挖和施工的交错进行,逆作结构的自身荷载由立柱直接承担并传递至地基,减少了大开挖时卸载对持力层的影响,降低了地基回弹量。

2) 逆作法的缺点

(1) 需要设临时立柱和立柱桩,增加了施工费用,且由于支撑为建筑结构本身,自重大,为防止不均匀沉降,要求立柱具有足够的承载力。

(2) 为便于出土,需要在顶板处设置临时出土孔,因此需对顶板采取加强措施。

(3) 地下结构的土方开挖和结构施工在顶板覆盖下进行,因此大型施工机械难于展开,降低了施工效率。

(4) 混凝土的浇注在逆作施工的各个阶段都有先后之分,这不仅给施工带来不便,而且给结构的稳定性及结构防水带来一些问题。

2. 逆作法的适用条件

逆作法主要适用于以下情况。

1) 大平面地下工程

一般来说,对开挖跨度较大的大平面工程,如果按顺作法施工,支撑长度可能超过其适用界限,给临时支撑的设置造成困难。

2) 大深度的地下工程

大深度开挖时,由于土方的开挖,基底会产生严重的上浮回弹现象。如果采用顺做法施工,必须对基底采用抗浮措施,目前国内多采用深层搅拌桩作为抗拔桩。如果采用逆作法施工,逆作结构的重量置换了卸除的土重,可以有效地控制基底回弹现象。

此外,随着开挖深度的增大,侧压也随之增大,如果采用顺作法施工,对支撑的强度和刚度要求较高,而逆作法是以结构本体作为支撑,刚度较大,可以有效地控制围护结构的变形。

3) 复杂结构的地下工程

当平面是一种复杂的不规则形状时,如果用顺作法施工,那么挡墙对支撑的侧压力传递情况就比较复杂,这样就会导致在某些局部地方出现应力集中现象。

在这种情况下,当采用逆作法施工时,结构本体就是与平面形状相吻合的钢筋混凝土或型钢钢筋混凝土支撑体系,大大提高了安全性。

4) 周边状况苛刻,对环境要求较高

当在地铁或管道等位置施工时,往往要求挡墙变形量的精度达到毫米级。逆作法施工,不仅多采用刚度较大的挡墙(如地下连续墙),而且逆作结构作为结构本体,本身具有很大的刚度,有效地控制了整体变形,从而也就减少了对周围环境和地基的影响。

5) 作业空间狭小

由于逆作法施工是先浇筑顶板,它很快能用作作业场地,又能确保材料进场,另外还能发挥地上钢结构安装和混凝土浇注等的交错作业的优越性。

6) 工期要求紧迫

有些工程,由于业主的需要及其他一些原因,工期较短,这时采用逆作法施工,能做到地上地下同时施工,可以合理、安全、有效地缩短工期。

7) 要求尽快恢复地面交通的工程

3. 逆作法施工的难点

逆作法施工的围护结构通常采用地下连续墙形式,为节省工程投资,一般都把连续墙作为结构侧墙的一部分。由于逆作法施工工艺的特殊性,连续墙先施工,而地下结构的各层梁、板则随挖土进展自上而下逐层浇筑,造成整体结构不同步施工,必须考虑它们之间的连接问题,即所谓节点的施工,节点的连接形式、节点连接的操作程序是控制工程施工质量的重要因素。

4. 逆作法的应用现状

逆作法已经有三十多年的应用历史,特别是日本,在逆作法的实践方面积累了大量的经验;但是目前在逆作法的应用上,仍然存在着一些需要解决的问题,如楼面下作业效率和作业环境、立柱施工的精度及混凝土逆作交接处的质量等。近年来,逆作法在我国上海、南京和北京等地的地铁车站施工中有应用。例如,上海地铁1号线淮海路下面的常熟路站、南京地铁1号线新街口站、北京地铁复—八线的天安门东站和永安里站等。

5. 地铁车站的盖挖逆作法施工

地铁车站的盖挖逆作法施工步骤如图13－27所示。

步骤1: 构筑连续墙围护结构   步骤2: 构筑主体结构和中间立柱

步骤3: 构筑顶板   步骤4: 回填土、恢复路面

步骤5: 开挖上层土方   步骤6: 构筑上层主体结构

步骤7: 开挖下层土方   步骤8: 构筑下层主体结构

图13－27 盖挖逆作法施工步骤

先在地表面向下做基坑的围护结构和中间桩柱,基坑围护结构一般采用地下连续墙。中间桩柱则利用主体结构本身的中间立柱以降低工程造价。随后开挖地表土至主体结构顶板底面标高,利用未开挖的土体作为土模浇注顶板。它还可以作为一道刚性很大的支撑,以防止围护结构向基坑内变形,待回填土后将道路复原,恢复交通。以后的工作都是在顶板覆盖下进

行,即自上而下逐层开挖并建造主体结构直至底板。

采用盖挖逆作法施工时,若采用单层墙或复合墙,结构的防水层难做,只有采用双层墙,即围护结构与主体结构墙体完全分离,无任何连接钢筋,才能够在两者之间敷设完整的防水层。但需要特别注意中层楼板在施工过程中因悬空而引起的稳定和强度问题,由于上部边墙吊着中板而承受拉力,因此,上部边墙的钢筋接头按受拉接头考虑。

盖挖逆作法施工时,顶板一般都搭接在围护结构上,以增加顶板与围护结构之间的抗剪强度和便于敷设防水层,所以需将围护结构上端凿除。

由于在逆作法施工中,立柱是先施作,而且立柱一般都采用钢管柱,则滞后施作的中层板和中纵梁如何与钢管柱连接,就成了逆作法中的施工难题。常用方法是采取双纵梁或在法兰盘上焊钢筋。

13.3 山岭隧道新奥法施工

13.3.1 山岭隧道工程特点

隧道施工过程通常为:在地层中挖出土石,形成符合设计轮廓尺寸的坑道;进行必要的初次支护和砌筑最后的永久衬砌,以控制坑道围岩变形,保证隧道长期的安全使用。

在进行隧道施工时,必须充分考虑隧道工程的特点,才能在保证施工安全的条件下,快速、优质地完成隧道施工。隧道工程的特点,可归纳如下。

(1) 整个工程埋设于地下,因此工程地质和水文地质条件对隧道施工的成败起着重要的甚至是决定性的作用。例如,当年修建穿越阿尔卑斯山的圣哥达铁路隧道时,由于遇到事先未预料到的高温(41℃)和涌水(660 L/min),给施工带来很多困难,最后延期两年才完成。因此,不仅要在勘测阶段做好详细的地质调查和勘探,尽可能准确地掌握隧道工程范围内的岩层性质、岩体强度、完整程度、地应力场、自稳能力、地下水状态、有害气体和地温状况等资料,并根据这些原始材料,初步选定合适的施工方法,确定相应的施工措施和配套的施工机具。而且由于地质条件的复杂性和勘探手段的局限性,在施工中出现先前所未预料到的情况仍不可避免。因此,在长大隧道的施工中,还应采取试验导坑(如日本青函隧道)、水平超前钻孔、声波探测、导坑领先等技术措施,进一步查清掘进前方的地质条件,及时掌握变化的情况,以便尽快地修改施工方法和技术措施。

(2) 隧道是一个狭长的建筑物,在正常情况下只有进口、出口两个工作面。相对于桥梁、线路工程来说,隧道的施工速度比较慢,工期也比较长,往往使一些长大隧道成为控制新建铁路通车的关键工程。为此,需要附加地开挖竖井、斜井、横洞等辅助工程来增加工作面,加快隧道施工速度。此外,隧道断面较小,工作场地狭长,一些施工工序只能顺序作业,而另一些工序又可以沿隧道纵向开展,平行作业。因此,要求施工中加强管理、合理组织、避免相互干扰。洞内设备、管线路布置应周密考虑,妥善安排。隧道施工机械应当结构紧凑、坚固耐用。

（3）地下施工环境较差,甚至在施工中还可能使之恶化,例如,爆破产生有害气体等。必须采取有效措施加以改善,如人工通风、照明、防尘、消音、隔音、排水等,使施工场地合乎卫生条件,并有足够的亮度,以保证施工人员的身体健康,提高劳动生产率。

（4）山岭隧道大多穿越崇山峻岭,因此施工工地一般都位于偏远的深山峡谷之中,往往远离既有交通线,运输不便,供应困难,这些也是规划隧道工程时应当考虑的问题之一。

（5）山岭隧道埋设于地下,一旦建成就难以更改;所以除了事先必须审慎规划和设计外,施工中还要做到不留后患。

13.3.2　隧道施工方法及其选择

一个多世纪以来,世界各国的隧道工作者在实践中已经创造出能够适应各种围岩的多种隧道施工方法。习惯上将它们分为矿山法(传统的矿山法和新奥法)、掘进机法、沉管法、顶进法、明挖法等。

矿山法因最早应用于矿石开采而得名,它包括上面已经提到的传统方法和新奥法。由于在这种方法中,多数情况下都需要采用钻眼爆破来进行开挖,故又称为钻爆法。有时候为了强调新奥法与传统矿山法的区别,而将新奥法从矿山法中另立系统。

掘进机法包括隧道掘进机(Tunnel Boring Machine, T.B.M.)法和盾构掘进机法。前者应用于岩石地层,后者则主要应用于土质围岩,尤其适用于软土、流砂、淤泥等特殊地层。

沉管法和顶进法等则是用来修建水底隧道、城市市政隧道等,明挖法主要用来修建埋深很浅的山岭隧道或城市地铁隧道。

选择施工方案时,要考虑的因素有如下几方面:

（1）工程的重要性,一般由工程的规模、使用上的特殊要求及工期的缓急体现出来;

（2）隧道所处的工程地质和水文地质条件;

（3）施工技术条件和机械装备情况;

（4）施工中动力和原材料供应情况;

（5）工程投资与运营后的社会效益和经济效益;

（6）施工安全状况;

（7）有关污染、地面沉降等环境方面的要求和限制。

应该看到隧道施工方法的选择,是一项"模糊"的决策过程,它依赖于有关人员的学识、经验、毅力和创新精神。对于重要工程则需汇集专家们的意见,广泛论证。

13.3.3　新奥地利隧道施工法——岩石地层的新奥法施工

以往,人们都认为在地层中开挖坑道必然要引起围岩塌陷掉落,开挖的断面越大,塌陷的范围也越大。因此,传统的隧道结构设计方法是将围岩看成是必然要松弛塌落,而成为作用于支护结构上的荷载。传统的隧道施工方法是随挖随用钢材或木材支护,然后,从上到下或从下到上砌筑刚性衬砌。这也是和当时的机械设备、建筑材料、技术水平相一致的。

20 世纪 60 年代以来,人们对开挖隧道过程中所出现的围岩变形、松弛、崩塌等现象有了更深入的认识,为提出新的、经济的隧道施工方法创造了前提。1963 年,新奥地利隧道施工法(New Austria Tunneling Methord),简称新奥法(NTAM)正式出台。新奥法是由传统的矿山法发展起来的。传统的矿山法施工是把地层压力视作外力荷载,而新奥法是把围岩和支护结构作为一个统一的受力体系来考虑,围岩既是荷载的来源,又是支护结构体系的一部分,围岩和支护结构相互作用。新奥法施工的基本思想是:充分利用围岩的自承能力和开挖面的空间约束作用,采用以锚杆和喷射混凝土为主要支护手段,及时对围岩进行加固,约束围岩的松弛和变形,并通过对围岩和支护结构的监控、量测来指导地下工程的设计与施工。新奥法的主要特点如下。

(1) 充分保护围岩,减少对围岩的扰动。因为岩体是隧道结构体系中的主要承载单元,所以在施工中必须充分保护围岩,尽量减少对它的扰动。

(2) 充分发挥围岩的自承能力。为了充分发挥岩体的承载能力,应允许并控制岩体的变形。一方面允许变形,使围岩中能形成承载环;另一方面又必须限制它,使岩体不致过度松弛而丧失或大大降低承载能力。为此,在施工中应采用能与围岩密贴、及时砌筑又能随时加强的支护结构,如锚喷支护等。这样,就能通过调整支护结构的强度、刚度和它参加工作的时间(包括底拱闭合时间)来控制岩体的变形。

(3) 尽快使支护结构闭合。为了改善支护结构的受力性能,施工中应尽快使之闭合,而成为封闭的筒形结构。另外,隧道断面形状要尽可能地圆顺,以避免拐角处的应力集中。

(4) 加强监测,根据监测数据指导施工。在施工的各个阶段,应进行现场量测,及时提出可靠的、数量足够的量测信息,如坑道周边的位移或收敛、接触应力等,并及时反馈信息,用来指导施工和修改设计。

上述新奥法的基本原则可扼要地概括为"少扰动、早喷锚、快封闭、勤量测"。

新奥法施工,按其开挖断面的大小及位置,基本上又可分为全断面法、台阶法、分步开挖法三大类及若干变化方案。

1. 全断面法

按照隧道设计轮廓线一次爆破成型的施工方法叫全断面法。它的施工顺序如下:

① 用钻孔台车钻眼,然后装药、连接导火线;

② 退出钻孔台车,引爆炸药,开挖出整个隧道断面;

③ 排除危石,安设拱部锚杆和喷第一层混凝土;

④ 用装碴机将石碴装入矿车,运出洞外;

⑤ 安设边墙锚杆和喷射混凝土;

⑥ 必要时可喷拱部第二层混凝土和隧道底部混凝土;

⑦ 开始下一轮循环;

⑧ 在初次支护变形稳定后或按施工组织中规定日期,灌注内层衬砌。

全断面法适用于Ⅲ～Ⅰ级岩质较均匀的硬岩。必须具备大型施工机械。隧道长度或施工区段长度不宜太短,否则采用大型机械化施工的经济性差。根据经验,这个长度不宜小于 1 km。

根据围岩稳定程度亦可以不设锚杆或设短锚杆。也可先出碴,然后再施作初次支护;但一般仍先施作拱部初次支护,以防止应力集中而造成的围岩松动剥落。

全断面法的优点是:工序少,相互干扰少,便于组织施工和管理;工作空间大,便于组织大型机械化施工。

采用全断面法应注意下列问题:摸清开挖面前方的地质情况,随时准备好应急措施(包括改变施工方法等),以确保施工安全;各种施工机械设备务求配套,以充分发挥机械设备的效率;加强各项辅助作业,尤其加强施工通风,保证工作面有足够新鲜空气;加强对施工人员的技术培训,实践证明,施工人员对新奥法基本原理的了解程度和技术熟练状况,直接关系到施工的成败。

2. 台阶法

根据台阶长度,台阶法分为长台阶法、短台阶法和超短台阶法 3 种,如图 13-28 所示。至于施工中究竟应采用何种台阶法,要根据以下两个条件来决定:

(a) 长台阶法

(b) 短台阶法

(c) 超短台阶法

图 13-28 台阶法

① 初次支护形成闭合断面的时间要求,围岩越差,闭合时间要求越短;
② 上断面施工所用的开挖、支护、出碴等机械设备施工场地大小的要求。

在软弱围岩中应以快封闭为主,兼顾后者,确保施工安全。在围岩条件较好时,主要考虑如何更好地发挥机械效率,保证施工的经济性;故只要考虑后一条件。现将各种台阶法叙述如下。

（1）长台阶法

长台阶法是将断面分成上半断面和下半断面两部分进行开挖,上、下断面相距较远,一般上台阶超前 50 m 以上或大于 5 倍洞跨。施工时上下部可配属同类机械进行平行作业,当机械不足时也可用一套机械设备交替作业,即在上半断面开挖一个进尺,然后再在下断面开挖一个进尺。当隧道长度较短时,亦可先将上半断面全部挖通后,再进行下半断面施工,即为半断面法。

长台阶法的作业顺序如下。

① 上半断面施工。用两臂钻孔台车钻眼、装药爆破,地层较软时亦可用挖掘机开挖。安设锚杆和钢筋网,必要时加设钢支撑、喷射混凝土。用铲斗容积为 1.6 m³ 的推铲机将石碴推运到台阶下,再由装载机装入车内运至洞外。根据支护结构形成闭合断面的时间要求,必要时在开挖上半断面后,可建筑临时底拱,形成上半断面的临时闭合结构,然后在开挖下断面时再将临时拱底挖掉。但从经济观点来看,最好不这样做,而应改用短台阶法。

② 下半断面施工。用两臂钻孔台车钻眼、装药爆破。装碴直接运至洞外。安设边墙锚杆(必要时)和喷混凝土。用反铲挖掘机开挖水沟。喷顶部混凝土。开挖下半断面时,其炮眼布置方式有两种:平行隧道轴线的水平眼;由上台阶向下钻进的竖直眼,又称插眼,如图 13-29 所示。前一种方式的炮眼主要布置在设计断面轮廓线上,能有效地控制开挖断面。后一种方式的爆破效果较好;但爆破时石碴飞出较远,容易打坏机械设备。

图 13-29　长台阶法炮眼布置

③ 待初次支护的变形稳定后,或根据施工组织所规定的日期敷设防水层(必要时)和建造内层衬砌。

相对于全断面法来说,长台阶法一次开挖的断面和高度都比较小,只需配备中型钻孔台车即可施工,而且对维护开挖面的稳定也十分有利。所以,它的适用范围较全断面法广泛。

（2）短台阶法

这种方法也是分成上下两个断面进行开挖,只是两个断面相距较近,一般上台阶长度小于5 倍但大于 1~1.5 倍洞跨。上下断面采用平行作业。

短台阶法的作业顺序和长台阶相同。

由于短台阶法可缩短支护结构闭合的时间,改善初次支护的受力条件,有利于控制隧道收敛速度和量值;所以适用范围很广,Ⅴ~Ⅰ级围岩都能采用,尤其适用于Ⅴ、Ⅳ级围岩,是新奥法施工中主要采用的方法。

短台阶法的缺点是上台阶出碴时对下半断面施工的干扰较大,不能全部平行作业。为解决这种干扰,可采用长皮带运输上台阶的土碴,或设置由上半断面过渡到下半断面的坡道,将上台阶的石碴直接装车运出。过渡坡道的位置可设在中间,亦可交替地设在两侧。过渡坡道法适用于断面较大的双线隧道。

采用短台阶法时应注意:初次支护全断面闭合要在距开挖面 30 m 以内,或距开挖上半断面开始的 30 天内完成;初次支护变形、下沉显著时,要提前闭合,要研究在保证施工机械正常工作前提下台阶的最小长度。

（3）超短台阶法

这种方法也是分成上下两部分,但上台阶仅超前 3~5 m;因此只能采用交替作业。

超短台阶法施工顺序为:用一台停在台阶下的长臂挖掘机开挖上半断面至一个进尺;安设拱部锚杆、钢筋网或钢支撑;喷拱部混凝土;用同一台机械开挖下半断面至一个进尺;安设边墙锚杆、钢筋网或接长钢支撑,喷边墙混凝土(必要时加喷拱部混凝土);开挖水沟、安设底部钢支撑,喷底部拱混凝土;灌注内层衬砌。

如无大型机械也可采用小型机具交替地在上下部进行开挖,由于上半断面施工作业场地狭小,常常需要配置移动式施工台架,以解决上半断面施工机具的布置问题。

由于超短台阶法初次支护全断面闭合时间更短,更有利于控制围岩变形,在城市隧道施工中能更有效地控制地表沉陷;所以超短台阶法适用于膨胀性围岩和土质围岩、要求及早闭合断面的场合,当然也适用于机械化程度不高的各类围岩地段。

超短台阶法的缺点是上下断面相距太近,机械设备集中,作业时间相互干扰较大,生产效率较低,施工速度较慢。

采用超短台阶法施工时应注意:在软弱围岩中施工时,应特别注意开挖工作面的稳定性,必要时可采用辅助施工措施,如向围岩中注浆或打入超前小导管,对开挖面进行预加固或预支护,或留核心土。

最后还应指出,在所有台阶法施工中,开挖下半断面时要求做到以下几点:

① 下半断面的开挖(又称落底)和封闭应在上半断面初次支护基本稳定后进行,或采取其他有效措施确保初次支护体系的稳定性,例如,扩大拱脚、打拱脚锚杆、加强纵向联接等,使上部初次支护与围岩形成完整体系;采用单侧落底或双侧交错落底,避免上部初次支护两侧拱脚

同时悬空;视围岩状况严格控制落底长度,一般采用 1~3 m,并不得大于 6 m。

② 下部边墙开挖后必须立即喷射混凝土,并按规定做初次支护。

③ 量测工作必须及时,以观察拱顶、拱脚和边墙中部位移值,当发现速率增大,应立即进行底(仰)拱封闭。

3. 分部开挖法

分部开挖法可分为台阶分部开挖法、单侧壁导坑法、双侧壁导坑法 3 种变化方案如见图 13-30 所示。

(a) 台阶分部开挖法

(b) 单侧臂导坑法

(c) 双侧臂导坑法

图 13-30　分部开挖法

(1) 台阶分部开挖法

台阶分部开挖法又称环形开挖留核心土法,一般将断面分成环形拱部(图 13-30(a)中的1、2、3)、上部核心土(图 13-30(a)中的 4)、下部台阶(图 13-30(a)中的 5)等 3 部分。根据断面的大小,环形拱部又可分成几块交替开挖。环形开挖进尺为 0.5~1.0 m,不宜过长。上部核心土和下台阶的距离,一般双线隧道为 1 倍洞跨,单线隧道为 2 倍洞跨。

台阶分部开挖法的施工作业顺序为:用人工或单臂掘进机开挖环形拱部;架立钢支撑、喷混凝土;在拱部初次支护保护下,用挖掘机或单臂掘进机开挖核心土和下台阶,随时接长钢支撑和喷混凝土、封底;根据初次支护变形情况或施工安排建造内层衬砌。

由于拱形开挖高度较小或地层松软,锚杆不易成型,所以施工中不设或少设锚杆。

在台阶分部开挖法中,四为上部留有核心土支挡着开挖面,而且能迅速及时地建造拱部初次支护;所以开挖工作面稳定性好。和台阶法一样,核心土和下部开控都是在拱部初次支护保护卜进行的,施工安全性好。这种方法适用于一般土质或易坍塌的软弱围岩。

台阶分部开挖法的主要优点是:与超短台阶法相比,台阶长度可以加长,减少上下台阶施工干扰;而与下述的侧壁法相比,施工机械化程度较高,施工速度可加快。

采用台阶分部开挖时应注意:虽然核心土增强了开挖面的稳定,但开挖中围岩要经受多次扰动,而且断面分块多,支护结构形成全断面封闭的时间长,这些都有可能使围岩变形增大。因此,常常需要采用辅助施工措施对开挖工作面及其前方岩体进行预支护或预加固。

(2) 单侧壁导坑法

如图 13 - 30(b)所示,单侧壁法一般是将断面分成侧壁导坑(1)、上台阶(2)、下台阶(3)3 块。侧壁导坑尺寸应根据充分利用台阶的支撑作用并考虑机械设备和施工条件而定。一般侧壁导坑宽度不宜超过 0.5 倍洞宽,高度以到起拱线为宜,这样导坑可分二次开挖和支护,不需要架设工作平台,人工架立钢支撑也较方便。导坑与台阶的蹁没有硬性规定,但一般应以导坑施工和台阶施工不发生干扰为原则;所以在短隧道中可选挖通导坑而后再开挖台阶。上、下台阶的距离则视围岩情况参照短台阶法或超短台阶法拟定。

单侧壁导坑法的施工作业顺序为:开挖侧壁导坑,并进行初次支护(锚杆加钢筋网或锚杆加钢支撑或钢支撑,喷射混凝土),应尽快使导坑的初次支护闭合;开挖上台阶,进行拱部初次支护,使其一侧支承在导坑的初次支护上,另一侧支承在下台阶上;开挖下台阶,进行另一侧边墙的初次支护,并尽快建造底部初次支护,使全断面闭合;拆除导坑临空部分的初次支护;施作内层衬砌。

单侧壁导坑法是将断面横向分成 3 块或 4 块,每步开挖的宽度较小,而且封闭型的导坑初次支护承载能力大;所以单侧壁导坑法适用于断面跨度大,地表沉陷难于控制的软弱松散围岩。

(3) 双侧壁导坑法

双侧壁导坑法又称眼镜工法。当隧道跨度很大,地表沉陷要求严格,围岩条件特别差,单侧壁导坑法难以控制围岩变形时,可采用双侧壁导坑法。现场实测结果表明,双侧壁导坑法所引起的地表沉陷仅为短台阶法的 1/2。

如图 13 - 30(c)所示,双侧壁导坑法一般是将断面分成左、右侧壁导坑(1),上部核心土(2),下台阶(3)4 块。导坑尺寸拟定的原则同前,但宽度不宜超过断面最大跨度的 1/3。左、右侧导坑错开的距离,应根据开挖一侧导坑所引起的围岩应力重分布的影响不致波及另一侧已成导坑的原则来确定。

双侧壁导坑法施工作业顺序为:开挖一侧导坑,并及时地将其初次支护闭合;相隔适当距离后开挖另一侧导坑,并建造初次支护;并挖上部核心土,建造拱部初次支护,拱脚支承在两侧壁导坑的初次支护上;开挖下台阶,建造底部的初次支护,使初次支护全断面闭合;拆除导坑临空部分的初次支护;施作内层衬砌。

双侧壁导坑法虽然开挖断面分块多,扰动大,初次支护全断面闭合的时间长;但每个分块都是在开挖后立即各自闭合的,所以在施工中间变形几乎不发展。

双侧壁导坑法施工安全,但速度较慢,成本较高。

4．施工中可能发生的问题及其对策

新奥法施工的基本原则是,根据围岩性质允许产生适量的变形,但又不使围岩松动塌落。在设计、施工过程中,若对围岩性质判断不准或情况不明或喷射混凝土、打锚杆、立钢支撑时间和方法有误,围岩松动就会超过预计范围。此时,应根据观察和测量结果找出原因,进行改正。但是,很多场合不能明确原因,因此只能针对所发生的现象采取措施。根据实践经验,将新奥法中经常出现的一些异常现象及应采取的措施列于表13-8中,其中措施A指进行比较简单的改变就可解决问题的措施,措施B指包括需要改变支护方法等比较大的变动才能解决问题的措施。当然,表中只列出大致的对策标准,优先用哪种措施,要视各个隧道的围岩条件、施工方法、变形状态综合判断。

表 13-8　施工中的异常现象及其处理措施

	施工中的异常现象	措施 A	措施 B
开挖面及其附近	正面变得不稳定	(1) 缩短一次掘进进度 (2) 开挖时保留核心土 (3) 向正面喷射混凝土 (4) 用插板或并排钢管打入地层进行预支护	(1) 缩小开挖断面 (2) 在正面打锚杆 (3) 采取辅助施工措施对地层进行预加固
	开挖面顶部掉块增大	(1) 缩短开挖时间及提前喷射混凝土 (2) 采用插板或并排钢管 (3) 缩小一次开挖长度 (4) 开挖时暂时分部施工	(1) 加钢支撑 (2) 预加固地层
	开挖面出现涌水或者涌水量增加	(1) 加速混凝土硬化(增加速凝剂等) (2) 喷射混凝土前作好排水 (3) 加挂网格密的钢筋网 (4) 设排水片	(1) 采取排水方法(如排水钻孔、井点降水等) (2) 预加固围岩
	地基承载力不足,下沉增大	(1) 注意开挖,不要损害地基围岩 (2) 加厚底脚处喷射混凝土,增加支承面积	(1) 增加锚杆 (2) 缩短台阶长度,及早闭合支护环 (3) 用喷射混凝土作临时底拱 (4) 预加固地层
	产生底鼓	及早喷射底拱混凝土	(1) 在底拱处打锚杆 (2) 缩短台阶长度,及早闭合支护环
喷混凝土	喷混凝土层脱离甚至塌落	(1) 开挖后尽快喷射混凝土 (2) 加钢筋网 (3) 解除涌水压力 (4) 加厚喷层	打锚杆或增加锚杆
	喷混凝土层中应力增大,产生裂缝和剪切破坏	(1) 加钢筋网 (2) 在喷混凝土层中增设纵向伸缩缝	(1) 增加锚杆(用比原来长的锚杆) (2) 加入钢支撑

续表

	施工中的异常现象	措施 A	措施 B
锚杆	锚杆轴力增大,垫板松弛或锚杆断裂		(1) 增强锚杆(加长) (2) 采用承载力大的锚杆 (3) 为增大锚杆的变形能力,在垫锚板间夹入弹簧垫圈等
钢支撑	钢支撑中应力增大,产生屈服	松开接头处螺栓,凿开喷混凝土层,使之可自由伸缩	(1) 增加锚杆 (2) 采用可伸缩的钢支撑,在喷射混凝土层中设纵向伸缩缝
	净空位移量增大,位移速度变快	(1) 缩短从开挖到支护的时间 (2) 提前打锚杆 (3) 缩短台阶、底拱一次开挖的长度 (4) 当喷射混凝土开裂时,设纵向伸缩缝	(1) 增强锚杆 (2) 缩短台阶长度 (3) 在锚杆垫板间夹入弹簧垫圈等 (4) 采用超短台阶法或在上半断面建造临时底拱

13.4 城市地下工程浅埋暗挖法施工

在城市地下工程施工方法中,浅埋暗挖法占有很大的比重,用浅埋暗挖法施工可以将对地面交通的干扰减少到最低。

浅埋暗挖法的工艺流程和技术要求主要是针对埋深较浅、松散不稳定的地层和软弱破碎岩层的施工提出来的。浅埋暗挖技术首次应用在北京地铁复兴门折返线工程。近十几年来,浅埋暗挖法在我国的地下工程施工中得到了广泛的应用,北京地铁的区间隧道及其他一些市政工程广泛采用浅埋暗挖法进行施工,例如,北京地铁复—八线全长12.7 km,其中区间隧道长约为7 km,地铁西单站、天安门西站、王府井站、东单站等均采用浅埋暗挖法施工,北京地铁 4 号线、5 号线和 10 号线也有 53% 的区间隧道采用浅埋暗挖法施工,长安街下多条人行地下通道和国家计委大型地下停车库也采用该技术施工。浅埋暗挖法强调对地层的预支护和预加固。

13.4.1 地铁区间隧道的浅埋暗挖法施工

在区间隧道的开挖支护施工中,严格执行"管超前、严注浆、短开挖、强支护、早封闭、勤量测"的十八字施工原则。在施工工序上坚持"开挖一段,支护一段,封闭一段"的基本工艺。

管超前——在工作面开挖前,沿隧道拱部周边按设计打入超前小导管。

严注浆——在打设超前小导管后注浆加固地层,使松散、松软的土体胶结成整体。增强土体的自稳能力,和超前小导管一起形成纵向超前支护体系,防止工作面失稳。此外,严注浆还包括初支背后注浆和二衬背后注浆。

短开挖——每次开挖循环进尺要短,开挖和支护时间尽可能缩短。

强支护——采用格栅钢架和喷射混凝土进行较强的早期支护,以限制地层变形。

早封闭——开挖后初期支护要尽早封闭成环,以改善受力条件。

勤量测——量测是对施工过程中围岩及结构变化情况进行动态跟踪的重要手段,是对围岩和支护结构的变形监测,根据监测数据绘制位移－时间曲线,当位移－时间曲线出现反弯点时,表明围岩和支护已呈不稳定状态,需要加密监视、加强支护,以确保施工安全。

目前,在城市地下铁道和其他市政工程的浅埋暗挖法施工中,根据地表沉降的控制要求、地层条件及开挖断面大小,主要施工方法有台阶法、中隔壁法(CD法)、十字中隔壁法(CRD法)、双侧壁导坑法等。

1. 台阶法施工

在松散地层中采用台阶法施工,一般都要用超前小导管对地层进行超前加固,对于一些特殊地段,如隧道埋深浅、地表有重要建筑物、隧道穿越公路或铁路线等,则需要对地层采用大管棚和小导管联合支护的方式。

一般来说,台阶法施工的主要工序有:超前小导管注浆支护,分台阶开挖土方、洞内土方运输、初期支护、初期支护背后压浆,补喷混凝土、防水层施工、浇注仰拱及二次模筑钢筋混凝土衬砌。

图13-31为地铁某单线区间隧道的台阶法施工步骤图。

第1步　施工拱部超前小导管,预注浆加固地层;
　　　　开挖拱部土体(1),保留核心土;
　　　　架立拱部格栅钢架,喷射混凝土,打锁脚锚杆;开挖核心土(2)

第2步　开挖(3)部土体,并施作边墙、
　　　　仰拱初期支护封闭成环

第3步　敷设仰拱防水板;
　　　　施作仰拱二次衬砌

第4步　敷设边墙、拱部防水板,处理防水板接茬;
　　　　施作边墙、拱部二次衬砌,二次衬砌封闭成环

图13-31　某地铁区间隧道短台阶法(留核心土)施工步骤图

2．CRD 法施工

当开挖断面比较大的时候,为确保地层沉降控制在允许范围内,需要将整个开挖断面分为若干个小断面,并在断面中部设置一道临时支撑。在具体施工时,开挖一个小断面,进行一个小断面的初期支护,最终使整个大断面初期支护闭合成环,在二衬前,拆除中间"十字"支撑。图 13－32 为某地铁区间隧道渡线段的 CRD 法施工步骤图。

3．双侧壁导坑法

图 13－33 为北京地铁某区间隧道渡线段双侧壁导坑法施工步骤图。

4．辅助施工措施

1）超前小导管

小导管一般布置在隧道拱部,超前小导管注浆支护的目的是改变地层力学参数,提高地层承载能力。施工步骤有施工准备、钻孔与打入小导管和注浆。

（1）施工准备

小导管制作:超前小导管采用钢管,钢管一端做成尖形,另一端焊接上铁箍,在距铁箍端 0.5～1.0 m 开始钻孔,钻孔沿管壁间隔 100～200 mm 呈梅花形布置,孔位互成 90°。对于卵石层,超前小导管采用厚壁无缝钢管。

注浆压力:根据地层性质,注浆压力一般为 0.1～0.3 MPa。

（2）钻孔、打小导管

注浆钢管沿隧道开挖轮廓线布置,外插角取 5°～10°,在处理特殊地段时,可适当加大。纵向前后相邻两排小导管搭接的水平投影长度为 1 m 左右,环向间距一般为 3 根/m,小导管布设在拱顶部 2/3 范围内。

（3）注浆

在注浆前先喷混凝土,封闭掌子面,以防渗漏。对强行打入的钢管要冲清管内积物,然后再注浆。注浆顺序由下而上,浆液用搅拌桶搅拌。

在土层段注水泥浆,砂层段注水泥、水玻璃双液浆。

图 13－34 为某区间隧道采用超前小导管注浆加固地层。

2）管棚

对于开挖断面比较大、对地表沉降控制标准高的隧道或者隧道拱顶有市政管线时,一般都要采用大管棚对地层进行加固。如图 13－35 所示。管棚规格有 $\phi108$、$\phi159$ 等,对于近距离下穿既有地铁工程,可以考虑采用 $\phi600$ 的超大管棚。

第1步　施做1部超前小导管，注浆加固地层；
　　　　开挖1部土体，施做初期支护

第2步　开挖2部土体，
　　　　施做初期支护

第3步　施做3部超前小导管，注浆加固地层；
　　　　开挖3部土体，施做初期支护

第4步　开挖4部土体，
　　　　施做初期支护

第5步　施做Ⅰ部二次衬砌，架设临时支撑

第6步　拆除临时仰拱，施做Ⅱ部二次衬砌，架设临时支撑

第7步　拆除中隔壁，施做剩余Ⅲ部二次衬砌，封闭成环；待Ⅲ部混凝土达到设计强度的75%后，拆除临时支撑

图13-32　区间隧道渡线段十字中隔壁法(CRD法)施工步骤图

第1步 施做1部超前小导管，注浆加固地层，开挖1部土体，施做初期支护

第2步 开挖2部土体，施做初期支护

第3步 施做3部超前小导管，注浆加固地层，开挖3部土体，施做初期支护

第4步 开挖4部土体，施做初期支护

第5步 施做5部超前小导管，注浆加固地层，开挖5部土体，施做临时仰拱

第6步 开挖7部土体，施做初期支护

第7步 施做Ⅰ部仰拱二次衬砌

第8步 施做Ⅱ部边墙二次衬砌，架设临时支撑

第9步 拆除两侧临时抑拱，施做Ⅲ部二次衬砌，架设临时支撑

第10步 拆除上部竖撑，浇筑拱部Ⅳ部二次衬砌，拆除下部竖撑，施做初期支护Ⅴ部二次衬砌，封闭成环，拆除临时支撑

图13-33 双侧壁导坑法施工步骤

图 13-34　某区间隧道采用超前小导管注浆加固地层

图 13-35　某地铁车站隧道下穿既有铁路线采用大管棚加固地层

13.4.2　地铁车站的浅埋暗挖法施工

用暗挖法施工地铁车站可以将对地面交通的干扰减少到最低;因此暗挖法在北京地铁车站的施工中占有较大的比重,北京地铁复—八线的西单站、天安门东站和北京地铁五号线蒲黄榆站、天坛东站、磁器口站等均采用暗挖法施工。采用浅埋暗挖法修建地铁车站,其基本作业程序包括地层预支护和预加固、土方开挖、初期支护及二次衬砌,监控量测指导施工组织设计等,这些与区间隧道的施工大体类似,只是车站的结构断面形式比区间隧道复杂,断面尺寸比区间隧道大,地表沉降控制相对更严。

在进行地铁车站暗挖法施工时,要根据地表沉降的控制要求、地表交通状况、施工技术水平等情况,进行技术经济比较,选择相对较为合理的施工方法。实践证明:采用合理的支护技术和施工工艺,用暗挖法可以安全地建设地铁车站,并且可以将地表沉降控制在设计要求的范围内。

暗挖法的施工方法和工艺不是千篇一律的,下面通过北京地铁几个车站的施工,来阐述地铁车站暗挖法施工的主要步骤、主要工艺及控制地层沉降的措施。

1. 北京地铁复—八线西单车站的双侧壁导坑法施工

北京地铁复—八线西单车站位于西长安街下的砂土层和砂黏土层中,车站为三拱两柱式双层拱形结构,拱顶离地表的距离只有 6 m。西单车站是我国首次用暗挖法建成的三拱两柱双层车站。

为了寻求一个可靠的施工方案及合理的支护结构,对台阶法、单眼镜法、中隔壁法、双眼镜法 4 种方案的 6 种开挖程序,按相同的支护参数进行力学分析,6 种开挖程序见表 13 - 9。

表 13 - 9 不同方法的开挖顺序

编号	工法	开挖顺序
A	台阶法	
B	单眼镜法	
C	中隔壁法	C₁ 横向开挖 / C₂ 竖立开挖

编号	工法	开挖顺序	
		D_1 导坑对称同时开挖	D_2 导坑错开开挖
D	双眼镜法		

不同开挖程序引起的地表沉降曲线如图13-36所示,主要技术经济指标比较见表13-10。

图 13-36　不同开挖方法的地表沉降曲线图

表 13-10　不同开挖方法主要技术经济比较

项目 施工方案	地表沉降量 /mm	喷混凝土 废弃量比	施工作业
台阶法	>30	0.9	作业空间大,便于大型机械使用,安全稳妥
单眼镜法	32.0	0.9	施工过程容易控制,安全稳妥
双眼镜对称开挖法	24.7	1.0	施工过程容易控制,安全稳妥;但是作业空间小,不利于使用大型设备
双眼镜错开开挖法	24.6	1.0	施工过程容易控制,安全稳妥但是作业空间小,不利于使用大型设备
中隔壁上下开挖法	15.8	1.1	安全度高,稳妥可靠
中隔壁左右开挖法	18.2	1.1	安全度高,稳妥可靠

通过对不同施工方法的地表沉降进行分析,最后确定采用以大管棚和小导管注浆加固地层进行超前预支护的双侧壁导坑法为最佳施工方案。

2．天安门西站的暗挖桩柱法施工

天安门西站地处人民大会堂西侧路和石碑胡同之间,全长为226.1 m,宽为23.8 m,高为

15.25 m,结构上方覆土厚度为 5.8 m,车站主体所穿过地层主要为黏土、亚黏土和砂砾石地层,地下水主要是承压水,水位在结构底板下 1.5 m,施工方法将暗挖法和逆作法结合起来。具体施工步骤如下:

（1）首先在车站仰拱部位施作 4 个小导洞;

（2）在小导洞内做人工挖孔桩到车站的底板位置,利用人工挖孔桩施作边桩、钢管柱和顶纵梁;

（3）再对应开挖下面 4 个小导洞;

（4）自上而下紧跟施作扣拱、中板、边墙;

（5）施作底板、底纵梁,封闭成环。

施工步骤如图 13-37 所示。

第1步 施作导洞   第2步 施作底纵梁、边桩、钢管柱和顶纵梁

第3步 施作顶拱   第4步 施作边墙和顶部二衬

第5步 开挖站厅层土方   第6步 施作中板

第7步 开挖站台层土方   第8步 施作底板,封闭成环,施作站台板

图 13-37 天安门西站暗挖桩柱法施工步骤

3. 天安门东站的条形基础盖挖逆作法施工

天安门东站地处天安门广场东侧、中国革命历史博物馆北侧,位于长安街下,车站结构形式为三跨两柱三层框架结构形式,车站主体位于杂填土,即砂质黏土、粉质黏土和圆砾土中,车站长度为 218 m,宽度为 160 m,高度为 15 m,车站主体结构上方密布各种市政管线、电力管沟和通信光缆。

主要施工步骤如图 13-38 所示,该方法实际上是把传统的盖挖逆作法和浅埋暗挖法相结合,有关文献将这种施工工法称为条形基础盖挖逆作法。

第1步　施作导洞　　　　　　　　　　　第2步　在导洞内浇注梁式基础

第3步　人工挖孔施作ϕ800边桩、ϕ1 500钢管柱　　　第4步　浇筑顶板,回填土,恢复路面

第5步　自上而下开挖一、二、三层土方并浇筑各层结构　　　第6步　施作站台板

图 13-38　天安门东站条形基础盖挖逆作法施工步骤

4. 磁器口站的暗挖中洞法施工

1) 工程概况

北京地铁 5 号线磁器口车站为双层岛式三拱两柱结构。车站主体覆土深度为 9.8~10.3 m;出入口通道覆土深度约为 11.8~12.4 m。

2) 车站主体结构的施工步骤

(1) 在车站主体结构的拱顶位置,按预先设计好的位置,测量定位,打 ϕ108 的管棚,管棚长度为 30 m,分 5 节打入,每节长为 6 m。

(2) 按照"小分块、短台阶、多循环、快封闭"的原则施工中洞,中洞采用 CRD 工法施工,并

辅以小导管注浆加固地层。

（3）中洞开挖支护完成后,铺设底板防水层,施做结构底板及底纵梁,预留防水层和钢筋搭接长度。

（4）在中洞内施做上、下钢管混凝土柱、中板及中纵梁,预留钢筋搭接长度。上层中柱设可调式拉杆,以控制柱的垂直精度。

（5）铺设拱部防水层,施工拱部结构及顶纵梁,预留防水层和钢筋搭接长度,拆除中洞内临时支护,完成中洞施工。

（6）两侧洞同步采用台阶法开挖土体并支护,并辅以小导管注浆加固地层。

（7）在两侧洞内铺设底板及下部边墙防水层,浇注底板及下部边墙结构。

（8）施工侧洞内中板,与中洞内中板连接。

（9）继续施做两侧洞内边墙和拱部防水层及结构,与中洞内拱部结构连接,二次衬砌封闭,拆除所有临时支护,完成主体结构。

具体施工步骤如图 13-39 所示。

第1步　进行中洞拱部大管棚超前支护、
　　　　小导管注浆加固地层

第2步　中洞采用CRD法,按图中顺序进行
　　　　开挖;及时封闭初期支护

第3步　拆除部分竖向临时支护,铺设底
　　　　部部分防水层,施作部分底板、
　　　　底纵梁,预留钢筋及防水板接头

第4步　恢复底部临时竖向支护,施作钢管柱、中纵梁及部
　　　　分中层板、铺设拱部部分防水板,并施作顶纵梁部
　　　　分拱部衬砌,预留好钢筋及防水板接头

第5步　拆除竖向临时支护，铺设拱部剩余防水板，施作拱部、底板、中板剩余衬砌

第6步　两边跨拱部施作大管棚超前支护及小导管注浆加固地层，对称开挖边孔上导坑，及时施作封闭初期支护

第7步　按图中顺序对称开挖两侧边跨，及时施作封闭初期支护

第8步　拆除中洞下部临时支护，铺设两侧边跨底板及部分边墙防水层，施作二次衬砌，并预留好钢筋及防水板接头，必要时在中隔壁下加临时支撑

第9步　拆除下部临时仰拱及中洞部分临时支护，铺设两侧部分边墙防水层，施作二次衬砌，并预留好钢筋及防水板接头，必要时加临时支撑

第10步　拆除中部临时仰拱及中洞部分临时支护，铺设两侧边墙防水板，施作两侧边墙及两边跨中层板二次衬砌，并预留好钢筋及防水板接头

第11步　拆除剩余临时支护，施工边墙部分及拱部防水层，与顶纵梁上的防水层搭接好，灌注剩余衬砌

第12步　施作站台板，完成全部主体结构

图13-39　中洞法施工步骤图

13.4.3　城市地下工程暗挖法施工控制地层沉降的主要措施

1．把住超前支护关

在开挖之前,一般采用大管棚和超前小导管注浆联合加固地层,根据多个车站暗挖法的施工经验,大管棚主要起控制地层塌陷的作用,而小导管注浆起到加固地层的作用,为了增加大管棚的刚度,一般在大管棚内注水泥砂浆。另外,由于车站开挖断面大,埋深浅,控制地层沉降难度大;因此要重视超前小导管注浆加固地层的作用,在管棚施工比较困难的地段及地质条件差的地段,采取密排小导管注浆加固地层。

2．及时施工初期支护

工作面暴露后, 及时施工初期支护（钢格栅加网喷混凝土）, 这是控制地层沉降的关键环节之一, 一般在工作面暴露后喷射混凝土, 然后架设钢格栅, 再喷射混凝土至设计厚度。如果地质条件差, 拱顶离地表距离近或者地层沉降控制标准高, 必要时先架设格栅, 再喷射混凝土。

最重要的是要及时、快速封闭,以形成合理的受力结构,防止初期支护整体下沉。

3．加强初支拱背回填注浆

在初支背后,设立注浆管,对于暗挖区间隧道,一般每个断面设置 3~4 根注浆管,纵向间距为 6 m。注水泥浆或水泥砂浆。

4．加强二衬背后压浆

注浆管纵向间距为 4 m,注水泥砂浆。

13.5　盾构法施工

盾构法是隧道暗挖施工法的一种。在地下铁道中采用盾构法施工始于 1874 年,当时为了在伦敦地下铁道东线的黏土和含水砂砾层修建内径为 3.12 m 的区间隧道,采用了气压盾构及向衬砌背后注浆的施工工艺。20 世纪 40 年代起,前苏联采用直径为 6.0~9.5 m 的盾构先后在莫斯科、列宁格勒等城市修建地下铁道区间和车站隧道,将盾构法施工水平推进到一个新高度。20 世纪 60 年代以来,盾构法施工在日本得到迅速发展,在东京、大阪、名古屋、京都等城市的地下铁道施工中都广泛地被采用。为了克服在城市松软含水地层中盾构施工引起的地面沉降,以及钢筋混凝土管片的制造精度和防水问题,日本和德国等制成了水泥加压式等新型盾构及其配套设备和各种新型衬砌,并研究了相应的施工工艺和防水技术。

1989 年,我国上海地铁一号线工程正式采用盾构法修建区间隧道,并以于 1994 年投入运营。但应指出,早在 1963 年上海就已开始了 ϕ4.16 m 的盾构隧道及 1968 年北京开始了 ϕ7.0 m 盾构隧道的工程试验,并在钢筋混凝土管片制造、防水技术、挤压混凝土施工等方面取得了成功。广州地铁一号线和二号线的区间隧道也采用了盾构法施工。图 13-40 为广州地铁二号线使用的盾构机。

图 13-40　广州地铁二号线使用的盾构机

13.5.1　盾构法施工、盾构概貌及其适用范围

盾构法施工的概貌如图 13-41 所示,其主要施工步骤如下:

图 13-41　盾构法施工概貌

(1) 在盾构法隧道的起始端和终端各建一个工作井;

(2) 盾构在起始端工作井内安装就位;

(3) 依靠盾构千斤顶推力(作用在新拼装好的衬砌和工作井后壁上)将盾构从起始工作井的墙壁开孔处推出;

（4）盾构在地层中沿着设计轴线推进，在推进的同时不断出土和安装衬砌管片；

（5）及时地向衬砌背后的空隙注浆，防止地层移动和固定衬砌环位置；

（6）盾构进入终端工作井并被拆除，如施工需要，也可穿越工作井再向前推进。

盾构机是这种施工法中的的主要施工机械。它是一个既能承受围岩压力又能在地层中自动前进的圆筒形隧道工程机械，但也有少数为矩形、马蹄形和多圆形断面的。

从纵向可将盾构分为切口环、支承环和盾尾3部分。切口环是盾构的前导部分，在其内部和前方可以设置各种类型的开挖和支撑地层的装置；支承环是盾构的主要承载结构，沿其内周边均匀地装有推动盾构前进的千斤顶，以及开挖机械的驱动装置和排土装置；盾尾主要是进行衬砌作业的场所，其内部设置衬砌拼装机，尾部有盾尾密封刷、同步压浆管和盾尾密封刷油膏注入管等。切口环和支承环都是用厚钢板焊成的或铸铁的肋形结构，而盾尾则是用厚钢板焊成的光壁筒形结构，如图13-42所示。

图13-42　盾构纵剖图

现代盾构能适用于各种复杂的工程地质和水文地质条件，从流动性很大的第四纪淤泥质土层到中风化和微风化岩层。既可用来修建小断面的区间隧道，也可用来修建大断面的车站隧道。而且施工速度快（5 m/d～40 m/d），对控制地面沉降有较大把握。但应指出，盾构法施工在盾构与附属设备的设计和制造及建造端头工作井等工程设施上需要较多的时间和投资。同时，盾构法的施工技术方案和施工细节对岩层条件的依赖性，较之其他方法尤甚，这就要求事先对沿线的工程地质和水文地质条件做细致的勘探工作，并要根据围岩的复杂程度做好各种应变的准备。因此，只有在地面交通繁忙，地面建筑物和地下管线密布，对地面沉降要求严格的城区，不宜采用明挖法，且地下水发育，围岩稳定性差，或隧道很长而又工期要求紧迫，不能采用矿山法施工时，采用盾构法施工才是经济合理的。

13.5.2　盾构选型

1. 盾构类型

根据开挖、工作面支护和防护方式，一般可将盾构分为全面开放型、部分开放型、密封型及全断面隧道掘进机（Tunnel Boring Machine，TBM）4大类。严格来说，各种类型的盾构都可称为隧道掘进机,只是盾构和 TBM 的适用范围不同。

对于密封型盾构,根据支护工作面原理和方法可以分为局部气压式、土压平衡式、泥水加压式和混合式等。

2.盾构选型的根据

根据不同的工程地质、水文地质条件和施工环境与工期的要求,合理选择盾构机类型,对保证施工质量、保护地面与地下建(构)筑物安全和加快施工进度是至关重要的。一种不适用的盾构将对工期和造价产生严重影响;但此时想更换已不可能了。

盾构选型的根据,按其重要性排列如下:

(1) 工程地质与水文地质条件;

(2) 地层的参数;

(3) 地面环境、地面和地下建(构)筑物对地面沉降的敏感度;

(4) 隧道尺寸——长度、直径、永久衬砌的厚度;

(5) 工期;

(6) 造价;

(7) 经验——承包商的经验、有无同类工程的经验。

3.土压平衡盾构介绍

对于土压平衡盾构来说,从理论上讲,通过注入塑流化添加剂和强力搅拌能将各种土质改良成土压平衡式盾构工作所需的塑流体,故一般认为土压平衡盾构能适用于各种地质条件。但在含水的砂层或砾砂层,尤其在高水压的条件下,土压平衡式盾构在稳定开挖面土体、防止和减少地面沉降、避免土体移动和土体流失等方面都较难达到理想的控制。

土压平衡式盾构的前端有一个全断面切削刀盘,在它后面有一个储留切削土体的密封舱,在其中心处或下方装有长筒形的螺旋输送机,在密封舱和螺旋输送机及盾壳四周装设土压传感装置,根据需要还可装设改善切削土体流动性的塑流化材料的注入设备。各装置的主要功能如下。

(1) 切削刀盘。用于切削土体,同时将削切下来的土体搅拌混合,以改善切削土体的流动性。因此,在刀盘的正面装有切削刀具,其中,齿形刀适用于软弱地层,盘形刀适用于坚硬地层。刀盘背面装有搅拌翼片。为了在曲线上施工,刀盘周边还装有齿形的超挖刀。根据围岩条件,切削刀盘可以是花板形、辐条形和砾石破碎形,如图 13-43 所示。是否需要采用花板型刀盘,应根据工作面的稳定性及在切削刀盘腔内进行维修和更换刀具时的安全性而定。采用花板形刀盘时,其面板上开口槽的宽度和数目应根据围岩条件(黏结力、障碍物),以不妨碍土体的排出为原则而确定。

(2) 密封舱。用于存储被刀盘切削下来的土体,并加以搅拌使其成为不透水的,具有适当流动性的塑流体,使其能及时充满密封舱和螺旋输送机的全部空间,对开挖面实行密封,以维持开挖面的稳定性,同时也便于将其排出。

(3) 螺旋输送机。用来将密封舱内的塑流状土体排除盾构外,并在排土过程中,利用螺旋

花板形　　　　　　　　　辐条形　　　　　　　　　砾石破碎形

图 13－43　切削刀盘形式

叶片与土体间的摩擦和土体阻塞所产生的压力损失,使螺旋输送机排土口的泥土压力降至一个大气压力,使其不发生喷漏现象。

(4)塑流化材料。注入器用来向密封舱、刀盘和螺旋输送机内注入的添加剂。因为当土体中的含砂量超过一定限度时,由于其内摩擦角大,流动性差,单靠刀盘的旋转搅动很难使这种土体达到足够的塑流性,一旦在密封舱内储留,极易产生压密固结,无法对开挖面实行有效的密封和排土。因此,就需要向切削土体内注入一种促使其塑流化的添加剂,经刀盘混合和搅拌后能使固结土成为流动性好、不透水的塑流体。

(5)土压传感器。用于测量密封舱和螺旋输送机内的土压力,前者是判定开挖面是否稳定的依据,后者用来判断螺旋输送机的排土状态,如喷涌、固结、阻塞等。

土压平衡式盾构维持开挖面稳定的原理是依靠密封舱内塑流状土体作用在开挖面上的压力(P)(它包括泥土自重产生的土压力与盾构推进过程中盾构千斤顶的推力)和盾构前方地层的静止土压力与地下水压力(F)相平衡的方法,如图 13－44 所示,由图可看出:螺旋输送机排土量大时,密封舱内土压力 P 就减小,当 $F>P$ 时,开挖面可能坍方而引起地面沉降;相反,排土量小时,P 值就加大,一旦 $F<P_{max}$,地面将会隆起。因此,要控制土压平衡式盾构在推进过程中开挖面的稳定,可以用两种方法来实现。其一是控制螺旋输送机排土量(调节其转速);但研究表明,对于黏性土来说,开挖面不破坏的排土量波动值必须控制在理论掘进体积的 2.8% 左右,这就需要测量精度在 1% 以内的切削土体积的监测系统,目前使用的监测系统的精度都达不到要求。其二是用调节盾构千斤顶的推进速度和螺旋输送机转速,直接控制密封舱内的土压力 P,一般情况下,不使开挖面产生影响的碴土压力 P 的波动范围为

$$主动土压力 + 地下水压力 < P < 被动土压力 + 地下水压力。 \tag{13-14}$$

对于花板型刀盘,若刀盘面板开口率为 x,刀盘上和密封舱内的碴土压力分别为 P_1 和 P_2,则式(13－14)可改写为

$$主动土压力 + 地下水压力 < P_1(1-x) + P_2 x < 被动土压力 + 地下水压力。 \tag{13-15}$$

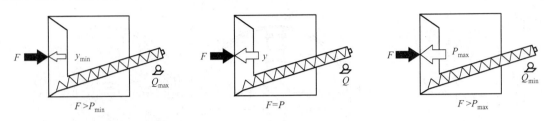

图 13-44　土压平衡式盾构维持开挖面稳定示意图

13.5.3　盾构法施工

1. 施工准备工作

采用盾构法施工,除了一般工程应进行的施工准备工作外,还必须修建盾构始发井和到达井,拼装盾构、附属设备和后续车架,洞口地层加固等。

1) 修建盾构始发井和到达井(或称拼装室、拆卸室、工作井)

和矿山法施工不同,在盾构掘进前,必须先在地下开辟一个空间,以便在其中拼装(拆卸)盾构、附属设备和后续车架及出碴、运料等。同时,拼装好的盾构也是从此开始掘进的,故在此空间内尚需设置临时支撑结构,为盾构的推进提供必要的反力。

开辟地下空间最常用的方法,就是在盾构掘进始终点的线路上方,由地面向下开凿一座直达未来区间隧道底面以下的竖井,其底端即可作用盾构拼装(拆卸)室。盾构正式掘进时,此竖井可采用地下连续墙,用沉井法、冻结法或普通矿山法修建。盾构始发(到达)井的水平面形状多数为矩形的,平面净空尺寸要根据盾构直径、长度、需要同时拼装的盾构数目及运营时的功能而定,一般在盾构外侧留 0.75~0.80 m 的空间,容许一个拼装工人工作即可。

如果地下铁道车站采用明挖法施工,则区间隧道的盾构拼装(拆卸)室常设在车站两端,成为车站结构的一部分,并与车站结构一起施工;但这部分结构暂不封顶和覆土,留作盾构施工时的运输井。图 13-45 表示了这种拼装(拆卸)室的布置图。若到达的盾构在此不拆卸,而是调头,则拆卸室的平面尺寸将根据盾构调头的要求而定。

在盾构拼装(拆卸)室的端墙上应预留出盾构通过的开口,又称封门,这些封门最初起挡土和防止渗漏的作用,一旦盾构安装调试结束,盾构刀盘抵住端墙,要求封门能尽快拆除或打开。根据拼装室周围的地质条件,可以采用不同的封门制作方案。

这里主要介绍现浇钢筋混凝土封门。一般按盾构外径尺寸在井壁上预埋环形钢板,板厚为 8~10 mm,宽度等于井壁厚度,环向钢板切断了围护结构的竖向受力钢筋;所以封门周边要作构造处理。这种封门制作和施工简单,结构安全;但是拆除时要用大量人力凿除,费工费时。

2) 盾构拼装

在盾构拼装前,先在拼装室底部铺设 50 cm 厚的混凝土垫层,其表面与盾构外表面相适应,在垫层内埋设钢轨,轨顶伸出垫层约 5 cm,可作为盾构推进时的导向轨,并能防止盾构旋转。若拼装室将来要作他用,则垫层将被凿除,费工费时。此时可改用由型钢拼成的盾构支承

（a）盾构始发井平面(单位：mm)　　　　　　（b）盾构始发井纵剖面图(单位：mm)

图 13-45 拼装(拆卸)室布置图

平台,其上亦需有向导和防止旋转的装置。

由于起重设备和运输条件的限制,通常盾构都拆卸成切口环、支承环、盾尾 3 节运到工地,然后用起重机将其逐一放入井下的垫层或支承平台上。切口环与支承环用螺栓联成整体,并在螺栓连接面外圈加薄层电焊,以保持其密封性。盾尾与支承环之间则采用对接焊连接。

在拼装好的盾构后面,尚需设置由型钢拼成的、刚度很大的反力支架和传力管片。根据推出盾构需要开动的千斤顶数目和总推力进行反力支架的设计和传力管片的排列。一般来说,这种传力管片都不封闭成环,故两侧都要将其支撑住,如图 13-46 所示。

3) 洞口地层加固

当盾构工作井周围地层为自稳能力差、透水性强的松散砂土或饱和含水黏土时,如不对其进行加固处理,则在凿除封门后,必将会有大量土体和地下水向工作井内坍陷,导致洞周大面积地表下沉,危及地下管线和附近建筑物。目前,常用的加固方法有注浆、旋喷、深层搅拌、井点降水、冻结法等,可根据土体种类(黏性土、砂性土、砂砾土、腐殖土)、渗透系数和标贯值、加固深度和范围、加固的主要目的(防水或提高强度)、工程规模和工期、环境要求等条件进行选择。加固后的土体应有一定的自立性、防水性和强度,一般以单轴无侧限抗压强度 $q_u = 0.3 \sim 1.0$ MPa 为宜,太高则刀盘切土困难,易引发机械故障。

2. 盾构掘进

盾构掘进中所产生的问题,因所采用的盾构类型而异,下面仅讨论密封型盾构掘进的问题。

1) 洞口密封装置和盾构出洞顺序

为了增加开挖面的稳定,在盾构未进入加固土体前,就需要适当地向开挖面注水或注入泥浆,因此洞口要有妥善的密封止水装置,以防此开挖面泥浆流失。目前,常用的密封止水装置如

图 13-46　盾构始发工艺构造图

图 13-47 所示,其中图 13-47(a)为滑板式结构,它是由橡胶密封板和防倒钢滑板组成,盾构通过密封装置前,将滑板滑下,盾构通过后,将滑板滑上去顶住管片,防止橡胶垫板倒退;图 13-47(b)为铰链式结构,防倒钢板是铰接的,始终压在橡胶垫板上,盾构通过密封止水装置前后,无需人工调整。

盾构拼装出洞的顺序,可见图 13-48 所示的流程图。

2)盾构掘进施工管理

(1)施工管理中的挖掘管理。对土压平衡式盾构来说,通过开挖面管理(刀盘和密封舱内的碴土压力)、添加剂注入管理、切削土量管理和盾构机管理使开挖面土压稳定在设定值。目前,挖掘管理已经实行自动化控制,用智能化系统来频繁调整开挖速度以控制开挖面孔隙水压力,维持在天然地层孔隙水压力上下(泥水盾构),或维护天然地层不受干扰,优化选择密封舱碴土压力(土压盾构)。

(2)施工管理中的线形管理。通过一套测量系统随时掌握正在掘进中盾构的位置和姿态,并通过计算机将盾构的位置和姿态与隧道设计轴线相比较,找出偏差数值和原因,下达调整盾构姿态应启动的千斤顶的模式,从最佳角度位置移动盾构,使其蛇形前进的曲线与隧道轴线尽可能接近。

（a）滑板式　　　　　　　　　　（b）铰接式

图 13-47　出洞口密封装置图

图 13-48　盾构拼装出洞顺序流程框图

　　(3) 施工管理中的注浆管理。通过浆体、注浆压力、注浆开始时间与注浆量的优化选择,达到能及时填满衬砌与周围地层之间的环向间隙,防止地层移动,增加行车的稳定性和结构的抗震性。

　　对于浆体的要求为:应具有能充分填满间隙的流动性;注入后必须在规定时间内硬化;必须具有超过周围地层的静强度,保证衬砌与周围地层的共同作用,减少地层移动;具有一定的动强度,以满足抗震要求;产生的体积收缩小;受到地下水稀释不引起材料的离析等。

第 14 章　地下工程施工监控量测

14.1　地下工程施工监测意义

地下工程的介质环境主要是岩石、土层和地下水,尽管目前岩石力学、土力学和地下水动力学的理论体系已经构建,但是由于这些介质与地下结构的相互作用机理尚不十分明了,加上施工等人为因素对地下结构受力和变形的影响又非常大;因此不管采用什么样的分析模型,地下结构的受力与变形理论分析结果仍然与实际有一定的偏差,为确保地下工程的安全可靠和经济合理,就必须在施工阶段进行监测,及时收集由于地下工程开挖在围岩和支护结构中产生的位移与应力变化等信息,并根据一定标准判断是否需要修改预先设计的支护结构和施工流程,从而达到信息化施工的目的。

地下工程施工监测的意义概括起来主要有如下 3 个方面:

(1) 掌握地下工程施工过程中周围地层、支护结构、地下管线和周边建筑物的动态,预防工程破坏事故和环境事故的发生;

(2) 将现场量测结果与预测值相比较,以判别前一步施工工艺和施工参数是否符合预期要求,以确定和优化下一步施工参数,从而指导现场施工,做到信息化施工;

(3) 将量测结果用于优化设计,使设计达到优质安全、经济合理,另外还可将现场监测结果与理论预测值相比较,用反分析法导出更为接近实际的公式,用于指导其他工程的施工。

14.2　监测方案的编制

(1) 监测方案的设计依据包括如下 4 个方面:

① 工程初步设计图和设计说明;

② 国家和地方的规范及技术标准;

③ 工程环境条件;

④ 工程地质、水文地质条件。

(2) 编制监测方案的步骤如下:

① 收集编制监测方案所需要的地质资料和工程周边环境资料;

② 确定工程的监测目的;

③ 确定监测项目,并区分出必测项目和选测项目;

④ 确定各类监测项目的控制标准。

(3) 监测方案的主要内容如下：

① 工程概况；

② 监测目的和意义；

③ 主要监测项目；

④ 测点布置平面图和剖面图；

⑤ 各类监测项目的实施方法,包括监测元件、仪器设备、测点布置、测量方法和监测周期及监测频率等；

⑥ 各类监测项目的警戒值确定；

⑦ 监测数据的处理与信息反馈；

⑧ 监测工程数量和监测费用的预算；

⑨ 监控量测的管理体系、组织管理措施和技术保证措施。

综上所述,一个完整的具有可操作性的地下工程监测方案应该包含的主要内容有施工监测的目的、监测方案的设计依据、监测测点布置、各监测项目的实施方法、监测控制标准、监测资料整理、分析和反馈、监测工程量统计、监测质量的保证体系和保证措施等。

14.3　地下工程施工主要监测项目

在地下工程施工中,选择什么样的信息尤其重要,首先,选择的信息应能较直接地反映围岩和支护结构的力学性态；其次,在技术上比较容易实施,具体是指量测元件和仪器便于在开挖面附近设置,测试方法简单可靠并具有一定的精度；数据容易分析,量测结果比较容易实现反馈。

施工监测获得的信息大致可以概括为位移信息和应力信息两大类。

位移信息主要有基坑围护结构的变形、隧道周边位移、围岩或地层内部位移、地表变形、建筑物或桥梁基础沉降与倾斜、管线变形等。

应力信息主要有围岩与支护结构之间的接触应力(压力)、围岩内部应力、支护结构内部应力、支撑体系的内部应力、锚杆或锚索的轴力等。

对于上述监测项目,位移量测是最值得推荐的测试项目,尤其是隧道、地下洞室的周边位移最能反映围岩与支护结构力学性态的变化,比较容易建立一些标准来判断所设计的支护结构和施工流程是否需要修改。同时,位移测试可以采用一些比较简单可靠的机械式仪表进行。

对主要施工监测项目介绍如下。

1. 隧道或地下洞室的变形监测

隧道或地下洞室的变形监测主要包括收敛量测和拱顶下沉量测。对于浅埋或水平岩层中的隧道工程,冒顶坍塌可能是比较容易发生的破坏性态。因此,应特别注意拱顶下沉的量测,在进行收敛量测时,则要强调设置斜基线。对于山岭隧道等深埋隧道,围岩水平初始压力比较大,可能会导致边墙剪切破坏,此时可采用收敛计,也可在边墙设置水平方向的位移计。当然,量测的重点放在水平方向或是垂直方向还与隧道的形状有关。

洞内收敛量测和拱顶下沉量测的测点原则上应布置在同一断面内,量测断面的间距视隧道长度、地质变化情况而定,一般在 10～20 m 之间。在施工初期,为了掌握围岩变化动态,要适当缩小间距,等取得一定的监测数据后,可适当加大间距。

收敛量测的基线视围岩条件可选择 1 线、2 线、3 线,最多可达 6 线,如图 14-1 所示,最好能与位移计的量测相互印证。

图 14-1　收敛量测的基线布置

2. 地下工程周围地表沉降监测

深基坑开挖、城市地下工程(地铁隧道、车站,地下停车场和地下通道)的暗挖等都需要进行地表沉降观测。

(1)基点的设置:一般利用城市中的永久水准点或工程施工时使用的临时水准点作为基点。基点要有一定的数目,以便组成水准控制网。要求对基点进行定期校核,基点应布设在监测对象的沉降影响范围以外,并保证其坚固稳定、通视良好。基点埋设方法示意图如图 14-2 所示。

(2)沉降测点埋设:在地表钻孔,然后放入长 200～300 mm,直径 20～30 mm 的圆头钢筋,四周用水泥砂浆填实。

(3)测量方法:观测方法采用精密水准测量方法。基点和附近水准点联测取得初始高程。观测时各项限差宜严格控制,每测点读数高差不宜超过 0.3 mm,对不在水准路线上的观测点,一个测站不宜超过 3 个,超过时应重读后视点读数,以作核对。首次观测时,对测点进行连续两次观测,两次高程之差应小于 ±1.0 mm,取平均值作为初始值。

(4)沉降值计算:在条件许可的情况下,尽可能的布设导线网,以便进行平差处理,提高观测精度,然后按照测站进行平差,求得各点高程。施工前,由基点通过水准测量测出隆陷观测点的初始高程 H_0,在施工过程中测出的高程为 H_n。则高差 $\Delta H = H_n - H_0$ 即为沉降值。

对于隧道工程来说,地表沉降测点最好与洞内测点布置在同一断面,以便不同的观测数据相互印证,地表沉降测点沿隧道纵向的间距一般为 10～50 m,埋深越浅,间距越小,地表沉降测点在横断面上的布置可参考图 14-3。

3. 建筑物变形监测

城市地下工程周边常常有建筑物,在施工过程中必须保证建筑物的安全。监测目的是:掌握施工期间建筑物的变形情况,为修改和优化施工提供可靠依据。建筑物变形监测项目包括沉降监测、水平位移监测、倾斜监测和裂缝监测。

图 14-2　基准点的布置

图 14-3　隧道工程地表沉降测点布置

在制定监测方案前,必须对建筑物进行详细的调查,包括建筑物的概况、建筑物的规模和基础形式,尤其必须弄清楚建筑物的基础形式。

1) 沉降监测

(1) 水准点的设置。水准点的设置必须离监测建筑物有一定的距离。水准点离监测建筑物的最近距离如表 14-1 所示。

表 14-1　水准点离监测建筑物的最近容许距离

建筑物性质	层　　次	水准点离监测建筑物的最近容许距离/m	建筑物性质	层　　次	水准点离监测建筑物的最近容许距离/m
民用建筑	6 层以下	≥40~30	工业厂房	单层厂房	≥40
	10	≥50		单层厂房	≥50
	20	≥60		(有吊车)	
	30	≥70		单层厂房	≥60
	40	≥80		(有震动基础)	

(2) 沉降观测点。沉降观测点的位置和数量应根据建筑物的外形特征、基础形式、结构形式等因素综合考虑。沉降观测点一般设置在沉降差异较大的地方。

2) 建筑物水平位移监测

建筑物水平位移监测的测点布置、观测方法与地表水平位移的观测基本一致,水平位移测点可利用沉降观测点。

3) 建筑物倾斜监测

倾斜监测就是对建筑物的倾斜度、倾斜方向和倾斜速率进行测量。

图 14-4　建筑物倾斜观测原理

测试原理　在要观测的建筑物上设置上、下两个标志作为观测点,并使两点位于同一垂直视准面内。图14-4中 M、N 分别为上、下两观测点(点 M 一般设置在建筑物的顶部)。如果建筑物发生倾斜,MN 将由铅垂线变为倾斜线。观测时,经纬仪与建筑物距离应大于建筑物高度,瞄准上部观测点 M,用正倒镜法向下投点得 N',如果 N' 点与 N 点不重合,则说明建筑物发生倾斜,倾斜度为 $i=a/H$。建筑物倾斜观测如图14-4所示。

4）建筑物的裂缝观测

目测巡检中若发现建筑物出现裂缝,则应增加沉降观测次数,并立即设置标志进行裂缝变化的观测,设置标志的要求是:当裂缝发展时,标志能相应开裂或变化,正确反映建筑物裂缝发展情况。

如果出现裂缝,在裂缝处设置两个标志,一个设置在裂缝最大开口处,另一个设置在裂缝末端,这样裂缝的继续开展和延伸可分别在两个标志中反映出来。

4. 地下管线变形监测

城市地下工程的周边或上方常常有大量的地下管线,如污水管线、雨水管线、上水管线、电力管沟等。如果管线部位的土层发生过量的不均匀沉降,容易使管线破裂,管线的接头部位最容易发生破坏。

1）管线资料调查

管线资料调查主要包括以下 4 个方面:

（1）管线的位置(平面位置、埋深);

（2）材质与规格;

（3）管线的接头形式;

（4）管线的最大允许位移值。

2）测点埋设

目前地下管线测点主要有以下 2 种设置方法。

（1）抱箍式。将管线周围的土刨开,用扁铁或钢筋紧贴管线周围做一抱箍,抱箍上焊接一根测杆,注意测杆不要高出地面,在测杆附近做一个刚度比较大的保护箱,用来保护测杆,测量时,打开保护箱,如图 14-5 所示。

（2）直接量测。采用开挖的方式挖至管道表面,露出管道接头,在接头上涂上红漆,作为测点,直接进行量测,此法适用于管道埋深较浅,且管道直径比较大的管线。

无论采用何种形式,对管线的变形监测难度都很大。近年来,关于地下管线变形的间接监测研究也取得了一定的进展,其基本原理是:管线的变形与其周围地层变形值密切相关,而

图 14-5　抱箍式测点示意图

管线周围地层变形又与相应位置的地表沉降值密切相关。因此,可以根据管线与地下工程的相对位置、方位关系、管线材质,建立地表沉降值与这些因素的函数关系,通过测量地表沉降值,来计算管线的变形。相对来说,地表沉降值比较容易测量。

5. 围护结构的变形监测

由于受场地的限制,深基坑的开挖一般都要设置围护结构,围护结构发生过大的沉降或水平位移将带动周围地层、建筑物、地下管线的变形。对围护结构的监测主要是围护结构在不同深度的水平位移。位移量的大小主要取决于围护结构的刚度、支撑系统的刚度、水土压力及土

方开挖强度、土方开挖顺序等因素。围护结构过大的水平位移将不利于基坑的主体结构施工和周边环境的安全。

根据对支护结构水平位移监测结果的分析,可以调整基坑土方开挖顺序、土方开挖强度,确保基坑和周围环境的安全。根据围护结构的位移量可以反算作用在围护结构上的水土压力。围护结构的水平位移量还可以作为测斜数据计算的起始数据。

在不同的开挖深度,围护结构水平位移不一样,围护结构水平位移沿深度方向的分布可以用测斜仪通过量测测斜管的变形来反映。

测斜仪能够精确测量土体内部不同深度的水平位移,分为固定式和活动式两大类。固定式测斜方式,是将测量探头固定埋设在结构物内部的测量点上;活动式测斜方式,一般先埋设带导槽的测斜管,测头放入测斜管内,沿导槽活动,测定测斜管的斜度变化,计算不同深度的围护结构水平位移。

目前工程上常用的是活动式测斜仪。

1) 活动式测斜仪的组成

活动式测斜仪由测头、测读仪、电缆和测斜管部分组成。测头装有传感元件。测读仪与测头配套使用。电缆用于连接测头和测读仪,其主要功能是:向测头供给电源;给测读仪传递量测信号;测量测头所照测点处距离孔口的距离;放下和提升测头。测斜管一般是塑料管或铝合金管。测斜管内有两对互成正交的纵向导槽,其中一对槽口应该垂直于基坑边线,以保证测得围护结构挠曲的最大值。

2) 测斜原理

如图 14-6 所示,活动式测斜仪采用带导轮的测斜探头,测斜管内分成 m 段,每段长度为 L(一般为 500 mm 或 1 000 mm),围护桩在背后水土压力、机械荷载和其他活载的作用下,向基坑方向倾斜,绑扎在围护桩的侧斜管也随之发生倾斜,假定第 n 次侧得的侧斜管倾角为 θ_n,则这一段围护桩的水平位移为

$$\Delta_n = L * \sin\theta_n。 \qquad (14-1)$$

第 n 次测量时围护桩总的水平位移值相对于第一次测量的围护桩水平位移值的差为

$$S = \Delta_n - \Delta_1 = L(\sin\theta_n - \sin\theta_1)。 \qquad (14-2)$$

一般仪器侧得的并非是 θ_n,而是一个应变值 ε_n,为保证测量精度,对每一段都要进行两次测量,即第一遍测量结束后,将测头旋转 180°,再测一遍,有

$$\bar{\varepsilon}_n = \frac{\varepsilon_n^+ + \varepsilon_n^-}{2}。 \qquad (14-3)$$

对于同一根测斜管来说,由于每一段的长度 L 是固定的,将 $\bar{\varepsilon}_n$ 乘以一个仪器系数,就可以得到某一段测斜管的水平位移。

3) 测斜管的布设原则

测斜管的布设原则是:布设在基坑平面上挠曲计算值最大的位置;基坑周围有建筑物和管线等重点保护对象。

为了真实反映围护结构的挠曲情况,围护结构一般与围护桩的钢筋绑扎在一起,在进行测

斜管管段连接时,必须将上、下管段的滑槽相互对准,以便测斜仪的探头在管内能够平滑运行,为了防止泥浆从缝隙中渗入管内,接头处应进行密封处理,涂上柔性密封材料或贴上密封条。

4)测斜数据的整理

以测斜管每一段的水平位移值作为横坐标,以该段的深度作为纵坐标,就可以得到某一次测量时测斜管的不同深度的水平位移曲线,这条水平位移曲线也就是围护桩的水平位移曲线,如图14-7所示。

图14-6　测斜原理图

图14-7　测斜仪获得的围护桩水平位移曲线

6. 地下水位监测

在城市进行地下工程施工,为了保证无水作业,一般都要进行施工降水,将地下水降低到一个什么样的水位,不但关系到工程本身的施工方便与安全,而且关系到周围环境的安全,地下水位降低太大,可能会造成地层过量沉降,导致工程周围建筑物破坏;因此必须随时掌握地下水位的变化。地下水位的测量一般采用地下水位仪。地下水位仪是通过探头里面的水阻元件与水面接触,来反映地下水位的变化。

地下水位仪主要由钢尺水位计、水位管和测头组成。

7. 支护结构体系的内力监测

内力监测的目的是掌握基坑开挖过程中围护结构和支撑体系的内力变化情况,及时调整基坑土方开挖顺序和土方开挖强度,避免支护系统发生破坏。

支护系统的内力监测包括围护结构的弯矩监测和支撑杆件的轴力监测。监测元件主要有钢筋计、轴力计和应变计。

(1)钢筋计。钢筋计是用来测量钢筋应力的元件,根据内部构造的差异,主要分为钢弦式和电阻应变式两类,前者采用频率仪接收,后者采用电阻应变仪接收。钢筋计一般采用焊接方式与受力钢筋连接,在焊接时要注意焊接质量,避免焊接高温对传感器的不利影响。

(2)轴力计。在基坑开挖过程中,为了确保围护桩的稳定,需要设置一些内支撑,有些内支撑采用钢支撑,通过千斤顶施加轴力,为了监测土方开挖和结构施工过程中钢支撑的轴力变化,可以采用轴力计进行监测。工程上使用的轴力计主要有钢弦式和电阻应变式两种。

(3) 应变计。应变计是用来监测结构在各种外荷载作用下变形量的元件。应变计同样分为钢弦式应变计和电阻式应变计两类,工程上用得比较多的是钢弦式应变计。

8. 土压力监测

地下工程的结构受力分析之所以比较复杂,一个很重要的原因就是土压力的计算比较复杂。目前的土压力计算理论无论是库伦理论还是朗肯理论都脱胎于经典力学理论。虽然库伦理论和朗肯理论在一定程度上反映了实际的土压力状况,但是很多工程的监测实践表明:实际的土压力状况与计算的土压力结果差别很大。所以,要精确计算作用在支护结构上的土压力及地下工程施工引起的地层变形是比较困难的,对于重要的地下工程,除了采用理论计算外,还需要在施工过程中对土压力进行监测。

1) 土压力监测的目的

(1) 了解实际的土压力分布与理论计算的土压力分布之间的差距。

(2) 掌握由于地下工程的施工引起的不同距离和深度上地层土压力的变化规律,确保周围环境的安全。

(3) 探索在不同工程地质和水文地质条件下,土压力的分布规律,为丰富土压力的理论和提高土压力分析水平提供依据。

2) 监测元件

工程上广泛采用土压力盒测定土压力。土压力盒是用来测量土体对结构的压力或环境土层中的土压力。土压力盒主要有钢弦式和电阻应变式等类型。

3) 土压力盒的埋设位置

土压力盒应紧贴测试对象表面埋设,并与围护结构的测斜监测点、轴力监测点和内力监测点相匹配,以便对测试结果进行综合分析。

9. 孔隙水压力的监测

无论是饱和土还是非饱和土,土体受到荷载作用或施工扰动影响后,一般首先是孔隙水压力发生变化,随后才是土颗粒的固结变形,孔隙水压力的变化在一定程度上反映了土体的变形。通过监测孔隙水压力的变化,可以为基坑开挖、隧道掘进等工程的施工提供可靠的技术资料。同时结合土压力监测,可以进行土体有效应力分析,从而为土体变形和稳定性分析提供依据。

目前孔隙水压力测量广泛采用孔隙水压力计,孔隙水压力计的两个重要组成部分是透水石和传感器,其测试原理是:如果孔隙水压力发生变化,孔隙水将透过透水石作用在传感器上。工程上使用比较广泛的是钢弦式孔隙水压力计。

14.4　监测资料的整理分析与反馈

1. 监测资料的整理要求

1) 资料采集

资料采集应严格按照监测元件和仪表的原理及监测方案规定的测试方法,坚持长期、连续、定人、定时、定仪器地进行采集,采用专用表格做好数据记录和整理,保留原始资料。在每次资料汇总前,测量人、记录人、审核人、整理人签名应齐全,以便各司其职,提高监测人员的责任心。特别是在发现量测数据异常时,应及时进行复测,并加密观测的次数,防止对可能出现的危险情况先兆的误报和漏报。当测量数据用人工录入计算机时,更应进行数据的二次核校,以确保打印出的曲线图表准确无误。

2)采集质量控制

根据不同原理的仪器和不同的采集方法,采用相应的检查和鉴定手段,包括严格遵守操作规程、定期检查与维修监测系统、加强对上岗人员的培训工作等方面的内容。对仪器质量和采集质量的控制可从以下方面着手:

(1)确定两侧基准点的稳定性;

(2)定期检验仪器设备;

(3)保护好现场测点;

(4)严守操作规程;

(5)做好误差分析工作。

2．监测误差产生的原因和检验方法

1)系统误差

系统误差是因量测方法不正确或限于现场测试环境条件无法消除的因素而造成的。常见的系统误差有固定的和变化的两类。固定的系统误差是在整个量测数据中始终存在着一个符号不变的固定的数字偏差,或对一个数据多次测量中算出平均值之差的偏差,如零点漂移、仪器调试偏差等。如果量测数据的偏差是变化的,就是变化的系统误差,它们可能是有规律的累进变化、周期变化或按其他复杂的规律变化,如温湿度等环境的变化引起的系统误差。引起系统误差的主要原因有以下两个方面。

(1)监测系统误差。包括监测元件、仪表自身测量特性(如线性度、重复性和迟滞性)引起的误差,电缆自身的传输特性(如电阻和频率)、绝缘性能在测量中引起的误差,以及切换箱或其他装置引入的误差。

(2)环境条件误差。由于各种环境因素与标准状态不一致引起的测量装置或被测量体本身发生的变化所造成的误差,如温度、湿度、振动干扰引起的误差。

2)过失误差

过失误差主要是由于测试人员的工作过失而引起的误差,如读错仪表刻度(位数、正负号)、测点与测读数据混淆、记录错误等,造成量测数据不可允许的错误。此类误差数值很大,使测试结果与事实显然不符,必须从测量数据中剔除。

3)偶然误差

在测量数据中剔除了过失误差并尽可能地消除和修正了系统误差之后,剩下的主要是偶然误差。引起偶然误差的主要原因有偶然因素,如电源电压波动,对仪表末位读数估读不准确及环境因素的干扰等。偶然误差带有随机性质,无法从试验方法上加以防止,它们服从正态分布的统计规律;因此又称随机误差。

4) 检验误差的方法

查找错误数据和分析误差,主要是根据系统误差、过失误差和偶然误差在不同类型监测数据中的分布规律来判断。通常采用人工判断和计算机分析相结合的方法,通过下述两种手段相结合进行检验。

(1) 对比检验方法,包括一致性分析和相关性分析两个方面。

一致性分析,是分析同一测点本次实测值与前次观测值的关系。

相关性分析,是分析同一测次中该点与前、后、左、右、上、下邻近测点观测值的关系。

对比检验方法是以仪器量测值的相互关系为基础的传统逻辑分析方法。一致性分析是从时间角度作检验,相关性分析从空间的角度来作判断,然后使用数理统计方法对数据的误差类型作检验,并进行误差分析处理。

(2) 统计检验方法,包括数据整理、数据的方差分析、数据的曲线拟合和插值法4个方面。

数据整理。把原始数据通过一定的方法,如按大小排序,用频率分布的形式把一组数据的分布情况显示出来,进行数据的数字特征计算和离群数据的取舍。

数据的方差分析。被测物理量按随机规律受到一种或几种不同因素的影响,通过方差分析的方法处理数据,确定哪些因素或哪种因素对被测物理量的影响最显著。

数据的曲线拟合。数据拟合是根据实测的一系列数据,寻找一种能够较好反映数据变化规律和趋势的函数关系式,通常是用最小二乘法进行拟合。

插值法。插值法是导求数据规律的函数近似表达式的一种方法。它是在实测数据的基础上,采用函数近似的方法,求得符合测量规律而又未实测到的数据。

3. **监测资料的处理方法**

(1) 对围岩及支护状态观测,详细记录洞内各项作业、时间与进尺,描绘每一开挖断面的工程地质断面和水文地质断面,记录描述支护厚度、质量等情况,每周绘制工程地质和水文地质纵向剖面图。

(2) 对洞内变形和支护格栅应力,记录填写日变化量和累计量的日报表,绘制累计变化量与时间、累计变化量与进尺关系散点图。

(3) 对于地表沉降观测,除对各断面最大沉降点进行如同洞内变形观测点一样绘制沉降与时间、沉降与进尺关系散点和回归分析外,尚需绘制各量测断面各测点的沉降关系,即沉降槽曲线,绘制最大沉降点沿隧道纵向的沉降关系曲线。

(4) 对孔隙水压力和结构振动测试,记录填写日报表,绘制量测值与开挖进尺的关系曲线。

4. **量测数据的曲线拟合**

如果我们测得的位移或应力是随时间而变化的,则需要找出这种规律性,以判断所设计的支护结构和施工流程最终的可靠性。

由于量测误差等因素所造成的离散性,按实测数据所绘制的位移随时间变化的散点图上下波动,很不规则,难以用来进行分析;因此需要对量测数据进行处理,找出位移时态曲线,如图 14-8 所示。将实测数据整理成实验曲线或经验公式的方法很多,数据拟合是根据实测的一系列数据,寻找一种能够较好反映数据变化规律和趋势的函数关系式,找出位移或应力随时间变化的规律性,对量测数据一般采用统计学中的最小二乘法进行处理,具体步骤如下。

图 14-8　位移时态曲线

(1) 在以时间为横坐标、位移为纵坐标的坐标系中,标出由量测值确定的各对应的实测点,即可获得散点图。

(2) 根据实测点,描绘出相对比较光滑的实验曲线,它一般不可能通过所有实测点;但应注意使曲线尽量靠近所有实测点,并使实测点分布在实验曲线的两侧。

(3) 根据实验曲线形状选择回归函数,一般来说位移时态曲线都是非线性的,根据《锚喷混凝土支护技术规范》(GB 50086—2001)的规定,在位移随时间变化渐渐趋于稳定的情况下,对地下洞室变形资料的回归分析,可选用以下 6 种函数作为回归函数:

$$u(t) = A(1 - \mathrm{e}^{-Bt});$$

$$u(t) = \frac{t}{A + Bt};$$

$$u(t) = A + \frac{B}{\lg(1 + t)};$$

$$u(t) = A \times [1 - \exp(-t)];$$

$$u(t) = A \times \lg(1 + t);$$

$$u(t) = A + B\lg(1 + t)。$$

式中,A、B 为待定系数,可以通过最小二乘法获得。

设有一组实测数据

$$t_1、t_2、t_3、t_i、\cdots、t_n,$$

$$u_1、u_2、u_3、u_i、\cdots、u_n。$$

选择双曲线函数

$$u(t) = \frac{t}{A + Bt}$$

作为回归函数,考虑到该函数是非线性的,将其线性化,令 $y = \dfrac{1}{u}$,$x = \dfrac{1}{t}$,则得

$$y = Ax + B。$$

则各实验点与它的偏差为

$$d_i = Ax_i + B - y_i = A\frac{1}{t_i} + B - \frac{1}{u_i}。$$

根据最小二乘法原理,A、B 应满足

$$\sum_{i=1}^{n} d_i^2 = \sum_{i=1}^{n} (Ax_i + B - y_i)^2 = \min。 \tag{14-4}$$

为满足式(14-4),应有

$$\frac{\partial\left(\sum\limits_{i=1}^{n} d_i\right)}{\partial A} = \sum_{i=1}^{n} 2(Ax_i + B - y_i)x_i = 0, \tag{14-5}$$

$$\frac{\partial\left(\sum\limits_{i=1}^{n} d_i\right)}{\partial B} = \sum_{i=1}^{n} 2(Ax_i + B - y_i) = 0。 \tag{14-6}$$

解方程(14-5)和(14-6),得

$$A = \frac{n \sum\limits_{i=1}^{n} x_i y_i - \sum\limits_{i=1}^{n} x_i \sum\limits_{i=1}^{n} y_i}{n \sum\limits_{i=1}^{n} x_i^2 - \left(\sum\limits_{i=1}^{n} x_i\right)^2}, \tag{14-7}$$

$$B = \frac{\sum\limits_{i=1}^{n} x_i^2 \sum\limits_{i=1}^{n} y_i - \sum\limits_{i=1}^{n} x_i \sum\limits_{i=1}^{n} x_i y_i}{n \sum\limits_{i=1}^{n} x_i^2 - \left(\sum\limits_{i=1}^{n} x_i\right)^2}。 \tag{14-8}$$

将 $x_i = \dfrac{1}{t_i}$,$y_1 = \dfrac{1}{u_i}$ 代入式(14-7)和式(14-8),即可求得 A、B,则回归精度为

$$S = \frac{1}{n-2} \sum_{i=1}^{n} (Ax_i + B - y_i)^2。$$

(4)根据上述回归函数,预测的最终沉降值为

$$u_\infty = \frac{1}{B}。$$

另外,如果位移时态曲线始终保持

$$\frac{\mathrm{d}^2 u}{\mathrm{d} t^2} < 0,$$

说明位移速率不断下降,这是稳定的标志。

若

$$\frac{\mathrm{d}^2 u}{\mathrm{d} t^2} \geqslant 0,$$

说明位移速率维持不变,或者不断增大,表示围岩有失稳的趋势。

5. 监测数据的反馈

1) 对施工的反馈作用

(1)最大允许位移值的控制。最大允许位移值与地质条件、结构埋深、断面大小、施工方法、支护结类型及参数等因素有关。施工经验证明:隧道拱顶下沉是控制稳定较直观和可靠的

判断依据。对于地铁隧道,地表沉降也是一个重要的控制因素。地铁隧道施工允许的地表沉降一般为 $30 \sim 50$ mm。

(2) 复合式衬砌二衬施作时间。二次衬砌应在初期支护变形基本稳定后施作,基本稳定的标志是外荷载不再明显增大,位移基本稳定,一般都以位移值作为控制指标。当隧道断面小于 10 m^2 时,周边位移速率应小于 0.1 mm/d;当隧道断面大于 10 m^2 时,周边位移速率应小于 0.2 mm/d。如果满足上述指标,则认为初期支护变形基本稳定。当达不到基本稳定指标时,应对初期支护采取背后注浆等加强措施,或者立即施作二衬。

2) 监测数据对设计的反馈

由于地质条件的复杂性,使得地下工程设计不得不采用信息化设计方法,即根据施工时监测到的围岩动态信息(主要指位移信息),采用反分析方法,反推围岩的力学参数。再采用正分析方法,求出围岩和支护结构中新的位移场和应力场,在此基础上检算设计的可靠性。

参 考 文 献

[1] 童林旭.地下空间与城市现代化发展.北京:中国建筑工业出版社,2005.

[2] 钟桂彤.铁路隧道.北京:中国铁道出版社,1996.

[3] 关宝树,杨其新.地下工程概论.成都:西南交通大学出版社,2001.

[4] 景诗庭,朱永全,宋玉香.隧道结构可靠度.北京:中国铁道出版社,2002.

[5] 施仲衡.地下铁道设计与施工.西安:陕西科学技术出版社,1997.

[6] 李晓红.隧道新奥法及其量测技术.北京:科学出版社,2002.

[7] 黄棠,王效通.结构设计原理:上.北京:中国铁道出版社,1990.

[8] 夏明耀,曾进伦.地下工程设计施工手册.北京:中国建筑工业出版社,1999.

[9] 冯卫星.铁路隧道设计.成都:西南交通大学出版社,1998.

[10] 王大纯,张人权.水文地质学基础.北京:地质出版社,1994.

[11] 姚天强,石振华,曹惠宾.基坑降水手册.北京:中国建筑工业出版社,2006.

[12] 石振华,李传尧,姚天强,等.城市地下水工程与管理手册.北京:中国建筑工业出版社,1993.

[13] 薛禹群,朱学愚.地下水动力学.北京:地质出版社,1979.

[14] 林宗元.岩土工程治理手册.北京:中国建筑工业出版社,2005.

[15] 高毓才,彭泽瑞,郭建国.建设中的北京地铁—地铁"复—八"线.北京:中国铁道出版社,1999.

[16] 广州市地下铁道总公司,广州市地下铁道设计研究院.广州地铁二号线设计总结.北京:科学出版社,2005.

[17] 崔玖江.隧道与地下工程修建技术.北京:科学出版社,2005.

[18] SINHA R S. Underground structures-design and instrumentation. Elsevier, 1989.

[19] BARTON N, LIEN R, LUNDE J. Engineering classification of rock masses for the design of tunnel support. Rock Mechanics,1974, 6(4):189-236.

[20] BIENIAWSKI Z T. Engineering classification of jointed rock masses. Trans. S. Afr. Instn. Civ. Engrs, 1973,15(12):335-344.

[21] BIENIAWSKI Z. Rock mass classification as a design aid in tunnelling. Tunnels and Tunnelling, 1988, 3: 19-22.

[22] PALMSTROM A, BROCH E. Use and misuse of rock mass classification systems with particular reference to the Q-system. Tunnelling and Underground Space Technology,2006, 21:575-593.

[23] HOTZ S. Tunnel waterproofing with membranes: waterproofing at senoko cabele tunnel in comparison with international standards. 现代隧道技术,2004,41(增刊).

[24] ITA Working Group on Maintenance and Repair of Underground Structures. Report on the damaging effects of water on tunnels during their working life. tunnelling and Underground Space Technology,1991, 6(1):11-76.